TURING 图灵新知

数学与生活

（修订版）

[日] 远山启 —— 著

吕砚山 李诵雪 马杰 莫德举 —— 译

人民邮电出版社

北京

图书在版编目(CIP)数据

数学与生活:修订版/(日)远山启著;吕砚山等译.--2版.--北京:人民邮电出版社,2014.10
(图灵新知)
ISBN 978-7-115-37062-4

Ⅰ.①数… Ⅱ.①远… ②吕… Ⅲ.①数学—普及读物 Ⅳ.①O1-49

中国版本图书馆CIP数据核字(2014)第212736号

内 容 提 要

本书以生动有趣的文字,系统地介绍了从数的产生到微分方程的全部数学知识,包括初等数学和高等数学两方面内容之精华。这些知识是人们今后从事各种活动所必须的。书中为广大读者着想,避开了专用术语,力求结合日常逻辑来介绍数学。读来引人入胜,无枯燥之感。从中不但可得益于数学,而且还可学到不少物理、化学、天文、地理等方面的知识。

◆ 著　　　　[日]远山启
译　　　　吕砚山　李诵雪　马　杰　莫德举
策划编辑　武晓宇
责任编辑　乐　馨
装帧设计　broussaille私制
责任印制　杨林杰

◆ 人民邮电出版社出版发行　北京市丰台区成寿寺路11号
邮编　100164　电子邮件　315@ptpress.com.cn
网址　https://www.ptpress.com.cn
大厂回族自治县聚鑫印刷有限责任公司印刷

◆ 开本:880×1230　1/32
印张:13.125　2014年10月第2版
字数:416千字　2024年11月河北第58次印刷
著作权合同登记号　图字:01-2010-4232号

定价:69.80元

读者服务热线:(010)84084456-6009　印装质量热线:(010)81055316
反盗版热线:(010)81055315
广告经营许可证:京东市监广登字20170147号

译者序

本书的中译本曾以《通俗数学》为名于1988年由北京科技出版社出版。当时是根据日本远山启所著《数学入门》的上册第35次印刷和下册第28次印刷的版本翻译的。20多年来，该书以内容适当、通俗易懂的特色而深受读者欢迎，历久不衰。

根据广大读者的需要，这次是由人民邮电出版社得到日本岩波书店的授权，根据原书的第75次印刷（上册）和第66次印刷（下册）的版本翻译。应约参加这次翻译工作的是：吕砚山（前言、后记、第2～5章以及第11～14章）、马杰（第1，7，8章）、莫德举（第6，9，10章）。全书最后由吕砚山审阅。

这是一本十分生动有趣的数学读物。它以新颖的形式，系统而全面地介绍了数学基本知识。内容从数的产生开始，讲到微分方程为止，既包含了算术、代数、三角、几何等初等数学的内容，又包含了微分、积分、微分方程等高等数学的内容。作者认为，书中选取的这些知识乃是新世纪人们顺应社会发展、从事各种活动所必须了解或掌握的知识。

能够将如此丰富而全面的内容，巧妙地加以编排，由浅入深地介绍在这样一本篇幅不大的著作中，反映出作者在取材上贯彻了少而精的精神。无疑，这样处理是切合时宜、极受广大读者尤其是初学者欢迎的。

本书的一个显著特点是，在讲述方法上力求脱开专用术语，从日常逻辑中来引出并介绍数学。作者运用了丰富的社会科学和自然科学方面的知识，结合日常生活和古今各国脍炙人口的故事，夹叙夹议，妙笔横生。读来犹如是在读一本有趣的故事集，而没有通常会产生的那种枯燥抽象之感。读者从中不但受益于数学本身，而且也能学到不少有关物理、化学、天文、地理乃至音乐、美术等方面的知识。

至于条理分明、图文并茂，更不待言。总之，不论从内容还是从形式来看，本书读者对象可谓老少皆宜。因此，它在日本深受欢迎，自1959年出版面世迄今已印刷六七十次就是一个证明。我们期望，本书中译本能够继续为我国读者学习和掌握数学知识提供有益的帮助。

最后需要说明的是，前面所说的本书中译本《通俗数学》是由吕砚山、李诵雪、马杰、莫德举四人共同翻译的。其中李诵雪翻译了第2，3，4，5，13，14章。依托坚实的基础理论修养，运用流畅的文笔，她的译文完整准确，通俗易懂，极受读者青睐。遗憾的是，她已于1989年病逝，没有能参加这次翻译工作，但她所译的这六章译文除个别文字改动外，仍为本书采用。另外，《通俗数学》的责任编辑杨福成在确定选题、书稿加工及出版等方面都做了大量工作，为该书面世作出了贡献，可惜也已病逝。在本书出版之际，我们以怀念的心情向他们深表敬意。

限于水平，书中谬误欠妥之处难免，敬请读者批评指正。

译　者

2010年6月于北京化工大学

前　言

从前，数学的应用曾经局限在一些特殊的人们之间。对于多数人来说，数学仅仅是作为考试及格的必要科目，而在毕业以后则嫌其无用很快就全忘光了。

可是近来情况有所变化，在各种场合都开始运用数学了。不用说自然科学或技术方面离不开数学，即使在经济、政治方面也离不开数学。至于在企业的经营管理、商品的销售上，为了能更有发展，数学的作用就更大了。对于不爱学数学的人来说，诚然将数学视为世上难学之事物，但若不学数学，日子也并不会好过。这是对于过去的那种不从事政治、经济活动的人来说的。至于当今世界将向何处去，虽仍是专家们在研究的问题，但毫无疑问，人类生活将会逐渐地走向集体化和社会化。因而，数学的活跃时代也就来到了。

在 20 世纪后半叶，数学也许会获得从未有过的广泛应用。不过，这样的时代已经开始了。掌握一定程度的数学知识，是今后在世界上生存不可缺少的条件。

没有必要要求任何人都具备很高的数学水准。对于 20 世纪后半叶在世界上从事各种活动的日本人来说，本人认为可以按“到微分方程为止”这样来划线。

确实，如果能把“到微分方程为止”这样的数学知识变成日本人的常识，这将是非常理想的。

这就是写这本入门书的基本目的。

对于读者的希望首先是，在学习数学时，应抛弃那种认为必须具备特殊条件的成见。和其他科学一样，数学也不是某些专人所臆造出来的，而是如漱石所言，是“左邻右舍众多的人累积思考而成”的。

在数学中运用的逻辑与日常生活中表现的逻辑并无二致，而是其精练出的一部分。笛卡儿说过：“世上的准则在于最公平的分配。”从数学角度来考虑，也是除了共同遵守的准则以外，别无其他。因此，为了学好数学，无论是谁都要具备的共识就是必须有毅力。毅力之所以重要，是因为数学学识是靠循序渐近、逐步累积得来的，不可能一蹴而就。无论如何，事先要下定一步一步迈进的决心。

因此，本书脱开众所周知的那些术语的圈子，力求从日常的逻辑中引出数学的道理。

为此，也将过去曾用过的一些专门术语改变成容易学的日常用语，如将分数的约分当作“折叠”来处理就是一例。由此看来，也许这是一本很有人情味的“数学入门”书。

远山启

1959 年 10 月

目　录

第1章　数的幼年期

1.1　从未开化到文明

有一位数学家接受手术。在开始手术前，外科医生让这位数学家闻麻醉药，并且叫他数1，2，3，…。这位数学家要是在平时，别说是1，2，3，…，就是极大或是极小的数也都能随心所欲地数出来，可是他却抵抗不住麻醉药，数1，2还可以，数到3就人事不知了。一滴氯仿就把数学家带回到只能数到3的未开化人的状态去了。

用一滴麻醉药，就能把数学家带回到未开化人的世界去，但是反过来，从未开化人变成数学家的道路可就漫长而又遥远了。不仅仅是漫长，那还是一条极其曲折的道路呢。为了看清数学这门学问的本来面目，我们有必要回到起始点，在这条曲折的道路上再走一遍。

精神病医生为了试验病人的神智是否清楚，好像就是让病人数数的。据说从前在泰国的法庭上也是让证人数到10，如果数不上来，就没有资格作为一名证人。但如果根据这件事就想说“数学是智能的检验标准”的话，一定会有许多人瞪着眼反对。这是因为在这个世界上有许多人讨厌数学。

与喜欢数学的柏拉图不一样，讨厌数学的苏格拉底说：“在数学家当中，没有人能够作认真的推论。”另外，还有很多人公然说数学这种东西是有害无益的。

可是，喜欢、讨厌姑且不说，既然生活在现代，没有数这个东西就不能生活下去。其实只要想一下在每天的报纸上出现多少数字就明白了。所以，即使是讨厌数学、对计算觉得棘手的人，实际上也是懂得相当多的数学、很会应用数学的人。站在未开化人当中，就是第一流的数学家了。

即使说数学不行或者讨厌数学，也并不意味着这个人的智能或人品不好。可是要在现代社会生活下去，不用说，会有很多不便之处。一看见数字就头痛的人，跟一坐车就晕车的人是一样的吧。

1.2 数的黎明

从前——距现在大约 50 万年，在现在北京郊外周口店的洞穴里，居住着人类的祖先北京猿人。从他们遗留下来的石器和动物的骨骼，可以大致知道他们从事什么样的劳动，吃什么样的食物。但是要推测他们懂什么数学就非常困难了。为什么呢？因为数这个东西是无形的，没有一种直接了解的线索。

但这并不是说就没有一种间接的线索，去了解人类在太古时期如何建立数字或图形的知识。这线索就是考察在文明进步中遗留下来的未开化人的数学，另外就是观察在幼儿当中，数的概念是怎样建立的。

首先产生的问题是，除了人类以外是否真有动物了解数？就像经济学家亚当·斯密说的那样："数是人类在精神上制造出来的最抽象的概念。"确实，即使像 1，2 这样最简单的数，要是和其他语言相比较，也是很抽象的，除了人之外，其他动物好像还没有知道数的。

然而有人认为鸟知道数。例如，杜鹃悄悄把自己的蛋产到黄莺的巢里，让黄莺替它孵蛋，它会把和自己的蛋数相同的黄莺蛋去掉。从这个事实来看，人们自然会产生这样的疑问：鸟不是会数数吗？德国的动物学家奥·凯拉作了鸟能数到什么程度的试验。但是以往这种试验，由于准备不充分，结果难以信赖。从前也曾有过这样奇怪的事情——马戏团的马因为会计算而闻名，可仔细研究一下就知道，是马的主人在不知不觉中送出一个什么信号，然后敏感的马回应了这个信号。

凯拉为了防止一些杂音混进来，把小鸟放到院子里，让小鸟和实验者彼此都看不见，小鸟的动作用照相机自动拍下来。

实验对象就是乌鸦和鹦鹉。在鸟的前面放五个箱子（见图 1-1），箱子盖上画着标记点，分别是 2，3，4，5，6。箱子前面也放着画有标记点的盖子。预先让鸟作挑出与盖子上标记点相同的箱子的练习。经过充分练习之后，再让鸟作挑出同样数目的试验时，鸟能够出色地取得成功。而且即使把五个箱子的排列方法作各种变化或改变标记点的画法，也不会失败。

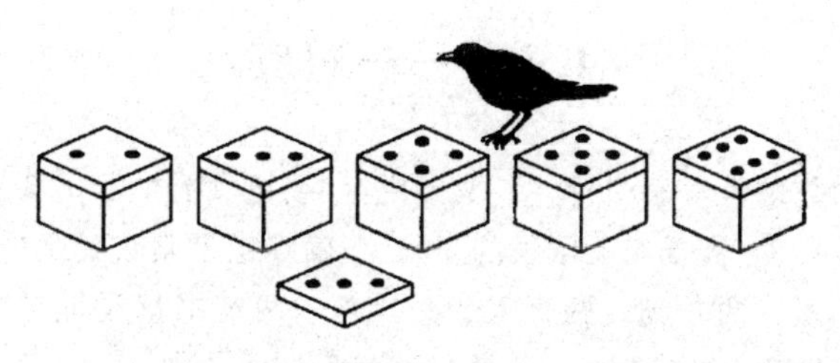

图　1-1

上面的试验是让鸟同时认标记点的个数。接着又作了按时间顺序数数的试验，先让乌鸦作这个练习，就是从许多食饵中按特定的数，例如取 5 个食饵来吃。取食的时候，摆好几个内部装有食饵的小箱，而顺序放入这些小箱里的食饵的数量是 1，2，1，0，1，…。这个试验就是把箱子打开，让鸟只吃 5 个食饵。当吃的食饵少于 5 个时，就必定让乌鸦回笼子去。

这样一来，就会有惊人的事情发生。当鸟吃完装有一个食饵的第 1 箱以后，它就点一下头（见图 1-2），吃完装有两个食饵的第 2 箱以后就点两下头，第 3 箱吃完点一下头，对空着的第 4 箱就不闻不问地跳过去，到吃完第 5 箱之后又点一下头，然后，据说脸上好像是“我吃完了”的样子，对第 6 箱不予理睬就离开了。

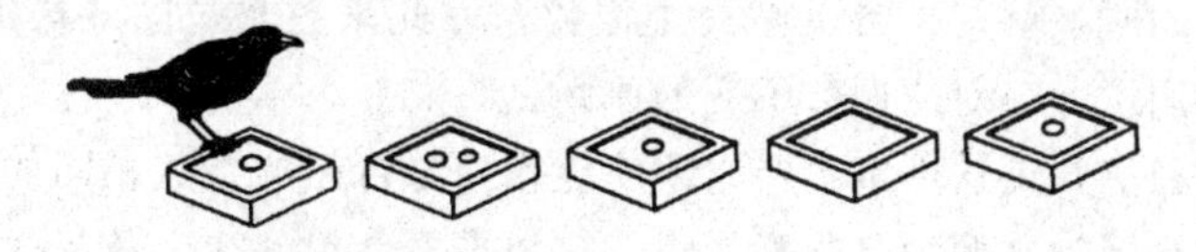

图　1-2

点头的次数就是箱子里的食饵数，也许这是乌鸦预先记住食饵的数目，知道是不是够数吧。从这样的试验来看，会数数的不仅是人呢。我们人类的优越感就只好化为乌有了。

但是只凭这一点就断定鸟类知道数似乎还早了一些。为什么呢？这是因为要说知道数，必须有几个条件。我们看看这些条件吧。

1.3　一一对应

英国的数理哲学家伯特兰·罗素说：“要觉察到两天的 2 和两只雏鸡的 2 是同样的 2，需要有无限长的岁月。”确实像罗素说的那样，2 这个数对于两个鸡蛋、两条狗、两个人、两只鸟、两本书都是同样的，所以即使把两个鸡蛋换成两棵树，2 还是有没有变化（见图 1-3）。

像这样把一个一个的鸡蛋和一棵一棵的树联系起来就叫做一一对应。但即使一一对应起来，2 还是不变的。我们利用一一对应而数不变的这件事，就想出一种用容易数的东西来替换不容易数的东西。据说丰臣秀吉为了数山上的树木，就在每棵树上系一根绳头儿，然后再数这些绳头儿。这就是把树的集合以一一对应的方法转换为绳头儿的集合，然后再数。另外，根据一位旅行家的手记，说在马达加斯加岛，为了数有多少士兵，让每一名士兵走过队长面前时，投下一粒石子，然后数那堆石子。这也是因为士兵的集合与小石子的集合是一一对应的。寿司店在顾客每吃一个寿司饭团时，就在柜台上粘一个饭粒，以此来数吃过的寿司饭团数，这也是利用了一一对应而数不变的原则。

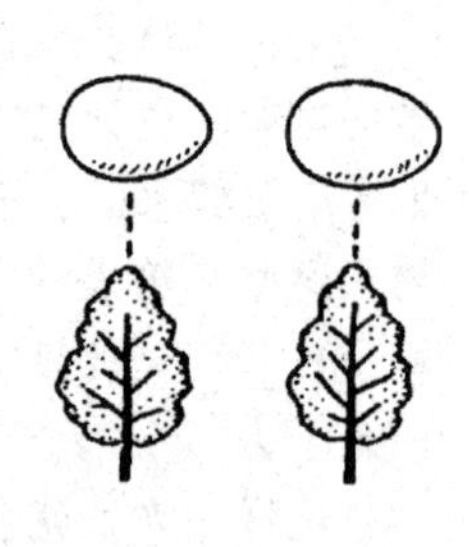

图　1-3

可是杜鹃知道这件事吗？它即使能找到与自己的蛋数相同的黄莺的蛋，那也是因为这两种蛋很相像吧。它似乎不会想到 3 个蛋与 3 棵树是同样的 3。

不仅是鸟，很小的孩子好像也不知道这事。瑞士的心理学家皮亚杰做了以下的实验。把几个花瓶和一些花给一个 5 岁零 8 个月的孩子，让他在每一个花瓶里插一枝花。接着再把花拢在一起，问他是花多还是花瓶多，孩子回答说是花瓶多，因为把花拢在一起，能看见的少了（见图 1-4）。把花一枝一枝地插在花瓶里就是一一对应的事，可是这个孩子却想不到花瓶与花的数目是相等的。我们必须认为这个孩子对于一一对应而数不变的事还不明白。如果人在孩提时代还不懂数是一一对应而不变的话，那么鸟或者蜜蜂就更不懂了吧。

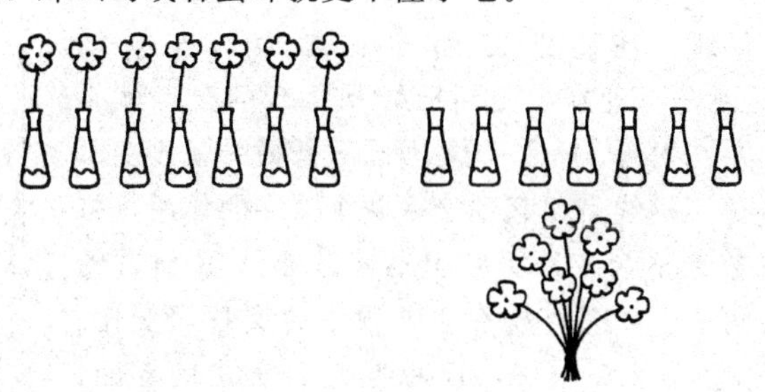

图　1-4

1.4　分割而不变

和把蛋换成完全不相同的树枝不一样，我们知道“把某个集合分成两个部分或更多时，其总数仍不变”，这是知道数的第二个条件。这是因为把装在一个容器里的玻璃球移到形状不同的另一个容器中时，其数目是不变的。

即使再分到两个容器里，总数还是不变的。这也是皮亚杰的实验，四五岁左右的孩子好像不明白虽然分割而数不变的原则。让五岁半的孩子把一个容器里装的玻璃球分装到两个容器时，孩子说玻璃球比原来多了。这大概是因为孩子被两个容器迷惑了。

据说，开始知道不论分割还是合并，玻璃球的总数是不变的这件事，是在孩子 6 岁到 7 岁左右。

第三个条件是“即使改变计数的顺序，数也不变”。

盘子里放着玻璃球，不论以什么顺序来数，答案都是一样的。7 个人的家庭，按年龄顺序从祖父、父、母……数起是 7 个人，从最小的孩子开始数也是 7 个人。也就是说，不论怎样改变计数顺序，数是相同的。

据说很小的孩子也不知道这一点。把两种东西的集合按照某种顺序一一对应时，要是把其中一种集合的顺序打乱，孩子就会奇怪为什么数还是一样的。

下面这种抽签方法就是利用了这一事实。这个抽签是给 A，B，C，

D四个人标上1，2，3，4号。首先在A，B，C，D与1，2，3，4之间各连一条直线。在直线之间随意画上一些横线（见图1-5）。预先规定好，碰到横线和竖线的交点就必须向下或向左右拐弯。A和B之间画一条横线就改变了A和B的顺序。横线虽然起到交换两个文字的作用，可是文字的总数绝不会变，所以用不着担心从A出发的人没有地方可去。4这个数不会因顺序的交替而变化。当然这不仅是4，100也好，1000也好，都是同样的。这样用一一对应来替换、分割或改变顺序而不变的东西就是数。

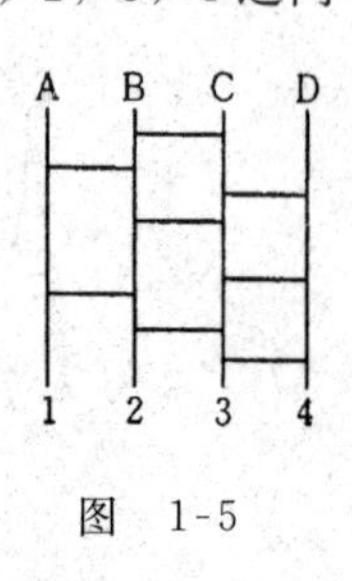

图 1-5

1.5 数的语言

假设搞清楚了数的一一对应，就能知道分割、改变顺序时数是不变的，就是知道了数，也就没有必要另外去了解数的语言了。即便能说出一个大数，也就是掌握了数词，也未必能说明一个民族的数的思想就很发达。通古岛居民掌握了10万以内的数词，但文明程度却极为低下，他们还不知道数的一一对应，也不知道分割或改变顺序时数是不变的。幼儿也能够机械地数到100或数到1000，但仅仅这些还不能说是很清楚地具备了数的思想。

但是，以上这些实属例外。一般来说，文明程度低下的种族掌握的数词也都是很小的数。

一个极端的例子就是南美玻利维亚的契基特族，他们只知道相当于1的数词叫“埃塔玛”。当然，即使是契基特族的“埃塔玛”，也可以运用到一个人、一支枪或一条狗。与不会语言的动物来比，已经是天壤之别了。

还有，在亚马孙河流域的洋柯族也是把2这样一个数词说成是“波埃塔拉林科阿洛阿库”，这是由于使用2这个数的机会不多，所以流传下来这么长的数词。如果经常使用2，就一定会用个更为简单的数词。

1.6　数词的发展

即使是未开化人，像契基特族或洋柯族那样也是极少见的，要是生活水平稍微提高一点，就会掌握更多的数词。

例如，英属新几内亚的比由基莱族就掌握了以下的数词：

1——塔兰杰萨　　6——格本
2——米塔·基那　　7——托兰库金贝
3——格基米塔　　8——佰达依
4——托潘　　9——恩格玛
5——曼达　　10——达拉

据说这些都是身体各部分的名称。把数和身体各部分联系起来进行计数，用这种方法可以数到几百，可是要记住它们决不是件容易事，那就得过度使用记忆力了。

面对这种困难，人们就想到不是一个一个地给数命名，而是把一定的数归纳成一束来命名的方法。最初出现的好像是每两个数归成一束，这就是二进制的萌芽，它的原产地却是人们称之为最落后的未开化状态的澳大利亚大陆。

研究一下澳大利亚波特玛凯地方的方言，就是

1——瓦尔布尔
2——布莱拉
3——布莱拉·瓦尔布尔

把3说成是布莱拉·瓦尔布尔（2＋1），所以我们可以知道这就是把2归成一束。维因梅拉地方的数词更先进一些，那是

1——凯亚布
2——波立特
3——波立特·凯亚布（2＋1）
4——波立特·波立特（2＋2）

这些例子确实都包含着“逢2归1”的非凡的想法。但这是有意识地做的呢，还是因为想节约数词而歪打正着的呢，就不得而知了。当然节约是数学的重要想法之一，这是事实。

若把“归束计数”的想法作为数学史的起点，二进制也仍然是最幼稚的数词，除澳大利亚之外是极少见的。当然，现代的文明国家里也没有一个国家使用二进制。

但是，如果有人不屑地认为二进制是完全不足取的计算法，那就有点过早地下结论了，这是因为最新式的电子计算机都在使用二进制。即使是用十几个小时就能把圆周率3.141 59…的值计算到2000位数的大型电子计算机，也是把十进制的数字翻译成二进制之后再计算的。

二进制在历史上的各个时期曾经多次出现过。中国古代的《易经》也是基于阴阳两种东西的对立，自然也与二进制有关系。

此外，在发掘古代印度河流域的繁荣都市时，据说从宝石商店的遗址和类似的地方发现了以1，2，4，8，16，32，64为重量比例的砝码。这些也都清楚地说明了古人曾经使用过二进制。

热心主张二进制的人，就是那位伟大的哲学家、数学家莱布尼茨(1646—1716)。

根据二进制，所有的数都可以用0，1两个数字来写。例如下面这些数

1——1

2——10

3——11

4——100

5——101

…

莱布尼茨似乎注意到这件事。因为他认为1象征神，0象征虚无，是神和虚无创造了整个宇宙。他把自己的空想写了下来，送给当时派遣到中国的杰西特派的传教士，并叫他交给中国的皇帝，劝中国皇帝改信仰为基督教。

二进制之所以用在电子计算机上，就是基于电流有“流”与“不流”的两种情况。

电子计算机的原理很简单，可以说是一个珠的算盘。但是用不着重新制造一个珠的算盘，只要利用普通算盘的上珠就可以了，38用二进制来写就是100 110，这一个珠的算盘就是如图1-6所示的样子。

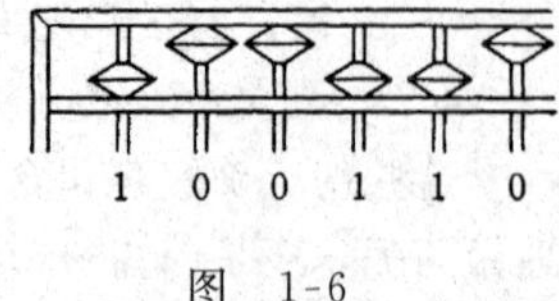

图 1-6

二进制的加法极其简单：

$$\begin{array}{r}0\\+\ 0\\\hline 0\end{array}\qquad\begin{array}{r}1\\+\ 0\\\hline 1\end{array}\qquad\begin{array}{r}0\\+\ 1\\\hline 1\end{array}\qquad\begin{array}{r}1\\+\ 1\\\hline 10\end{array}$$

记住以上四种情况，把它们加以组合，什么样的加法都可以。例如：

$$\begin{array}{rcr}45 & \cdots & 101101\\+\ 23 & \cdots & +\ 10111\\\hline 68 & \cdots & 1000100\end{array}$$

进位的计算本来很简单，但在二进制里却是非常之多，这也没有办法。

乘法的“九九表”也极简单，只不过是

$$\begin{array}{r}0\\\times\ 0\\\hline 0\end{array}\qquad\begin{array}{r}1\\\times\ 0\\\hline 0\end{array}\qquad\begin{array}{r}0\\\times\ 1\\\hline 0\end{array}\qquad\begin{array}{r}1\\\times\ 1\\\hline 1\end{array}$$

写成表格，就是表 1-1。

表 1-1

	0	1
0	0	0
1	0	1

全部只有四个。对于懒得记忆的人来说，二进制是最合适的算法了。

“20 门”的原理[①]就是二进制的一个例子。这个游戏就是重复 20 次“是”和“不是”来猜中一件事。如果把“是”作为 1，“不是”作为 0，就可以翻译成二进制的语言。要用二进制来猜对 20 位数，只要把是 0 还是 1 的问题重复 20 次就可以。所以“20 门”在数学上是和猜中 20 位的数一样。开始时有一个还不知道的 20 位数。对于每一问，就可以知道一位数字，是 0 还是 1（见图 1-7）。

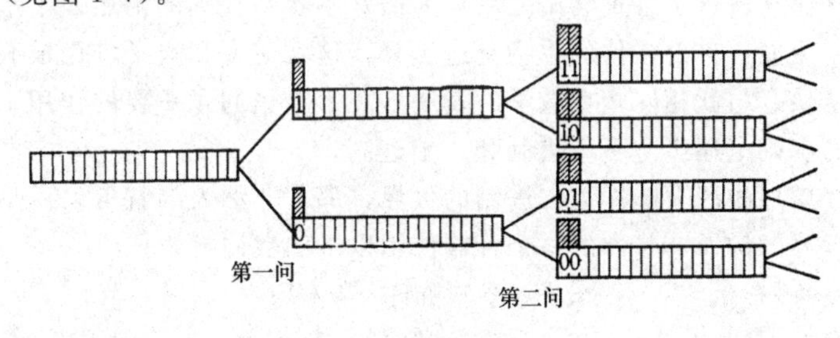

图 1-7

① 一种游戏名。——译者注

这样做下去，就可以区别出全部2^{20}，也就是20个2相乘的数。

$$2^{20}=2\times2\times2\times2\times2\times2\times2\times2\times2\times2\times2\times2\times2\times2\times2\times2\times2\times2\times2\times2=1\ 048\ 576$$

总之是100万以上。我们就可以知道有时出乎意料地猜中“20门”也并不是很难。

1.7 手指计数器

二进制是人类发现手指是出色的计算器之前的产物，在这个大发现之前人类也许做过各种试验。例如，还有迹象表明出现过以三个为一束来计数的三进制。在澳大利亚的一种方言当中有以下数词：

1——卡尔布恩

2——沃姆布拉

3——库洛穆恩达

4——库洛穆恩达·卡尔布恩（3+1）

这可以说是三进制的萌芽了。

四进制在英属哥伦比亚的居民当中似乎比较多，说这是根据去掉拇指剩下的手指数来的。若是那样的话，也许就是人们开始注意到手指的证据。此外也有报告说，在爪哇的山地居住的巽他族中还保留有六进制。

然而在进行了各种尝试之后，人们好不容易找到的仍然是手指和脚趾。使用能够自由屈伸的手指制造工具，这就使人和猴子进化成截然不同的结果。与此相同，在数学的发展上，手指也起了重要的作用。在五进制的基础上还产生了十进制和二十进制。

如果把澳洲大陆作为二进制的世界，那么非洲大陆就可以说是五进制的世界。例如，非洲的一个种族使用以下的数词：

1——布尔　　6——曼·布尔（5+1）

2——琴　　7——曼·琴（5+2）

3——拉　　8——曼·拉（5+3）

4——休尔　　9——曼·休尔（5+4）

5——曼　　10——沃恩

从这个表可以看出数词是以5（曼）为基础组合成的。

如果一只手表示5，两只手表示10，双手双脚就可以表示20，这样就产生了十进制和二十进制。

据说在南美奥里诺科河附近居住的玛依布鲁民族使用以下意义的数词：

5——单手　　巴比塔埃里·卡比契
10——双手　　阿巴努美里·卡比契
20——1人　　巴比塔·卡莫奈埃
40——2人　　阿巴努美·卡莫奈埃
60——3人　　阿培契帕·卡莫奈埃

因为双手双脚加起来是20，可以用来计数一个人。把20说成一人好像是在未开化人当中广泛使用的。

在美拉尼西亚的梅莱种族的地方，有位传教士曾经翻译过圣经。在翻译到约翰传第5章时有这样的句子：

“这里有个病了38年的人，耶稣看见他在躺着，知道他已经这样过了很久，就对他说……”

据说他在翻译38这个数词时，必须用“一人（20）加两手（10）加5加3”来表示。因为38确实是等于20＋10＋5＋3。可是不管怎么说，把手指当作永远带在身上的计数器来利用，是数的发展史上一个重要的阶段。

就像除了1日元、10日元、100日元以外，还有5日元、50日元、500日元的货币一样，所有使用十进制的国家也往往都以5作为辅助单位。在罗马数字中，V表示5，L表示50，D表示500。在但丁的《神曲》中，有一句是“到那时，神派遣的一个五百加十加五，一定会把那个盗贼和与它一起犯罪的巨人都杀死”。就这么读的话，谁也不懂是什么意思。然而五百是D，十是X，五是V，所以是DXV。据说这是拉丁语“首领”的意思。这也是罗马数字中五进制的痕迹。

1.8 金 字 塔

1798年初夏，拿破仑率领军队远征埃及。在金字塔下，即将作战的时候，他向士兵们喊出了一句很得意的话：

"诸位，4000 年保佑着你们！"

在战斗的间隙，部下的将军们登上了著名的金字塔，拿破仑没有上去，却在下面忙着计算什么。据说拿破仑这个人很喜欢计算，在打仗的时候也使用数学。在力学上把物体的质量与速度相乘叫做动量，他就仿照这个例子，把部队的人数和移动速度相乘的结果作为部队的动量来计算。骑兵部队的人数虽然少，可是移动速度快，所以动量也就大。

且说那些将军们从金字塔上下来时，拿破仑就把刚才计算的结果说给他们听。

他说把三座金字塔（见图 1-8）的石头全部合起来，可以筑成高 6 米、厚 30 厘米围绕全法国的石墙。拿破仑的计算是否准确姑且不说，仅仅听这句话我们也可以估量出金字塔是怎样一个庞然大物了。

图 1-8

为了建造这些金字塔，花费了多少人力和血汗，实在是难以想象。

然而金字塔的惊人之处，不仅是它的巨大。当仰望这个高达 150 米的巨大的石山，最初所感到的惊异平静下来之后，紧接着第二个惊异就会抓住人心，那就是金字塔所具有的精巧。这个巨大的石山不仅是大，而且还像工艺品那样精巧。

比如说金字塔的底边是正方形，边长的误差在 1/1000 以下。距今 4000 年以前怎么会有这样精巧的建筑物呢？一想到这里，就知道问题在于古代埃及的测量术及它的基础——数学。我们自然会想到制造出这样精密的建筑是要有高水平的数学知识作保证的。当然，仅凭螺壳的曲线在微分学里是精密的曲线，就说贝类懂得微分学，这个结论是错误的。但是人类从事的是有计划的工作，自然可以假定在它的背后有适应这个工作的科学存在。

在 19 世纪，香波里昂等开始的埃及研究就明确了这些假定是事实。

例如，根据英国学者莱因德所发现的《莱因德纸草书》上的记载，当时埃及的数字如图 1-9 来表示。

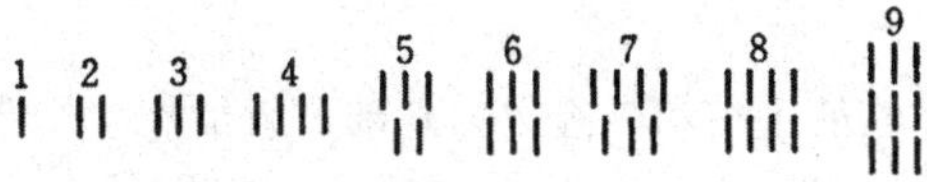

图 1-9

相当于 10，100，1000…的数字如图 1-10。

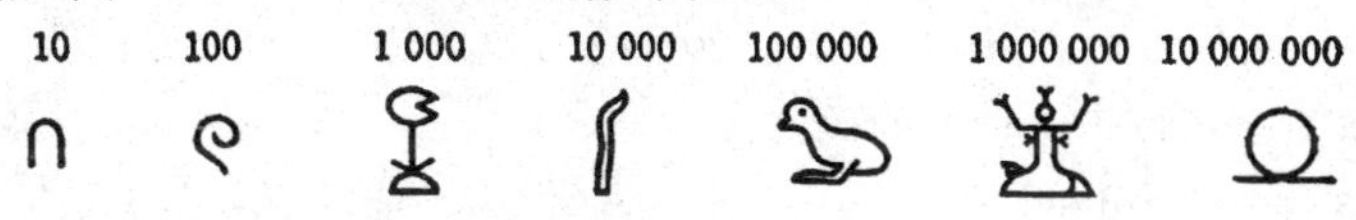

图 1-10

这样的数字达到了 1000 万，说明埃及这个古国一定需要这个庞大的数字。根据流传下来的记录，在一次战争中，埃及分得了 12 万俘虏、40 万头牛和 142.2 万头山羊。这个数字即使多少有些夸张，可是对一个拥有大量人口、处于高度统治下的古代国家来说，这种程度的数字决不是难以实现的大数吧。

埃及人使用象形文字来写数字，比如 13545，这个数字的写法如图 1-11 所示。

图 1-11

这是从左到右按大小顺序写的，写的顺序反过来也可以。另外，要是把和换位置写也还是 13545 不变（见图 1-12）。也就是与各个数字的书写顺序（即定位）没有关系。所以埃及的数字跟定位的原理不一样，我们今天用的定位法是从与埃及数字不同的巴比伦王国系统产生的。

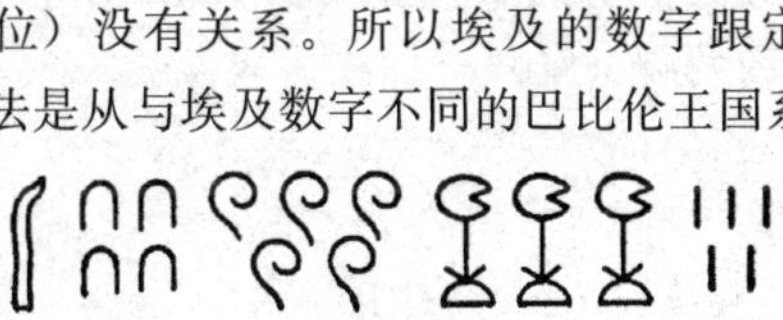

图 1-12

1.9 二十进制

如果以一个人的手指和脚趾数为基础，就能产生二十进制。这个二十进制和十进制并列，在今天的欧洲语言，特别是在法语里留下了痕迹，在法语里现在还有这种说法：

80——quatre vingts（4个20）

90——quatre vingt dix（4个20加10）

从前是用以下十进制的数词

80——octante

90——nonante

却特意变为使用20（vingt）的二十进制，可以看出法国人相当喜欢二十进制。雨果的著作里有名为《93年》的小说，那就是Quatre vingt treize（20×4+13=93），这对日本人来说是需要心算一下的问题。确实，这种二十进制不是面向孩子的算术，所以近来在小学里停止使用vingt，把quatre vingts代之以octante，把quatre vingt dix代之以non-ante，推荐使用这些合理的数词。

但是据说现在在农村有些地方还是像从前那样使用octante和nonante。

不仅是法语，英语里也保留着score（20）这样的数词，也把“人生70”说成Three score and ten（20×3+10=70）。林肯在葛底斯堡以那句名言“民有、民治、民享的政府”结尾的演说中，是以Four score and seven years ago这句话开始的，由于20×4+7=87，所以意思就是“87年前”。

可是，法语也好，英语也好，20只是10的辅助，认真完成二十进制的民族也有，例如阿伊努人就是。阿伊努语的20是hot“一齐”，意思就是两手（指）和两脚（趾）全加在一块儿。

10——wanpe

20——hot

30——wanpe-e-tu-hot（20×2−10）

40——tu-hot（20×2）

50——wanpe-e-re-hot（20×3−10）

…

别的地方不大有这样用减法的。

除了阿伊努人以外，可别忘了还有其他民族创造了完全的二十进制，那就是中美洲的玛雅族和墨西哥的阿兹特克族。玛雅族的数字如图1-13所示。

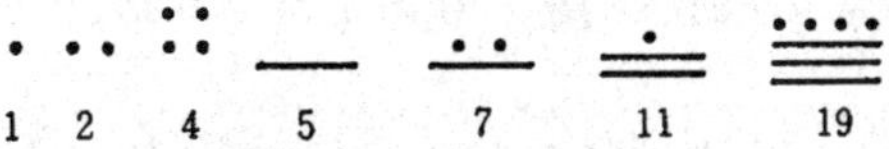

1 2 4 5 7 11 19

图 1-13

到了20，就在·的下面画上，用来表示。

这时的形状就好像是眼睛，可是下一档不是20而是18，不是400而是360。

这似乎和一年的天数有关系，作为360天来说，剩下的5天就是祭日了。

玛雅族使用的是先进的定位方法，可是后来出现的阿兹特克族却从定位法后退了，他们使用的是如图1-14所示的数字。

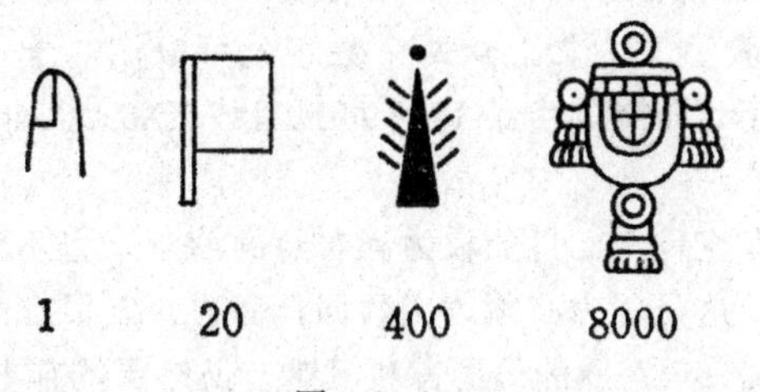

图 1-14

20是一面旗子，但20这个单位好像还太大，于是把20分成四等份，把10或15当作辅助单位使用，如图1-15所示。

阿兹特克族的二十进制是很彻底的。他们和玛雅族一样，一个月是20天，一年是18个月，20个部落聚在一起形成一个大部落。

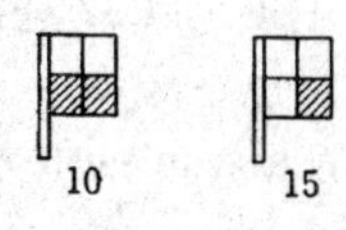

图 1-15

1.10 十二进制

人有5个手指，基于这样一个生物学的偶然事实，5，10或20就成为计算方法的基础。旧约圣经里说有一个手脚都有6个指头、总共有24个指头的巨人和大卫王打仗的事，如果是这个6指巨人创造数词，一定是十二进制。

实际上也有人不用十进制而改用十二进制。第一个有名的例子，据说就是瑞典国王查理十二世（1682—1718）。他率领军队窜扰北欧。这个外号叫“北方的狂人”的好战国王很年轻就死去了，没有能实行十二进制。这样一个豪强的国王，为什么执意要搞十二进制呢？其理由还不太清楚，不仅因为“十二世”的十二，还一定有更合理的理由。首先想到的是12的约数很多这一事实。10的约数有4个：1，2，5，10。与此相比较，12的约数是1，2，3，4，6，12，有6个。尤其是10不能用3除尽，而12却能用3除尽，这就是它的长处。

在学者当中提倡十二进制的人是博物学家布封（1707—1788）。十二进制除了0～9的数字外，还必须有表示10和11的数字，布封用X表示10，用Z表示11。加上这两个数字就可以用与十进制相同的方法写出所有的数字。布封的生年1707可以写成ZX3，卒年1788就可以写成1050。

可是即使有查理十二世的权力和布封的博学，也不能把十二进制强加在国民头上。这是因为必须改变数词，而这一点很难办到。

话虽这么说，现在欧洲的语言和习惯上仍然保留有十二进制的痕迹。英国小学的算术教科书里印有12×12=144的十二进制的“九九”表，可是这对英国的孩子有必要吗？比如12个是1打，12打是1罗。在度量衡上也是以12进位的居多。12英寸是1英尺，12便士是1先令。英语的数词也是从one、two开始说到ten，11不是ten-one，12不是ten-two，而是eleven和twelve。追溯到最古老的词源，eleven是从哥特语的ainlif（余1）来的，twelve是从twalib（余2）来的，也仍然是以十进制为基础，但现在已经是无法区别，决不能说成ten-one，ten-two。

在这一点上日语就合理得多。掌握了合理的数词会多么有利呢？这就不得而知了。总之“九九”表很好地利用了日语数词的规律性，用欧洲语言可就非常困难了。

1.11 六十进制

要是20太大的话，60就更大了。而以这更大的60为基础，把六十进制付诸实际使用的却是巴比伦王国。

巴比伦王国的六十进制现在在时间和角度的测量上仍然保留着。60秒是1分，60分是1小时，在角度上就是1度。这对于使用十进制的我们来说不太方便，可是要改变它与其说是困难的还不如说是不可能的。如果改变，那现在使用的钟表就全都没用了，刻着角度的机械也全都要返工改造。这个改革比起实行米制要困难得多。似乎不值得付出牺牲去实行。无论如何，钟表和分度器上的六十进制会永存下去。

可是六十进制为什么会在巴比伦王国产生呢？道理还不清楚，有各种各样的说法，下面一种说法似乎最说得通。巴比伦王国是由许多小的部落逐渐扩大形成的一个国家。那时有必要把各地方纷杂的度量衡统一起来。所以有很多约数的60就很方便。如十进制的国家和十二进制的国家一起组成新的国家时，如果用10或12都能除尽的数，也就是以10和12的最小公倍数60为基础的话，对两国都合适。

1.12 定位与0的祖先

巴比伦王国和埃及是历史上最早的城市国家，在那里文明的发达程度差不多相同，数学水平也很相近。它们掌握了100万或1000万以内的数词，知道加减乘除的计算方法，还提出了分数的想法。但是也有些不同点。

埃及在实现完整的十进制方面是先进的。巴比伦王国创立的是混杂着十进制的六十进制，因此我们得到一份不值得感谢的遗产，这就是时间与角度的六十进制。即使这么说，巴比伦王国的数学也不是在所有方面都比埃及差。巴比伦记数法的长处究竟在哪里呢？

像前面说过的那样，埃及人对于1，10，100，1000，…每一个新的单位想出一个新的文字。

可是巴比伦人分别用Y，<，Y≻来表示 1，10，100，1000 意味着 10 ×100，所以写成<Y≻。我们可以认为在<与Y≻之间省略了×（乘）的符号。同样，<<Y≻表示 10×10×100=10 000，<<<Y≻表示 10×10×10 ×100=100 000。这虽然只是数字，但其中隐含着重要的想法。这个想法就是把尽量少的数字组合在一起来表示尽可能大的数。节约数字的想法逐渐发展，发明了 0，诞生出计算用的数字，成了今天人类的共同财富。就是这些计算用的数字，按照定位的原理，仅用 10 个数字 0，1，2，3，4，5，6，7，8，9 的排列，就能够表示所有的数。

埃及人为什么不节约数字呢？原因不太清楚，也许这个原因会出乎意料地出现在我们身边。埃及人能够在纸莎草纤维制成的草纸上画精巧的图画。当有必要写出相当于 1000 万的数字时，能够轻而易举地画出○这样的图形文字。而巴比伦人却办不到，他们的纸就是黏土，笔就是在黏土上刻记号的粗陋的刮棒（见图 1-16），用刮棒充其量也就是刻出一些楔形沟。所以要像埃及人那样把 1000 写成𓆼等等真是太难了。巴比伦人必须想办法找窍门，用简单的楔形沟的组合写出 1000，这样不就产生了<Y≻吗？总而言之，也许是因为他们用粗陋的刮棒和黏土，使他们不得不节约数字吧。

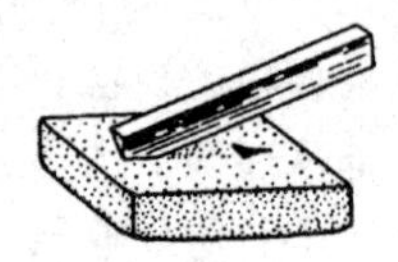
图　1-16

可是反过来说，这件事对于数学的发展却是幸运的。实际上，从 0 的发明到创造计算用的数字，这一发展的线索不是联系在埃及系统，而是联系在巴比伦系统的数学上。

如果是使用方便的草纸使埃及的数学停止发展，而不方便的黏土却给巴比伦数学的发展以很好的刺激，这可以说是历史的讽刺吧。

第 2 章　离散量和连续量

2.1　多少个和多少

可以说“这个筐里有多少个苹果”，而不能说“这个桶里有多少个水”，对于水只能说多少而不能说多少个。这样，多少个和多少之间就有了明显的区别。

苹果是一个个分离、独立存在的，像这类东西（数学上称作集）在数数目的时候，回答是多少个，这类东西就称作离散量。例如，人群、鸟群、棍子捆，全都是离散量，因为这些都是一个个相互分离的。在数离散量时总是说 1，2，3，…，称为自然数或正整数。

与数多少个的离散量相比较，像测量水有多少这样的量就称作连续量。因为桶里的水不是一个个分离的，而是连续变化的。

水无论分到多么细小也是水，是不会变的。还有，当把两个桶里的水倒在一起，仍然是连续的水，看不到有接缝的地方。

像这样能够自由地分开和结合的东西就称为连续量。然而，离散量和连续量的区别也并不是绝对的。例如，我们说多少米的布料是连续量，但若将其缝制成人们所穿的西装，就必须考虑它已成为离散量了。另外，俄国有一个故事说：“有位老奶奶要给三个孙子分吃两个土豆，因为不好分割，就把土豆做成了汤，分给三个孙子喝了。”老奶奶是把离散量的土豆，变成了连续量的土豆汤，从而解决了难题。

在人类靠摘取树木的果实和猎取野兽来维持生活的时候，只数离散量就足够了，不会产生什么差错。在数树木的果实和野兽这样的离散量时，就说 1，2，3，…自然数就行了。后来随着农业和畜牧业的发展，集体活动和集体生活的兴盛，就有了考虑连续量的要求了。假定有 10 个人捕获了 7 只鹿，当需要把 7 只鹿的肉分成相等的 10 份的时候，或者需要用鹿肉去交换其他东西的时候，自然就产生了考虑分割连续量的问题了。另外，像谷物的量、田地的面积、道路的里程等都是需要知道的，而这些都是连续量。

2.2 用单位测量

离散量要数，连续量要测量。然而，这里所说的测量步骤应如何进行呢？

两个离散量的大小是可以直接进行比较的。例如，为比较一束花的花数和花瓶数哪个多，可以在每个花瓶中插一枝花，余下哪一方就可说哪一方多。然而，作为不可数的连续量就不能这样做了。例如，当比较两根棍子的长度时，首先最简单的比较方法，就是直接并排起来进行比较，然后再确定长出来的部分有多长。但是，有些东西不能像这样进行直接比较。例如奈良大佛的大拇指与镰仓大佛的大拇指是不能如此比较哪个长的。在这种场合，必须找到一个间接的比较方法。可以选择一根小棍，看看拇指是它的多少倍，这也是一种比较。如果一方是小棍长的5倍，另一方是小棍长的3倍，我们就可以断定是比小棍长5倍的那个拇指长。这根小棍就是用来作间接比较的中间一方。因此，这根小棍的长度就成了长度的单位。

可以说在直接比较不方便的地方，就有了间接比较的需要，又由于间接比较的需要，而产生了单位。像重量、体积都是如此，尤其是钱更为明显。当初人类还没有货币时是进行物物交换的，用三个瓜与五个苹果进行交换，可以说这是一种方法，是价值的直接比较。由于这样的直接比较太麻烦，就出现了以贝壳和羊皮作中间物进行的间接比较和交换。此时，贝壳、金属都成了衡量价值的尺度。

由于以贝壳为单位只能在一个部落里通用，而在更大的范围里就不能通用，因此通用单位的金属货币就应运而生了。

例如对于估价为100日元的商品，在头脑中就会按每一日元把商品分成100等份。还有测量一根绳子是50厘米，就相当于分成50等份。所以说测量是离不开分割的。

古时候，中国有个很有名的“曹冲称象”的故事。

称象的方法是先把象拉到船上，在吃水线处作好标记，随后把象牵下船，再把小石头装上船，使船下沉到有标记的地方。这样可以每次用秤称少量的石头，按照加法进行计算，从而整个象的重量就称出来了。

这样做能代替分割象，由于用和象的重量相等的小石头代替象，所以分开称石头，结果就和分割象是一样的。要测量从此地到邮筒的路长，若无尺时，则可利用步幅来测量（见图 2-1）。所谓用步幅测量就是从路长中扣除每一步的步幅，直到剩下零头为止。如能扣除 100 次，就可回答说是 100 步。这样就把本来是连续量的道路长度分割为步幅，即把连续量变成了离散量。

因此，测量连续量只有建立在数离散量的方法上才有可能。人类的祖先很早就是从数离散量 1，2，3，4，…开始计数的，孩子们也是从数像小石子和玻璃球一类的离散量开始建立数的概念的。测量水、牛奶和粉之类的连续量，后来也成为可能的了。

图 2-1

然而，在把连续量分割成离散量时，产生了一个困难，这就是存在零头的问题。用 1 米的尺来量金属丝的长度时，恰好量到头大约是不可能的，在大多数情况下要剩下不够 1 米的零头。若用 1 米来量，量了 4 次后剩下了零头，此时该怎样量下去才好呢？其方法有二。第一个方法是制作比 1 米小的单位，再用此单位量剩下的零头。

如果这个单位是 1 米的 1/10，即 1 分米，若用此单位量了 7 次，那么零头就有 7 分米，金属丝的全长就是 4 米零 7 分米。如果仅用米来表示，就是 $4\frac{7}{10}$米，也可用小数表示为 4.7 米。

量到这里如果还有余下的零头，可进一步用 1/100 米即 1 厘米来量，若量得结果为 2 厘米，那么全长就是 4.72 米。

如此，每当有余下的部分时，就将尺度再细分 1/10，这样就成了一个多位小数，例如 4.7253…米。

照此，将尺细分下去，所出现的数就是小数。然而，还有另一种方法，那就是在没有尺的时候，使用金属丝一起进行交替细分的方法。

试用 1 米的尺来测量金属丝，结果有 2 米和若干零头，如果要知道这个零头是 1 米的几分之一，就必须用该零头来分割 1 米的长度，若分了 3 次，那么零头就是 1/3 米，可以说全长就是 $2\frac{1}{3}$ 米（见图 2-2）。

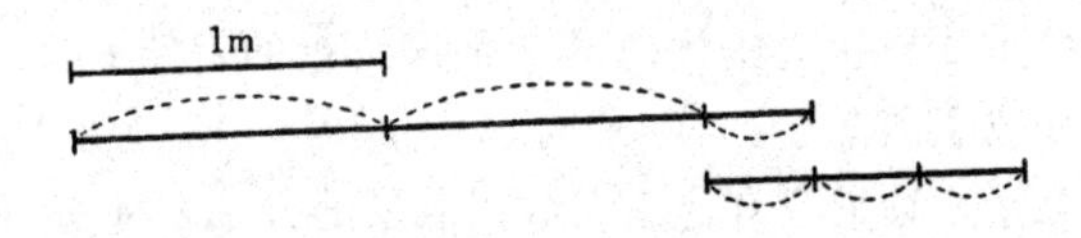

图 2-2

如果量了 3 次之后还有零头，可再用零头来分割 1/3 米。传说这个方法是古代希腊的木匠使用过的。注意用这种方法测量时，结果是分数。

2.3　连续量的表示方法

两只狗和三只狗加在一起是几只狗？孩子们会立刻画出狗来计算（见图 2-3）。

图 2-3

然而渐渐地，随着画的进展，觉得用这种方法计算不需要画狗的腿和尾巴，于是就想到只用简单的符号就行了（见图 2-4）。

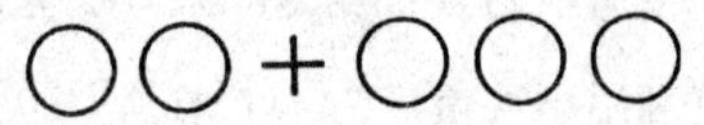

图 2-4

进一步懂得了，不仅狗，连苹果、人都能用同样的符号来表示（见图 2-5）。

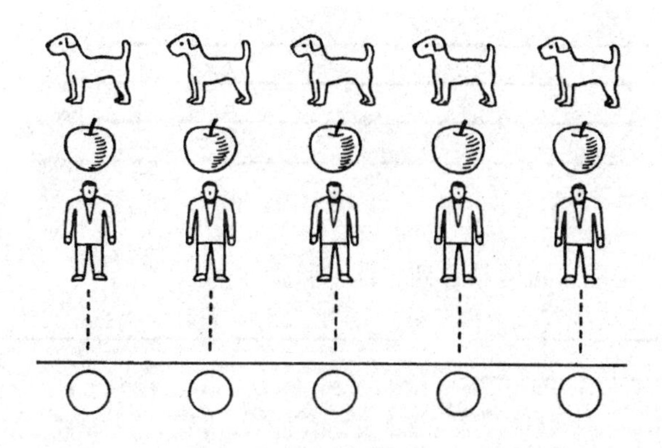

图　2-5

即懂得为了表示离散量，最易画的是○，这是最合适不过的了。

但是，用○来表示连续量，不论怎样考虑都是不合适的。用…来表示倒入桶中的三升水也是不合适的，因为水是连续的。

表示连续量必须考虑其他方法，想出这种方法的人就是笛卡儿。他想出了用直线的长度来表示所有的连续量：

“……最后必须了解，在连续量的各种量纲中，显然比长度和宽度更清楚的东西是不存在的……”

连续量，除了长度以外，还有重量、面积、体积、时间、密度、温度、款额等，可以说种类很多。这些全部都用长度来表示，不能不说笛卡儿的想法是非常大胆的（见图 2-6）。

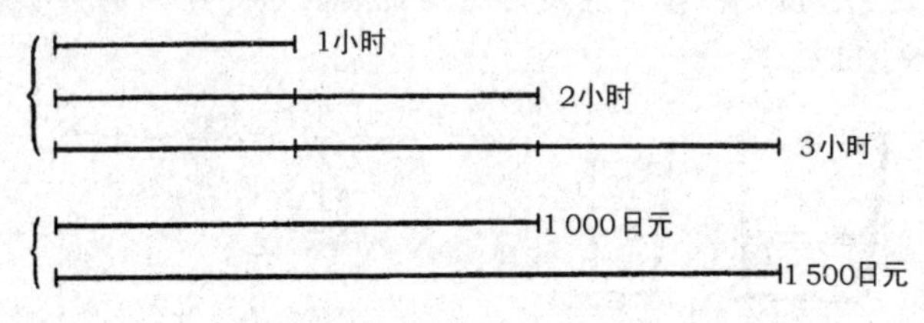

图　2-6

的确，用长度来表示的话，连续量所具有的重要特性就会鲜明地表达出来。

首先就是不论多少都能分割，而直线的长度确实不论多少都能分割（见图 2-7）。

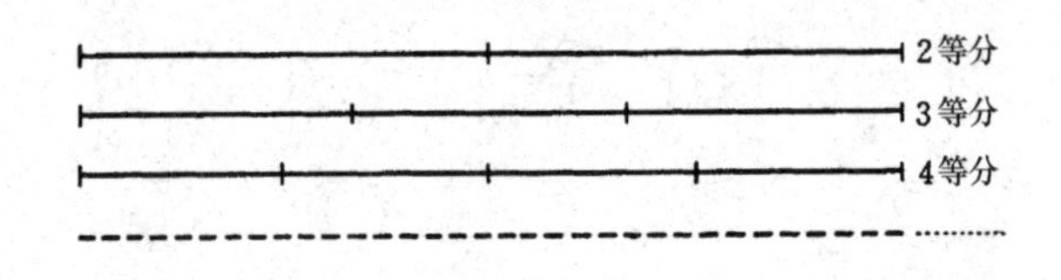

图 2-7

其次，也能自由地结合到一起（见图2-8）。

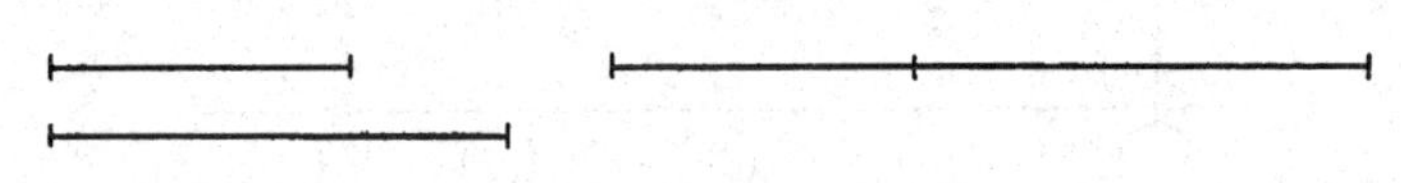

图 2-8

再次，能够很容易地比较大小（见图2-9）。

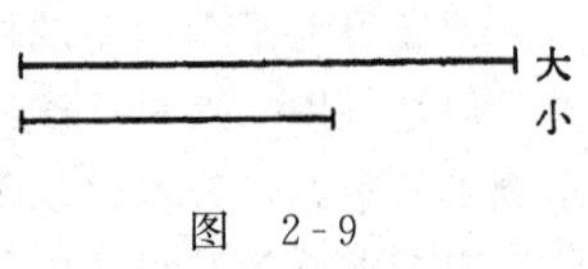

图 2-9

虽然形状不同的杯子里的水的体积是不容易比较的，但是如将体积转换成长度，立刻就可以进行比较。具体地说来，只要看一下水倒进米制量杯后的变化就会明白。米制量杯本来就是把体积转换成长度的工具（见图2-10）。

仔细考虑一下，说量器多半都是把连续量表示成长度的工具，是并不过分的。

例如，杆秤就是把重量转换成有刻度的长度的工具，钟表就是把时间转换成表盘的长度（曲线长度）的机械，还有温度计是把温度这一连续量转换成了长度，汽车的速度计也是把速度这一连续量变成曲线的长度（见图2-11）。

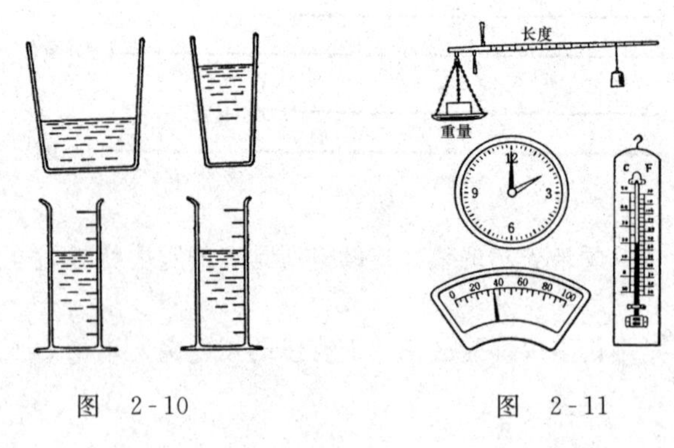

图 2-10　　图 2-11

如此考虑“把全部的连续量用长度来表示”这个笛卡儿原则，实际上就是一项伟大的发现。

这件事在另一方面也明显地体现出在数学上的重要性。

歌德曾对数学家作了如下的描述：

“数学家与法国人有些相似。不论向他说什么，他都要翻译成本身的语言，并把它当作完全不同的东西来对待。”

的确，数学家把各式各样的量转换成最容易考虑的长度，它就像世界语一样，具有作为连续量的通用语的作用。

这样，由于笛卡儿把连续量转换为长度，就为坐标图的出现做好了准备。例如，之所以能把某日某患者的体温画在坐标图上，是因为作为连续量的时间和温度是能用长度来表示的（见图 2-12）。

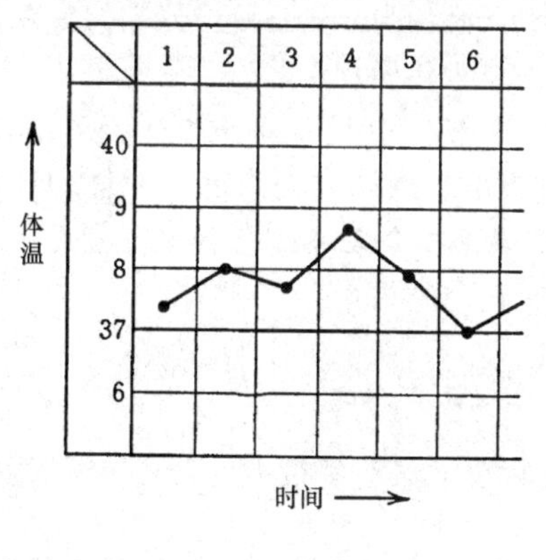

图 2-12

2.4 分数的意义

测量连续量一般总是要剩有零头的，因此其得数就成了分数或小数，即分数和小数是从连续量抽象出来的。因此，计算时应当时时记住它是连续量。

尽管前面已给出提示，但是分数的计算仍是相当困难的。在德语中有句话叫做“in die Brüche gehen”，直译就是“进入分数”，真正的意思是说“道理不明”。之所以这样困难，就是由分数造成的。

的确在分数中困难之处不少。首先分数的意义难以理解。原来分数有以下两个意义。

第一个意义，例如$\frac{2}{3}$可以看作是由两个$\frac{1}{3}$合起来的，即

$$\frac{2}{3}=\frac{1}{3}+\frac{1}{3}$$

于是$\frac{3}{5}$就是3个$\frac{1}{5}$合起来的：

$$\frac{3}{5}=\frac{1}{5}+\frac{1}{5}+\frac{1}{5}$$

正像$\frac{1}{3}$和$\frac{1}{5}$那样，把1分为几份的分数，即把分子为1的分数叫做单位分数，第一个意义是认为分数是单位分数的集合。用单位分数作为基础进行分数计算的是古代埃及人。

在《莱因德纸草书》中记载着图2-13所示的一件事，把它翻译过来意思是“用17除2”。如果是在今天，就连小学生都能立刻得出正确的结果：

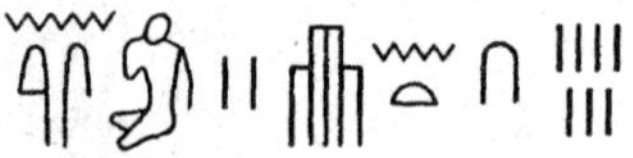

图 2-13

$$2\div17=\frac{1}{17}+\frac{1}{17}=\frac{2}{17}$$

然而当时埃及的数学家费了很大的苦心才发现$2\div17=\frac{1}{12}+\frac{1}{51}+\frac{1}{68}$，其计算的方法是非常复杂的。因此，解答的方法反而变得更困难了。这样他们就得着意考虑单位分数，并且无论如何不会离开这种把不同的单位分数集合成分数的思想方法。阿孟斯也很辛苦地制作并填写了从$2\div3$到$2\div101$的表。

在今天，我想谁也不需要这样的表了吧！原因大家都懂得，是基于这一事实。

$$2\div5=\frac{1}{5}+\frac{1}{5}$$

$$2\div7=\frac{1}{7}+\frac{1}{7}$$

…

从阿孟斯的繁琐的表来推测，说不定他们不了解 $2\div 5=\frac{1}{5}+\frac{1}{5}$，$2\div 7=\frac{1}{7}+\frac{1}{7}$这个规则，因为连分子为 2 时都不知道，在 3 以上时就更不用说了。

$\frac{3}{5}=\frac{1}{5}+\frac{1}{5}+\frac{1}{5}$是$\frac{3}{5}$的第一个意思，$\frac{3}{5}=3\div 5$ 则是$\frac{3}{5}$的第二个意思。

因此，$3\div 5$ 可理解为$\frac{1}{5}+\frac{1}{5}+\frac{1}{5}$。

知道了这一点，就好往下进行了。试将 3 张纸分成五等份。要是把它们横着排起来分，是难以体现$\frac{1}{5}+\frac{1}{5}+\frac{1}{5}$之意义的。因此，可将其稍加整理，使 3 张纸重叠起来再分成五等份。

这样一来，马上就会明白 3 个$\frac{1}{5}$张纸片的道理（见图 2-14）。总之，$3\div 5=\frac{1}{5}+\frac{1}{5}+\frac{1}{5}$是显而易见的了。

埃及人不了解这一规则，竟白费了力气。这件事就文化的进步来说给了我们有益的教训。文化的进步也不是直线前进的，而是走了很多弯路。不仅如此，甚至走进死胡同长时间出不来的事也是有的。阿孟斯的单位分数表，的确可以说是一个死胡同。

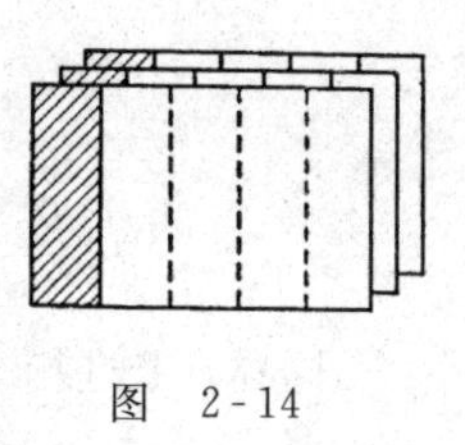

图 2-14

2.5 折叠和扩展

分数的难度也在于其表示的方法。例如整数的表示方法只有一种，像 256，除了写作 256 之外没有别的写法；小数也一样，3.14 除了写作 3.14 以外也没有别的写法。然而，即使是相同的分数，也有各式各样的写法。例如$\frac{1}{2}$可以写作$\frac{2}{4}$，也可写作$\frac{3}{6}$。虽然内容相同，可外表是不同的：

$$\frac{1}{2}=\frac{2}{4}=\frac{3}{6}=\frac{4}{8}=\cdots$$

同一个$\frac{1}{2}$之所以能写成许多变化形式，其原因是存在着下述规则：

“分数的分母和分子不论是乘以相同的数，还是除以相同的数，其分数的大小都是不变的。”

为了理解这个规则，可利用纸片说明。例如1张纸的$\frac{2}{3}$就是图2-15中画斜线的部分。在这张纸片上画一道横线就分成了小块，一个小块为$\frac{1}{3\times2}=\frac{1}{6}$，而斜线部分的块数为$2\times2=4$，由于有4块就变为占$\frac{2\times2}{3\times2}=\frac{4}{6}$。然而，由于用横线分割后的斜线部分仍保持原样，所以有

$$\frac{2}{3}=\frac{2\times2}{3\times2}=\frac{4}{6}$$

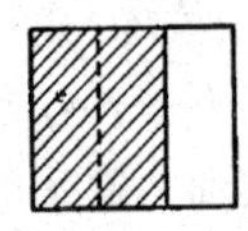

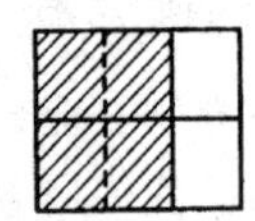

图 2-15

同样，若进行3等分，就可成为$\frac{2\times3}{3\times3}=\frac{6}{9}$，继续进行4等分、5等分，就成为图2-16所表示的情形。

$$\frac{2}{3}=\frac{2\times2}{3\times2}=\frac{2\times3}{3\times3}=\frac{2\times4}{3\times4}=\cdots$$

图 2-16

由此就可明白“分数的分母和分子乘以同样的数，其大小不变”这

个道理。另外，如想从$\frac{2\times2}{3\times2}$得出$\frac{2}{3}$来，就可将分母和分子都用 2 来除，则其大小仍然不变，将$\frac{4}{6}$的分母和分子都除以 2 得出$\frac{2}{3}$，通常把这叫做约分，即本书中所说的“折叠”。相反，将$\frac{2}{3}$的分母和分子都乘以 2 得到$\frac{4}{6}$，称此为“扩展”。

$$\frac{2}{3}\underset{\text{（折叠）}}{\overset{\text{（扩展）}}{\rightleftarrows}}\frac{4}{6}$$

无疑，不论“折叠”或是“扩展”，都不会缩小和扩大分数的大小，而仅仅是改变了外形而已。

2.6　分数的比较

比较两个小数，可以一目了然，因为将小数点对齐，若从高位开始进行比较则是很容易看出的。例如若比较 5.382 和 5.3947，立刻就可知道 5.3947 大。

然而，区别分数的大小就相当困难了。例如$\frac{3}{7}$和$\frac{2}{5}$哪个大，难以立即答出。不能简单地区分大小是分数的一项困难。

如果按$\frac{2}{5}$是 $2\div5$，$\frac{3}{7}$是 $3\div7$ 来考虑，实际上做除法运算就行了，即有

$$\begin{array}{r} 0.4 \\ 5\overline{)\,2\,0} \\ \underline{2\,0} \\ 0 \end{array} \qquad\qquad \begin{array}{r} 0.42 \\ 7\overline{)\,3\,0} \\ \underline{2\,8} \\ 2\,0 \\ \underline{1\,4} \\ 6 \end{array}$$

$$\frac{2}{5}=0.4 \qquad\qquad \frac{3}{7}=0.42\cdots$$

这样用小数来比较，就知道$\frac{3}{7}$大。然而由于用除法运算有余数，所

以不能说它是个好方法。

这可以利用正方形纸片来作说明（见图 2-17）。把两张正方形纸片一张竖着分一下，一张横着分一下。让纸片的中间是透明的，把两张纸片重叠起来。这样，一个小块就成了$\frac{1}{5\times7}=\frac{1}{35}$。从而形成一方为$\frac{2\times7}{5\times7}=\frac{14}{35}$，一方为$\frac{3\times5}{7\times5}=\frac{15}{35}$，我们就知道了$\frac{15}{35}$比$\frac{14}{35}$大。即返回到原状态就是$\frac{3}{7}$比$\frac{2}{5}$大。

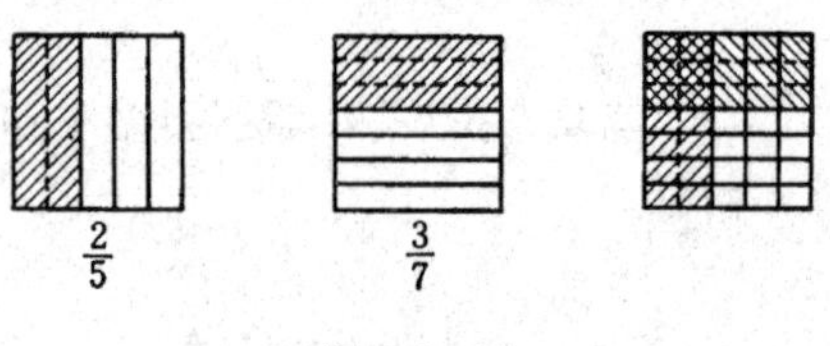

图 2-17

这是在结果中将$\frac{2}{5}$和$\frac{3}{7}$换算成相同的分母，即适当地扩展到 35。写成算式则为

$$\frac{2}{5}=\frac{2\times7}{5\times7}=\frac{14}{35} \qquad \frac{3}{7}=\frac{3\times5}{7\times5}=\frac{15}{35}$$

像这样将分数适当地扩展，化成分母相同的分数，就叫做通分。

比较分母不同的分数的大小就是比较通分后分子的大小。

2.7 分数的加法和减法

尽管分数之间的相加稍有困难，但若分母相同就比较简单，例如图 2-18 所示。

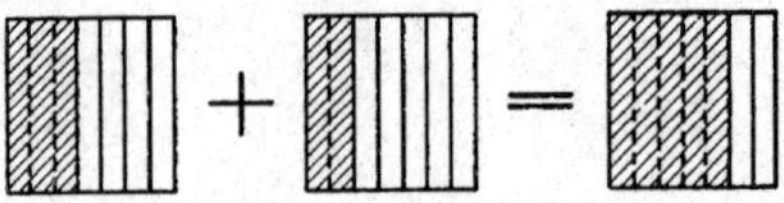

$$\frac{3}{7}+\frac{2}{7}=\frac{5}{7}$$

图 2-18

因为$\frac{1}{7}+\frac{1}{7}+\frac{1}{7}$和$\frac{1}{7}+\frac{1}{7}$相加，由于有 5 个$\frac{1}{7}$就成了$\frac{5}{7}$，这

不外乎是使分母保持原样，而将分子彼此进行相加，即

$$\frac{3}{7}+\frac{2}{7}=\frac{3+2}{7}=\frac{5}{7}$$

无论什么样的分数只要分母相同，就可以用这种形式来计算，然而难办的是分母不同的情况。

为使 $\frac{2}{5}$ 与 $\frac{3}{7}$ 相加，可采用在比较其大小时所用的作法（见图 2-19）。

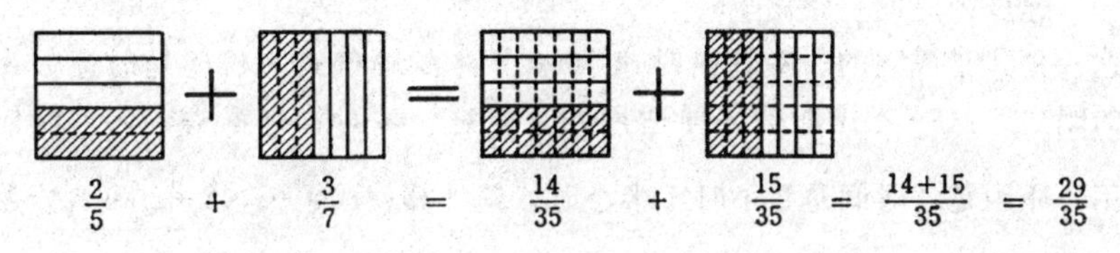

图 2-19

这仍然是将两个分数适当地通分为相同的分母。因此，分数相加也是相当不容易的。为了扩展，需要用乘法，而为找出共同的分母也需用乘法。

减法运算时也和加法时一样，应使其分母化成相等：

$$\frac{3}{5}-\frac{2}{7}=\frac{21}{35}-\frac{10}{35}=\frac{21-10}{35}=\frac{11}{35}$$

经常出现的错误是在分数相加时，有人就把分母和分母、分子和分子相加起来。

例如，$\frac{2}{5}+\frac{3}{7}$ 写成 $\frac{2+3}{5+7}=\frac{5}{12}$，就把这作为答案了。然而这个 $\frac{5}{12}$ 是比 $\frac{3}{7}$ 还要小的。因为

$$\frac{5}{12}=\frac{5\times7}{12\times7}=\frac{35}{84} \qquad \frac{3}{7}=\frac{3\times12}{7\times12}=\frac{36}{84}$$

所以 $\frac{2}{5}+\frac{3}{7}=\frac{5}{12}$ 是毫无道理的。举一个最极端的例子，若用此法计算 $\frac{1}{2}+\frac{1}{2}$，就是 $\frac{1+1}{2+2}=\frac{2}{4}=\frac{1}{2}$。也就是，一半加一半等于一半，可以说是得出了一个莫名奇妙的结果。

2.8 乘法的扩大解释

使用乘法的计算有很多。例如，以1小时5千米的速度步行的人，若走3小时，步行了多少千米，其计算就是乘法：

$5\times3=15$

一般情况下有

速度×时间＝距离

这一公式是成立的。不管是时速1000千米的喷气式飞机还是时速数米的蜗牛，这一公式都是同样适用的。但是，时间若有零头，就不能使用。原因是若时间是2小时零半小时，其计算就成了$\cdots\times2\frac{1}{2}$。$\cdots\times$分数的计算还是不好理解。

同样，1升单价为80日元的酱油，只买3升，其总价为

80日元×3＝240日元

一般的公式为

单价×数量＝总价

此时，若数量为1升半，就变成$\cdots\times1\frac{1}{2}$，故上述公式也不能使用。

遇到这种情形时，采取的态度有两种。一种是由于×就是重复相加，而×分数则与×的本来定义有矛盾，故而拒绝考虑×分数。这是一种保守的态度。另一种态度是为了弄清×分数是什么意思，而将×的意义予以扩充：

速度×时间＝距离

单价×数量＝总价

也就是说，认为连续量×连续量＝连续量的公式在分数的情况下也照样能使用。这同前一种态度相比可以说是进步了。

判断不出这两种态度哪一种是正确的，然而事实上，数学总是按后者进步的态度而发展的。

按第二种考虑方法，×分数的意义究竟是什么呢？现以

速度×时间＝距离

这一公式来考虑一下。

以时速 5 千米走了$\frac{3}{4}$小时，即使不使用公式也能算出行程：

在$\frac{1}{4}$小时为 5 千米÷4

在$\frac{3}{4}$小时为 5 千米÷4×3，即除以分母再乘上分子就行了。

因此若规定 $5\times\frac{3}{4}$就是 5÷4×3，则

速度×时间＝距离

这一公式在分数世界里也是适用的。

换句话说，…的$\frac{3}{4}$也是有意义的。所以下面三种情况的意义相同：

$\cdots\times\frac{3}{4}$ | …的$\frac{3}{4}$ | …÷4×3

如果像这样来规定乘分数，也可以理解

单价×数量＝总价

这个公式同样能在分数世界里推广使用。例如 1 升单价 80 日元的酱油，计算$\frac{3}{4}$升的总价，则有

$\frac{1}{4}$升为 80 日元÷4

$\frac{3}{4}$升为 80 日元÷4×3

…÷4×3 与前面所述是相同的。另外，长×宽＝面积，同样在分数世界里也适用。例如，长 5 米，宽$\frac{3}{4}$米的长方形面积（见图 2-20），可以像下面这样来表示：

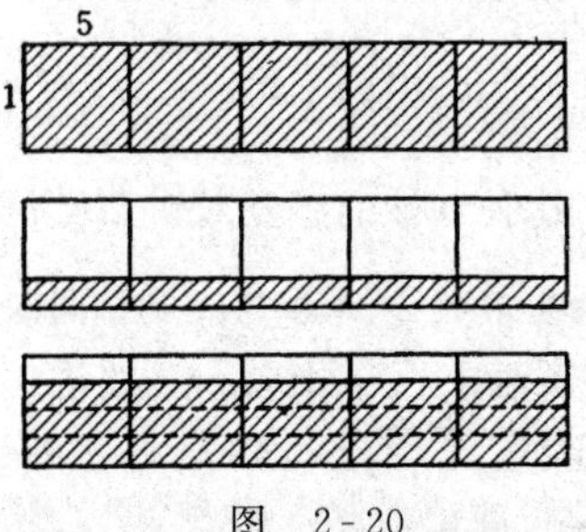

图 2-20

长 5 米，宽 1 米，面积 5 平方米

长 5 米，宽$\frac{1}{4}$米，面积（5÷4）平方米

长5米，宽$\frac{3}{4}$米，面积（5÷4×3）平方米。也就是，若使$\times\frac{3}{4}$为÷4×3的意思，则

长×宽=面积

这一公式在分数世界里也是适用的。

虽然上述不过是二三个实例，但由此可以了解，当明确规定了×分数的意义时，×的公式在连续量的世界里照样成立。

听到这些，保守的顽固派是会说三道四的。确实给×分数下了定义会带来很多方便。但是，由于$\times\frac{3}{4}$实质上是÷4×3，即乘1次分数，等于又除又乘两次整数，所以就不必要考虑$\times\frac{3}{4}$了。因为与×的起始的意思混同，所以还是使用别的记号为好。

大概这也是反对论的一番道理吧。然而就是使用旧的×，也没有比这更糟的了。在普通的说法中也有不少与此类似的情况。例如，有过“笔勤”或“笔不勤”的说法，对于使用钢笔和铅笔来说，绝不会说成是“钢笔勤”、“钢笔不勤”。

在这里，笔是被扩大解释为包含了钢笔和铅笔的。因此，尽管数学是定义严格的学科，但在某些场合，可以说也具有灵活的一面。

2.9 乘减少，除增大

如果把×当作扩大来解释，虽然也能定义×分数的意义，但也会产生一些问题。例如乘整数时必定是增大的，但乘分数时就会减小。总而言之“乘就增大”这种通常的说法是不成立的。不用说想出$\times\frac{3}{4}$就是…的$\frac{3}{4}$，即便是感到奇怪，也是理所当然的。这种奇妙的感觉对讲西欧语言的人比对讲日语的人来说更为强烈。因为在多数欧洲语中“乘”同时就是增大的意思。例如英语中的multiply、法语中的multiplier，德语中的vervielfachen，俄语中的умножить等皆是。

18世纪的大数学家欧拉对这个解释似乎也感到难办，曾说过：

“如果整数或分数乘以分数，其得数比被乘数小，无论如何这与乘法的性质是矛盾的。乘法若按其名称来判断，则意味着增大或增加。”

旧约圣经里的“Be fruitful, and multiply”就是“产生吧！增殖吧！”因此对multiply也会减少是难以理解的。

然而有幸的是日语的“乘”没有“增大”的意思，因此欧拉的疑问不知不觉地就解决了。当减价时与其说打8折等，莫如直说减少的价钱更好。

在这一点上是按照近代日语来说的。

因为在日语里“乘”没有增大的意思，所以日本人和欧洲人一样，乘上$\frac{2}{3}$得数减少这一点也是在不知不觉之中得到了解决。但是对于除法就不能那样说了。即使是日本人，对于除是增大也是难以想象的，这是不能在不知不觉中解决的。

为了解答这种疑问，联想起来对于除法是有两种意思的。也就是平均分割和包含分割。

首先，若将除分数考虑为包含分割，就会消除除是增加这一疑问。

如果把3米长的绳，分割为$\frac{1}{2}$米即50厘米长的绳，能分成多少根，试思考一下这一问题（见图2-21）。

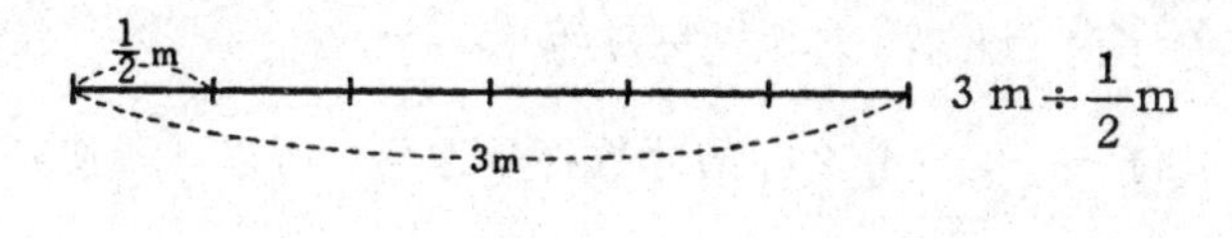

图 2-21

若写出公式并以米为单位就是$3\div\frac{1}{2}$，答案很明显为6，即

$$3\div\frac{1}{2}=6$$

3被除以后虽然增大到6，但像这样，若将除法3米÷$\frac{1}{2}$米看成是包含分割是不难想象的。

这里暂把÷分数考虑成包含分割，来推导一下计算的方法。

试考虑把 6 米长的金属丝剪成$\frac{2}{5}$米长的小段，能剪多少根。如用运算式写出就是 6 米$\div\frac{2}{5}$米，省略单位米即为

$$6\div\frac{2}{5}$$

这样的计算，一次不好完成，可用两次来完成。

首先，剪成 2 米长的金属丝。即 6 米÷2 米＝3，能够分成 3 根（见图 2-22）。

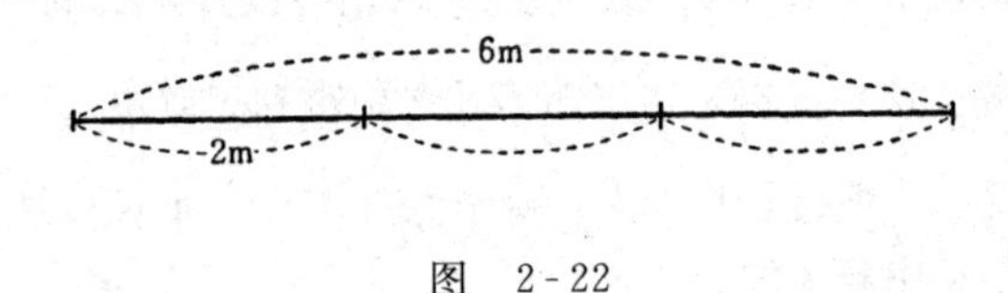

图　2-22

接着若将 2 米长金属丝再分为 5 等份，每份就成了$\frac{2}{5}$米长的金属丝了，因为是 3 根的 5 倍就是

$$3\times5=15$$

按照最初的计算就是

$$6\div2\times5=15$$

也就是用分子的 2 来除，再乘上分母的 5。

这不限于$\div\frac{2}{5}$，对什么样的分数都是这样，所以，若使其一般化，则有下列规则：

“除以分数时，就是除以分子，乘上分母。”

$$\cdots\div\frac{分子}{分母}=\cdots\div分子\times分母$$

因此，$\div\frac{2}{5}$与$\times\frac{5}{2}$是一样的，所以就有下述的规则：

“除以分数时，可以乘上将该分数调换分子和分母后的分数。”

$$\cdots\div\frac{\triangle}{\square}=\cdots\times\frac{\square}{\triangle}$$

由此可见，若将÷分数考虑为包含分割就能够很自然地加以想象。

但对平均分割的方法该如何考虑呢？

例如，12是几的3倍，这个问题就是12÷3的平均分割问题；12是几的$\frac{2}{3}$，把这个问题考虑为$12\div\frac{2}{3}$的平均分割也是合适的。这也和包含分割的情况相同，可分成两步考虑。

首先12是几的2倍？

12÷2=6

6又是几的1/3？

6×3=18

按照最初的计算，则有

12÷2×3=18

也就是说12应是18的$\frac{2}{3}$。

此种计算与包含分割的情况一样，除以分子的2乘以分母的3。

也就是说$\div\frac{2}{3}$变成了$\times\frac{3}{2}$，不论是包含分割还是平均分割都是相同的。

如上所述，×分数、÷分数的规则就是变成整数的两次计算。这个规则一旦被确定之后，考虑分数的一次计算，就可以此为基础向前迈进。数学进步的秘密就在这里。

2.10 小数的意义

小数就是拿10，100，1000，…特殊的数作分母的分数。虽然从理论上说确实如此，但在认识上却颇费周折。

所谓测量长度和重量等连续量，就是看它是单位量的多少倍。但往往是有零头的，出现零头时的处理，前面有两处已叙述过了。

那就是以余量为基础去除单位量。如果单位量是余量的5倍，我们就可以知道余量是单位量的$\frac{1}{5}$，这就是对分数的考虑方法。而将单位量进行细分就是小数的考虑方法。将单位量分成十等份，用此去除余量，如为 2 倍，那么余量就是单位量的$\frac{2}{10}$倍或 0.2 倍。

分数可以说是由于采用没有计量仪器的测量方法而出现的，但小数则可以说是由于用了计量仪器这种测量方法而产生的。

因此可以这样说，发展小数理论的不是那些轻视劳动的希腊贵族阶级，而是那些使用尺和秤的工匠和商人，贵族们是不肯做这些事的。像欧几里得（公元前 3 世纪）就不知道小数，他经常用的就是用余量来除的方法。

今天的十进制小数，在欧洲是从 16 世纪开始创造出来的。是荷兰新教徒国王拿骚的莫利斯所雇用的技师史蒂文创建了小数理论。

他被称为不是数学家而使用数学的实践家。他在《小数论》这一欧洲首次建立的小数理论中写道：

“西蒙·史蒂文向天文学家、测量技师、织物计量师、重量测定技师以及商人们致敬……”

他给小数以下列定义：

“小数是根据十进制的考虑，使用普通阿拉伯数字的算术的一种。使用小数后，不管什么数都可以写出来，在实际事务中出现的计算可以完全不用分数而只用整数来进行。”

虽然史蒂文的小数和今天的小数在内容上是相同的，但写法上却有不同。如今天的 8.937，史蒂文写作 $8_{⓪}9_{①}3_{②}7_{③}$。圆圈中的数字是位数。用这种方式，对于整数部分好像也有附带写位数的必要，但按照整数取位数的原理，就没有必要再表示位数了。同样，在小数中，若应用取位的原理，像⓪，①，②，…这样的位数也不需要表示了。若是史蒂文懂得今天的小数，看到有谁特意将位数用⓪，①，②，…来表示，也会感到不妥的。由上面的例子就可以知道人类知识的进步不会是跳跃前进的。

2.11 分数和小数

把小数变为分数是非常容易的，只要将小数点去掉后作为分子，再在 1 的后面加上 0，其个数为原小数的小数点后的位数，以此做分母就

行了。例如

$$3.14=\frac{314}{100} \qquad 0.05=\frac{5}{100}$$

然而将分数变为小数就有点困难了。

分数可按照分子÷分母那样计算，例如

$$\frac{3}{4}=3\div 4=0.75$$

$$\frac{5}{8}=0.625$$

…

问题在于除不尽时怎么办。如

$$\begin{array}{r} 0.666 \\ 3\overline{)2} \\ \underline{1\,8} \\ 20 \\ \underline{18} \\ 20 \end{array}$$

$\frac{2}{3}$为 0.666…永远不会结束。

我们可以在这无限重复的数字上加个“·”来表示，即

$$0.666\cdots=0.\dot{6}$$

然而在有些情况下，不能像上述那样把分数写成有限小数。若勉强来写的话，就写成0.666…，但用…不能表示 6 到底继续到多少。

$\frac{2}{3}$是 0.666…这样按 6 重复下去，但其他数如何呢！例如$\frac{4}{11}$为 0.3636…，是按 36 重复，也就是 $0.\dot{3}\dot{6}$。其他情况也一样，例如

$$\frac{8}{37}=0.216216216\cdots=0.\dot{2}1\dot{6}$$

$$\frac{31}{101}=0.30693069\cdots=0.\dot{3}06\dot{9}$$

…

从这几个实例看来，似乎可以说在将分数化为小数时，必定从某个地方开始变成重复了。要证明这一点是比较容易的。

例如将$\frac{3}{7}$化为小数，其计算为

```
   0.428571
7)3
  2 8
  ----
   20
   14
   ----
    60
    56
    ----
     40
     35
     ----
      50
      49
      ----
       10
        7
      ----
        3
```

除到剩余为 3 为止。注意到这个 3 和最初的 3 是相同的，若再除这个 3 就是做完全相同的计算，其结果也同样是 428571。也就是 428571 这六个数字接连不断地重复着，即

$$\frac{3}{7}=0.428571428571428571\cdots=0.\dot{4}2857\dot{1}$$

像这样以同样的数字组重复着的无限小数就叫做循环小数。

实际上即使不做除法运算，也能证明$\frac{3}{7}$一定是循环小数。

首先注意一下每进行一次除法运算得出的余数。因为用 7 来除，余数必定为比 7 小的数，即只有 0，1，2，3，4，5，6 这 7 种情况。

余数若为零，那就是除尽了，是有限小数，所以不会有 7 种情况，真正出现的是 1，2，3，4，5，6 这 6 种。这里若进行 7 次“除运算”，仅比 6 次多一次而已，为什么要进行 7 次呢，就是看 1，2，3，4，5，6 这 6 个数字哪一个出现两次。实际上计算一下，必定知道出现两次的是哪个数字，然而即便不计算，也知道是哪一个会出现两次。

若出现两次，则在此以后的计算就是相同的计算，当然小数也就成了重复的了。

在上述证明过程中所使用的逻辑推理，称做“房间分配”，是一位叫做狄利克雷（1805—1859）的人首先使用的。

一座有 6 个房间的旅馆，有 7 位旅客登记入住，必须有两个人以上

愿意同住一个房间才行。这就是所说的“房间分配”问题。

这不仅仅是 6 才有的问题。像有 100 个房间的现代大旅馆若来了 101 人，也是必定要有同住房间的。

因此，不仅仅是$\frac{3}{7}$，即使是一般的分数，若化不成有限小数，就一定可化成循环小数。其循环的节长一定比分母的数要小。

以上所述可归纳为：

“把分数化为小数时，不是有限小数，就是无限循环小数。”

2.12 循环小数和分数

试将无限循环小数化为分数。例如，将

$$0.555\cdots=0.\dot{5}$$

化为分数，首先考虑一下 $0.555\cdots=0.111\cdots\times5$。也就是看作是最简单的 0.111…的 5 倍。此外根据

$$\begin{array}{r} 0.111 \\ 9\overline{)1.0} \\ \underline{9} \\ 10 \\ \underline{9} \\ 10 \\ \underline{9} \\ 1 \end{array}$$

所以 0.111…就是$\frac{1}{9}$，即

$$\frac{1}{9}=0.111\cdots=0.\dot{1}$$

因此

$$0.555\cdots=0.111\cdots\times5=\frac{1}{9}\times5=\frac{5}{9}$$

像 $0.373737\cdots=0.\dot{3}\dot{7}$ 有两位数字的循环节会是怎样的呢？如前面所述，首先试探一下最简单的数，这就是 0.010 101 …。0.373 737 …是 0.010101 的 37倍。再考虑除法运算

$$
\begin{array}{r}
0.010101 \\
99\overline{)\,1.00\quad} \\
\underline{99\quad} \\
100\;\; \\
\underline{99\;\;} \\
100 \\
\underline{99} \\
1
\end{array}
$$

就可知道 0.010101…就是$\frac{1}{99}$，即

$$\frac{1}{99}=0.01010101\cdots=0.\dot{0}\dot{1}$$

所以

$$0.373737\cdots=0.010101\cdots\times 37=\frac{1}{99}\times 37=\frac{37}{99}$$

到这里为止，就会明白，有更多数字的循环节也是同样的做法。最简单的情况是以 999，9999，…做分母，即有

$$\frac{1}{999}=0.001001001\cdots=0.\dot{0}0\dot{1}$$

$$\frac{1}{9999}=0.000100010001\cdots=0.\dot{0}00\dot{1}$$

…

像这样，若选择只有由数字 9 构成的数做分母，那么全部循环小数化为分数就是可能的。

从某一处为末端循环的小数也是同样的。例如

$$0.24\dot{7}\dot{3}=0.24+0.00\dot{7}\dot{3}=\frac{24}{100}+\frac{0.\dot{7}\dot{3}}{100}$$

$$=\frac{6}{25}+\frac{1}{100}\times\frac{73}{99}=\frac{6}{25}+\frac{73}{9900}$$

这样做，依然化成了分数。

由此可知，全部无限循环小数都能化为分数。因此对分数进行分类时，不是变成有限小数就是变为无限循环小数，即可表示为

$$\text{分数}\begin{cases}\text{有限小数}\\ \text{无限循环小数}\end{cases}$$

2.13 非循环小数

无限小数一定是循环小数吗？所产生的数字是0，1，2，…，9共10个，把这些数字排列起来，予以变化，不管怎样排列，都只能是有限的排列方法，要说所有的无限小数都是重复一定数字的小数，即循环小数，似乎毫无道理。提出使用类似逻辑推理的是提出“永劫回归”说的尼采（1844—1900年）。

按照他的说法，宇宙中存在的全部原子数是有限的，力也是有限的。因此，其组合的方法也是有限的。所以，几万年，几亿年传下来，宇宙的所有现象是重复的，是循环的。这就是他的“永劫回归”说。

如果他的推理是正确的话，宇宙将永劫地回归。若把10个数字当做10个原子来看，那么无限小数也就必定是完全循环的了。然而，果真是那样吗?

回答是否定的。要证明这一点，建立非循环小数是一个捷径。

在0，1，2，…，9中，决定只用0和1，仅就这两个数字组成如下的无限小数：

0.101 001 000 100 001 000 001…

在1和1之间加上0，若开始是加1个0，之后是加两个0，再后加三个0，依此类推，也就是每次增加1个0。

像这样的排列方法，不论是取哪一节，都是非循环的。

只由0组成的循环节是不存在的，因为在此以后全部为0，而没有1。因此，无论如何至少也要出现一次1。

若使节中1出现两次，这样重复进行下去，就会使1和1的间隔变大，则与所说循环事实相反。假若1只出现1次，如为

0.101 001 000 100 001 000 001…

则把两个这样的节合起来，1虽出现两次，但与上面所举的1与1间隔增大这一事实相反。

总之不管如何分节，都是不能循环的。

像0.101 001 000 10…这样就是非循环的实例，在数学上把这样相反的实例称之为反例。数学家建立了种种这样的反例，这是他们的爱好。

就连哺乳动物生活在陆地上这件事也有反例，那就是有不在陆地上生活的哺乳动物，例如鲸。

由于前面所述的分数不是有限小数就是无限循环小数，所以无限非循环小数不能化为分数。不能写成分数，即不能写作$\frac{整数}{整数}$的数叫做无理数，0.1010010001 0…就是无理数的一个例子。关于无理数将在后面叙述，在这里仅是将它引出。

非循环的无限小数，即无理数，与有限小数、无限循环小数一起，可以划归为正实数的范围内。有了这些数，就能把全部的长度、全部的重量、全部的时间这些连续量，无遗漏地表示出来。史蒂文说："若使用这些数，不论什么数都能写出来……"其意义是正确的。由上所述，可表示为

$$
(正的)实数\begin{cases}整数\\分数\begin{cases}有限小数\\无限循环小数\end{cases}\\无理数(无限非循环小数)\end{cases}
$$

2.14 加减和乘除

当乘分数时，×已经不仅是+的重复了，实际上它是包含了÷的另外的算法。÷分数同样是包含÷和×的计算，不是简单的减法的重复。

因为分数×分数、分数÷分数原本是连续量×连续量、连续量÷连续量，所以必须从其意义来考虑。这里如将连续量彼此施行乘和除，就会产生全新的量。例如

长度×长度=面积

长度和面积是不同种类的量，是不能比较其大小的。5厘米和3平方厘米哪个大，是无法回答的。这个问题从一开始就是无意义的。同样，5厘米+3平方厘米这样的计算也是无意义的。也就是长度和面积不可能比较大小，+，-计算也是不能在不同种类的量之间进行的。

长度÷时间=速度

也是一样，长度和速度是不同种类的量。

也就是×和÷是具有产生新的量的运算。然而，+，-却不是这样。+，-只在相同种类的量之间进行，其结果也是产生同类量。这就是×，÷和+，-之间存在的差别。

然而在数学上，使用的是1，2，3，…，$\frac{1}{2}$，$\frac{1}{3}$，$\frac{2}{3}$，…这样无单位的纯粹的数，所以不存在量的种类问题。由于全部是清一色的数，所以都能够进行+，-，×，÷的计算。但是，作为物理学家所使用的具体的长度、时间、速度、加速度、质量等，无论如何在问题中也不可能不考虑量的种类。

物理学家从各种量中选出了3种量作为基础，其他的量都是从这3种量中用×和÷产生出来的。这3种量就是长度、时间和质量。这就好像色彩中的三种原色一样，把这3种量用×和÷组合起来，就可导出全部的量。

若把长度用L（length）、时间用T（time）、质量用M（mass）来表示，则由于速度是长度÷时间，就可以表示为$\frac{L}{T}$或LT^{-1}，由于加速度是速度÷时间，就可表示为$LT^{-1} \div T = LT^{-2}$。另外，由于密度是质量÷体积，则是ML^{-3}。

由于×，÷和+，-的作用不同，所以制订了一项运算规则。这就是在出现+，-，×，÷的混合计算时，先做×，÷后做+，-计算的规则，即先进行乘除的规则。其理由是因为先做×，÷后做+，-比先做+，-后做×，÷的场合要多。

例如某人从自家所在的A点步行到车站B，从这里乘火车到车站C，再从C站乘出租汽车去朋友所在的地方D（见图2-23）。

图 2-23

若此时以1小时5千米的步行速度走了15分钟，火车的时速为40

千米，乘了45分钟，出租汽车时速为50千米，乘了18分钟，问全部的距离是多少？

从 A 到 B：$5\times\frac{15}{60}=1.25$

从 B 到 C：$40\times\frac{45}{60}=30$

从 C 到 D：$50\times\frac{18}{60}=15$

从 A 到 D：$1.25+30+15=46.25$（千米）

看一下这个计算，可知×在先，而+在后。下面再来求五边形的面积（见图2-24）。如分成三角形来进行计算时，则有

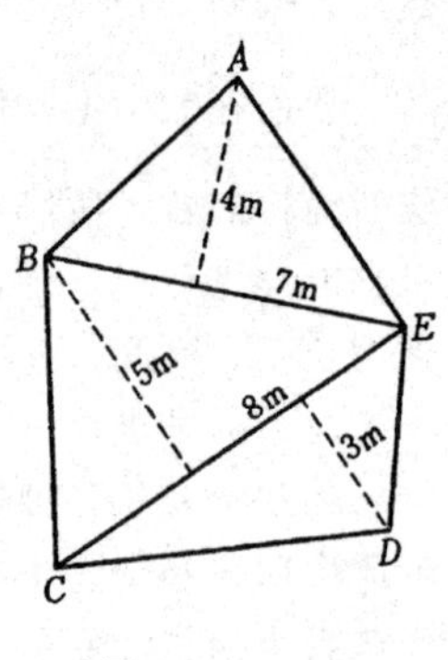

图　2-24

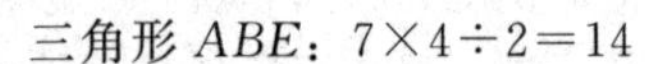

三角形 ABE：$7\times4\div2=14$

三角形 BCE：$8\times5\div2=20$

三角形 CDE：$8\times3\div2=12$

五边形 $ABCDE$：$14+20+12=46$（平方米）

这个计算是×，÷在先，+在后。为了求出不限于五边形的多边形面积，可首先将其合理地分成三角形，然后再求其面积，而求三角形面积的公式则为面积$=\frac{底边\times高}{2}$，只出现×和÷，不包含+，-。

以上两个例子，不过是从众多的计算中挑选出来的，与此相同的计算可以说很多，这是有事实依据的。

这样，综合这些事实，就得到了使×，÷优先于+，-进行的计算规则。

因此上面的计算如写作 $5\times\frac{15}{60}+40\times\frac{45}{60}+50\times\frac{18}{60}$ 和 $\frac{7\times4}{2}+\frac{8\times5}{2}+\frac{8\times3}{2}$ 都是正确的。

最浅显的例子就是买东西。例如10日元1支的铅笔买8支，2日元1张的纸买30张，若拿出2张100日元的纸币问应找回多少钱？可计算如下：

$100\times2-10\times8-2\times30=60$

换句话说，比起＋，－来，×，÷的作用更强。因此，为了表示2×3为强的结合也有略去×而写作2·3的。虽然连中间的点也想省略，但因为若写成23易与“二十三”相混，故还是得加上个“·”，若是文字就不用担心了，写成ab就表示了$a\times b$。

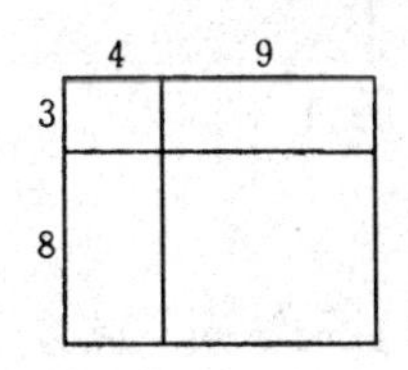

图 2-25

不用说，先＋，－后×，÷的情况也是有的。例如为求图2-25所示长方形的面积，就是先＋，－后×，÷。将3＋8和4＋9乘起来，若将此写作3＋8×4＋9，执行先乘除的规则，就成了＝3＋32＋9＝44，这就不对了，故在这种情况下一定要使用括号写成(3＋8)×(4＋9)。因为括号有一块堆的意思，当然应首先计算括号里的，如下式所示：

(3＋8)×(4＋9)＝11×13＝143

2.15 数学和现实世界

通过对分数的计算，使我们想到什么是数学，它和我们所在的现实世界有何联系呢？现在来讨论一下这个问题。

有人说数学是用逻辑演绎的学问，依理可以推导。如果将它与生物学、化学、物理学等其他学科比较的话，这种说法可以说是正确的。确实，数学在所有的科学中是依靠逻辑推理最多，而依靠实践经验最少的学问。不过，这是相对而言的，其实数学并不是仅与逻辑有关，而与现实无关的。

当确定分数的×，÷规则时，我们想出了

速度×时间＝距离

单价×数量＝总价

长×宽＝面积

…

这些是现实中的支配法则，为使这些法则不仅适用于整数，也能适用于分数，故确定了分数×分数的规则（见图2-26）。

正如牛顿所注意到的那样，从自然数的乘法规则中，仅靠推理是导不出分数×分数的规则的。

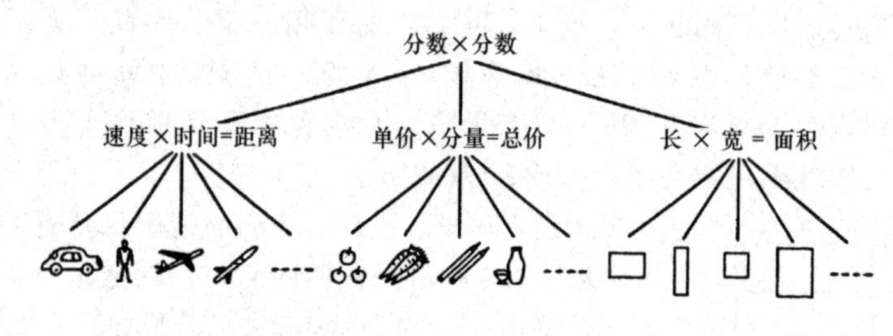

图 2-26

也就是说，能够从这些法则中抽象出来的分数×分数的法则，应称为“法则的法则”。

如果在现实中不存在这样的法则时，就不必要特意来确定分数×分数的计算规则了。再有，如果实际上此法则表用其他形式，则相应地分数×分数也应采取不同形式。分数×分数的法则也是在实践中产生的，并不是数学家凭空设想的，只不过比其他学科的抽象程度更高些而已。

另外，先乘除的规则也是基于实践中要先做乘除后做加减的大量事实而得出的。

确实，计算规则若能一次完全确定的话，然后就可按照逻辑关系推演下去。在确定计算规则时，必须使之能真实地反映实践中某方面的关系。

数学这门学问就像高性能的喷气式飞机那样，一边在世界上飞行，一边又瞭望着世界。但这种飞行并不是无休止的，它必须经常地回到地面上来补给燃料，否则是不能继续飞行的。

第3章　数的反义词

3.1　正　和　负

到目前为止，读者也许已经注意到数和语言之间具有一些明显的相似之处。例如，用正和负来说明正数和负数的差异就利用了和语言的相似这一点。

在语言中把具有正反意思的一对词称作反义词，例如“上”和“下”、“右”和“左”、“外”和“内”等。

在动词中作为反义词的例子有“去”和“归”、“出”和“入”、“赚”和“赔”、“胜”和“负”等。

在形容词中也有“大的”和“小的”、“新的”和“旧的”、“美丽的”和“丑陋的”等，分别为一对反义词。

在数的世界中当然也需要反义词，正数和负数即正和负就是这样诞生的，可以说就是数的反义词。

在一条直线上所谓“向右前进1米”和“向左前进1米”，是互为相反的动作，“赚了1万日元”和“赔了1万日元”也是正好相反的动作。在这种情况下，同是1米，但向右前进1米和向左前进1米的方向正相反；同是1万日元，赚了1万日元和赔了1万日元则迥然不同。为了能用数清楚地表示这种不同，就必须引入正和负。

若将向右前进1米表示为“正1米”，则向左前进1米就是“负1米”；而将赚了1万日元表示为“正1万日元”，则赔了1万日元当然就是“负1万日元”。

这样的考虑由来已久，青年哲学家康德（1724—1804）就曾把正和负当作是善和恶、爱和憎这种反义词的扩展。

在成为哲学家以前，康德写了许多自然科学论文，其中包括有关太阳系起源的康德－拉普拉斯星云学说的著名论文。作为青年时代的论文之一，他在“关于在哲学领域中引入负数的考虑”一文中，提出了下述意见：

“……根据上述理由，可以说嫌恶就是负的欲求，憎恶是负的爱恋，丑是负的美，恶评是负的名望等。当然啦，这可能是从语言的杂货店中搬用过来的，不过这样搬用仅限于不了解其利害的人，因为这种表示对于有点数学知识的人是马上就会明白的……”

再以苦艾与蒸馏水为例说明负和0的不同。如以“愉快”和“不愉快”来表示对其味道的反应，则苦艾为不愉快，相当于负；而蒸馏水则既非愉快，也非不愉快，相当于0。这样来考虑的话，糕点味就应当是愉快的，相当于正。

但是再仔细想想，就知道青年时代的康德有些考虑不周。因为愉快和不愉快有各种情形，不能都在一条直线上比较；美和丑也有不同类型，如油画的美和中国画的美也有相当差别。然而，他尝试以数学上的正和负来与这种反义词相联系，则是十分有趣的。

3.2 新数的名称

为了区别向右前进1米和向左前进1米，1也应有两种类型。同样，区别赚1万日元与赔1万日元，1万日元也应有两类。直到现在，我们是把数放在一条直线上进行比较，这是一条左端为0，向右无限延伸的半直线（见图3-1）。

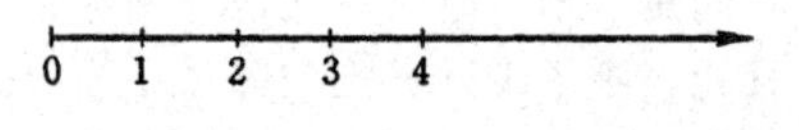

图 3-1

如果把向右前进1米、2米、3米……按向右递增表示为1，2，3，…，则向左前进1米、2米、3米……就应当是从0向左来表示。为了表示这种新的数，应把它写在左半边的半直线上（见图3-2）。

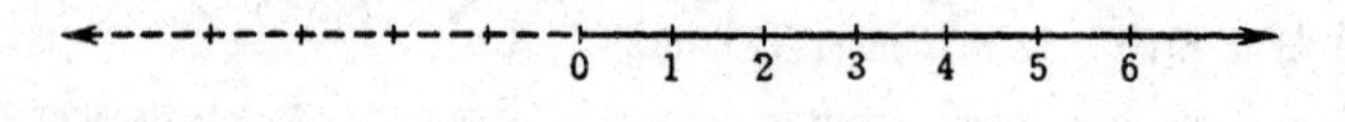

图 3-2

还应当给这些新的数起个名字，不然在称呼上和计算上都会感到不便。当然，这种名字可任意叫，古时曾从 1，2，3，…的逆来考虑而写作

1，2，3，4，…

显然，这种表示不合理，因为不便于计算。因此，现在不采取这种完全不同的数字，而是采用在原来的数字上加以适当修正的办法，就像在自然数中引入分数时的做法那样，不论$\frac{2}{3}$或$\frac{4}{5}$都是由 1，2，3，4，5，…这些数组合而成的，不必要建立全新的表示符号。

由此，对于上述新的数字，只要在旧的数字上加以负号，称作“负…”就行了（见图 3-3）。

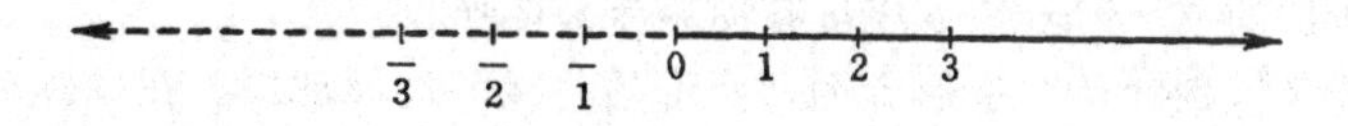

图 3-3

这样来表示，在计算时就可大量采用已有的知识。

数和语言相似这一点，以前已经说过了。然而与其说它和日语、英语等这些自然语言相似，勿宁说它和世界语这样的人造语言更为相似。因为只有在人造语言中单词和文法才更合理。

在反义词的场合，世界语是以加接头词 mal 来表示的。例如，nova（新的）之前加上 mal 就是 malnova，变成与“新的”相反的“旧的”了；在 granda（大的）之前加上 mal 就是 malgranda，变成“小的”了。有了这种规则，对于学习世界语的人来说，就不必一个一个地去记“新的”和“旧的”、“大的”和“小的”，只要记住“新的”和“大的”，然后再加上两个 mal，就全有了。也就是说，有了这种规则可使记单词省一半力气。

就这一点来说，数学相当于世界语的老前辈。因为在几百年以前，就已经知道把数的反义词用接头词“负”来表示，即世界语中的 mal 相当于数学中的“负”。

3.3　负的符号

数学家很方便地把这种新的数字用旧的数字前加“—”号来表示。例如

-1，-2，-3，…，$-\frac{1}{2}$，-0.34，…

但在这里应当注意，-1，-2，…并不是减去 1、减去 2 的意思。“减”是动词，表示一种运算，而这里的“负 1”，“负 2”，…则不意味着运算，仅表示一种固定的数。

19 世纪的大数学家柯西（1789—1857）把在-1，-2，…这样的数字前所加的“—”号，当作形容词那样来称呼。

为了区别“负”是形容词，而不是“减”这种动词，在标注时，不打算在数字前加负号（如-1，-2,…），而是在数字上面加负号（如 $\overset{-}{1}$，$\overset{-}{2}$，…）。

与新的数字“负 1”，“负 2”，…相反，将旧的数字 1，2，3，称作“正 1”，“正 2”，…，为了清楚起见，也在其头上加以“+”号，如 $\overset{+}{1}$，$\overset{+}{2}$，$\overset{+}{3}$，…。

同时，$\overset{+}{1}$ 与 $\overset{-}{1}$，$\overset{+}{2}$ 与 $\overset{-}{2}$，…彼此为相反的数。对于正数，当不必要强调它不是负时，可简写作 1，2，3，…就行。

因此，可在直线上将正数和负数比较如下（见图 3-4）。

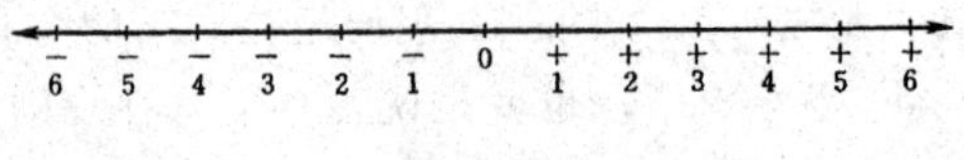

图　3-4

从 0 往右是正数的领域，从 0 往左是负数的领域，而其连接处就是 0。0 当然既非正数也非负数，属于第三种数。

当把数在一条直线上来比较时，可按牛顿的定义这样来理解：

“比 0 大的数为正数，比 0 小的数为负数。”

虽然现在还有人对于在原有的数字上再加以形容词“正”这种表示

不满意，但类似的情形在其他方面存在不少。例如从前已叫惯了“机车”，然而电气机车的出现，就把老式机车改称为蒸汽机车，再有日本人以前称呼的“衣服”，由于后来“西服”的出现，也改称“和服”了。不妨按此同理来加以理解。

从 $\overset{+}{3}$ 和 $\overset{-}{3}$ 中去掉＋、－号变成3，叫做 $\overset{+}{3}$ 和 $\overset{-}{3}$ 的绝对值。因此 $\overset{+}{3}$ 或 $\overset{-}{3}$ 也可以认为是绝对值 3 上面再加以＋、－号而成。

3.4　正和负的加法

在了解了正数和负数的名称和意义的基础上，现在来研究其计算方法。先考虑加法。为此把…，$\overset{-}{3}$，$\overset{-}{2}$，$\overset{-}{1}$，0，$\overset{+}{1}$，$\overset{+}{2}$，$\overset{+}{3}$，…写在有刻度的直线下（见图 3-5）。

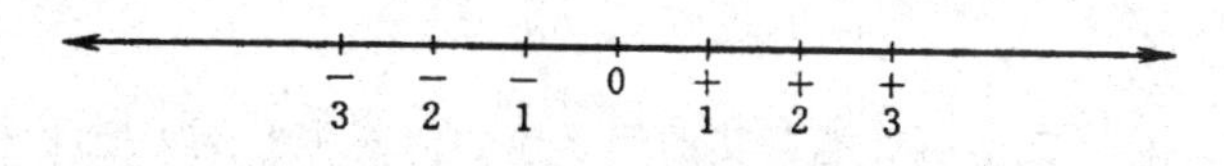

图　3-5

为了便于了解正和负的加法与减法运算，我们从 7 世纪时印度曾使用过的赚与赔之例说起。

如果赚了 3 日元加上赚了 5 日元，就变成赚了 8 日元，写成算式就是

$\overset{+}{3}+\overset{+}{5}=\overset{+}{8}$

赚了 5 日元再加上赔了 3 日元，剩下的就是赚了 2 日元，即

$\overset{+}{5}+\overset{-}{3}=\overset{+}{2}$

反之，赔了 5 日元再加上赚了 3 日元，结果是赔了 2 日元，即

$\overset{-}{5}+\overset{+}{3}=\overset{-}{2}$

还有，赔了 5 日元再加上赔了 3 日元，就成了赔 8 日元了，即

$\overset{-}{5}+\overset{-}{3}=\overset{-}{8}$

由以上实例，就足以得出正数和负数的加法规则，对于

$\overset{+}{3}+\overset{+}{5}=\overset{+}{8}$

$\overset{-}{3}+\overset{-}{5}=\overset{-}{8}$

有规则：

"同符号的两个数相加时，将绝对值相加，答案的符号同前。"

对于

$\overset{+}{5}+\overset{-}{3}=\overset{+}{2}$

$\overset{-}{5}+\overset{+}{3}=\overset{-}{2}$

则有规则：

"符号不同的两个数相加时，以其绝对值之差为答案的大小，而冠以与绝对值大的那个数相同的符号。"

这里通过一个具体实例，导出了正、负加法运算的一般规则。对此，也许会有人提出疑义。

绝对值相等符号相反的两个数，即相反的数相加时，则互相抵消变为 0，如

$\overset{+}{2}+\overset{-}{2}=0$，$\overset{-}{5}+\overset{+}{5}=0$

然而，对于康德所举的苦艾的例子应如何看呢？例如吃了不愉快程度为 $\overset{-}{5}$ 的苦艾之后，又吃了愉快（甜）程度为 $\overset{+}{5}$ 的糕点，其愉快、不愉快的结果如何呢？由式

$\overset{-}{5}+\overset{+}{5}=0$

知答案是 0，如果按康德的办法，这就意味着是蒸馏水的味道了。但实际上并非如此，苦艾＋糕点＝蒸馏水这样的等式绝不能成立。因此，康德的有趣的设想是搞得过早了一点。像这样用数字来表示对食物的愉快与不愉快时，如果仅用正和负来考虑，就会产生错误。

3.5 减法运算

下面考虑减法运算。

对于小学生来说，从 4 中减去 9，是不会算的。然而懂得借款或垫付的人都知道，4 日元－9 日元这种计算是有的。其答案就是 5 日元借款。这样的话，如果破产了就是空无一物，也许有人会以 4－9＝0 这样来回答吧。

类似这种不可思议的说法，帕斯卡在有名的《沉思录》中写道：

“我了解不理解从 0 减去 4 等于 0 的那些人。”

他的意思就是

$$0-4=0$$

虽语出惊人，却并无道理。因为负的计算方法早在他以前几百年就已经使用了。这句话可能是写错了或者误传。

正确的回答应当是

$$0-4=\overset{-}{4}$$

赚和赔的事例也可用于减法运算。减去赚了 3 日元就等于加上赔了 3 日元：

$$\cdots-\overset{+}{3}=\cdots+\overset{-}{3}$$

同理，减去赔了 3 日元等于加上赚了 3 日元：

$$\cdots-\overset{-}{3}=\cdots+\overset{+}{3}$$

总之，正负数的减法运算，就是改变符号后的数（即相反数）的加法运算。而加法运算的计算方法已如前述，是众所周知的。

应当记住“减去负数就等于加上正数”，借债没有了，财产也就相应地增值了。

玩扑克牌的人都知道在以“2·10·J”为最高分数的一种玩法中，扔掉相当于$\overset{-}{10}$的黑桃 2，就可得 10 分，即变成了$\overset{+}{10}$：

$$\cdots-\overset{-}{10}=\cdots+\overset{+}{10}$$

3.6 司汤达的疑问

将正、负用于表示财产和债金的借出和借入是适当的。这种方法从 7 世纪时的印度到欧拉（1707—1783）一直沿用着。确实，它适用于加减法计算，然而在乘除的情况下就不成立了。印度的巴斯卡拉（12 世纪）这样说道：

“财产和财产的积，债金和债金的积均为财产，财产和债金的积则是债金。”

债金×债金=财产，这是什么意思呢？恐怕无人能够理解。

18世纪的大数学家欧拉也在《代数学入门》中采用过同样的说明方法。

这本书当时似乎是欧洲有代表性的教科书，《红与黑》的作者司汤达在中学时代就曾学习过这本书。虽然在《红与黑》一书中主人公于连的语文学得很好，数学却是劣等，但作者司汤达却在数学上也是出类拔萃的，可以说是一段时期内的数学家。他在成为文学青年以前是数学少年。

他在自传《亨利·勃吕拉传》中这样写道：

"似乎是由于少年的单纯，使我认为在数学中是不可能有虚假的，作为运用数学的其他科学也都是这样。然而当了解了谁也没加证明的（负×负）=（正）时，该怎么办才好呢（这是代数学的基础之一）。"

实际上司汤达清楚地提出了学习代数的人必然会提出的问题，并且他补充说：

"当考虑某人有负的借款时，为何1万法郎借款乘500法郎借款，就会变成500万法郎的财产了呢……"

虽然他在写自传时已经50多岁，但头脑中对于"债金×债金=财产"这个公式的疑问依然存在。

问题出在借款中的负的说明方法上。很明显，司汤达的例子足以说明，上述说明方法不适用于乘法运算。

3.7 乘法运算规则

仔细想想，恐怕对于财产×财产意味着什么，谁也不能说明吧。因为原来的金额再乘以金额是无意义的。

为了说明乘法运算的规则，再举些其他例子。

前面已说过，扑克牌以"2·10·J"为最高分数的玩法是出现正和负的一种游戏。除了正的牌和负的牌之外，还有抓牌和扔牌的动作。因为"抓"是"扔"的逆动作，故也可将"扔2张"改称为"抓$\bar{2}$张"（见图3-6）。

图 3-6

得到 2 张 $\overset{+}{5}$ 分的牌，得分为 5×2，一般公式可写为

（一张牌的分数）×（抓得的张数）＝得分

此式在扔牌时也适用，这时的乘法规则如下例所示。

扔 2 张 $\overset{+}{5}$ 分的牌，相当于抓 $\overset{-}{2}$ 张。得分为 $\overset{+}{5}\times\overset{-}{2}$，即得到$\overset{-}{10}$分，可写为

$$\overset{+}{5}\times\overset{-}{2}=\overset{-}{10}$$

如果抓了 $\overset{+}{2}$ 张 $\overset{-}{5}$ 分的牌，也相当得分为$\overset{-}{10}$，写成

$$\overset{-}{5}\times\overset{+}{2}=\overset{-}{10}$$

还有使司汤达困惑的问题是负×负的情形，即扔 2 张 $\overset{-}{5}$ 分的牌，相当于抓 $\overset{-}{2}$ 张，变成 $\overset{-}{5}\times\overset{-}{2}$，也就是得分为$\overset{+}{10}$，可写为

$$\overset{-}{5}\times\overset{-}{2}=\overset{+}{10}$$

以上四种情形可概括如下：

$\overset{+}{5}\times\overset{+}{2}=\overset{+}{10}$　　　　$\overset{-}{5}\times\overset{+}{2}=\overset{-}{10}$

$\overset{+}{5}\times\overset{-}{2}=\overset{-}{10}$　　　　$\overset{-}{5}\times\overset{-}{2}=\overset{+}{10}$

通过这个例子，可以推导出下列正负数的乘法规则：

（1）将绝对值相乘。

（2）＋与＋、－与－的数相乘时，此绝对值的积为＋。

（3）－与＋、＋与－的数相乘时，此绝对值的积为－。

换句话说，某数×正数时，如 $\overset{+}{5}\times\overset{+}{2}=\overset{+}{10}$，$\overset{-}{5}\times\overset{+}{2}=\overset{-}{10}$，显而易见得数（积）的符号不变；反之，某数×负数时，如 $\overset{+}{5}\times\overset{-}{2}=\overset{-}{10}$，$\overset{-}{5}\times\overset{-}{2}=\overset{+}{10}$，

得数的符号改变。

值得注意的是某数乘 $\overset{-}{1}$ 这种特例。例如

$\overset{+}{5}\times\overset{-}{1}=\overset{-}{5}$，$\overset{-}{5}\times\overset{-}{1}=\overset{+}{5}$

可知得数绝对值不变，仅改变符号，即某数乘 $\overset{-}{1}$ 后就变成与其相反的数。换句话说，乘以 $\overset{-}{1}$，就相当于直线绕 0 点旋转了 180°（见图 3-7）。

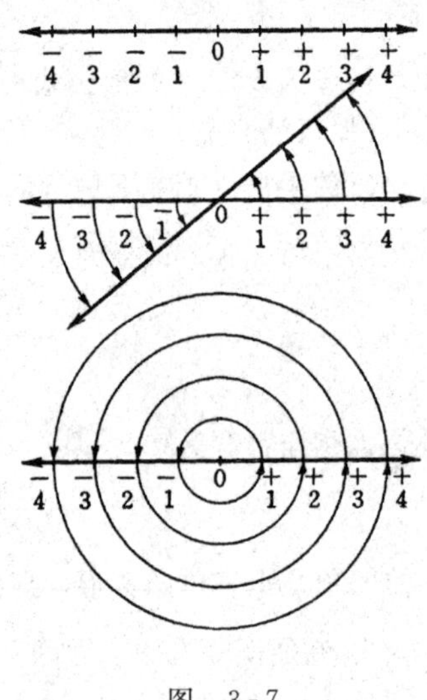

图 3-7

3.8 与实际的联系

以上虽是给出了司汤达少年时代的疑问的一个解答，但也还留有疑问。的确，对于数扑克牌的得分来说，这也许是方便的。然而，果真就能把它当作代数学的基础吗？

因为数扑克牌的得分仅仅是一种手段，由此就推出正负数的计算规则岂不是太狂妄了吗？不过，这仅仅是为了说明而引出的一个例证，实际上还有其他许多事实能够说明。

在 400 多年前，曾进行过关于这种正负数乘法规则的争论。当时有

名的数学家卡尔达诺主张“负×负＝正”的这个规则是错的。对此，当时罗马的数学教授克拉维思（1537—1612）说道：

“可以不必证明正负数的乘法规则了。因为之所以不能理解这个规则，是由于人们精神上的贫乏。然而这个乘法计算规则是正确无疑的，因为它已被无数的事实所证明了。”

400多年前克拉维思的观点今天仍然正确。正负数的乘法规则不是用逻辑推理从其他规则推导出来的。它像分数乘法运算规则一样，是从无数实例中总结出来的。以后虽然数学又取得了惊人的进步，但这种乘法运算的规则并无必要改变。

例如，两个电荷间产生作用力，正电荷相互间或负电荷相互间产生斥力；而正电荷与负电荷相互间产生吸力。这个定律是由物理学家库仑（1736－1806）发现的，他在1785年把这种力F表达为

$$F=\frac{e\cdot e'}{r^2}$$

式中r为两电荷间的距离，e与e'为电荷所带的电量，正电荷时为＋，负电荷时为－。F在斥力时为＋，吸力时为－。将e，e'与F的符号关系用表3-1表示。

表 3-1

e	e'	F
＋	＋	＋（斥力）
＋	－	－（吸力）
－	＋	－（吸力）
－	－	＋（斥力）

以上四种情况之所以可用$F=\frac{e\cdot e'}{r^2}$一个式子来表示，就是因为有这样一个正负数乘法运算的规则。从这个意义上来说，几百年前所确定的这种乘法运算规则乃是为几百年后发现电荷作用力的法则奠定了基础。

通过这个例子可以知道，整理已经得到的各种事实本身并不就是数学的任务。有时，在数学中先有某一法则的模型，而后才发现有相同模型的许多具体事实。

也就是说，通常数学是走在现实前面的。

3.9 有理数的域

现在考虑乘法的反运算——除法运算。可以直接从乘法运算规则中找出除法运算规则。

因 $\overset{+}{5}\times\overset{+}{2}=\overset{+}{10}$ 故 $\overset{+}{10}\div\overset{+}{2}=\overset{+}{5}$ 正÷正=正

因 $\overset{+}{5}\times\overset{-}{2}=\overset{-}{10}$ 故 $\overset{-}{10}\div\overset{-}{2}=\overset{+}{5}$ 负÷负=正

因 $\overset{-}{5}\times\overset{+}{2}=\overset{-}{10}$ 故 $\overset{-}{10}\div\overset{+}{2}=\overset{-}{5}$ 负÷正=负

因 $\overset{-}{5}\times\overset{-}{2}=\overset{+}{10}$ 故 $\overset{+}{10}\div\overset{-}{2}=\overset{-}{5}$ 正÷负=负

总之，与乘法相同，被正数除，符号不变；被负数除，符号改变。

因为在正数的领域中，$\cdots\div 2$ 相当于 $\times\frac{1}{2}$，推广到正负数当中，也可将 $\div\overset{-}{2}$ 当作 $\times\frac{\overset{-}{1}}{2}$。如将 $\frac{\overset{-}{1}}{2}$ 叫做 $\overset{-}{2}$ 的倒数，则被某数除就相当于被此数的倒数来乘，这和减去某数相当于加上一个与此相反的数同理：

$$\cdots-\overset{+}{2}=\cdots+\overset{-}{2}$$

$$\cdots\div\overset{+}{2}=\cdots\times\frac{\overset{+}{1}}{2}$$

可见除法的规则也与现实相符。

以上是正负数的加法、减法、乘法、除法的全部定义，除了唯一不能被0除之外，可任意进行这四种运算。如仅在正数范围内，减法就不能任意进行了，例如 $2-5$ 的答数就超出了正数范围，只有在引入了负数的概念之后，像 $\overset{-}{3}$ 这种答案才开始存在。

把正负整数、零和分数叫做有理数，在有理数领域中加、减、乘、除可无限制进行，这样所得到的数的集合，在现代数学上叫做域。

趁着给加、减、乘、除的四则运算以定义之机，再按一般习惯修正一下正负的符号，即把在数的头上写＋、－改为在其前面写以＋、－。例如

$$\overset{+}{3}=+3$$

$\overset{-}{2}=-2$

…

对于这种写在数字前边的正负号，不要用动词读成“加 3”、“减 2”，而是要用形容词读作“正 3”、“负 2”。可将全部规则重写如下：

$\overset{+}{3}+\overset{+}{5}=(+3)+(+5)=+8$

$\overset{+}{2}+\overset{-}{3}=(+2)+(-3)=-1$

$\overset{+}{2}-\overset{-}{3}=(+2)-(-3)=+5$

…

3.10 代 数 和

把减法运算变为加法运算，对于数学是很宝贵的。例如

$9-5+4-3$

这样的有＋和－交叉的算式，可以变成下列仅有“加”法运算的式子：

$\overset{+}{9}+\overset{-}{5}+\overset{+}{4}+\overset{-}{3}$

式中使用了 $\overset{+}{3}$，$\overset{-}{3}$ 这种变化的符号，但以后还可变成＋3，－3 这样来运算。实际上两种算法相同，答案当然也相同。然而，数学家希望把它写成清一色的加法运算形式，认为这更简单。

在一般的出纳账上都有收入、支出和余额这三栏（见表 3-2）。喜欢简单化的数学家可以把它改写成只有收入和余额两栏，而支出则被看成负的收入（见表 3-3）。这样，就要在数字前冠以＋、－号。

表 3-2

收入	支出	余额
9		9
	5	4
4		8
	3	5

表 3-3

收入	余额
+9	+9
−5	+4
+4	+8
−3	+5

像这种由具有加、减的算式改写成的清一色的加法式子，叫做代

数和。

然而偷懒的数学家连把

9－5＋4－3

改写成(＋9)＋(－5)＋(＋4)＋(－3)也不干，就是说不打算写数字间作为动词用的＋或－，而仅考虑作为形容词用的正和负，省略其间的＋号，即

(＋9) ⁜ (－5) ⁜ (＋4) ⁜ (－3)

有人说把减改说成加，这不是单纯玩语言游戏吗？在拿破仑的字典里是找不到“不可能”这个词的，同样在日本旧军队的字典中，也没有“退却”一词。其实它是被发明的新词“转进”代替了。然而，使用负号，就可将“退却 100 米”变为“前进负 100 米”。再如，对于亏损了的商人，说“赔了 10 万日元”可代言为“赚了负 10 万日元”。

但是数学家并不是由于所谓喜欢简单，而是由于其他原因才把“减去正 5”改称为“加上负 5”的。

第4章　代数——灵活的算数

4.1　代名词的算术

从1根木棒、1个橘子、1张纸等有共同点的东西中，可以提出数字1来。同样，从2根木棒、2个橘子、2张纸……中可以抽象出2来（见图4-1）。

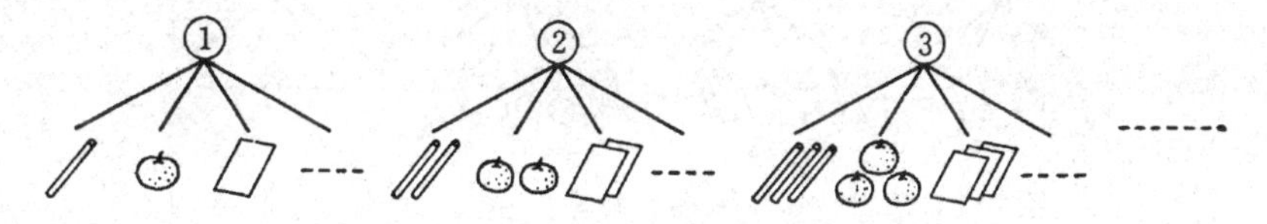

图　4-1

这样就可以得出所谓1，2，3，…自然数的数列。

这与从樱花、蔷薇花、郁金香花等花中抽出“花”这个名词的道理是一样的。“叶”这个名词也是从樱花叶、蔷薇叶、郁金香叶……的叶中抽象出来的（见图4-2）。

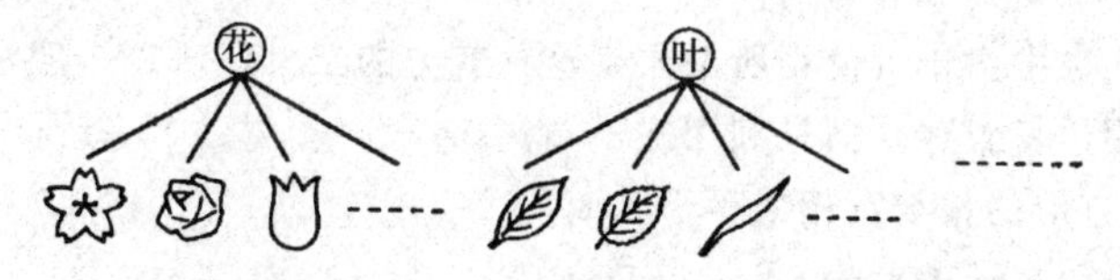

图　4-2

“花”、“叶”等名词的诞生，标志着语言前进了一大步。然而，人类的抽象能力并未就此止步。进而，又将花、叶、茎以及狗、猫等一切都包括于所谓“这个”的代名词之中，即“这个”就是花或叶或狗或猫等一切的代表（见图4-3）。

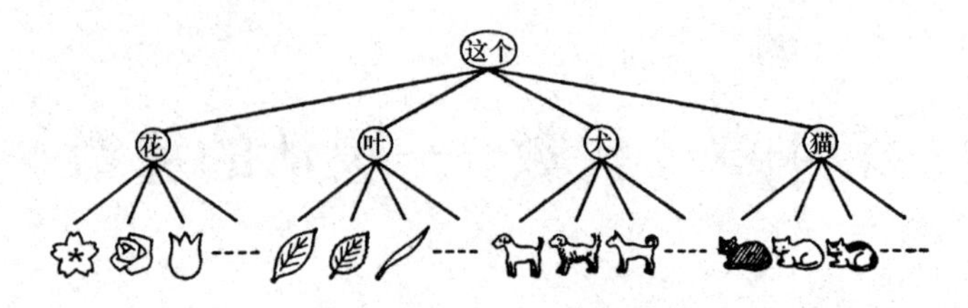

图　4-3

与此相类似，在数的语言中也存在将 1，2，3，…全部以文字 a 来代表的数的代名词（见图 4-4）。

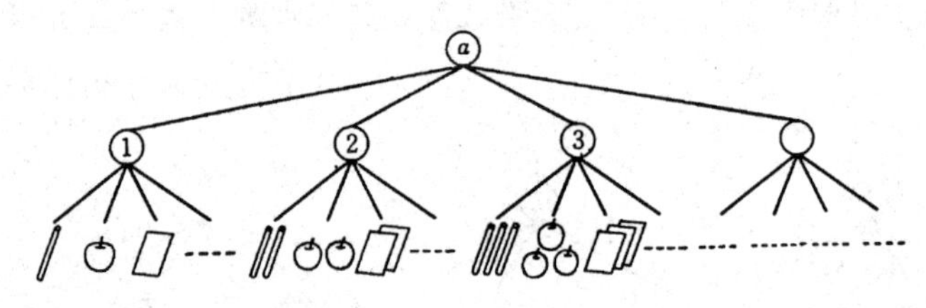

图　4-4

研究文字的算术或者代名词的算术的学问，叫做代数学。牛顿把代数叫做“普遍算术”。也就是说，由文字 a，b，c，…来代表所有的数，所以，一般地可以说是普遍的数。他在《普遍算术》一书中这样写道：

“在算术中是以数字来计算，而在代数学中则以文字进行。不论哪种算法，原理都是相同的，所以结果也相同。算术是一定的和特殊的，代数则是不定的和普遍的。”

在代数中由于可使用所谓文字这种有力的工具，所以一般法则或公式不是用语言叙述，而是利用式子，例如：

“长方形的长与宽相乘等于其面积。”

这句话可用式子表示为

$$S=ab$$

（S 是面积，a 和 b 是长和宽的长度，见图 4-5。）

换句话说，这种文字的式子就好像是速记人员使用的字符一样。

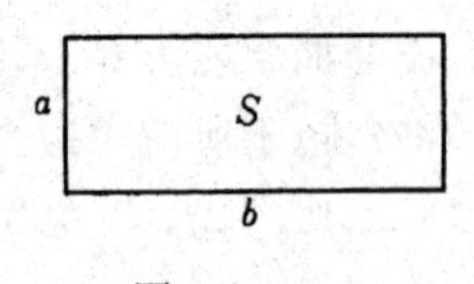

图　4-5

因 $S=ab$，而 a 和 b 可为一般的数，所以任何数均可代入。例如 $a=2$ 厘米，$b=5$ 厘米时

$S=ab=2\cdot 5=10$

即 S 等于 10 平方厘米。

这就是在代表一般数的文字中代入特殊的数，即代入特殊化的东西。对于 $S=ab$，以 $a=2$、$b=5$ 代入，就得到 $S=10$。在托马斯·莫尔的《乌托邦》一书中说，乌托邦的居民们的抽象思考力相当低，例如不能想象出“一般人”的概念。虽然他们都具有一定程度的算术或几何知识，然而也许乌托邦的居民们不了解代数学吧，因为在代数中就有与“一般人”类似的“一般数”。

4.2 代数的文法·交换律

如果按牛顿所言，把代数作为特别的语言，那么它当然也具有某种文法。然而，任何一种语言的文法起码要有一本书，而代数这种语言的文法则很简单，有一页就够了。世间由于掌握文法是相当麻烦的事，因而在学习外语的过程中，半途而退的人不少。但对于代数则不然，也许就是因为其文法简单。

在文法中经常会碰到加法的交换律，即两个数 a，b 相加时，加的顺序可以变更，而结果相同。

例如 3+2 与 2+3 的结果同样是 5，故 $3+2=2+3$。

对于 4 与 3、5 与 6 也是一样：

$4+3=3+4$

$5+6=6+5$

…

这样的式子可写出无数个，在使用文字的代数中，可用一个式子将它们表示出来，即

$a+b=b+a$

同样，这对于乘法也适用，即两个数相乘的顺序变更时答案相同：

$ab=ba$

这就是乘法的交换律。

这样的事恐怕不少人在当小学生时就已经知道了。然而稍微从别的角度再来考虑一下交换的规律，就未必都是想当然的事情。

这就是不要从数的角度来看2或3，而是从加2或3，即从运算（或者操作）角度上来考虑。即以…+2代替2，…+3代替3来考虑。这样一来，2+3就相当于…+2之后再进行…+3。换句话说，联系着2和3之间的+号意味着连续进行两次运算。因此，对于3+2=2+3这个式子，即使…+2和…+3这两种运算的顺序改变，结果也不会变化，这就是交换律的意思。

然而两种操作顺序的改变并非都是没有限制的。例如开金库的锁时，虽有“向左转到25”再“向右转到63”这种操作顺序，但如果弄错了，先“向右转到63”再“向左转到25”的话，金库就打不开了。也就是说，这样的两种操作是不能交换的。

再如服药有指定“饭前”或“饭后”服的情况，这里有“服药”的操作和“吃饭”的操作，这两种操作也是不能交换的。虽然对于一般的操作其顺序是不能交换的，但对加法和乘法运算则服从交换律，即有

$a+b=b+a$，$ab=ba$

在数学上提出来把它当作运算（操作）来考虑的是20岁就死了的伽罗华（1811－1832）。他提出的运算理论叫做群论，是现代数学的重要原理之一。

4.3 结 合 律

从操作的角度来看，结合律也是成立的。

例如考虑三级跳远的情形，它有下列三种操作，分别以a，b，c表示：

a=单脚跳

b=走

c=双脚跳

如图4-6的胶片所示。因为是连续的反映，故三级跳远成了连续的运动。总之，是按$a\to b\to c$的顺序进行的。

现在设想一下这套连续的胶片中途情况如何？

首先在b与c附近切开成为$(ab)c$，或是在a与b附近切开变成$a(bc)$（见图4-7）。

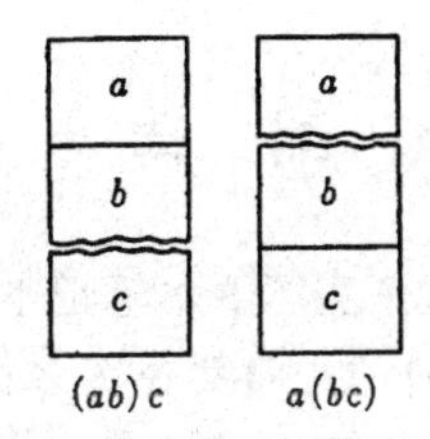

图 4-7

图 4-6

由于这两种情况的结果是相同的，故有 $(ab)c = a(bc)$，这种规则对于任何操作都成立，此规则就叫做结合律。

当然它对于…$+a$ 或…$\times a$ 这样的运算也是适用的，可表示为

$$(a+b)+c = a+(b+c)$$

$$(a\times b)\times c = a\times(b\times c)$$

第一个式子表示加法运算的结合律，第二式则表示乘法运算的结合律。

这样说来，理解结合律似乎也不容易，然而我们在无意中已经不断地使用着这条规律了。例如，为了计算 7+8，可先考虑 7+几等于 10，知道是 3 之后，再把 8 分成 3+5 来计算，在头脑中可以列出下列算式：

$$7+8 = 7+(3+5) = (7+3)+5 = 10+5 = 15$$

在这个计算过程中的 $7+(3+5) = (7+3)+5$，就是使用了结合律。

再如计算 6×80,也可按 $6\times 80 = 6\times(8\times 10) = (6\times 8)\times 10 = 48\times 10 = 480$ 来算,其中 $6\times(8\times 10) = (6\times 8)\times 10$ 就是使用乘法结合律的例子。

4.4 分 配 律

有人在文具店里给他的3个孩子买了3本笔记本、3支铅笔，一本笔记本40日元，一支铅笔10日元。若问共花了多少钱，则有两种算法。这就是分别计算笔记本和铅笔的费用的方法，以及按人来计算的方法。按第一种算法：

笔 记 本　$40\times3=120$

铅　　笔　$10\times3=30$

合　　计　$120+30=150$

用一个式子来表示可写为

$$40\times3+10\times3=150$$

按第二种算法：

每人的费用　$40+10=50$

3人的费用合计　$50\times3=150$

用一个算式来表示：

$$(40+10)\times3=150$$

结果$(40+10)\times3=40\times3+10\times3$一般写作

$$(a+b)\times c=a\times c+b\times c$$

省略×号，以代数的写法表示：

$$(a+b)c=ac+bc$$

这就是表示＋和×之间关系的分配律。分配律在各种问题中发挥着作用。

例如，从前有所谓旅行者的问题。两个旅行者从同一地点、同时向相反方向出发，分别按每小时5千米和4千米的速度走了3小时，问相距多远（见图4-8）？

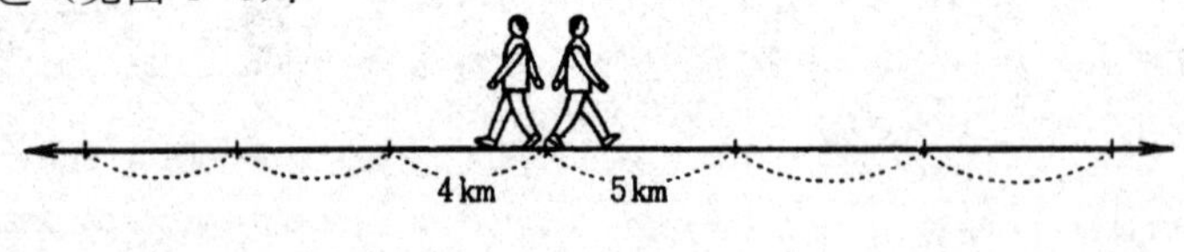

图 4-8

解决这个问题，有两种方法。一种是分别计算各人所走的距离，然后再加起来的方法。即

$5\times3+4\times3=15+12=27$

另一种方法则是将二人的速度加起来，得出 1 小时后的距离，再将其 3 倍起来，即

$(5+4)\times3=9\times3=27$

两种方法的答案当然都应是 27 千米。可是如果把这个问题改变一下，即先知道了 27 千米距离再去求时间的话，话就不能这么说了。即问题为：

“两个旅行者从相距 27 千米的两个地点出发，同时向对方走来，若速度分别为每小时 5 千米和 4 千米，问多长时间后两个人会合?”(见图 4-9。)

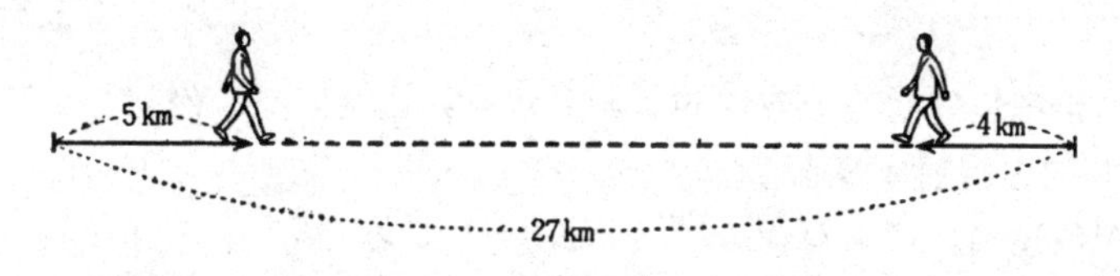

图 4-9

这个问题就不能用分别计算的第一种方法来解决了，必须用把 1 小时所走的距离加起来的第二种方法，即

$27\div(5+4)=27\div9=3$

这里即使不了解列出 5+4 的根底，实际上也是利用了分配律的。

将以上所述数的“文法”汇总起来，可列表（见表 4-1）表示如下。

表 4-1

	加　法	乘　法
交换律	$a+b=b+a$	$ab=ba$
结合律	$(a+b)+c=a+(b+c)$	$(ab)c=a(bc)$
分配律	$(a+b)c=ac+bc$	

4.5 方 程

公式 $S=ab$ 或 $(a+b)^2=a^2+2ab+b^2$ 都是恒等式。式中的文字表示一般的数，相当于代名词中的“这个”或“那个”这样的指示代名词。

然而，代数学的任务并不仅仅在于研究公式或恒等式，更重要的还在于研究方程。波斯的大诗人兼数学家奥马·海亚姆（约 1040－1123）曾说过：

“代数学的任务就是解方程。”

今天看来这话并不完全准确。因为今天的代数学者除了解方程之外，还有许多其他任务。然而，解方程作为代数学的重要任务之一则是不会错的。

如果把恒等式当成叙述句，则方程就好比疑问句。例如：

“5 的 2 倍加 3 等于 13。”

相当于叙述句，可书写为

$2\times5+3=13$

现把式中的 5 隐藏起来，变成：

“什么数的 2 倍加 3 等于 13?”

这种疑问句就相当于方程。如将“什么数”用 x 来表示则有

$2x+3=13$

若将此式附以？号，写成 $2x+3=13?$ 就更清楚了。在这里因为“什么数”系未知数，故用 来表示也行，用 a，b，c，…之中任何一个来表示也可以。方程的缘起可以追溯到古埃及时，在阿迈斯的纸莎草（纸）上曾写有如图 4-10 所示的一列象形文字。

图 4-10

翻译成现在的式子就是

$$x(\frac{2}{3}+\frac{1}{2}+\frac{1}{7}+1)=33$$

埃及人把未知数叫做“梅花”，写成 这样，比现在用的 x 复杂多了。现在普遍使用的 x 是由笛卡儿首先开始的，这是因为在罗马字母表中的 x，在法语中也多用，因此印刷厂中 x 的活字也很多的缘故。

现在来看在天平上用砝码称苹果的情形（见图 4-11）。

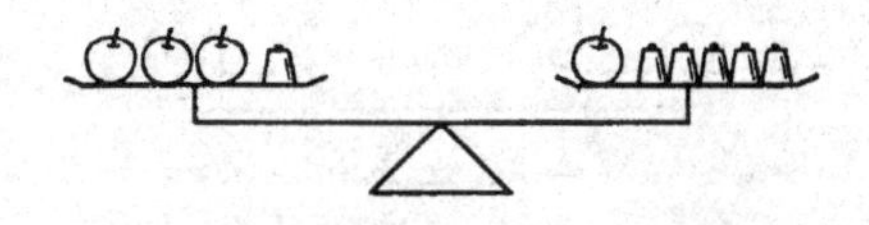

图 4-11

当天平平衡时，设每个砝码的重量为 100 克，问 1 个苹果有多重？如果用式子来表示，设 1 个苹果的重量为 x，则有

$$3x+100=x+500$$

我们的目的是求 $x=\cdots$。由于等式两边均有 x，为便于考虑，希望 x 仅集中于一边。为此可将右边的苹果拿走，但这样一来，天平就不平衡了，即式子的等号就不成立了。为保持平衡，应再拿走左边的一个苹果（见图 4-12）。这样还不够，因为左边还有一个砝码（见图 4-13）。

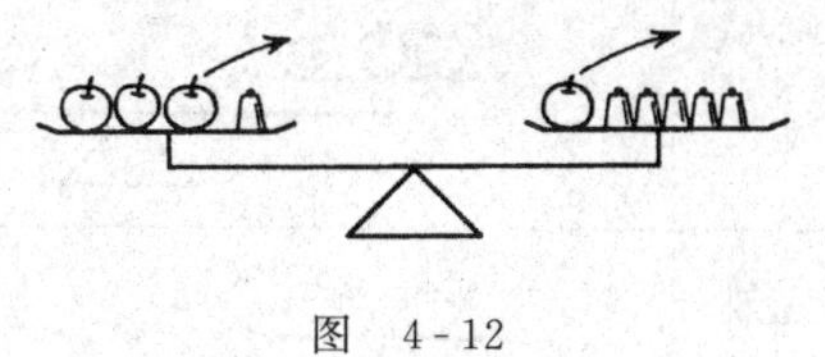

图 4-12

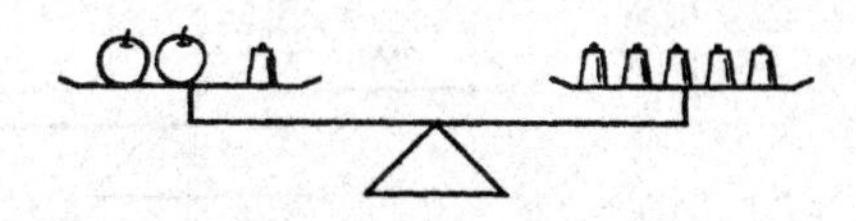

图 4-13

为了能拿掉这个砝码，现从左、右两边各取走一个砝码，结果就如

图 4-14 所示。

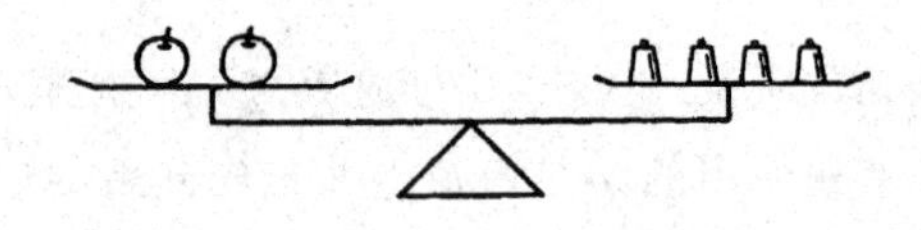

图　4-14

为了使左边仅有 1 个苹果，可将天平两边分成 2 等份，得到图 4-15 所示结果。

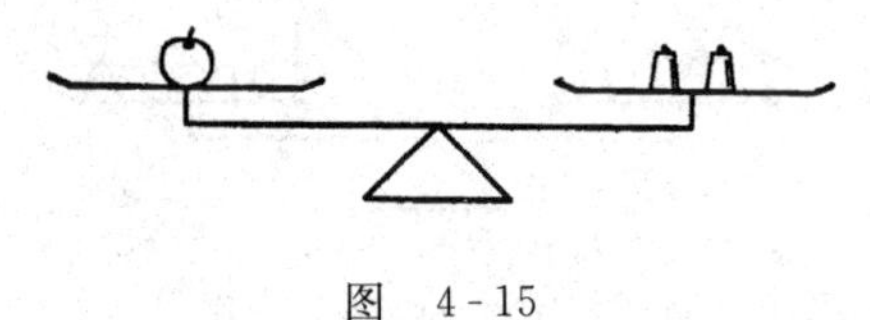

图　4-15

可将以上步骤写出，如表 4-2 所示。

表　4-2

$3x+100=x+500$	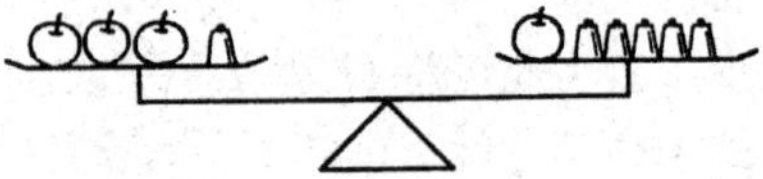
$3x+100-x=x-x+500$ $3x+100-x=500$ $2x+100=500$	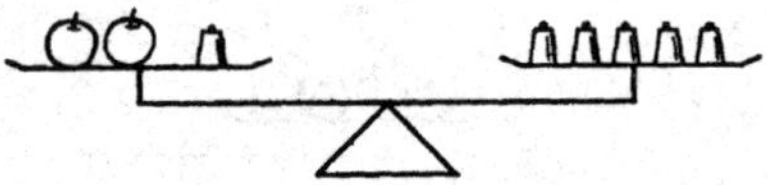
$2x+100-100=500-100$ $2x=400$	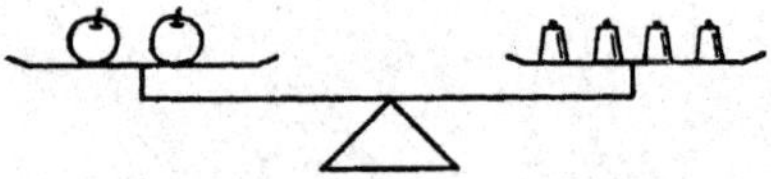
$x=200$	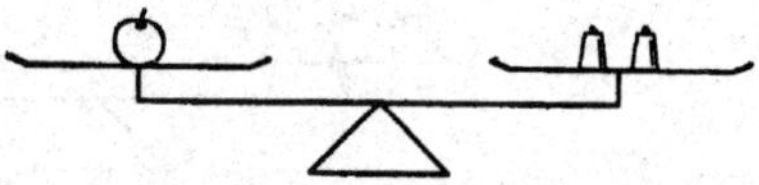

在这里从

$3x+100=x+500$

$3x+100-x=x-x+500$

$3x+100-x=500$

的式子可见，方程右边的 x，若写成 $-x$ 就可移到左边，总之将这一事实作一般化的表示，就可得出下述规则来：

“将方程一边的某一项改变符号，就可将其移到另一边去。”

4.6 代数的语源

这叫做移项。移项是方程变换中最重要的规律。在复式簿记中把自己的借款项写在对方的贷款项名下，等式也总是成立的。这与方程的情况很相似。阿拉伯的数学家阿尔·花拉子米（约 780—850）把移项叫做代数（al-jabr），因此这个“al-jabr”就是定义了代数学（algebra）的语源。

换句话说，“代数学”即所谓“移项术”。与移项相对的是约同类项（al-muqâbalah），例如以上计算过程中把 $3x-x$ 整理成 $2x$ 的运算，就是所谓“约同类项”。12 世纪写成的波斯的四行诗中说：

消去负的项，

把它添到等式的另一边，称作移项，

整理同类项，

这叫做约同类项。

把负的项移到另一边，将其复原，之所以叫代数（al-jabr），是因为这个词是由摩尔人传入西班牙的，其本意为“复原”。并且管代数学者（algebrista）叫“复原者”，含有“接骨医生”的意思。

当然，代数学者与接骨医生是完全不同的两种人，然而其名称的语源却同出一辙。

4.7 龟　鹤　算

从前有一种著名的龟鹤算题。例如：“龟鹤合计共 10 只，共有 28 条腿，问龟与鹤各有多少只？”

仔细想想就知道，这是一种空想的问题。因为龟与鹤是完全不同的动物，数总数时自然会知道有几只鹤、几只龟。由于它们的腿数也完全不同，故在数总数时，知道其各自是多少也不会错。因此，这个问题仅仅是作为一种智力测验的题目。

对解题的关键不甚了解的人常常采用穷举所有情况的办法来解，如表4-3所示。

表 4-3

鹤数	龟数	腿数
10	0	20
9	1	22
8	2	24
7	3	26
6	4	28
5	5	30
4	6	32
3	7	34
2	8	36
1	9	38
0	10	40

从这张表中可以看出，腿的总数为28时，有6只鹤，4只龟，即为答案。

这是一种原始的、一步一步纠正错误的办法，可以叫做试探错误的解决法。

虽然用这种方法谁也不会错，但因太原始了，如果给出的数字庞大的话，要画出这张表就太费事了。例如，龟鹤合计1000只，共有2860条腿，这张表就要列到1000行这么长，工作量太大了！

因此，应当寻求更好的解决方法。稍微注意一下表中所列腿数可知，它是每次递增 2 只的。这是因为每次是以 4 条腿的龟来替换 2 条腿的鹤的缘故。注意到这一点，很快就会得出解决的办法。

10 只鹤、0 只龟时有 20 条腿，由此要变成 28 条腿就必须增加 8 条腿。据此 8÷2=4，即应将 4 只鹤换成龟，写出式子就是：

全部按鹤考虑时　　$2\times10=20$

$28-20=8$

$8\div(4-2)=4$

$10-4=6$……鹤

答：鹤 6 只，龟 4 只。

用这种算法，即使对合计 1000 只，腿 2860 条的计算题也好解决：

若全部考虑成鹤时　$2\times1000=2000$

与实际腿数之差　　$2860-2000=860$

将鹤换成龟时　　　$860\div(4-2)=430$

鹤　　　　　　　　$1000-430=570$

答：鹤 570 只，龟 430 只。

由此可见，这样算的话并不需要列出长表。

然而，“全部按鹤考虑”这种方法对于小学生来说接受起来有些困难。老师们真是没少为此煞费苦心，例如想出了“把龟的前腿缩进去”这种说法来代替把龟变成鹤。因为孩子们对于龟暂时把前腿缩进去是好接受的。

不管怎么说，从前的这种龟鹤算仍属一种较困难的计算题。

4.8 一次方程

然而这种从前的龟鹤算的难题，若用代数方程这种新式武器来解决，就方便多了。

汤川秀树博士在回顾中学时代时，这样说过（见《旅人》）：

“……也爱好代数。在小学的算术中，像龟鹤算这种题目没有巧妙的办法是解答不出的，但要是用代数来算，只要把未知数写作爱克思(x)，按部就班地去算，就不会有什么困难。”

那么龟鹤算究竟怎样用代数来解呢？

首先设龟数为x,则鹤数就是$10-x$,鹤的腿数应为$2(10-x)$,龟的腿数为$4x$,则腿数合计为$2(10-x)+4x$,此数应等于28,故有

$$2(10-x)+4x=28$$

这就是把以普通文字表述的问题用数学语言来表达了。

列出此方程后，再进行移项以及两边约去同类项，就得出了答案：

$$2\times10-2x+4x=28$$
$$(4-2)x=28-20$$
$$2x=8$$
$$x=4$$

由上可见，这里出现的28－20与以前相同，把它用4－2来除也与以前相同。这里避开了所谓“把龟的前腿缩进去”的说法，而2×10的出现是理所当然的，正如莱布尼茨所说，是“换个方式来考虑”的。

这样一来，同一问题用算术解和用代数解，哪个优哪个劣，就很清楚了。

爱因斯坦在少年时曾问他当工程师的叔父：“什么是代数学？”叔父答道：“灵活的算术。”

确实，因为是把尚未知道的龟数，写作好像知道了一样的x来处理，比起普通算术，可说是灵活的算术。

牛顿曾这样来形容二者的不同：

“在算术中是按由给定量求待求量的步骤去解算术问题，而代数则正相反，即好像是已经知道了待求量似的，从待求量出发推求其与已知量的关系，按这种步骤来解决问题。列出了方程，就可由此求出未知量，这是代数的优点。并且还可用代数解决那些用算术很难解的问题。”

确实，如果找到了龟鹤算中“把龟的前脚缩进去”这个关键，用算术也能解决。但是，还有用算术无论如何也解决不了的问题。例如牛顿所提出的下列问题：

“有个商人，每年增加其财产的1/3，同时另一方面还要花费100镑的生活费。这样下去，3年后其财产增加到2倍。问开始时其财产有多少？”(见表4-4。)

表 4-4

英语表达	代数语言表达
商人所有的财产	x
由其中用去 100 镑	$x-100$
增加 1/3 财产后	$x-100+\frac{x-100}{3}=\frac{4x-400}{3}$
由其中用去 100 镑	$\frac{4x-400}{3}-100=\frac{4x-700}{3}$
增加 1/3 财产后	$\frac{4x-700}{3}+\frac{4x-700}{9}=\frac{16x-2800}{9}$
由某中用去 100 镑	$\frac{16x-2800}{9}-100=\frac{16x-3700}{9}$
增加 1/3 财产后	$\frac{16x-3700}{9}+\frac{16x-3700}{27}=\frac{64x-14800}{27}$
它应等于最初财产的 2 倍	$\frac{64x-14800}{27}=2x$

牛顿为了解决这个问题，把普通语言表达的问题翻译成了代数语言，他说道：

“为了解决在文章中经常出现的数或量之间的关系问题，应当把问题从用英语或其他语言的表达形式译成代数语言的表达形式。”

如表 4-4 所示，对此则有

$$\frac{64x-14800}{27}=2x$$

解此方程就得到

$$\begin{aligned} 64x-14800&=54x \\ 64x-54x&=14800 \\ 10x&=14800 \\ x&=\frac{14800}{10}=1480 \end{aligned}$$

答：1480 镑。

牛顿的一步一步说明，可用一个式来表示：

$$\frac{4}{3}\left\{\frac{4}{3}\left[\frac{4}{3}(x-100)-100\right]-100\right\}=2x$$

这个式子用普通算术确实是不能解的。无论如何，非用“灵活的”代数不可。在代数中脱括号、移项、归并同类项等都可方便地按部就班进行，而在算术中则非常困难。

4.9 联立方程

实际上，龟鹤算的问题包括求龟数与鹤数两种待求量，可暂用两个未知数来代表，如果把解方程当作描写捉犯人的推理小说，那么可以说这是两个犯人的事件。

在这种情况下，可用下列式子来表达所提出的问题，即将

鹤数与龟数之和为10，表示为 $x+y=10$

腿数之和为28，表示为 $2x+4y=28$

如果不用两个式子来代替两个犯人的话，这个问题是不好解的。

因为是同时以 x 和 y 来表示的两个式子成立，故将

$$\begin{cases}x+y=10\\2x+4y=28\end{cases}$$

叫做联立方程。

联立方程有各种解法，首先由上式求出 $y=10-x$，将它代入到下式，得

$$2x+4(10-x)=28$$

这与以前的一次方程是相同的，答案是鹤6只，龟4只。这种解法叫代入法。

更常用的是加减法：

$$\begin{cases}x+y=10\\2x+4y=28\end{cases}$$

这里希望得出没有 x 的式子，为此可对上式两边乘2，变成 $2x$ 的式子，将上下两式相减，消去 $2x$ 项。即

$$2x+2y=20$$

$$\begin{array}{r} 2x+4y=28 \\ \hline 2y=8 \end{array}$$

$$y=4$$

$$x=10-y=10-4=6$$

答：鹤 6 只，龟 4 只。

凡是两个式子总是要从中消去一个未知数，这一点是相同的，只是要消去哪一个未知数稍有不同。

上述龟鹤的例子还不足以说明问题。让我们再来构思一下有 3 个犯人的推理小说的情形。

例如，计算狗、麻雀和蜻蜓的问题。设它们一共有 9 只，而腿共有 38 条。像这样仅有两个条件，却有三个未知数是不可能使问题获解的。必须还要有一个条件，即翅膀的数目共有 22 个。在这些条件下，求狗、麻雀和蜻蜓各有几只。

设狗、麻雀、蜻蜓的数目分别为 x，y，z，情况则如表 4-5 所示。

表 4-5

	狗	麻雀	蜻蜓	合计
头数	x	y	z	$x+y+z=9$
腿数	$4x$	$2y$	$6z$	$4x+2y+6z=38$
翅膀数	0	$2y$	$4z$	$2y+4z=22$

解这种含三个未知数的三个联立方程，就像前述牛顿的问题那样，用简单的算术是无能为力的。

为了解此联立方程，可用加减法逐个消去未知数：

$$\begin{cases} x+y+z=9 & (1) \\ 4x+2y+6z=38 & (2) \\ 2y+4z=22 & (3) \end{cases}$$

首先消去 y，可将（1）乘 2 再减去（3），再由（2）减去（3）得

$$\begin{cases} 2x-2z=-4 \\ 4x+2z=16 \end{cases}$$

消去 z 得

$$6x=12$$

$$\begin{cases}x=2\\y=3\\z=4\end{cases}$$

也就是说

$$\begin{cases}x+y+z=9\\4x+2y+6z=38\\2y+4z=22\end{cases}\longrightarrow\begin{cases}2x-2z=-4\\4x+2z=16\end{cases}\longrightarrow 6x=12\longrightarrow\begin{cases}x=2\\y=3\\z=4\end{cases}$$

即消去一个未知数，伴随消去一个方程，因此为了得出 $x=\cdots$ 无论如何必须使未知数与方程数相同。

数学家也是学无止境的那种人，他们没有停在 3 个未知数上。当未知数更多时，就产生了应如何解联立方程的问题，这样就出现了矩阵和行列式。

4.10 矩阵和向量

虽然龟鹤问题或狗、麻雀、蜻蜓问题，都带有一些空想的味道，但由此而得到的两张表（见表 4-6、表 4-7）却很有用。

表 4-6

	鹤	龟
头数	1	1
腿数	2	4

表 4-7

	狗	麻雀	蜻蜓
头　数	1	1	1
腿　数	4	2	6
翅膀数	0	2	4

在这里是将数字排列于正方形的表中。这种排列成正方形或长方形的表叫做矩阵。上述表就是矩阵的一种：

$$\begin{bmatrix}1 & 1\\2 & 4\end{bmatrix}\qquad\begin{bmatrix}1 & 1 & 1\\4 & 2 & 6\\0 & 2 & 4\end{bmatrix}$$

排成长方形也可以，如下列矩阵：

$$\begin{bmatrix}1 & 2 & 4\\0 & -3 & 5\end{bmatrix}\quad\begin{bmatrix}-1 & 6\\-4 & -2\\-4 & 0\\8 & 5\end{bmatrix}\quad\begin{bmatrix}3 & -1 & 7\end{bmatrix}\quad\begin{bmatrix}-2\\4\\3\\-1\end{bmatrix}\quad\begin{bmatrix}2\end{bmatrix}$$

矩阵的横排叫做行，竖排叫做列，可表示如下：

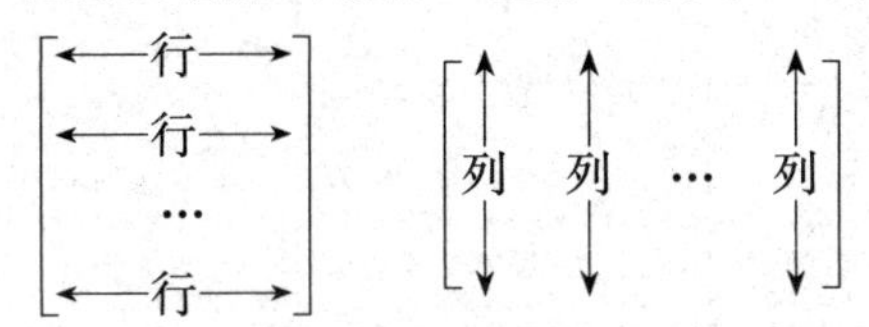

上述长方形的矩阵中的第一个矩阵有 2 行 3 列，第二个有 4 行 2 列，第三个有 1 行 3 列，第四个有 4 行 1 列，第五个有 1 行 1 列。其实，1 行 1 列的矩阵就是用 [ ] 号围起来的数。

这种长方形的表到处都可以看到。车站的时刻表（见表 4-8）或运费表（见表 4-9）就是一例，买卖上的账簿等也是此例。

表 4-8 列车时刻表

站 名	3711	3821	3825	3827
东 京	912	935	1009	1103
新 桥	915	938	1013	1108
品 川	922	948	1019	1115
横 滨	940	1007	1038	1134

表4-9 三等车通勤的定期运费表

公里数	1个月	3个月	6个月
公里	日元	日元	日元
1～3	260	700	1320
4	280	760	1380
5	290	780	1420
6	300	820	1440
7	350	950	1750
8	420	1140	2160
9	490	1330	2520
10	540	1470	2780

由于在数学上这种长方形的表到处可见，因此就产生了矩阵这个名称。矩阵在英语中叫matrix，这是英国数学家凯莱（1821－1895）首先使用的名称。matrix是早先印刷时的活字字母的意思。

矩阵中的一个特例是像 $\begin{bmatrix}3 & -1 & 7\end{bmatrix}$ 或 $\begin{bmatrix}-2\\4\\3\\-1\end{bmatrix}$ 等1行或1列的情形，这样的矩阵叫做向量。换句话说，向量将数仅排成一个竖列或一个横列，这有很多实例。

例如某人体检的结果是身长160厘米，胸围82厘米，坐高98厘米，体重62公斤，可将这些数字排成1行，即成一个向量：

[160，82，98，62]

这是由（身长，胸围，坐高，体重）构成的1行4列的向量。这种表示成1行的向量叫行向量。

再有某人的健康状况也可用下列数字表示成一种向量：

[体温，脉搏，呼吸，血压]

还有气象情况可用发生地的气温、气压、风速这三种数字排成1行3列的向量：

[气温，气压，风速]

根据情况也可把它们写成竖排，成为列向量：

$$\begin{bmatrix}\text{气温}\\\text{气压}\\\text{风速}\end{bmatrix}$$

向量本来是表示具有方向的量，例如力、速度等，不仅有大小，还必须考虑其方向，就是一种向量。向量可用箭头来表示。在数学上表示向量的箭头可按长、宽、高三个方向区分（见图 4-16)。即可有一种

[长，宽，高]

的向量，例如图 4-17 中所示向量，可写为[2，5，3]。

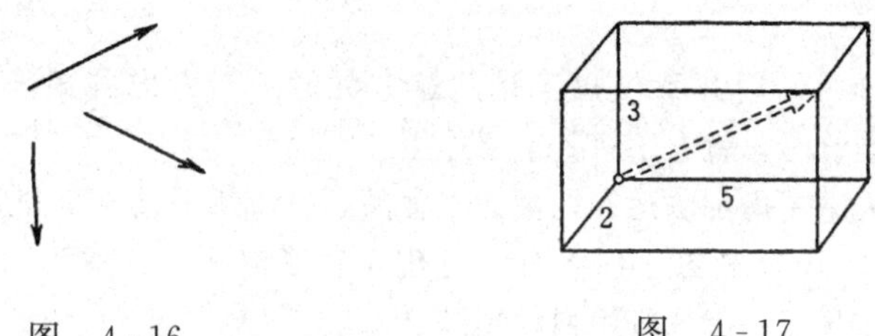

图 4-16　　　　图 4-17

然而并不仅仅只有三维空间向量，像［体温，脉搏，呼吸，血压］这种由 4 个数字构成的向量就不能用三维空间的箭头来表示了。从广义上讲，向量不只有四维，当排列的数字很多时，可有五维、十维等向量。

这样，不论矩阵还是向量就都要使用很多的数字。若用文字来代表的话，也要受限制，如拉丁字母表就只有 26 个字母，不能使用 26 个以上的字母。

为了克服这个困难，可以在文字下边加 1，2，3，…这样的下标来表示，如 a_1，a_2，a_3，…或 x_1，x_2，x_3，…。这样一来，想使用多少新的文字都可以，如用 100 个文字，可写作 a_1，a_2，…，a_{100}。

第二次世界大战以后，日本曾按拉丁字母顺序用女人的名字来命名台风，如“达伊亚娜台风”、“凯蒂台风”等。但是由于这样叫是很麻烦的，故最近已改为按编号来称呼了，如“15 号台风”、“22 号台风”等。同样的道理，把文字 a，b，c，…改写为 a_1，a_2，a_3，…也含有“1 号文字”、“2 号文字”的意思。

按照这种方式，可将矩阵中的元素下标用2位数字来表示，例如：

$$A=\begin{bmatrix} a_{11} & a_{12} & a_{13} & a_{14} \\ a_{21} & a_{22} & a_{23} & a_{24} \\ a_{31} & a_{32} & a_{33} & a_{34} \end{bmatrix}$$

前一数字表示行的序号，后一数字表示列的序号。因而，a_{23}就表示第2行第3列的元素。对于仅有1行的向量，可以只写列的序号，如

$$[a_1, a_2, a_3, a_4]$$

4.11 矩阵的计算

矩阵的作用并不仅在于排列这些元素，当考虑到矩阵的+，−，×，÷运算时，就会了解其重要作用。

首先来考虑加法运算。例如某食品超级市场下设4个分店，某日总店按表4-10所列数字向各分店分配了桃子罐头、梨罐头和橘子罐头，表中数字构成一个3行4列的矩阵**A**。

表 4-10

罐头＼分店	1	2	3	4
桃子	20	25	38	42
梨	14	20	10	31
橘子	30	35	40	17

$$\mathbf{A}=\begin{bmatrix} 20 & 25 & 38 & 42 \\ 14 & 20 & 10 & 31 \\ 30 & 35 & 40 & 17 \end{bmatrix}$$

第二天的分配情况则如表4-11所示，构成矩阵**A′**。

表 4-11

罐头＼分店	1	2	3	4
桃　子	23	28	41	46
梨	18	23	15	36
橘子	35	38	45	22

$$\mathbf{A}'=\begin{bmatrix} 23 & 28 & 41 & 46 \\ 18 & 23 & 15 & 36 \\ 35 & 38 & 45 & 22 \end{bmatrix}$$

如果想知道两天里分配东西之和，可把同一位置上数字相加，得到

下列一个新的矩阵：

$$\begin{bmatrix} 43 & 53 & 79 & 88 \\ 32 & 43 & 25 & 67 \\ 65 & 73 & 85 & 39 \end{bmatrix}$$

像这样，矩阵 $\boldsymbol{A}$ 和 $\boldsymbol{A}'$ 中处在相同位置上的数加起来得到的矩阵用 $\boldsymbol{A}+\boldsymbol{A}'$ 表示，它等于 $\boldsymbol{A}$ 与 $\boldsymbol{A}'$ 之和。如果想看看第二天比头一天多分配了多少东西，则可将相同位置上的数相减，即为 $\boldsymbol{A}'-\boldsymbol{A}$，得：

$$\boldsymbol{A}'-\boldsymbol{A}=\begin{bmatrix} 3 & 3 & 3 & 4 \\ 4 & 3 & 5 & 5 \\ 5 & 3 & 5 & 5 \end{bmatrix}$$

由此可见，若两个矩阵相加或相减，必须二者的行数和列数都相同。

商店在休息日当然就不分配什么东西了，所有的数字都为 0，即用

$$\begin{bmatrix} 0 & 0 & 0 & 0 \\ 0 & 0 & 0 & 0 \\ 0 & 0 & 0 & 0 \end{bmatrix}=\boldsymbol{0}$$

这样的矩阵来表示。

矩阵相加和相减的计算方法以两个 3 行 4 列的矩阵为例，如下所示：

$$\boldsymbol{A}=\begin{bmatrix} a_{11} & a_{12} & a_{13} & a_{14} \\ a_{21} & a_{22} & a_{23} & a_{24} \\ a_{31} & a_{32} & a_{33} & a_{34} \end{bmatrix} \qquad \boldsymbol{B}=\begin{bmatrix} b_{11} & b_{12} & b_{13} & b_{14} \\ b_{21} & b_{22} & b_{23} & b_{24} \\ b_{31} & b_{32} & b_{33} & b_{34} \end{bmatrix}$$

$$\boldsymbol{A}+\boldsymbol{B}=\begin{bmatrix} a_{11}+b_{11} & a_{12}+b_{12} & a_{13}+b_{13} & a_{14}+b_{14} \\ a_{21}+b_{21} & a_{22}+b_{22} & a_{23}+b_{23} & a_{24}+b_{24} \\ a_{31}+b_{31} & a_{32}+b_{32} & a_{33}+b_{33} & a_{34}+b_{34} \end{bmatrix}$$

$$\boldsymbol{A}-\boldsymbol{B}=\begin{bmatrix} a_{11}-b_{11} & a_{12}-b_{12} & a_{13}-b_{13} & a_{14}-b_{14} \\ a_{21}-b_{21} & a_{22}-b_{22} & a_{23}-b_{23} & a_{24}-b_{24} \\ a_{31}-b_{31} & a_{32}-b_{32} & a_{33}-b_{33} & a_{34}-b_{34} \end{bmatrix}$$

下面再看乘法运算。仍以上述例子为例。第一天分配东西如表 4-10所示，而罐头的价格和重量则如表 4-12 所示。这里为清楚起见，重写表 4-10 为表 4-13。

表 4-12

	桃 子	梨	橘 子
价格（日元）	40	50	60
重量（公斤）	0.3	0.4	0.5

表 4-13

罐头 \ 分店	1	2	3	4
桃子	20	25	38	42
梨	14	20	10	31
橘子	30	35	40	17

仅抽出数字，即构成两个矩阵 $\boldsymbol{C}$ 与 $\boldsymbol{A}$：

$$\boldsymbol{C}=\begin{bmatrix}40 & 50 & 60\\0.3 & 0.4 & 0.5\end{bmatrix}\quad \boldsymbol{A}=\begin{bmatrix}20 & 25 & 38 & 42\\14 & 20 & 10 & 31\\30 & 35 & 40 & 17\end{bmatrix}$$

$\boldsymbol{C}$ 矩阵为 2 行 3 列，$\boldsymbol{A}$ 矩阵为 3 行 4 列。

根据此二矩阵，为了求送到各分店去的罐头的总价和重量的合计，如打算用表 4-14 来表示，该如何计算？

表 4-14

	1	2	3	4
总价				
重量				

例如送到第一分店的罐头总价合计为

（桃子）　　（梨）　　（橘子）

$40\times20+50\times14+60\times30=3300$

即 $\boldsymbol{C}$ 的第 1 行元素与 $\boldsymbol{A}$ 的第 1 列元素分别相乘后再相加。对于第 2 分店则是 $\boldsymbol{C}$ 的第 1 行与 $\boldsymbol{A}$ 的第 2 列元素分别相乘后再相加：

（桃子） （梨） （橘子）

40×25＋50×20＋60×35＝4100

这样计算下来，就可得出表 4-15 与矩阵 $\boldsymbol{D}$。

表 4-15

	1	2	3	4
价钱	3300	4100	4420	4250
重量	26.6	33.0	35.4	33.5

$$\boldsymbol{D}=\begin{bmatrix} 3300 & 4100 & 4420 & 4250 \\ 26.6 & 33.0 & 35.4 & 33.5 \end{bmatrix}$$

这就从矩阵 $\boldsymbol{C}$ 和矩阵 $\boldsymbol{A}$ 得到一个 2 行 4 列的矩阵 $\boldsymbol{D}$，可称之为矩阵的积，写作：

$$\boldsymbol{CA}=\boldsymbol{D}$$

一般对矩阵的乘法运算可表示如下：设有二矩阵

$$\boldsymbol{C}=\begin{bmatrix} c_{11} & c_{12} & c_{13} \\ c_{21} & c_{22} & c_{23} \end{bmatrix} \qquad \boldsymbol{A}=\begin{bmatrix} a_{11} & a_{12} & a_{13} & a_{14} \\ a_{21} & a_{22} & a_{23} & a_{24} \\ a_{31} & a_{32} & a_{33} & a_{34} \end{bmatrix}$$

二者相乘时，则前一矩阵 $\boldsymbol{C}$ 的每一行与后一矩阵 $\boldsymbol{A}$ 的每一列分别相乘，然后相加。例如矩阵

$$\begin{bmatrix} c_{11}-c_{12}-c_{13} \\ c_{21}-c_{22}-c_{23} \end{bmatrix} \text{与} \begin{bmatrix} a_{11} & a_{12} & a_{13} & a_{14} \\ | & | & | & | \\ a_{21} & a_{22} & a_{23} & a_{24} \\ | & | & | & | \\ a_{31} & a_{32} & a_{33} & a_{34} \end{bmatrix}$$

相乘后积的第 2 行第 1 列元素为

$$c_{21}a_{11}+c_{22}a_{21}+c_{23}a_{31}$$

这样的乘法运算，其运算规则与普通数的乘法规则差不多一样，但交换律则不成立（见表 4-16）。

表 4-16

	加 法	乘 法
交换律	$A+B=B+A$	
结合律	$(A+B)+C=A+(B+C)$	$(AB)C=A(BC)$
分配律	$A(B+C)=AB+AC$ $(B+C)A=BA+CA$	

这由下面的示例就足以说明。

设有 $A=\begin{bmatrix}1 & 3\\2 & 4\end{bmatrix}$ $B=\begin{bmatrix}4 & 2\\3 & 1\end{bmatrix}$

则 $AB=\begin{bmatrix}1 & 3\\2 & 4\end{bmatrix}\begin{bmatrix}4 & 2\\3 & 1\end{bmatrix}=\begin{bmatrix}13 & 5\\20 & 8\end{bmatrix}$

$BA=\begin{bmatrix}4 & 2\\3 & 1\end{bmatrix}\begin{bmatrix}1 & 3\\2 & 4\end{bmatrix}=\begin{bmatrix}8 & 20\\5 & 13\end{bmatrix}$

显然两种结果 $AB\neq BA$。

因此，在进行矩阵运算时，必须注意除了交换律之外，矩阵 A，B，C 才能像数字那样按运算规则进行计算。

4.12 联立方程和矩阵

再来看看前面说过的龟鹤问题，可写出下式：

$$\begin{cases}1x+1y=10\\2x+4y=28\end{cases}$$

它也可以用矩阵形式来表示，为此将 x，y 改写成 x_1，x_2，并令

$$\begin{bmatrix}1 & 1\\2 & 4\end{bmatrix}=A,\ \begin{bmatrix}x_1\\x_2\end{bmatrix}=X,\ \begin{bmatrix}10\\28\end{bmatrix}=B$$

则对上式可表示如下：

$$\begin{bmatrix}1 & 1\\2 & 4\end{bmatrix}\begin{bmatrix}x_1\\x_2\end{bmatrix}=\begin{bmatrix}1x_1+1x_2\\2x_1+4x_2\end{bmatrix}=\begin{bmatrix}10\\28\end{bmatrix}$$

$$A \quad X \quad = \quad \cdots = B$$

可简写为

$$\boldsymbol{AX}=\boldsymbol{B}$$

式子虽然很简单，但其意义都与上述联立方程完全相同。不重视这种形式的人可能会说："不就是仅仅变了一下写法使形式简单一点而已吗!"话虽不错，但数学上新的形式或符号的出现，往往能给巨大的进步奠定基础。

拉普拉斯（1749－1827）说过："在数学上发明了优越的符号，就意味着胜利的一半。"矩阵的符号就是显著的一例。

$\boldsymbol{A}$ 和 $\boldsymbol{B}$ 不是普通的数，而是有着矩阵这样的复杂构造的数的组合，以及 $\boldsymbol{A}+\boldsymbol{B}$，$\boldsymbol{A}-\boldsymbol{B}$，$\boldsymbol{AB}$，仍可把它们当成已经了解的数那样来考虑，并用类似的方法进行计算，而不必再做新的计算练习。但是，千万不可忘记 $\boldsymbol{AB}\neq\boldsymbol{BA}$。

因此，将联立方程写成

$$\boldsymbol{AX}=\boldsymbol{B}$$

就可把它当作我们已经掌握的 $ax=b$ 那样来考虑了。

4.13 奇妙的代数

现在，再从另一角度来考虑联立方程

$$\begin{cases}a_{11}x_1+a_{12}x_2=b_1\\a_{21}x_1+a_{22}x_2=b_2\end{cases}$$

为此，稍微将它变换一下，写作

$$\begin{bmatrix}a_{11}\\a_{21}\end{bmatrix}x_1+\begin{bmatrix}a_{12}\\a_{22}\end{bmatrix}x_2=\boldsymbol{B}$$

这里，如令

$$\begin{bmatrix}1\\0\end{bmatrix}=\boldsymbol{e}_1,\qquad\begin{bmatrix}0\\1\end{bmatrix}=\boldsymbol{e}_2$$

则上式可写成

$$(\boldsymbol{e}_1a_{11}+\boldsymbol{e}_2a_{21})x_1+(\boldsymbol{e}_1a_{12}+\boldsymbol{e}_2a_{22})x_2=(\boldsymbol{e}_1b_1+\boldsymbol{e}_2b_2)$$

为把此方程变换为 $x_2=\cdots$ 的形式，应将碍事的 x_1 消去。对此，有一位数学家想出了一种奇妙的乘法运算:“应当考虑一种即使对于非0的数,其平方也总等于0的乘法运算。”把这种乘法运算用符号 * 来表示则有

$$(\boldsymbol{e}_1 a_{11} + \boldsymbol{e}_2 a_{21}) * (\boldsymbol{e}_1 a_{11} + \boldsymbol{e}_2 a_{21}) = 0$$

可改写为

$$\boldsymbol{e}_1 * \boldsymbol{e}_1 a_{11}{}^2 + (\boldsymbol{e}_1 * \boldsymbol{e}_2 + \boldsymbol{e}_2 * \boldsymbol{e}_1) a_{11} a_{21} + \boldsymbol{e}_2 * \boldsymbol{e}_2 a_{21}{}^2 = 0$$

为使对所有 a_{11},a_{21} 均能成立,则应有下列条件:

$$\boldsymbol{e}_1 * \boldsymbol{e}_1 = 0, \boldsymbol{e}_2 * \boldsymbol{e}_2 = 0$$

$$\boldsymbol{e}_1 * \boldsymbol{e}_2 + \boldsymbol{e}_2 * \boldsymbol{e}_1 = 0, \text{即 } \boldsymbol{e}_2 * \boldsymbol{e}_1 = -\boldsymbol{e}_1 * \boldsymbol{e}_2$$

换句话说,即 e_1,e_2 的平方为0,变更两者相乘的顺序等于改变符号相乘。由此可知,在上述方程左边乘以$(\boldsymbol{e}_1 a_{11} + \boldsymbol{e}_2 a_{21})$时,就会消去 x_1,即有

$$\underbrace{(\boldsymbol{e}_1 a_{11} + \boldsymbol{e}_2 a_{21}) * (\boldsymbol{e}_1 a_{11} + \boldsymbol{e}_2 a_{21})}_{\downarrow\ 0} x_1 + (\boldsymbol{e}_1 a_{11} + \boldsymbol{e}_2 a_{21}) * (\boldsymbol{e}_1 a_{12} + \boldsymbol{e}_{22} a_{22}) x_2$$

$$= (\boldsymbol{e}_1 a_{11} + \boldsymbol{e}_2 a_{21}) * (\boldsymbol{e}_1 b_1 + \boldsymbol{e}_2 b_2)$$

计算 x_2 的系数则有

$$(\boldsymbol{e}_1 a_{11} + \boldsymbol{e}_2 a_{21}) * (\boldsymbol{e}_1 a_{12} + \boldsymbol{e}_2 a_{22})$$

$$= \underbrace{\boldsymbol{e}_1 * \boldsymbol{e}_1}_{\downarrow\ 0} a_{11} a_{12} + \boldsymbol{e}_1 * \boldsymbol{e}_2 (a_{11} a_{22} - a_{12} a_{21}) + \underbrace{\boldsymbol{e}_2 * \boldsymbol{e}_2}_{\downarrow\ 0} a_{21} a_{22}$$

$$= \boldsymbol{e}_1 * \boldsymbol{e}_2 (a_{11} a_{22} - a_{12} a_{21})$$

同样,右边等于 $\boldsymbol{e}_1 * \boldsymbol{e}_2 (a_{11} b_2 - a_{21} b_1)$,因此

$$\boldsymbol{e}_1 * \boldsymbol{e}_2 (a_{11} a_{22} - a_{12} a_{21}) x_2 = \boldsymbol{e}_1 * \boldsymbol{e}_2 (a_{11} b_2 - a_{21} b_1)$$

可得出 $x_2 = \dfrac{a_{11} b_2 - a_{21} b_1}{a_{11} a_{22} - a_{12} a_{21}}$

同理可得, $x_1 = \dfrac{b_1 a_{22} - b_2 a_{12}}{a_{11} a_{22} - a_{12} a_{21}}$

这种方法对三元联立方程也完全适用,例如对于

$$a_{11} x_1 + a_{12} x_2 + a_{13} x_3 = b_1$$

$$a_{21} x_1 + a_{22} x_2 + a_{23} x_3 = b_2$$

$$a_{31} x_1 + a_{32} x_2 + a_{33} x_3 = b_3$$

可写出下列矩阵:

$$\begin{bmatrix} a_{11} & a_{12} & a_{13} \\ a_{21} & a_{22} & a_{23} \\ a_{31} & a_{32} & a_{33} \end{bmatrix} \begin{bmatrix} x_1 \\ x_2 \\ x_3 \end{bmatrix} = \begin{bmatrix} b_1 \\ b_2 \\ b_3 \end{bmatrix}$$

可简写为 $\boldsymbol{AX}=\boldsymbol{B}$

仿上述方程，令

$$\begin{bmatrix} a_{11} \\ a_{21} \\ a_{31} \end{bmatrix} = \boldsymbol{A}_1, \quad \begin{bmatrix} a_{12} \\ a_{22} \\ a_{32} \end{bmatrix} = \boldsymbol{A}_2, \quad \begin{bmatrix} a_{13} \\ a_{23} \\ a_{33} \end{bmatrix} = \boldsymbol{A}_3$$

则可将方程写为：

$$\boldsymbol{A}_1 x_1 + \boldsymbol{A}_2 x_2 + \boldsymbol{A}_3 x_3 = \boldsymbol{B}$$

仿前，令 $\begin{bmatrix} 1 \\ 0 \\ 0 \end{bmatrix} = \boldsymbol{e}_1$，$\begin{bmatrix} 0 \\ 1 \\ 0 \end{bmatrix} = \boldsymbol{e}_2$，$\begin{bmatrix} 0 \\ 0 \\ 1 \end{bmatrix} = \boldsymbol{e}_3$，按奇妙的乘法运算则有

$$\boldsymbol{e}_1 * \boldsymbol{e}_1 = \boldsymbol{e}_2 * \boldsymbol{e}_2 = \boldsymbol{e}_3 * \boldsymbol{e}_3 = 0$$

$$\boldsymbol{e}_2 * \boldsymbol{e}_1 = -\boldsymbol{e}_1 * \boldsymbol{e}_2$$

$$\boldsymbol{e}_3 * \boldsymbol{e}_2 = -\boldsymbol{e}_2 * \boldsymbol{e}_3$$

$$\boldsymbol{e}_1 * \boldsymbol{e}_3 = -\boldsymbol{e}_3 * \boldsymbol{e}_1$$

$$\boldsymbol{A}_1 * \boldsymbol{A}_1 = 0, \ \boldsymbol{A}_2 * \boldsymbol{A}_2 = 0, \ \boldsymbol{A}_3 * \boldsymbol{A}_3 = 0$$

为求出 x_3，左乘以 $\boldsymbol{A}_1 * \boldsymbol{A}_2$，则 $x_1 x_2$ 的系数均为 0，只剩下了 x_3，即

$$\underbrace{\boldsymbol{A}_1 * \boldsymbol{A}_2 * \boldsymbol{A}_1 \boldsymbol{x}_1}_{0} + \underbrace{\boldsymbol{A}_1 * \boldsymbol{A}_2 * \boldsymbol{A}_2 \boldsymbol{x}_2}_{0} + \boldsymbol{A}_1 * \boldsymbol{A}_2 * \boldsymbol{A}_3 \boldsymbol{x}_3 = \boldsymbol{A}_1 * \boldsymbol{A}_2 * \boldsymbol{B}$$

$$\begin{aligned} \boldsymbol{A}_1 * \boldsymbol{A}_2 * \boldsymbol{A}_3 = & (\boldsymbol{e}_1 a_{11} + \boldsymbol{e}_2 a_{21} + \boldsymbol{e}_3 a_{31}) * (\boldsymbol{e}_1 a_{12} + \boldsymbol{e}_2 a_{22} + \boldsymbol{e}_3 a_{32}) * \\ & (\boldsymbol{e}_1 a_{13} + \boldsymbol{e}_2 a_{23} + \boldsymbol{e}_3 a_{33}) \end{aligned}$$

把它展开后，由于含有 2 次相同的 $\boldsymbol{e}_1$，$\boldsymbol{e}_2$，$\boldsymbol{e}_3$ 等于零，故全部变成 6 项：

$$\begin{aligned} = & \boldsymbol{e}_1 * \boldsymbol{e}_2 * \boldsymbol{e}_3 a_{11} a_{22} a_{33} + \boldsymbol{e}_1 * \boldsymbol{e}_3 * \boldsymbol{e}_2 a_{11} a_{32} a_{23} \\ & + \boldsymbol{e}_2 * \boldsymbol{e}_1 * \boldsymbol{e}_3 a_{21} a_{12} a_{33} + \boldsymbol{e}_2 * \boldsymbol{e}_3 * \boldsymbol{e}_1 a_{21} a_{32} a_{13} \\ & + \boldsymbol{e}_3 * \boldsymbol{e}_1 * \boldsymbol{e}_2 a_{31} a_{12} a_{23} + \boldsymbol{e}_3 * \boldsymbol{e}_2 * \boldsymbol{e}_1 a_{31} a_{22} a_{13} \end{aligned}$$

在这里，为了将其全部以 $\boldsymbol{e}_1 * \boldsymbol{e}_2 * \boldsymbol{e}_3$ 的形式来表示，注意到

$$\boldsymbol{e}_1 * \underbrace{\boldsymbol{e}_3 * \boldsymbol{e}_2} = -\boldsymbol{e}_1 * \boldsymbol{e}_2 * \boldsymbol{e}_3$$

$$\underbrace{\boldsymbol{e}_2 * \boldsymbol{e}_1} * \boldsymbol{e}_3 = -\boldsymbol{e}_1 * \boldsymbol{e}_2 * \boldsymbol{e}_3$$

$$\boldsymbol{e}_2 * \underbrace{\boldsymbol{e}_3 * \boldsymbol{e}_1} = -\underbrace{\boldsymbol{e}_2 * \boldsymbol{e}_1} * \boldsymbol{e}_3 = \boldsymbol{e}_1 * \boldsymbol{e}_2 * \boldsymbol{e}_3$$

$$\underbrace{\boldsymbol{e}_3 * \boldsymbol{e}_1} * \boldsymbol{e}_2 = -\boldsymbol{e}_1 * \underbrace{\boldsymbol{e}_3 * \boldsymbol{e}_2} = \boldsymbol{e}_1 * \boldsymbol{e}_2 * \boldsymbol{e}_3$$

$$\boldsymbol{e}_3 * \underbrace{\boldsymbol{e}_2 * \boldsymbol{e}_1} = -\underbrace{\boldsymbol{e}_3 * \boldsymbol{e}_1} * \boldsymbol{e}_2 = \boldsymbol{e}_1 * \underbrace{\boldsymbol{e}_3 * \boldsymbol{e}_2} = -\boldsymbol{e}_1 * \boldsymbol{e}_2 * \boldsymbol{e}_3$$

由此，在上式中把 $\boldsymbol{e}_1 * \boldsymbol{e}_2 * \boldsymbol{e}_3$ 提出来，就变成

$$= \boldsymbol{e}_1 * \boldsymbol{e}_2 * \boldsymbol{e}_3 (a_{11}a_{22}a_{33} - a_{11}a_{32}a_{23} - a_{21}a_{12}a_{33} + a_{21}a_{32}a_{13} + a_{31}a_{12}a_{23} - a_{31}a_{22}a_{13})$$

把这个括号中的式子以 $\boldsymbol{A}$ 的行列式

$$\begin{vmatrix} a_{11} & a_{12} & a_{13} \\ a_{21} & a_{22} & a_{23} \\ a_{31} & a_{32} & a_{33} \end{vmatrix} = |\mathbf{A}|$$

来表示。因为是仅以 $\boldsymbol{B}$ 来代替右边的 $\mathbf{A}_3$，故得

$$\begin{vmatrix} a_{11} & a_{12} & b_1 \\ a_{21} & a_{22} & b_2 \\ a_{31} & a_{32} & b_3 \end{vmatrix}$$

因此可得

$$x_3 = \frac{\begin{vmatrix} a_{11} & a_{12} & b_1 \\ a_{21} & a_{22} & b_2 \\ a_{31} & a_{32} & b_3 \end{vmatrix}}{\begin{vmatrix} a_{11} & a_{12} & a_{13} \\ a_{21} & a_{22} & a_{23} \\ a_{31} & a_{32} & a_{33} \end{vmatrix}}$$

同理得

$$x_1 = \frac{\begin{vmatrix} b_1 & a_{12} & a_{13} \\ b_2 & a_{22} & a_{23} \\ b_3 & a_{32} & a_{33} \end{vmatrix}}{\begin{vmatrix} a_{11} & a_{12} & a_{13} \\ a_{21} & a_{22} & a_{23} \\ a_{31} & a_{32} & a_{33} \end{vmatrix}} \qquad x_2 = \frac{\begin{vmatrix} a_{11} & b_1 & a_{13} \\ a_{21} & b_2 & a_{23} \\ a_{31} & b_3 & a_{33} \end{vmatrix}}{\begin{vmatrix} a_{11} & a_{12} & a_{13} \\ a_{21} & a_{22} & a_{23} \\ a_{31} & a_{32} & a_{33} \end{vmatrix}}$$

由此可见，一次联立方程的根等于两个行列式的商，这个公式叫克

莱默公式。它不仅对于三元，对于四元、五元……一般的 n 元联立方程均可推广使用。

这种计算的根基在于所谓“平方后等于 0”这种奇妙的乘法。这个奇妙的想法是由德国数学家格拉斯曼（1809－1877）提出来的。

可以认为数学这门学问和机械一样正确，一点空想或幻想的成分都没有。然而格拉斯曼的奇妙的乘法则是一个相反的事例。根据他提出的这种办法，完全能解出联立方程。

数学家魏尔斯特拉斯（1815－1897）曾说：“没有诗人的某种气质就不能成为数学家。”这就是说，在数学中也存在某种豪放式的想象的内容。

第 5 章　图形的科学

5.1　两部长期畅销书

15 世纪中期，古登堡（1400－1468）制造了最早的活字印刷机，拉开了今天面向大众的信息传播时代的帷幕。那是 1455 年的事。最早用这种印刷机印刷的书是圣经，大约三十年之后，到了 1482 年，在意大利的威尼斯，欧几里得的《几何原本》用活字印刷出来了（见图5－1）。

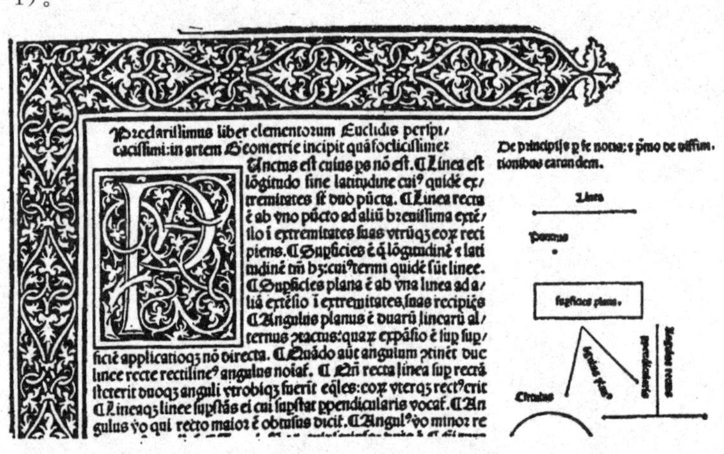
Preclarissimus liber elementorum Euclidis perspi/
cacissimi: in artem Geometrie incipit quã foelicissime:
Punctus est cuius ps nõ est. ℭ Linea est
lõgitudo sine latitudine cui⁹ quidẽ ex/
tremitates sũt duo pũcta. ℭ Linea recta
ẽ ab vno pũcto ad aliũ breuissima extẽ/
sio i extremitates suas vtrũqz eoꝝ reci
piens. ℭ Supficies ẽ q̃ lõgitudinẽ ⁊ lati
tudinẽ tñ hz: cui⁹ termi quidẽ sũt linee.
ℭ Supficies plana ẽ ab vna linea ad a/
liã extẽsio i extremitates suas recipiẽs
ℭ Angulus planus ẽ duarũ linearũ al/
ternus ɔtactus: quaꝝ expãsio ẽ sup sup/
ficiẽ applicatioqz nõ directa. ℭ Quãdo aũt angulum ɔtinẽt duç
linee recte rectiline⁹ angulus noiat. ℭ Qñ recta linea sup rectã
steterit duoqz anguli vtrobiqz fuerit eq̃les: eoꝝ vterqz rect⁹ erit
ℭ Lineaqz linee supstãs ei cui supstat ppendicularis vocat. ℭ An
gulus vo qui recto maior ẽ obtusus dicit. ℭ Angul⁹ vo minor re

De principijs p se notis: ⁊ pmo de diffini
tionibus earundem.

图　5－1

从此《几何原本》作为经典著作流传了数百年，成了长期的畅销书。代表希伯来宗教的圣经和代表希腊科学的《几何原本》是欧洲文化的两根巨大的支柱。

可是，为什么几何学教科书会给欧洲文化以这样大的影响呢？产生这一问题是很自然的。因为从几何学的角度来看，《几何原本》只不过是汇集了465个定理而已。

然而《几何原本》所具有的意义，并不在于都写了些“什么”，更重要的则是在于写了应“怎样”。即在这里给出了十分重要的思考方法和排列方法。为了说明这一点，首先我们简略地研究一下《几何原本》这个书名。

“几何原本”的希腊语是斯托伊凯伊阿（στοιχεια），这个词表达了书的内容。斯托伊凯伊阿这个词本来有两个意思。一个是“初步”或“入门”，再一个是音标文字的字母，即罗马字母 a，b，c，…。一篇文章可分出名词和动词等单词，再进一步就把单词分成了罗马字母，然后就不能再分下去了。因此，对日本人来说叫“几何学入门”比叫“几何原本”更易接受。

那么，这个《几何原本》是怎样构成的呢？

《几何原本》的第一卷是以下面的文章开始的。

（1）不能再被分为部分且无大小者谓之点。

（2）不具宽度的长谓之线。……

如果说圣经起源于光，那么《几何原本》则起源于点。因为点没有部分，也就不能再往下分了。由于没有大小，所以眼睛也看不见，手也摸不到。可以说它是构成全部几何学的基石。若仔细考虑一下，它的确是一种奇特的思考方法。

一般来说，当我们从远处看某一图形时，能够马上看到那里有直线、圆、正方形，而注意到没有大小的点的人则很少。因此一般的作者总是从我们目睹的直线和圆开始讲起，但欧几里得在某些问题上却是从点开始讲起的。《几何原本》的思考方法的秘密就潜藏在这种奇特的作法之中。

5.2 分析的方法

不论从图形的基本要素——点或直线来看，还是从作为几何学的入门书来看，斯托伊凯伊阿这个题目都是合适的。

但是，所谓从点或线开始的写法，未必就便于接受。如果欧几里得能更为读者着想的话，在写“点没有部分”之前，一定会在前言中交代清楚的。据说，欧几里得对于当时提出“学习几何学有什么用”这一问题的青年人答复说：“你大概喜欢一枚铜钱吧。”由于这件事他就决定不写前言了，而仅以希腊语的斯托伊凯伊阿来代替。

虽然各种图形是无数的，但这里我们先来考虑只由直线画出的图形。将这样的图形进行适当的分割，首先可以分成三角形。这就是分析图形的步骤（见图 5-2）。

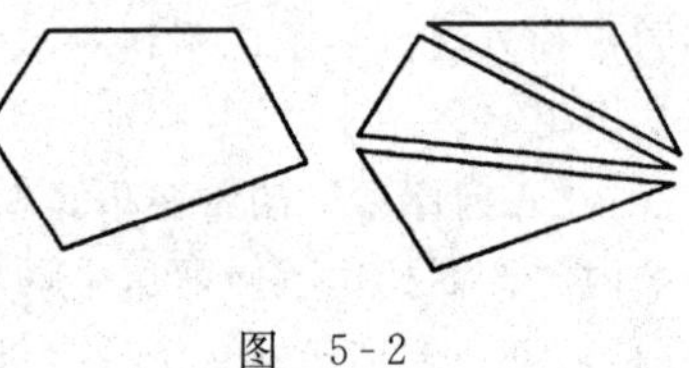

图 5-2

如果需要，还可以把三角形进一步分为点、直线和角（见图 5-3）。可以将三角形看作是把三个点用直线连接起来的图形，也可以看作是三条直线相交后构成的图形。另外，也可以看成是把三个角汇集在一起的图形。

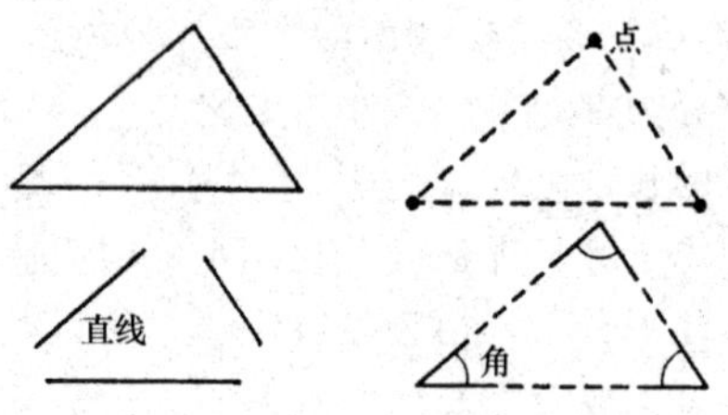

图 5-3

因此，点、直线和角就是构成图形的原子。以后所要讲的从这些原子出发，一步一步地制作出复杂图形的方法是由欧几里得提出的。这就和建筑家把砖一块一块垒积起来，从而建造起大建筑物所使用的方法一样。只不过几何学家在这里是使用不同的点、线和角来取代砖而已。可是，两千年后建立了“集合论”的一位名叫康托尔的数学家把线、面都全部分割成了点。

5.3 分析和综合

培根说过“让我们来分割自然”这样的话。比培根早一千几百年的希腊人已知道这件事。

若将物质分割到底，一直分到不能再分割的最小单位，希腊哲学家把这叫做原子。虽然首先说出这种思想方法的是德谟克里特和留基伯等原子论者，但是他们的主张是空想的，没有像现代物理实验那样的根据。

然而即便是空想，最先提出分割的重要性的功绩也是巨大的。

把复杂的东西分成简单的单位，也就是所说的分析，此后，就成了作为全部学问的基础的重要的思考方法。把物质分成原子，把原子再分成原子核和电子，进而分成基本粒子的现代物理学家的方法，不用说就是一个例子。化学家把复杂的化合物分解成元素，生物学家把生物体分成为叫做细胞的单位。

如果把物理学家的原子或基本粒子、化学家的元素、生物学家的细胞等这些最简单的单位统称为要素，那么这种分割成要素的思想方法可以说是欧几里得最早在《几何原本》中所提出来的。

但如果只有分割，世界就都成了零零散散的原子了。因此，必须把一次分割的东西再一次地合成起来。这就是对分析的综合。所以说综合是与分析相对应的一种方法。

化学家的工作不仅仅是将化合物分解成元素。进一步使元素化合，也就是用化合方法制造出新的化合物，则是化学家的又一项工作。若分解后又照原样化合起来，这是白费力气。然而这种结合，不限于所说的照原样来结合，所以在今天才又能制出尼龙又能制出乙烯树脂。

总之，这就是把具有复杂结构的化合物分解至元素，再使元素化合成今天所产生的化合物（见图 5-4）。

把分析和综合作为几何学的基本研究方法，奠定这一基础的希腊人，又是音标字母的创造者，这不是偶然的。将音分成母音和辅音的音标字母比音节字母用了更进一步的分析方法。在音节字母中是一个字母的“カ”在音标字母里进一步分为 k 和 a。

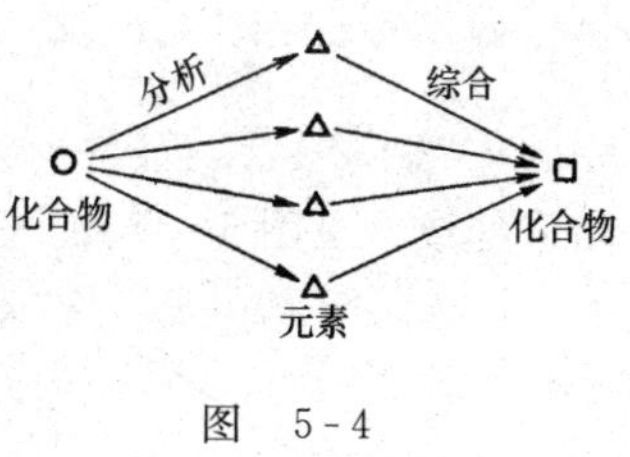

图　5-4

5.4 连　接

如果把点、直线和角等要素依次连接起来，就可构成复杂的图形。

正确地说，直线是没有端点的，两头均可无限延长。两头是有限的就叫做线段；一头有端点而另一头可无限延长的叫做半直线或射线（见图5-5）。

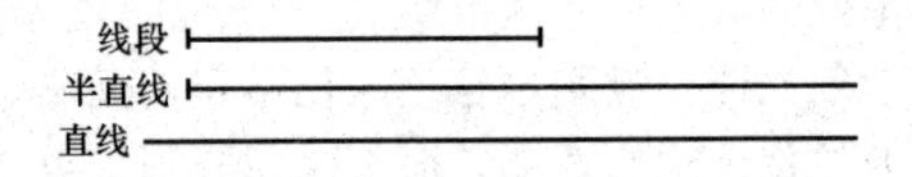

图　5-5

首先将几个线段连接起来制成折线（见图5-6）看一下。

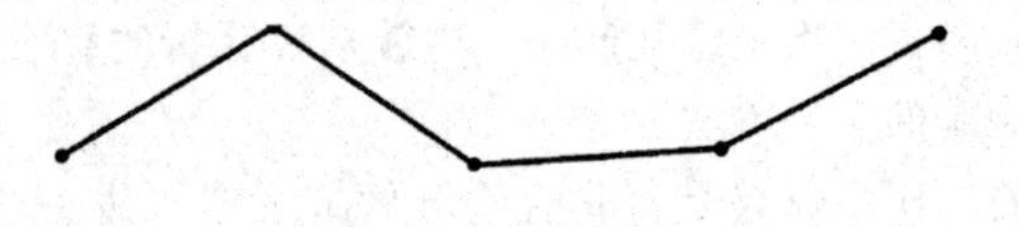

图　5-6

作为折线的实例，我们想起了折尺（见图5-7），可以想象，折线

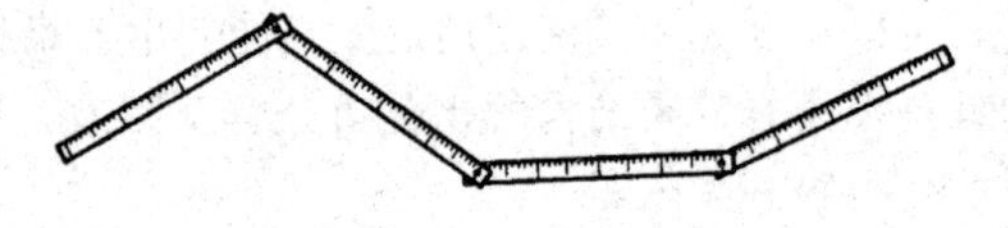

图　5-7

中间扩宽了不就是折尺吗？这样，我们就理解了折线能够由线段、点和角来构成（见图5-8）。

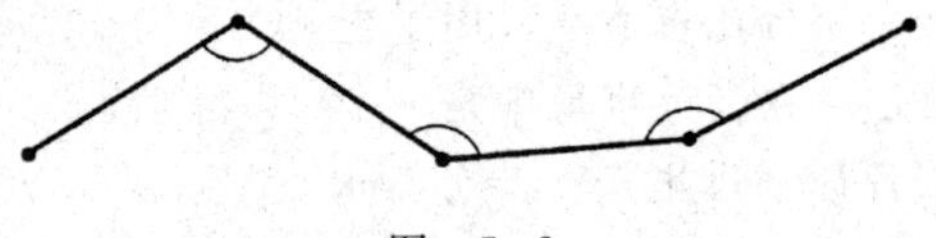

图　5-8

我们的马路也可看成这种大的折线（见图5-9）。

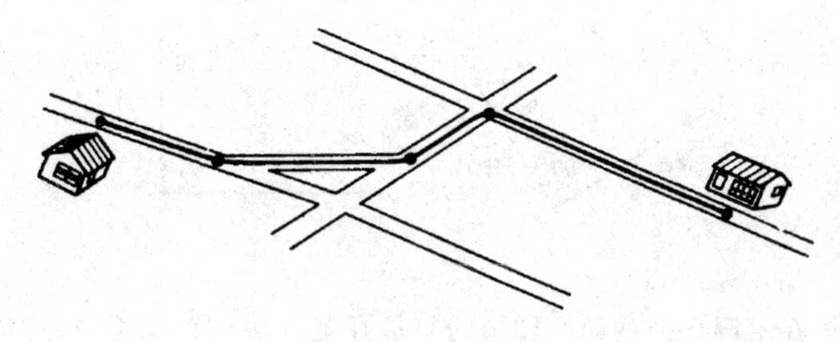

图 5-9

若要向人打听去朋友家怎么走，可能会听到下列回答：

“沿这条路走 100 米；

向左转 150 度；

再走 70 米；

再向左转 170 度；

再走 80 米；

再向右转 90 度；

再走 200 米。”

这样的说法，没有必要照原样写在笔记本上，只把要点抽出来在脑子里记下就行了。所说的要点就是下面所写的：

100 米—向左转 150 度—70 米—向左转 170 度—80 米—向右转 90 度—200 米

即所需要的是

长度—角度—长度—角度—长度—

长度和角度是相间排列的。如果有必要用电报把路径告诉给在远方的人，多余的话就可省略了，只用电报传送长度—角度—长度……的数字就足够了。因为没有多余一个字，所以电报费就可以节约了。

即如果明白了所说的长度—角度—长度—角度—长度—……这一数字链，谁都能够在图上画出这种折线来。例如，假定在不同的地方画出了两条 2 厘米—向右转 60 度—3 厘米—向右转 90 度—4 厘米这样的折线，如果把其中的一根折线移动一下是能够完全与另一根折线相重合的（见图 5-10）。

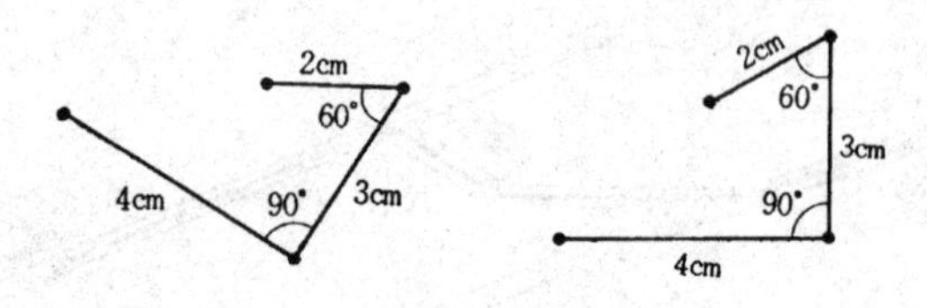

图 5-10

比较在不同场所的两个图形时，最好是直接比较。正确的方法是移动一个使其与另一个重叠。如果这两个图形完全重合，就可看作是相同的。此时，几何学家称这两个图形为“全等”。

在这里要注意的是，把一个图形翻过来与另一个图形相重叠仍然叫做全等。因此，图 5-11 所示的两个图形是全等的。

图 5-11

直接重叠的方法是最实际最简单明了的比较方法，但有时未必能够办得到。例如，在东京的折线和在大阪的折线用火车搬运到一起使其重叠，是很麻烦的。这里虽然不能用直接重叠的方法，但可以考虑确定一个间接重叠的方法。这就是运用

长度—角度—长度—角度—

这样的数字链的方法。

5.5 全等三角形

折线当中最简单的就是由两条线段组成的圆规（两角规）形折线（见图 5-12）。

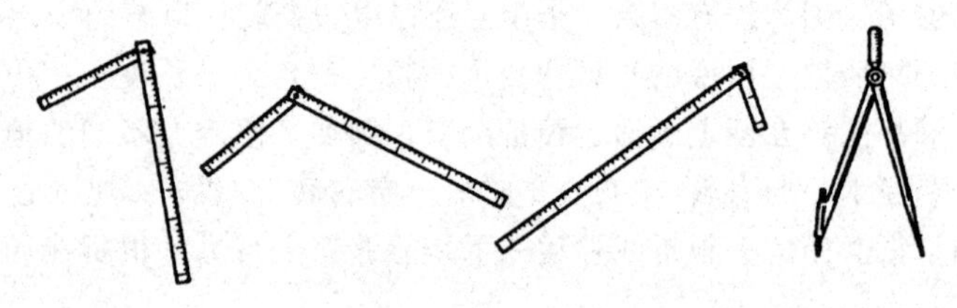

图 5-12

如果知道长度—角度—长度这三个数，就应该完全了解这个折线的形状。

将折线两端用橡皮筋连接起来就构成一个三角形（见图5-13）。

三角形怎样才会全等呢？比较两个三角形，若其折线部分的长度—角度—长度相等，则其折尺部分当然会重合。但橡皮筋部分如何呢？

两根橡皮筋的两端确实重叠了，但其中间部分怎样呢？即通过两点的两根直线在中间会出现不同吗？当然不会！根据常识恐怕不会判断错的。也就是说经过两点的直线只有一条，谁都是这样认为的；反过来说，假如有两个点，就一定能通过这两个点画出一条直线来。即谁都承认下面所述是事实：

“通过两点的直线一定存在，并且只有一条。”

显然，这是有关点和直线这样最简单要素的最简单的事实。希腊人把这一类事实起名为公理。若把点和直线作为“要素”，则公理就是要素的“事理”。

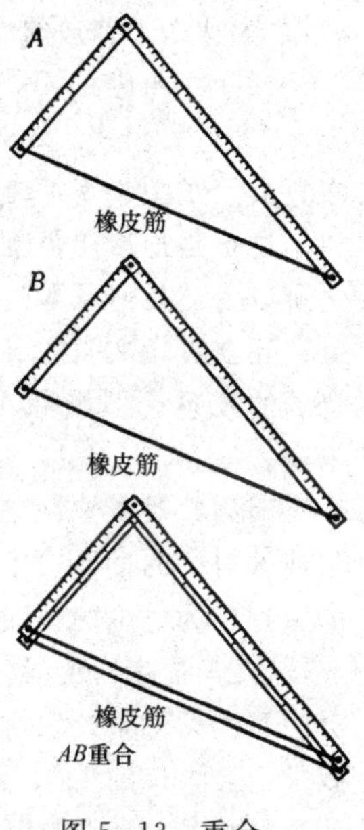

图5-13 重合

5.6 公 理

几何学具有许多这样的公理，而这些公理就是支撑几何学的全部建筑基石。

明确写出了关于最简单要素的最简单的事实，以及由此出发的不仅是贯穿几何学而且是贯穿全部数学的重要思考方法的，就是《几何原本》。

若说公理是几何学的宪法，那么就像全部法律是根据宪法而来的一样，几何学的全部定理都是根据公理推出来的。

由于公理本身是有关点和直线最简单图形的最简单事实，因此不论谁都承认这是理所当然的事情。

从叙述平凡事实的公理出发这一点，也许会对初学几何学的人成为绊脚石。也就是说可能会引起如下的疑问：

“为什么把普通的事情夸张了来写……”

二叶亭四迷在《平凡》一书中写道：

“不论是代数，还是几何、三角，开篇就严肃指明，凡完全相合的东西其大小必相等，这是不能马虎的啊！……”

这正是把这样普通事实明确地写出来并以此为基础的《几何原本》之所以为“几何原本”的地方，就如同希腊人之所以为希腊人一样。

建立古代文明的埃及人、巴比伦人、印度人、中国人虽然都有很多卓越的发现，但没像希腊人这样把这一明显的事实作为公理明确提出来。

因为它对于独自一人存在的世界来说，是没有必要的。只有在需要与他人对话的世界中才是必要的。当两人以上讨论问题时，必须以共同的原理作为讨论的基础，在几何学中这个共同的原理就是公理。

《几何原本》的诞生地希腊曾是一个自由论争的社会，无疑当时社会的有生力量是奴隶。有一位历史学家曾断定在公元前5世纪时雅典的奴隶占总人口的1/3。然而在不属于奴隶的市民之间是有彻底的民主和言论自由的。据说当苏格拉底在雅典的街道上漫步时，发现了真理，其弟子柏拉图在对话篇中记下了老师的言行。然而雅典的市民们并不把苏格拉底当作圣贤看待，喜剧作者阿里斯托芬曾写了一个剧本讽刺他，使市民们看了后捧腹不止。更有趣的是观众中就有苏格拉底本人。

按现在的观点来说，那是一个百家争鸣的社会。由这种社会诞生出以公理为开篇的《几何原本》绝非偶然。

如果是仅把它作为科学的成果记下来，这在古希腊以前就已有了。然而，这个成果中的道理仍含有待解决的秘密。是希腊人公开了这个秘密，这样才使几何学，即图形的科学从少数知识占有者的手中传播到广大人民群众中间。

欧几里得曾向提出“学了几何学也没找到什么特别好的办法”的布道莱麦乌思国王回答道：“几何学并不是统治术。”确实，几何学既非统治术也非成名术，它仅仅是人们能够遵循的公共准则，其出发点乃是公理。

由于欧几里得任何序言也未写，故只能从书的正文中来体会其精神。然而，从最简单的事实出发，逐步地推导出复杂的结果，这是2000年后的笛卡儿所运用的方法。

开拓了近代科学的笛卡儿在《方法论》一书中，提出了下列原则。

第一，在没有确认其已得到证明之前，不论何事均不作为真理来接受。即应注意避免仓促判断和偏见，这样就能消除任何疑点，到何时该明确，到何时该判断，就会心中有数。

第二，我想要研究的问题非常多，然而对它们最好的解决方法就是分割成细小部分来研究。

第三，按照顺序进行思考，我思考的顺序是先从最简单、最容易的事物开始，逐步地向最复杂的认识迈进。即便是对那些自身并无任何顺序的对象，也给它们之间设定一个顺序。

提到物质分割到何时为止，原子论已经提出了不能再分割下去的最终粒子，但笛卡儿本身却并不是原子论者。与分割物质不同，他的方法论的原理是把问题或研究步骤分解成最简单的步骤，由此而解决最复杂的问题。培根所说的“分割自然”也就是“把困难分解”的意思。

5.7 泰勒斯定理

假定两个三角形的边—角—边对应相等，则这两个三角形就能完全重叠，即可理解为全等。现在来看看若角—边—角相等，情况会如何。

首先，在考虑两个三角形之前，先考虑两条折线。这次考虑的折线与以前的不同，是由一根棒及两端连着的短杆所构成（见图5-14）。

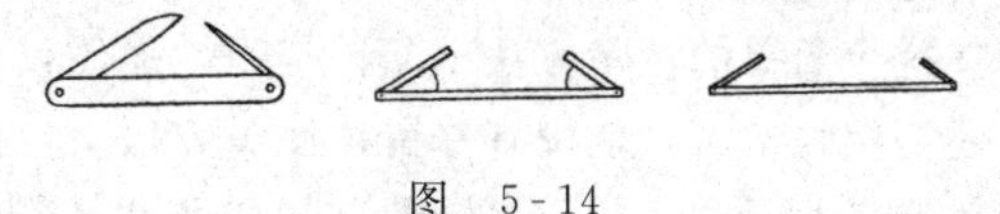

图 5-14

这样的折线，若不存在两端短杆的长度问题，就形成了角—边—角。

角—边—角相等的两条折线是能够完全重合的。虽然将折线的两头延长能够构成一个三角形，但是这两个三角形能完全重合吗？问题是在延长棒两端连接杆时，会怎么样。如果杆的部分重合的话，不用说其两端均重合。原因是“通过两点的直线只有一条”。然而，由两端引出两条直线，不会相交于两点吗？回答是不会的。因为若相交于两点，则根据“通过两点的直线只有一条”这一公理，这两条直线就会变成一条直线了（见图 5-15）。

因此，这第三个顶点也是重合的，三角形完全重合，即全等。

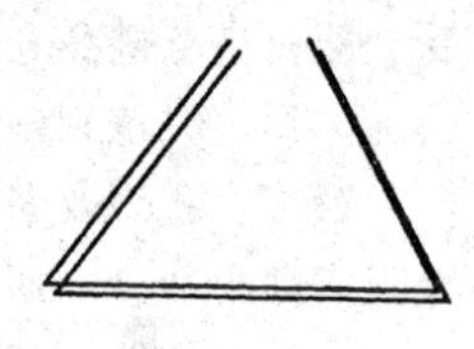

图　5-15

据说，这个定理是希腊的七贤人之一泰勒斯首先提出来的。其直接目的，似乎是为了测量从岸上的灯塔到船的距离。做法（见图 5-16）是首先在垂直轴 AB 上安装一个活动的横木，以此作为测量工具。再把它装到灯塔上，利用这个横木瞄准海面上的船，定下一个角度。然后，保持这个横木的角度不变，绕轴转动到看见海岸上的目标物，则灯塔到目标物 C' 的距离，实际上就是所要测的灯塔至船的距离。的确，这样做以后，根据两角夹一边的全等定理，即根据角—边—角定理，$\triangle ABC$ 和 $\triangle ABC'$ 全等，因此可以得出 BC 和 BC' 相等。

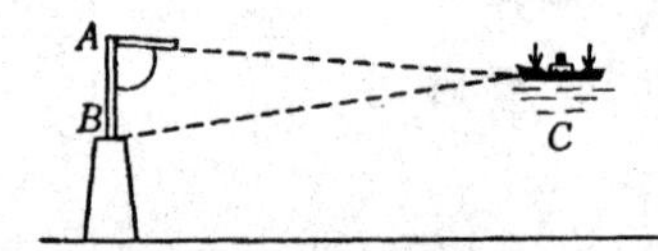

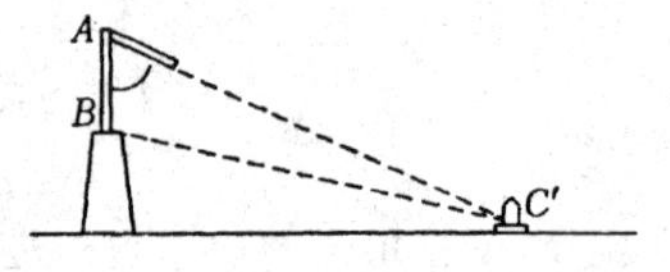

图　5-16

泰勒斯是走遍地中海的活跃的聪明商人，他每每感到有测量到达船的距离的必要，这就是他发现这个定理的动机。然而他若仅仅是位商人，就会停留在这个简单的测量方法上了。但是，他不仅是位商人，从另一方面看，还是位哲学家，他没有停留在测量方法上。他把这归纳为全部三角形的普遍的性质。$\triangle ABC$ 的顶点 A 和 B 也不限于在塔上，C 点也不一定是船。$\triangle ABC$ 的顶点可以是只有在显微镜下才能看见的金刚石结晶的三个顶点，也可以是广大宇宙的三颗星。

由于能够以一般的形式来应用，所以这个定理也能用来测量到达星的距离。若测量出从围绕太阳旋转的地球所处的两个位置来观察星时所形成的角度，就能计算出距离（见图 5-17）。另外若测量出从地面上的两点观察飞机的角度就能计算出距离（见图 5-18）。从这个例子也可以懂得，数学的威力是潜藏在普通的事物中的。

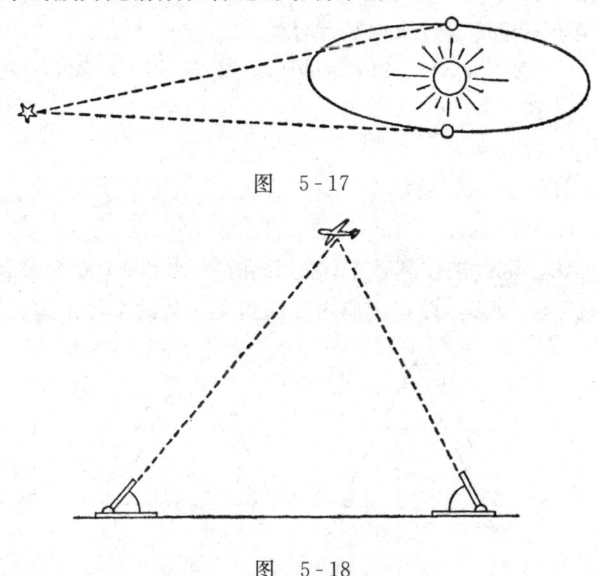

图 5-17

图 5-18

5.8 驴桥定理

除了两角夹一边的定理之外，泰勒斯还证明了其他几个定理，其中有关于等腰三角形的定理。

等腰三角形的两个底角相等。具体地来说，即$\triangle ABC$中，若$AB=AC$时，则$\angle ABC=\angle ACB$（见图 5-19）。

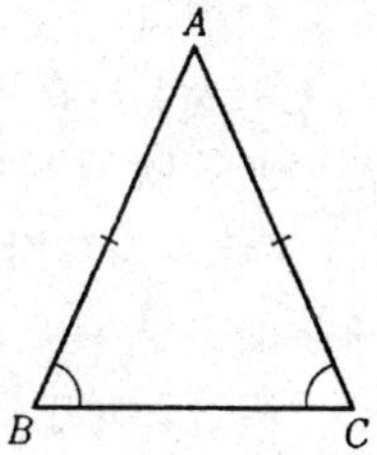

A

B　　C

图 5-19

有关这个定理，哲学家康德作了如下的叙述：

“这是比发现环绕著名的海岬（好望角）的航线还远为重大的事情，可惜垂功于此事的人的历史没能留给我们。……首先论证了等腰三角形的人（这个人是否是泰勒斯另当别论）是看到了光明的。”

泰勒斯不知道怎样证明这个定理，而欧几里得却以惊人的复杂的方法作了证明。在欧几里得之后约500年（3世纪）出了个巴伯斯，他只简单地利用两边夹一角定理就作出了证明。

那就是将三角形翻过来，是重合的。

如图5-20所示，将$\triangle ABC$的折线，按$B—A—C$和$C—A—B$的顺序作一比较，则

边—角—边分别为

$BA—\angle BAC—AC$

$CA—\angle CAB—AB$

由于$AB=AC$，翻过来使其重合，则B和C，A和A，C和B能够重合，故有$\angle ABC=\angle ACB$，即仅仅应用了两边夹一角的全等定理。

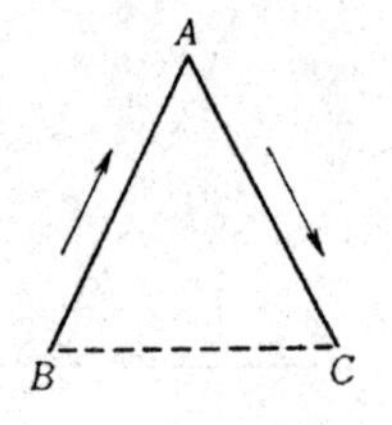

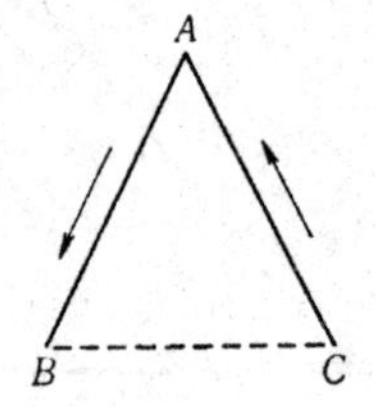

图 5-20

欧几里得曾经用惊人的复杂方法所证明的就是这么一个简单易懂的定理。该定理在《几何原本》第一卷中是第五个出现的，就称做“第五命题”，在这里介绍其证明就没有必要了。

由于他的证明复杂、难懂，因此，才有了把第五命题说成是“驴桥”的理由。

距今七八百年以前，英国的剑桥和牛津、法国的巴黎、意大利的博洛尼亚等欧洲各地的大学相继建成，在大学里讲的数学以几何为主，《几何原本》被用作教科书。今天中学生学习的几何，就是那时大学生所学的。

不过，对于那个时代的大学生来说，《几何原本》似乎非常难。从懂得《几何原本》开篇所谓的“点不具有部分，也没有大小”是什么，到了解称作“等腰三角形的两个底角相等”这一定理，他们是绞尽了脑

汁的。因为欧几里得的证明过于复杂，可以说能够理解的学生很少。至于巴伯斯的证明等，都怕是邪说，所以谁也不教授的。

由于这样，这个定理就有了“驴桥”的浑名，即指脑筋坏的驴过不去桥的意思。欧几里得虽然不知道为什么设置这样的桥，但这个桥的问题确实是《几何原本》中的难题。

然而，遭受到驴子待遇的学生也不相让。他们编了下面的歌谣用来奚落挖苦这个定理。

果真把它作为驴的桥的话，
那么失败的并不是驴，
该骂的是驴要搭渡的桥。

5.9 条件和结论

有着“驴桥”别称的这个定理具有怎样的结构呢？若作大的区分，则它由两部分组成，那就是条件和结论。三角形两边相等即 $AB=AC$ 是条件，则两个底角相等，即 $\angle ABC=\angle ACB$ 就是结论（见图 5-21）。

由条件推导出结论的过程就是证明。

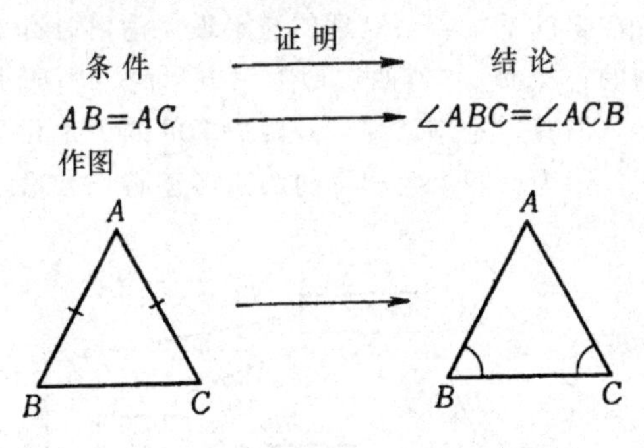

图 5-21

这里，每每需要的是把结论和条件调换一下来看，就所谓的“驴桥”一题，把 $\angle ABC=\angle ACB$ 作为条件，而将 $AB=AC$ 作为结论，即由 $\angle ABC=\angle ACB$ 导出 $AB=AC$ 来。箭头变为反向，是否能够证明

$AB=AC \leftarrow \angle ABC=\angle ACB$

首先用巴伯斯的翻过来的方法来试试。

与上述定理不同，现在对角—边—角的折线，按相反的方向来看看(见图5-22)。则有

左边$\angle ABC$—BC—$\angle BCA$

右边$\angle ACB$—CB—$\angle CBA$

角边角相等，两条折线是重合的，B在C上，C在B上，因此A能重合于A上，所以$AB=AC$。

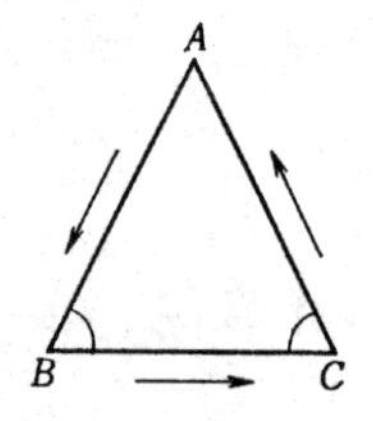

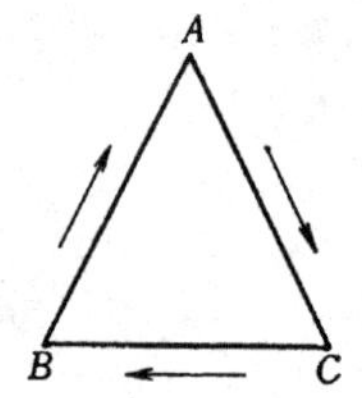

图 5-22

用上面的方法就能够由$\angle ABC=\angle ACB$的条件导出$AB=AC$。

这个定理可使驴桥的条件和结论对调。一般把调换某一定理的条件和结论后的定理，称为该定理的逆定理。

这里特别要注意的是，若某定理的逆定理无论何时都成立的话，那么就是没有限制的。然而，“若四边形为正方形时，则四个角相等”这个定理虽然成立，但其逆定理，即“若四边形的四个角相等，则其为正方形”则不成立。因为，四个角相等的四边形还有长方形，不光是正方形（见图5-23)。

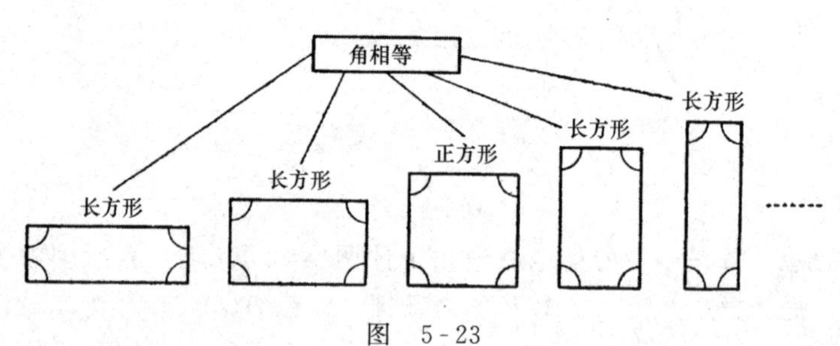

图 5-23

逆不成立的例子，在普通的文句中也有不少。例如，对“如果下雨，天气就不好”这句话，其逆就不成立。因为，也许下雪，下雪天也是坏天气（见图 5-24）。

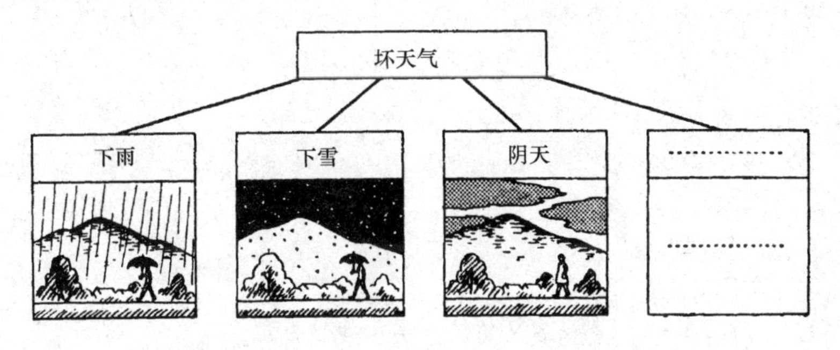

图 5-24

然而，人们常常忘记了这一点，一不留神，就会产生逆也成立这样的错觉。广告和宣传的专家们懂得如何巧妙地抓住这个盲点。

在选举的口号中有以“石川的○○市”代替“○○市的石川”这样的说法。也有“肥皂○○○”的广告，它本来应当是“○○○肥皂”的意思。

5.10 对 称 性

等腰三角形是最简单的左右对称的图形。将一张等腰三角形的纸使相等的两边对齐再折叠起来，就能重合在一起。折线是通过顶点并将顶角二等分的直线，也就是等分线，即用顶角的等分线把等腰三角形分成了两个直角三角形（见图 5-25）。证明如下。

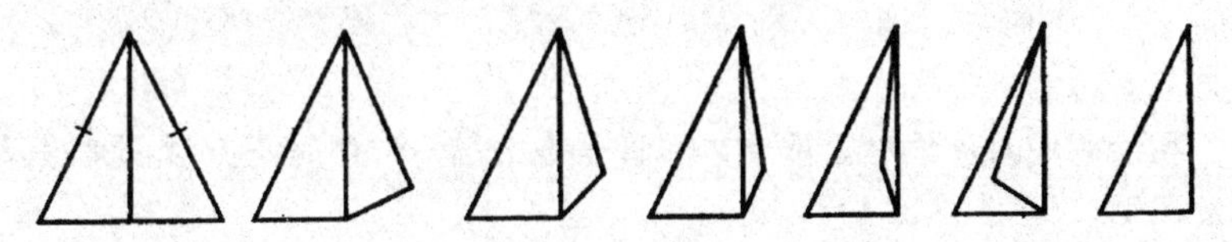

图 5-25

顶角的等分线与底边 BC 相交于 D 点，该三角形被分成两个三角形，即$\triangle ABD$和$\triangle ACD$（见图5-26）。

比较一下这两个三角形，则有

$$\begin{cases}AB=AC\\ \angle BAD=\angle CAD\\ AD=AD\end{cases}$$

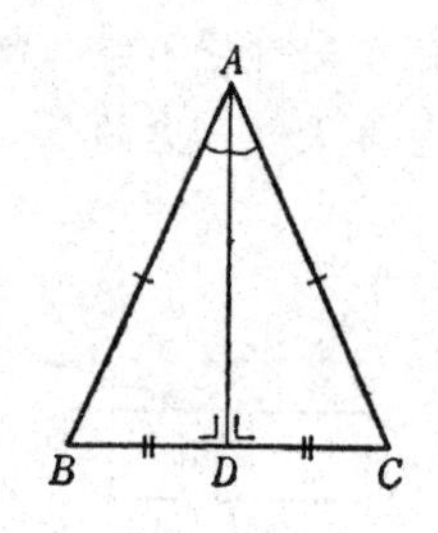

图 5-26

根据边—角—边全等定理，故

$$\triangle BAD\cong\triangle CAD$$

所以

$$BD=CD$$

$$\angle BDA=\angle CDA$$

因此，$\angle BDA$和$\angle CDA$为平角的一半，即是直角。

于是就得出两个三角形是全等直角三角形，也就是下述的定理成立（见图5-27）：

“等腰三角形是以顶角的平分线为对称轴而左右对称的。”

一般的不等边三角形，不用说，一根对称轴也没有。

如果底边与腰也相等，即三个边相等，就是正三角形，其对称轴就有三条（见图5-28）。

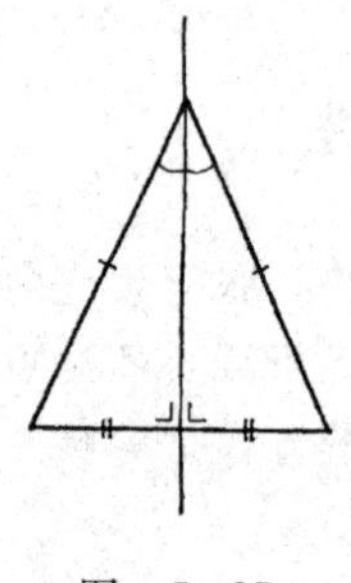

图 5-27

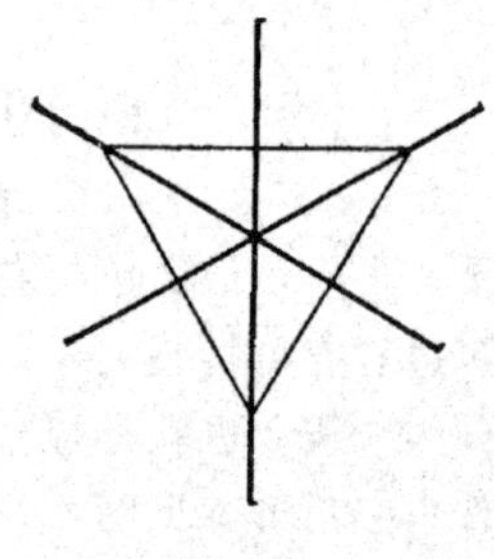

图 5-28

在绘画中对称性也很重要，不管是等腰三角形还是正方形都是最基本的图形（见图5-29）。

例如，米开朗基罗画的那幅“最后的审判”的画也有着左右对称的构图，其中正三角形起了重要的作用。

美国的 G.D. 伯克霍夫（1884－1944）是世界上著名的数学家，另一方面，他又提出了“美度”的概念而为人所知。因为他想用数字来表示美的程度，所以在艺术家看来这真是冒犯美神的狂妄之徒。

图 5-29 ［日］柳亮著《构图法》（美术出版社）

在访问日本时，他遇见过日本画家竹内栖凤（1864－1942），据说那时栖凤说过，与西洋画以等腰三角形和正三角形为基础的构图相反，日本画的构图是以不等边三角形为基础的。栖凤的说法，是用语言很好地表达了非对称美的日本画的特色。

可是始终站在西洋画立场上的伯克霍夫，却根据“对称性越多，美的程度就越多”的想法，定义了“美度”，作为图形美的衡量标准。他把所说的美度用下列公式来定义：

$$美度=\frac{秩序}{复杂度}$$

根据这个公式计算，正方形的美度是 1.50，正三角形的美度是 1.16。

现在来证明一下，对于上面已证明了的“等腰三角形顶角的平分线是底边的垂直平分线”的逆定理也成立，即

“等腰三角形底边的垂直平分线也是顶角的平分线。”

为了证明该定理，适当引入所谓相同方法的逻辑推论。那就是下面所叙述的，例如“二叶亭四迷是小说《浮云》的作者”这句话是正确的，但其逆却是不正确的。即不能说“小说《浮云》的作者是二叶亭四迷”，原因是林芙美子也写了题为《浮云》的小说。

可是，“夏目漱石是《哥儿》的作者”，其逆却成立。因为《哥儿》

这本小说只有一本，除了夏目漱石以外没有别人写。也就是其逆：

“《哥儿》的作者是夏目漱石”

是正确的。

这件事，一般地可用下面这样的话来表达：“A 是 B”是正确的，进而又知道 B 是唯一的，那么“B 是 A”就是成立的。

把这个推论称做同一法，并用来证明逆定理。现在，我们使用这一推论来证明上述定理的逆定理成立。

“等腰三角形顶角的平分线是底边的垂直平分线”这一事实已经证明过了，由于底边的垂直平分线是唯一的，根据同一法，其逆成立，即“等腰三角形底边的垂直平分线是其顶角的平分线”。

5.11 定理的联系

所谓证明，就是将已经证明过的定理很好地加以联系，从而导出新的结果。例如，已经证明了的两个定理为：

（1）等腰三角形顶角的平分线，是其底边的垂直平分线。

（2）等腰三角形底边的垂直平分线，是顶角的平分线。

将此二定理联系起来，就能证明以下的事实：

对于四边形 $ABCD$，当 $AB=AD$，$CB=CD$ 时，$\angle BAD$ 的平分线就是 $\angle BCD$ 的平分线。

对此四边形，若用直线把 BD 连接起来，就作出了两个等腰三角形，上述二定理可认为是适用的（见图 5-30）。

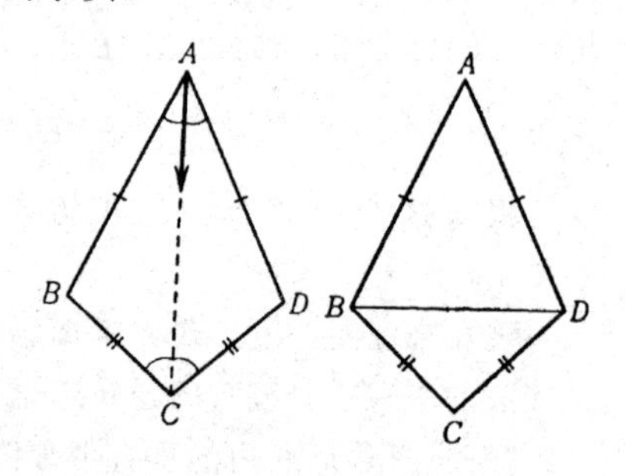

图 5-30

现在考虑，把 $\angle BAD$ 的平分线向下延长并将此过程录到一系列的胶片上（见图 5-31）。若将此胶片分为两部分来看，就有前半部分是（1），后半部分是（2），如图 5-32 所示。也就是胶片的两个片断可以很好地连接起来考虑。

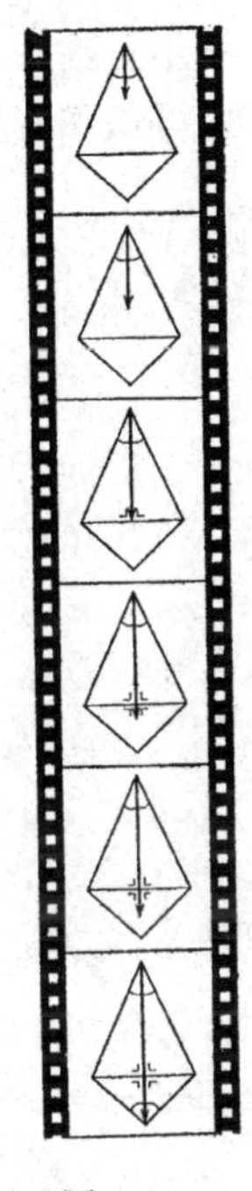

图 5-31

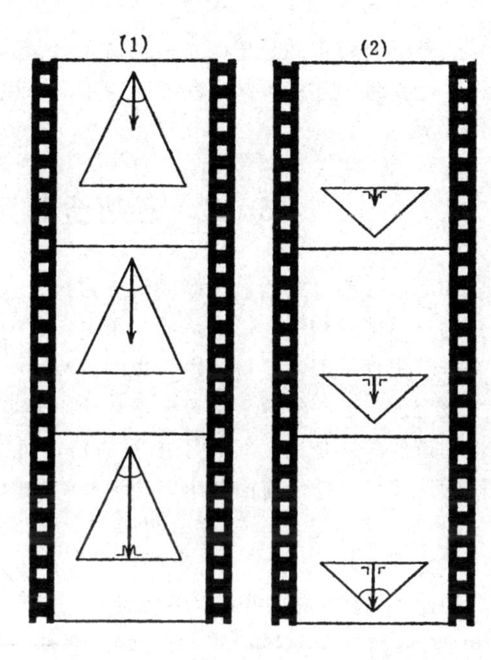

图 5-32

如何将已证明了的定理加以联系是证明的窍门所在，这是构成高智能的重要部分。心理学家 W. 科勒对黑猩猩做了如下的实验。

图 5-33

在离黑猩猩的铁笼有一定距离的地方放上食物，然后再给它两根竹杆（见图 5-33）。竹杆如同折叠式的钓鱼杆，能够安上使其连接起来。只用一根竹杆够不到食物，而把两根连接起来则能够得到。黑猩猩当中一个叫苏丹的“优等生”在做了各种试验之后，想到了把杆连接起来。我们的情况也是一样，用一个定理来证明不成功，把两个定理结合起来就能很好地进行证明。

当然苏丹考虑的是把叫做杆的“东西”连接起来，而不是像我们的情况：把定理“连接”起来。然而这中间所说的“连接”可以说有着共同的步骤。

5.12 三边全等定理

前面已证明过三角形全等的两个定理，这就是边—角—边的两边夹一角的全等定理和角—边—角的二角夹一边的全等定理。但是还留下了一个全等定理，那就是边—边—边即三边的全等定理。

该定理与上面的两个全等定理在性质上很不相同。边和角每隔一个是不知道的，这是因为跳过了中间的角，而排列着边—边—边的缘故。正因为这样，只凭借前面两个定理证明将是困难的。

为了证明该定理，欧几里得采用了下述方法。

如图5-34所示，当有三个边对应相等的两个三角形$\triangle ABC$和$\triangle A'B'C'$时，要证明是全等，就要表示完全重合才行。为此，首先使对应相等的边，例如BC和$B'C'$重叠起来看一下，然后若能证明出A和A'相重合就行了。

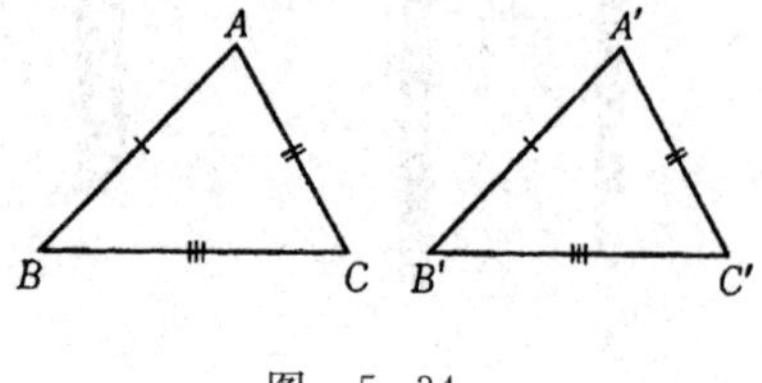

图 5-34

欧几里得考虑的A'点重叠位置是怎样的呢？可确认的结果有下列4种情况（见图5-35）。除此以外的情况是不会产生的，这一点很快就会明白。

(1) A和A'不包含在另一三角形中的情况。

(2) A和A'之一在另一三角形内部的情况。

(3) A和A'之一在另一三角形边上的情况。

(4) A和A'重合的情况。

虽然我们的最终目标是第（4）种情况，但这里故意先从（1），（2），（3）进行分析，代替直接从（4）开始的分析。

（1）的情况是怎样的呢？

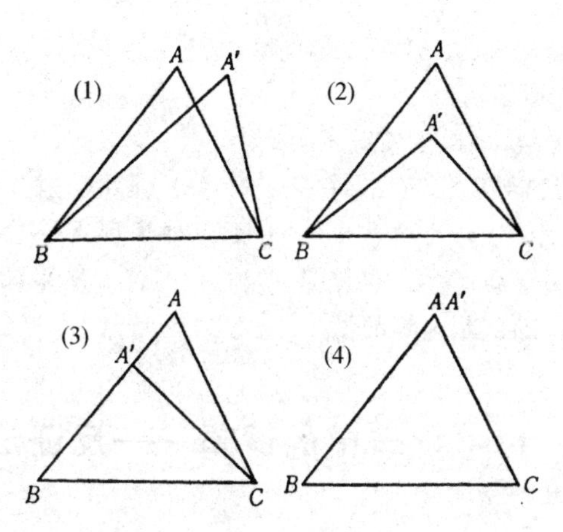

图 5-35

把 A 和 A' 连接起来（见图 5-36）。因为 $\triangle ABA'$ 是等腰三角形，所以底角相等，即

$$\angle BAA'=\angle BA'A$$

根据图 5-36 有

$$\angle CAA'<\angle BAA'=\angle BA'A<\angle CA'A$$

即

$$\angle CAA'<\angle CA'A$$

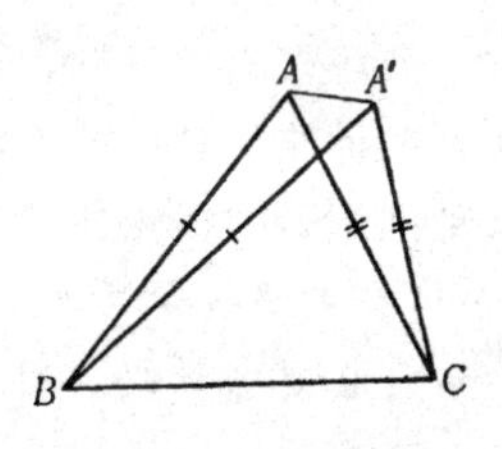

图 5-36

然而，由于

$$CA=CA'$$

所以，又有

$$\angle CAA'=\angle CA'A$$

这是矛盾的，因此（1）的情况不会产生。

（2）的情况。将 BA 和 BA' 延长，在其上取 D 和 E（见图 5-37）。因为 $BA=BA'$，所以

$$\angle BAA'=\angle BA'A$$

因而 $\angle DAA'=\angle EA'A$

$$\angle CAA'<\angle DAA'=\angle EA'A<\angle CA'A$$

所以

$$\angle CAA'<\angle CA'A$$

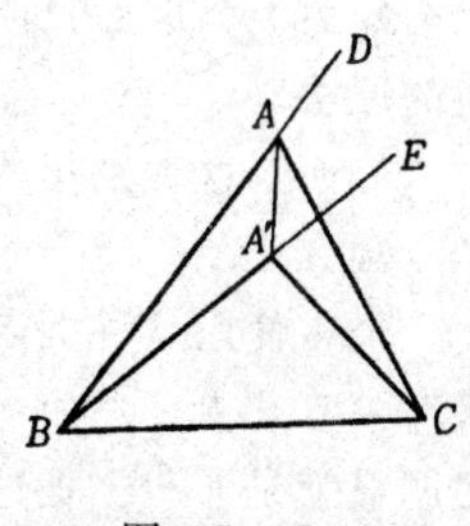

图 5-37

然而，另一方面，因为 $CA=CA'$，所以又有

$$\angle CAA'=\angle CA'A$$

亦发生了矛盾。故（2）的情况不会产生。

（3）由于 $BA=BA'$，$CA=CA'$，故（3）是不会发生的。

明白了上述（1），（2），（3）中哪一种情况都不会产生，因此第（4）种情况就一定会产生。也就是 A 和 A' 重合，结果两个三角形完全重合，当然就可确认是全等的了。

5.13 捉老鼠的逻辑——反证法

不直接攻击最终目标，而要先看在这以外的情况，把它们一一否定，最后来确定目标，这种方法叫做反证法。然而，也有人认为这种方法是一种非常别扭的方法。事实上哲学家叔本华（1788－1860）就责难这种推理是“捉老鼠的逻辑”。他说：

“我们根据矛盾的原理，必须承认欧几里得的证明是真理。但不明白为什么要那样做。因此产生一种好像观看魔术那样的不快感觉，大概欧几里得的证明方法有点像变魔术吧。这个真理不论何时总是像由后门进来的，因为它是由于某种偶然的原因，突然出现的真理。反复使用的反证法的实质就是把全部的房门都关上，最后只剩下一个门开着，因而除了从这个房门进入之外别无他法。”

看过欧几里得的证明后，感到叔本华的这个责难是很恰当的。因为首先查明房门有（1），（2），（3），（4），再把（1），（2），（3）号房门一个个地关上，最后只能由（4）进入。这确实是捉老鼠的逻辑、一种别扭的证法。

然而，这种别扭的证法既不是数学家特别的爱好，也不是他们特有的专利。

经常使用这种捉老鼠逻辑的是侦探。为了抓获案犯，首先开列出怀疑对象有几人，然后再一个一个排除不在现场的人，最后剩下的那个人很明显就是罪犯。把这种每次排除一个的方法称为消去法。夏洛克·福尔摩斯在解决了某一案件之后，这样说道：

“从可能中除去不可能的，剩下的就是可信的事实。我把这种由来已久的道理作为公理。”

在这种方法中值得注意的是，应把可疑者中疑点最大者留待最后处理。

由于狡猾的真犯人会尽量掩盖罪证，所以直接去抓住他是困难的，另外，如果让他感觉到已被怀疑时，就会因恐惧而逃走。因此，才故意把他当作和其他怀疑对象一样而消去。

这种侦探术虽由叔本华的反感而引起，但它也是数学的真理。因为在数学中也常常有像捉拿狡猾的犯人那样无从下手的地方。因此利用这种反证法的机会是很多的。

5.14 脊背重合

为了证明三边对应相等的全等定理，欧几里得虽然使用了间接的反证法，但却没有想到直接观察的方法。而直接重合的证明方法也不是没有道理的。在欧几里得之后大约 500 年左右，这一方法被住在拜占庭的名叫费洛的几何学家所发现。费洛方法的特色，不是所说的使两个三角形相重合，而是使其脊背相重合。

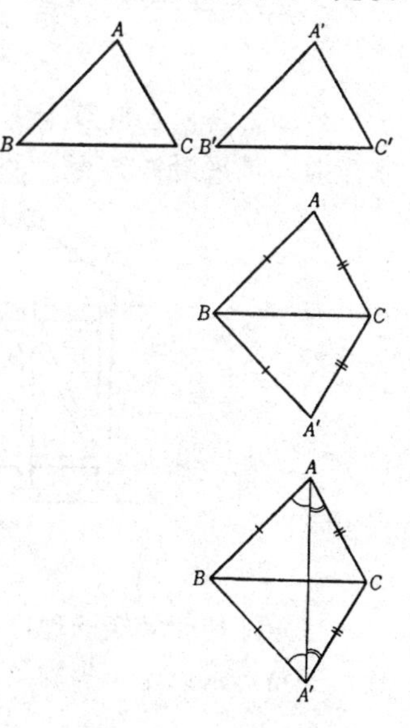

图 5-38

有对应边均相等的两个三角形$\triangle ABC$，$\triangle A'B'C'$，把$\triangle A'B'C'$翻过来使 BC 和 $B'C'$重合。这样形成的四边形，就是前面出现过的“盾形”，若将 A 和 A'连接起来就构成了两个等腰三角形(见图 5-38)。

该等腰三角形的底角相等，即

$\angle BAA'=\angle BA'A$

$\angle CAA'=\angle CA'A$

若将此两个角相加，可得$\angle BAC=\angle BA'C$。因此，由于 A 与 A'所在处的角相等，根据边一角一边对应相等的三角形全等定理，这两个三角形就是全等的。

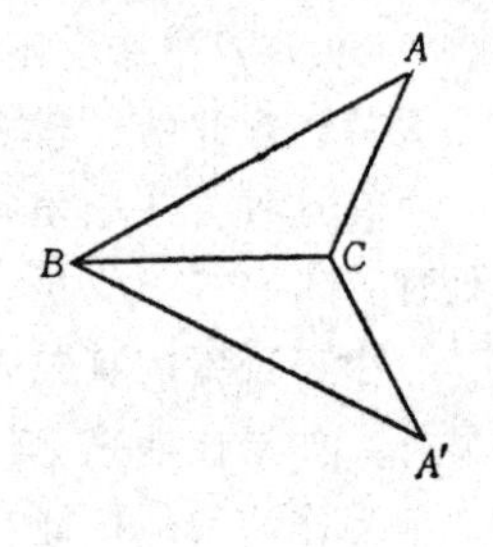

图 5-39

不用说，脊背重合时，也可以得到图 5-39 所示的形状，这时仍把 AA' 连接起来，同样可利用“等腰三角形的底角相等”的定理。所不同的是角的相加要用相减来代替。

这种三边全等定理，在日常生活中是屡见不鲜的。

如果是四边形，而四个边对应相等，就不一定会成为全等的了。这可以用四根木棍做出一个木框，能够自由地改变形状这一事实来理解（见图 5-40）。

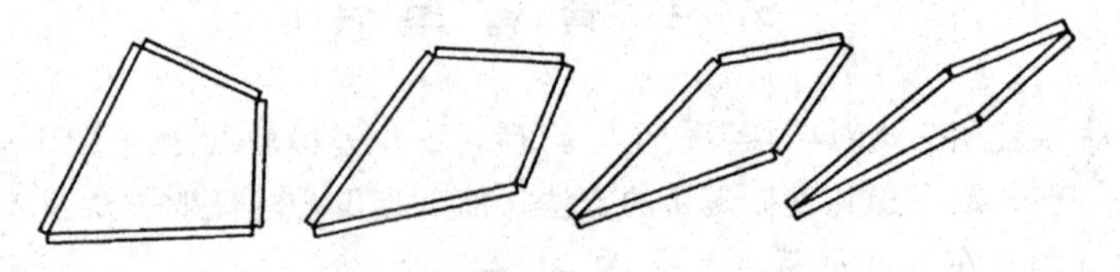

图 5-40

然而，若是三角形，就不能这样改变形状。利用这一事实，在加固房屋时，可采用斜支架（见图 5-41）。

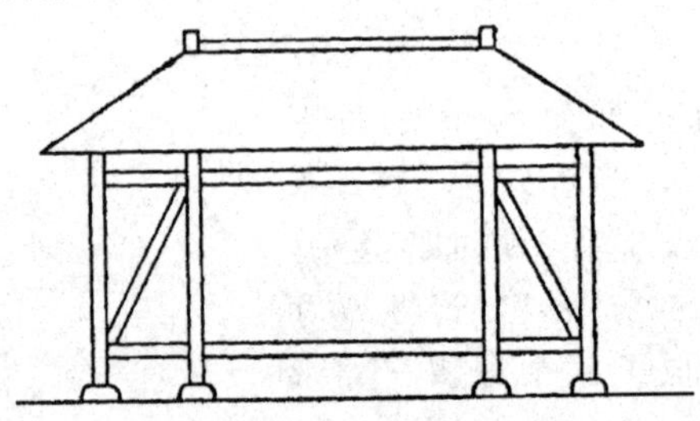

图 5-41

三角形构架结实的理由，就是它遵从了三边全等定理。若三个边不变，三角形永远是全等的，即不变形是有道理的。

5.15 垂直于平面的直线

考虑一下图 5-42。

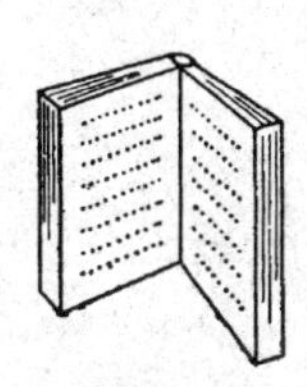

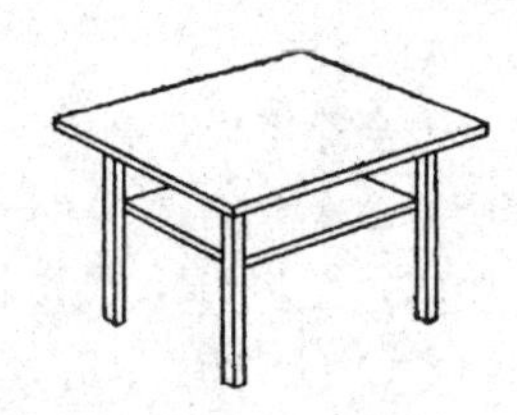

图 5-42

看了这张图以后，为了做出垂直于平面的直线，若能做出与平面上的两条直线相垂直的直线，就可以说完成了任务。

这个问题进一步可用数学来表达（见图 5-43）。

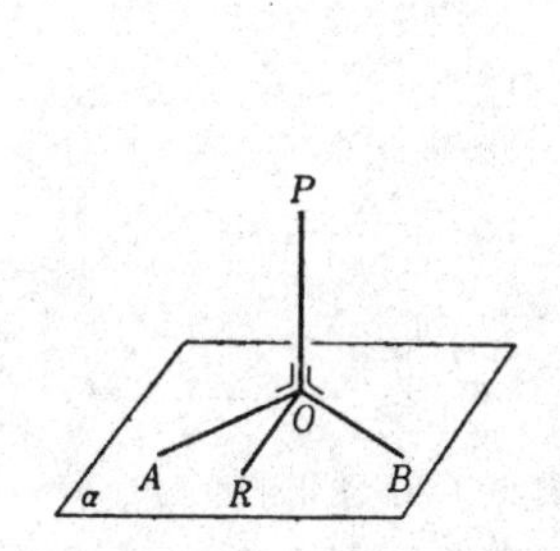

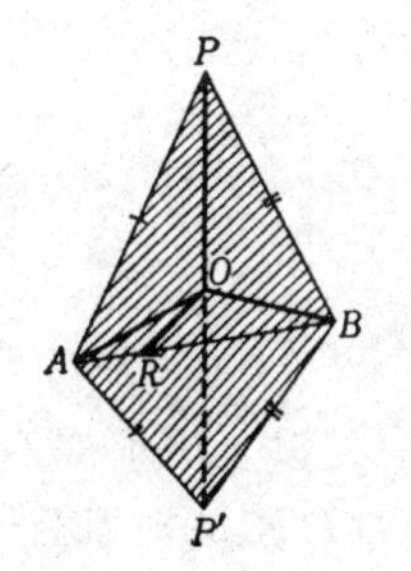

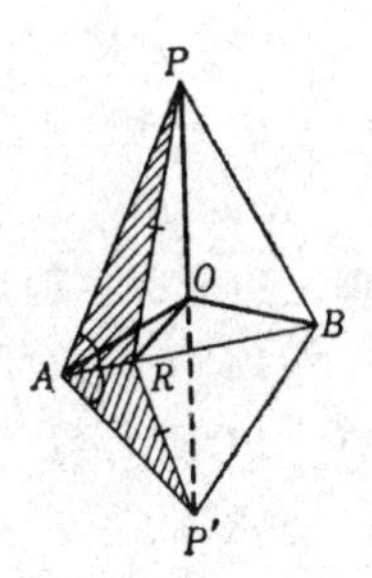

图 5-43

当平面 α 和直线 l 相交于 O 点时，若 l 与通过 O 点的 α 平面上两条直线垂直，那么它就与该平面上通过 O 点的任意直线相垂直。设 l 就是 OP，两条直线就是 AO 和 BO，而 RO 就是 α 平面上的任意直线。由于 $\angle AOP$ 和 $\angle BOP$ 是直角，就可以导出 $\angle ROP$ 是直角。

将 OP 向 O 的方向延长，并取 OP' 等于 OP，因为 $\angle AOP$ 和 $\angle AOP'$ 为直角，所以

$AP=AP'$

同理，因为 $\angle BOP$ 和 $\angle BOP'$ 是直角，所以

$BP=BP'$

比较$\triangle ABP$和$\triangle ABP'$，则有

$$\begin{cases}AP=AP'\\BP=BP'\\AB=AB\end{cases}$$

因此根据三边全等定理，有

$$\triangle ABP\equiv\triangle ABP'$$

所以有$\angle PBR=\angle P'BR$，再比较$\triangle PAR$与$\triangle P'AR$，有

$$\begin{cases}\angle PAR=\angle P'AR\\AP=AP'\\AR=AR\end{cases}$$

根据两边夹一角全等定理，有

$$\triangle PAR\equiv\triangle P'AR$$

所以$PR=P'R$，比较$\triangle PRO$和$\triangle P'RO$，有

$$\begin{cases}PR=P'R\\OP=OP'\\RO=RO\end{cases}$$

根据三边全等定理，有

$$\triangle PRO\equiv\triangle P'RO$$

故有$\angle POR=\angle P'OR$，所以$\angle POR$是直角。

即证明了OP与通过O点的平面上任意直线OR是垂直的。

因此，为了看直线是否垂直于某平面，就要看它是否垂直于通过交点的两条直线。

以上的证明虽然看起来相当复杂，但结果只是几个三角形全等定理的组合。

5.16 平 行 线

常识中所说的平行，其意思是两条直线的走向相同。例如，在水平面上的两条直线都朝向北方时，就说该两条直线是平行的。之所以能够这样说，是因为在平面上的各点方向都是一定的。曲线随着其移动方向

是变化的，而直线的方向是绝对不改变的（见图 5-44）。

像这样来考虑，当从两个点向北和东北方向画出两组平行线时其构成的两个角都是 45°，即一般地两组平行线构成的夹角是相等的。另外，其中一组平行线重合成一条直线时，所构成的夹角也是相等的。这里引出平行和角的关系。像这样用“方向相同”来定义平行的是莱布尼茨（见图 5-45）。

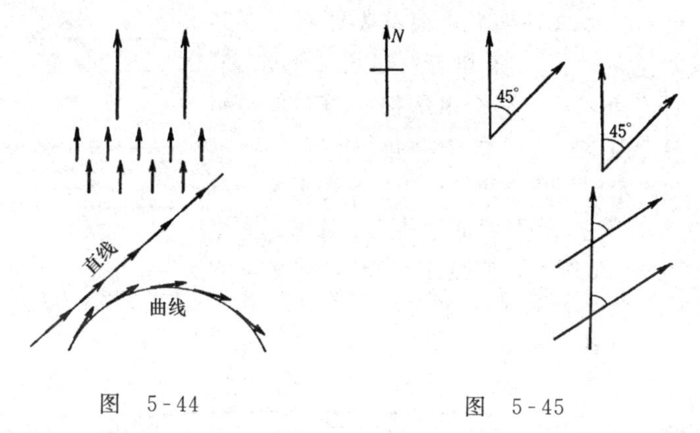

图 5-44　　　　图 5-45

然而两千年前欧几里得的定义不是用“相同方向”，而是把不论到何处均不相交的两条直线定义为平行线。

因为这个定义说的是“不相交”，是按照否定来定义的。要说到按否定来定义，就想起了自号“六无斋”的林子平①，他在歌中这样唱自己：“无双亲，无妻子，无子女，无木版，身无分文，却仍无意求死。”这就是按照否定定义的一个例子。

直接证明两条直线不相交是不可能的，原因是将两条直线延长到 1 米处也不能断定它不相交，因为不知道在 1 千米处是否相交，就是延长到 1 千米处不相交，也还是不知道到了 100 千米处是否相交，这样不管延长到何处也是不能得出结论的。

那么，为什么以这个否定的定义来代替肯定的定义，是没有简单地证明平行或不平行的方法吗？

① 林子平（1738 年 8 月 6 日～1793 年 7 月 28 日），日本江户时代后期著名政治学者。
——编者注

为此，回到“相同方向”这个定义来看一下。试用第三条直线来切割两条平行线。这样做之后就在两个交点处形成了角度，叫做同位角——像前面已了解的那样，同位角是相等的（见图5-46）。

在此，我们的目的是从“不相交”推出“同位角是相等的。”

这里不直接来证明它，而首先证明一下其逆。也就是从“同位角相等”得出“不相交”来。若同位角相等，那么由所构成的对顶角相等，可得出内错角也相等。

在此决定使用反证法。因为原来的定义是否定的定义，不论在何处都必须使用反证法。

如图5-47所示，假定“相交”，其交点为C，则折线$YABY'$和折线$X'BAX$，因角—边—角相等，所以是全等的。

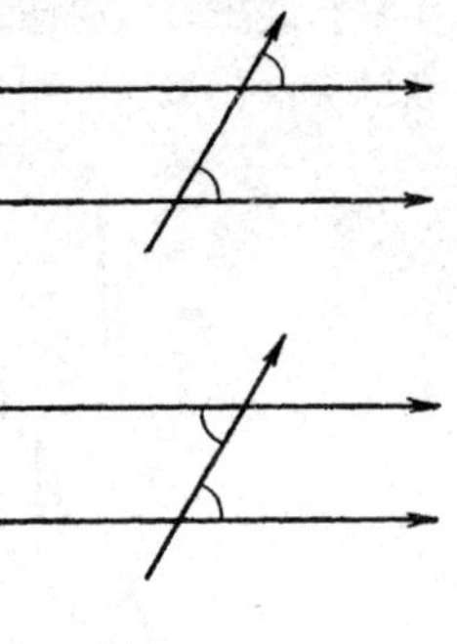

图 5-46

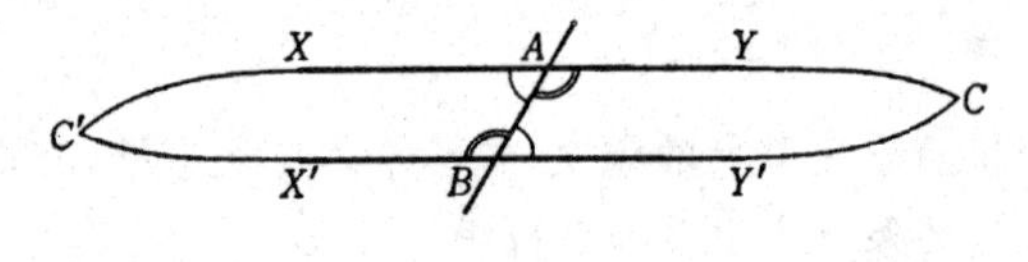

图 5-47

若一方交于C点，同样，另一方也交于C'点。这时，就产生了两条不同的直线同时通过C和C'两点的矛盾。所以，两条直线是不相交的。由此可以从“同位角相等”导出“不相交”来。

下面证明一下它的逆。为此准备了下述的公理：

“通过直线外的一点，有一条与该直线不相交的直线，且只限于一条。”

虽然这是有名的平行线公理，但欧几里得却用另外的形式加以叙述。而用这个形式来叙述的是苏格兰的普莱菲尔（1748—1819）。

由于不相交的直线只有唯一的一条，用同一方法可证其逆是成立的。

“当两条直线平行时，若与第三条直线相交，则其同位角相等。”

这里“不相交”的否定的定义，换句话来说就等于“同位角相等”的肯定的定义。作为这个定义的直线，不管延长到何处都是没有必要的。所以若相交于第三条直线，测量同位角比较一下就可知道是否平行。

5.17 三角形的内角

泰勒斯要测量的是从海岸到海上的船之间的距离，我们再考虑一下在这种场合中的其他几个问题。从船上看见海岸上的灯塔和树木时，可以说只构成了一个角度。实际上若走到船上无疑是会明白的，然而可以

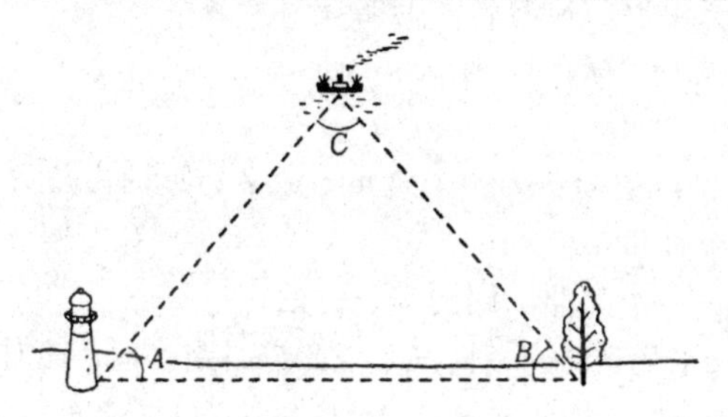

图 5-48

说在海岸上就能把它算出来（见图 5-48）。解决这个问题，利用下述定理尤其合适，即（见图 5-49）

"三角形的内角的和为 2 个直角。"

这样，要求出图中的$\angle C$，只要测出$\angle A$ 和$\angle B$，就可算出

$$\angle C=180^\circ-\angle A-\angle B$$

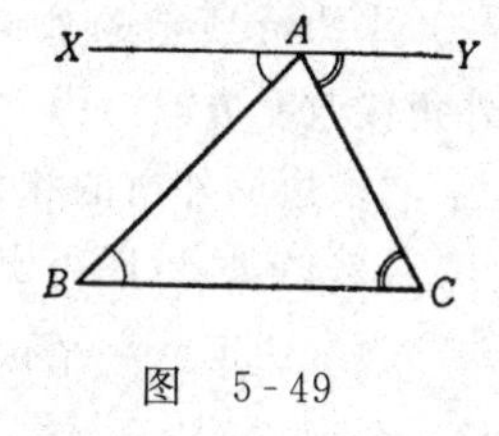

图 5-49

该定理的证明，只要利用一下平行线就行。

通过 A 点引平行于 BC 的直线 XY。若将$\angle B$ 和$\angle C$ 移到 A 处则

$$\angle B=\angle XAB$$
$$\angle C=\angle YAC$$
$$+\angle A=\angle A$$

$$\angle A+\angle B+\angle C=\angle A+\angle XAB+\angle YAC=180^\circ$$

使用典型的分析 - 综合的方法，可以从三角形的内角求出多边形（或称做 n 边形）的内角来。

首先将 n 边形分成三角形（分析）（见图 5-50）。

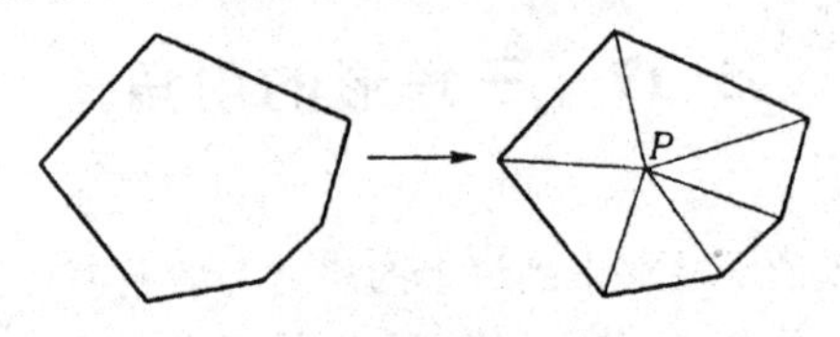

图 5-50

求出 n 个三角形内角的和，也就是两个直角。

如把它加起来（综合），则为

$2n$ 个直角

这里由于 P 点的周角为 4 个直角，故多边形的内角为

$(2n-4)$ 个直角

这里再补充一个与此不同的其他方法。

有一条 n 边形的道路。一辆汽车绕此道路跑一周，此时回到起始的位置，由于只转了一圈，因此它方向的改变总计是 4 个直角（见图 5-51）。

对三角形来说是 4 个直角，对百边形、千边形也是 4 个直角，这个值是不变的，然而若是千边形的话，只是方向的改变是一点一点进行的，总计仍为 4 个直角，这是不变的。

多边形顶点的外侧角叫做外角。由于这个外角仅改变方向，因此有下述定理成立：

“多边形外角的和为 4 个直角。”

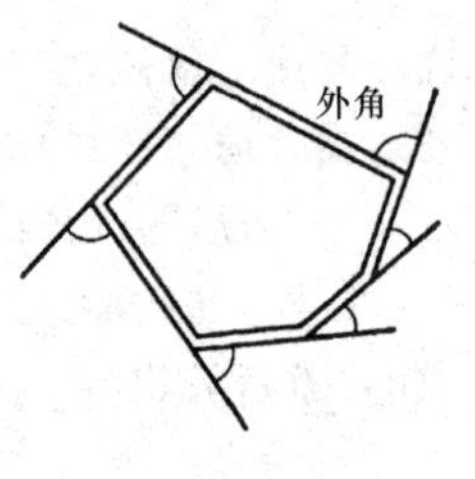

图 5-51

由该定理可以得出下述的内角定理。

在 n 边形的一个顶点处，由于其内角与外角的和为 2 个直角，其全部 n 个顶角就有 $2n$ 个直角，因此，减去外角的和，即 4 个直角，则内角的和就成为

$(2n-4)$ 个直角

5.18 驴都知道

在《几何原本》第 1 卷的第 20 命题是

“三角形的两边之和大于第三边。”

从前，对于《几何原本》中记载着的465个命题，评价最劣的大概就是这一个。有一位伊壁鸠鲁学派的哲学家曾戏言，这是连驴都知道的定理，根本不必证明，日本小说家菊池宽曾经这样说：

“我回顾一生时，觉得在中学所学的课程中，只有数学没有什么用。特别是代数和几何，一次也没用过。仅仅在走路时，所谓三角形的两边之和大于第三边的定理，才稍稍有点用。”

大概是由于这个作用不大的定理连驴都会知道，就不必特意来教了，所以菊池宽才说数学一点用也没有的吧。

但是，欧几里得的方针是，不论怎样明显，也应由公理来加以证明。公正的法官在判刑时重证据，不论犯人如何明显，如果缺乏确凿的证据，是不肯量刑的。

这与欧几里得的态度是相似的。在几何学中，相当于证据的就是全部已证明的事实。为了证明的需要，先做些准备。

首先看一个等腰三角形 ABC，其两个相等的边之一 AC 不动，将另一边 AB 延长至 AB'。这时相等的两个底角会怎样变化呢（见图5-52）？

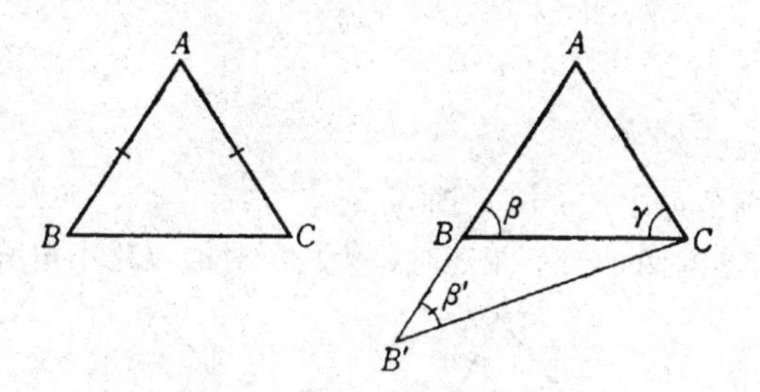

图 5-52

由于 β' 是 $\triangle BCB'$ 的内角，故比外角 β 小。另一方面 $\angle ACB'$ 因在 γ 角的外面，而比 γ 大。结果 $\angle AB'C$ 比 $\angle ACB'$ 小。写成式子，则有

$$\angle AB'C < \angle ABC = \angle ACB < \angle ACB'$$

即大边所对的角 $\angle ACB'$ 比小边所对的角 $\angle AB'C$ 大。并且，角所对的边越大，此角也就越大（见图5-53）。

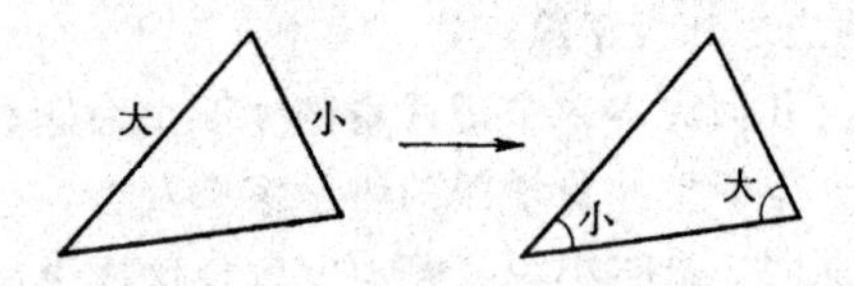

图 5-53

因此，这里就得出了下列定理：

“当三角形的两个边不等时，大边所对的角比小边所对的角要大。”

其证明可以逆推（见图5-54）。

在$\triangle ABC$中当$AB>AC$时，在AB上取AD等于AC，因

$\angle ABC<\angle ADC \quad AD=AC$

故

$\angle ADC=\angle ACD$

由于BC在$\angle ACD$的外部，故

$\angle ACD<\angle ACB$

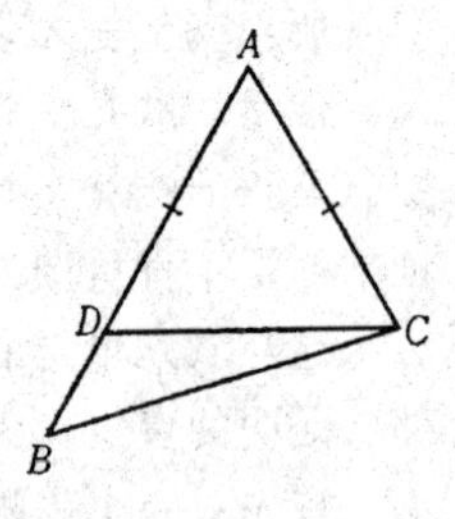

图 5-54

综合上述，有

$\angle ABC<\angle ADC=\angle ACD<\angle ACB$

因此

$\angle ABC<\angle ACB$

这个定理的逆也成立（见图5-55）：

“当三角形的两个角不相等时，大角所对的边比小角所对的边大。”

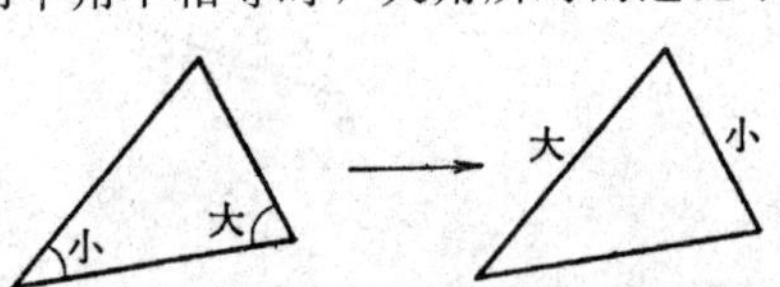

图 5-55

其证明可采用捉老鼠的逻辑，即采用反证法。

设在$\triangle ABC$中，已知

$\angle ABC<\angle ACB$

此时AC与AB相比较，可有下列三种情况（见图5-56）：

(1) $AC>AB$

(2) $AC=AB$

(3) $AC<AB$

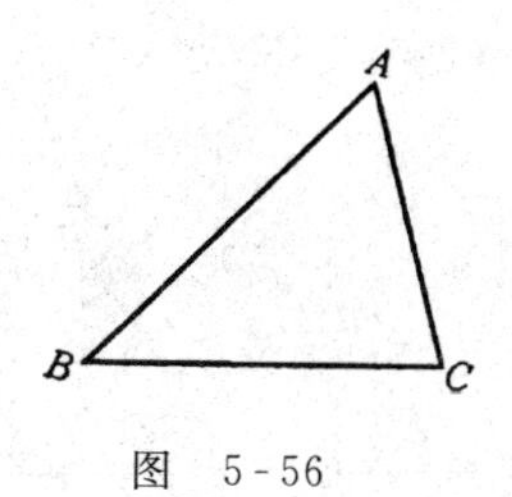

图 5-56

真正的结果是（3），现在来考虑（1）与（2）。

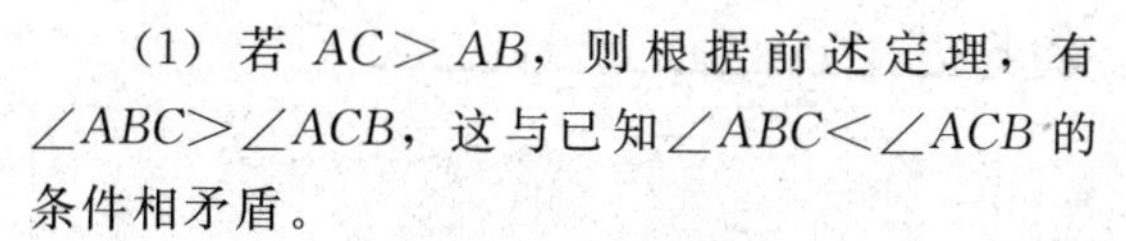

(1) 若 $AC>AB$，则根据前述定理，有 $\angle ABC>\angle ACB$，这与已知 $\angle ABC<\angle ACB$ 的条件相矛盾。

(2) 若 $AC=AB$，根据“驴桥”定理，就有 $\angle ABC=\angle ACB$，这也与已知 $\angle ABC<\angle ACB$ 相矛盾。

因此，只有（3）才能成立，即

$AC<AB$　　　　　　（证毕）

利用这个定理，立刻就能证出上述连驴都知道的定理。

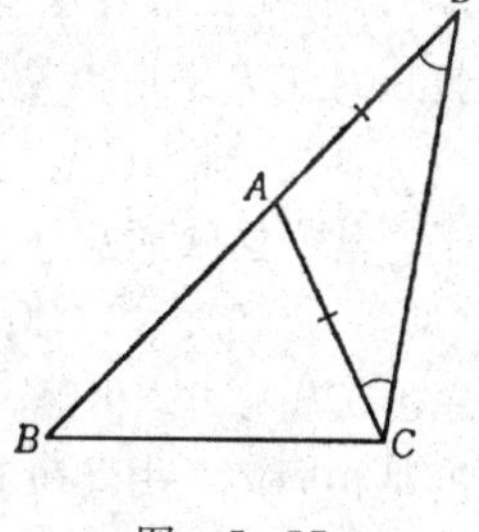

图 5-57

如图 5-57 所示，为了证明在 $\triangle ABC$ 中 $BC<AB+AC$，可将折起来显得短了的 $AB+AC$ 拉直，立刻就显得长了。即把 BA 延长并使 AD 与 AC 相等，则有 $AB+AC=BD$。

在 $\triangle DBC$ 中，有

$\angle BCD=\angle ACD+\angle ACB>\angle ACD$，

因 $AC=AD$，故 $\angle ACD=\angle ADC$，因而 $\angle BCD>\angle BDC$，根据上述定理，则有

$BC<BD=AB+AC$

这样就证明了连驴都会知道的定理，然而使用该定理去解决的问题却远非驴所能解决的。

5.19 驴解决不了的问题

在广阔的田野上有一条河流，笔直地流着。现在有一头驴站在 A 点处，打算在归途中顺便到河里喝点水再回到驴棚 B 点处。这头驴已经很累了，所以想走一条最短的道路而归。那么究竟应选择哪条道路为好呢

(见图 5-58)?

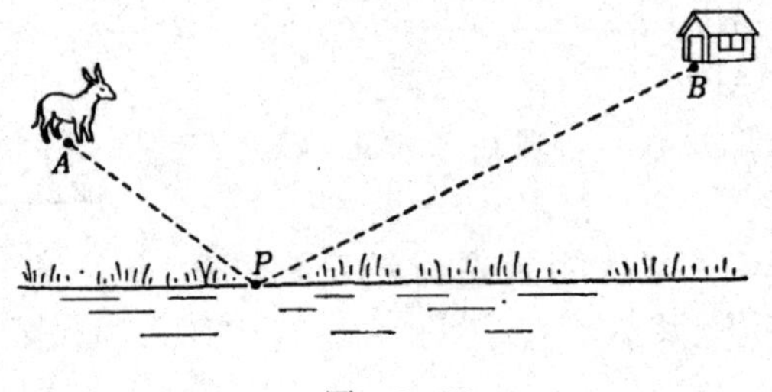

图 5-58

如果是在直线的归途中有水，驴也能望着 B 点走出直线的最短距离。然而道路却是曲折的，如在 A 点的附近喝水时，AP 虽短，BP 则长。P 若离 B 近，即 BP 短而 AP 必然长，即在 $AP+BP$ 中，AP 增大，BP 就减小。取什么样的边才能使二者之和最小呢？这个问题不要说驴，就是对于人恐怕也是一个难题。

首先应将 APB 这条折线变成一条直线。为此，可将河岸看作一面镜子，其中能映照出 B 的像。为此可由 B 向 XY 引垂线 BC，取 $B'C=BC$（见图 5-59）。换句话说，XY 是 BB' 的垂直平分线。此时不论 P 在何处，总有 PB 与 PB' 相等。因此，可用折线 APB' 来代替折线 APB，二者的长度是相同的。由此可知 APB' 最短时应为一条直线（见图 5-60）。

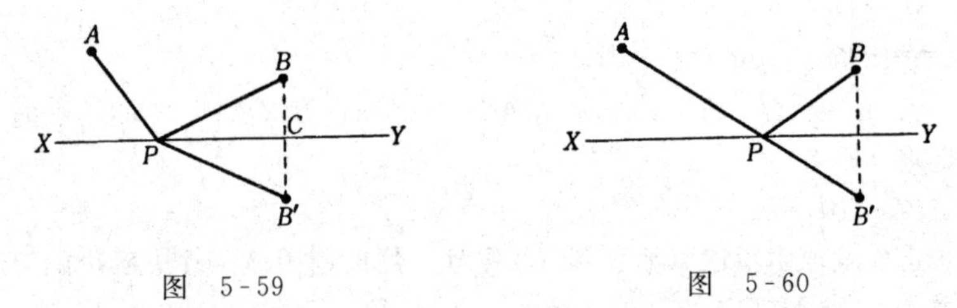

图 5-59　　图 5-60

结果这相当于以假定目标 B' 来代替真正目标 B，向 B' 走来的一条直线。

这个问题的解决虽然从本质上说是利用了上述定理，但遇到这种问题，不要说驴根本解决不了，就是对于没学过几何的人来说也会感到困难。

5.20 倒 推 法

在两个村庄 A 和 B 的附近有一条汽车道，打算在距两个村庄等距离处设一个汽车站，问应设在何处为好（见图 5-61）？

解决这样的问题有一般的方法。这就是首先假设有一个这样的停留地点，设为 C，因与 A，B 等距离，所以 $AC=BC$。

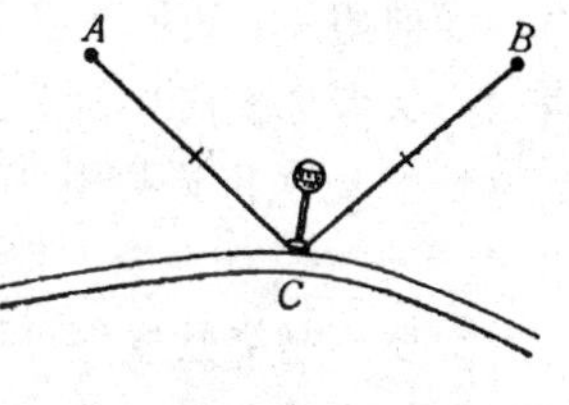

图 5-61

C 所应满足的条件有两个，可写出如下：

（1）在车道上。

（2）$AC=BC$。

按同时满足这两个条件，找这个点未免困难。所以采用笛卡儿提出的“难点分散”的办法，先考虑满足一个条件的点。首先略去（1），仅考虑满足（2）的点，这就是在 AB 的垂直平分线上的点。在这条线上又能满足（1）的“在车道上”这个条件的点，就必然是这条垂直平分线和车道的交点（见图 5-62）。

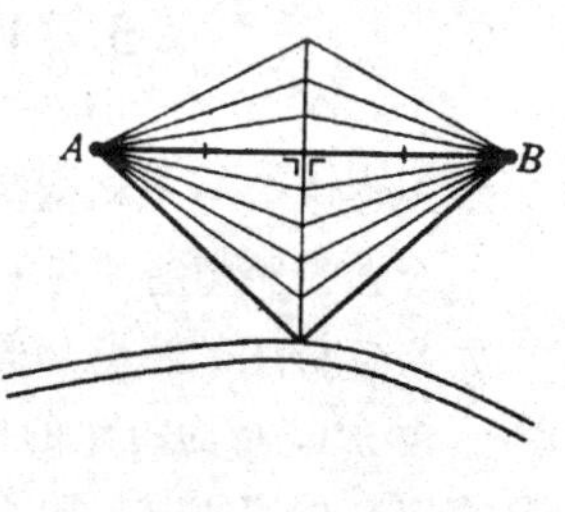

图 5-62

像这样把复杂的条件分解成一个个简单的条件，首先求出满足一个条件的点，无非是逐步解决困难的办法。

另外，这里应当注意的是，已经假设好目的地之后，再返回到出发点来，这种考虑的顺序如图 5-63 所示。

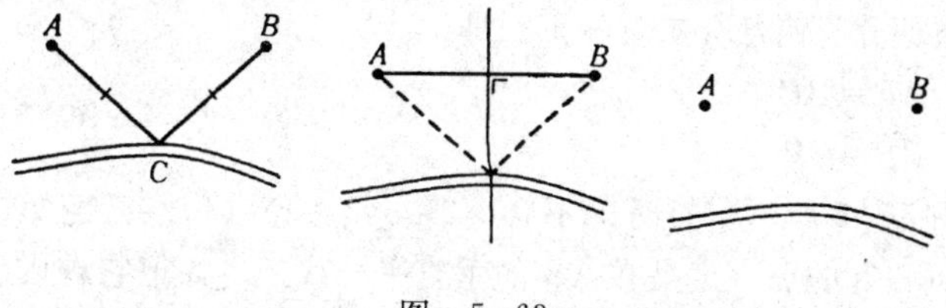

图 5-63

在头脑中想着“倒推”，而在实际上开始作图时，则是以逆顺序来画的。

柏拉图把这种在头脑中从到达点出发再返回到出发点，以找出作图步骤的方法叫做解析法。

虽然是改用解析法等特别的名称来称呼，但它仍是我们日常生活中所常用的方法。

例如建造住宅，先要做出这座住宅样子的设计图，然后再回过头来考虑如何施工。再有下象棋的人，也是先打定主意把对方的老将将死，再回过头考虑棋应如何下。还有坐火车旅行的人，总是先设想要在何时到达目的地，再逆着这张时间表来决定应乘坐何时由出发地开出的火车。

只要不是突然事件，任何有计划的工作，无例外地均采用这种解析法——倒推法。

5.21 与三点等距离的点

现在来看一个稍微困难点的问题。

今在原野里有三个村庄，他们要共同建一座会馆，决定建会馆的地方要与各村庄的距离相等。在何处建合适就成了一个问题。

A，B，C 为村庄的位置。按照倒推的方法首先是决定其位置 P（见图 5-64），此时 AP，BP，CP 均相等，即

$$AP=BP=CP$$

这里“短兵相接”地来解决此问题是不行的。还是遵照教给我们“难点分散”的笛卡儿的忠告，把上列条件分为两部分来看一下。即

(1) $AP=BP$

(2) $BP=CP$

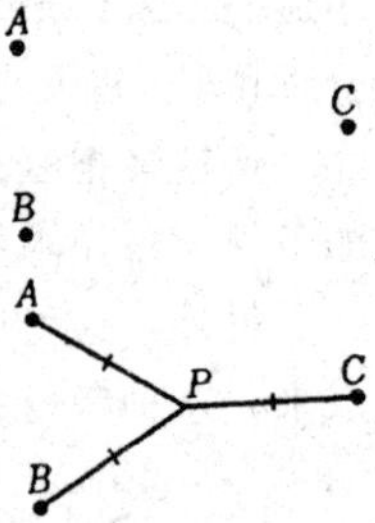

图 5-64

如图 5-65 所示，暂时先不管 (2)，只考虑 (1)。已经知道距离 A 点和 B 点相等的点一定是在 AB 的垂直平分线上。如把它看成前述问题中的汽车道路，那么以后的问题就和前述问题相同，即像下面所表示的那样倒过来进行。

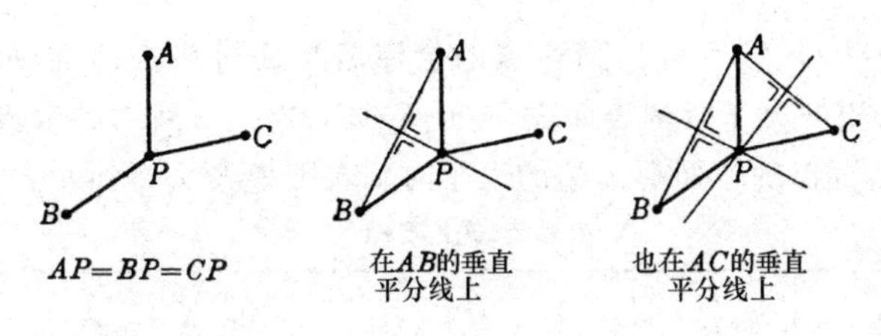

图 5-65

为了画图，同样倒过来进行就可以了。

我们知道通过三个点的圆的圆心，就是所要找的这个点（见图5-66）。

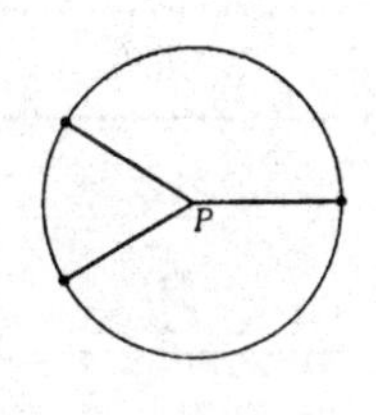

图 5-66

现在稍微考虑一下下面的问题。使那个用合页连接的四边形（见图5-67）能够很好地活动，为了做成梯形，怎样做是一个问题。

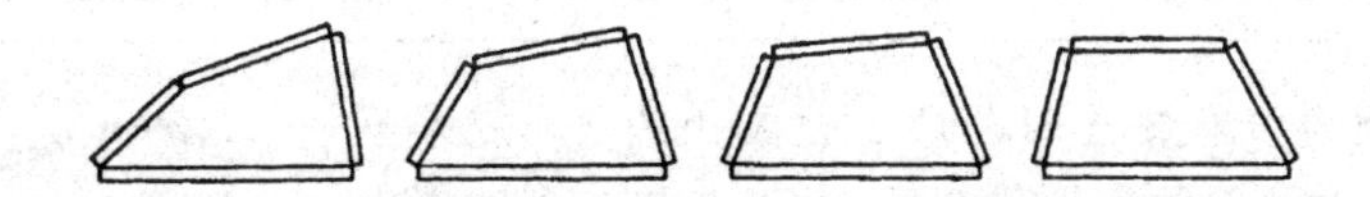

图 5-67

这是给出四个边的长度做出梯形。首先认为这样的梯形 $ABCD$ 能够做成。如图5-68所示，在这里通过 D 点引一条 AB 的平行线，就做出平行四边形 $ABED$。为了做出这个梯形应当先做出 $\triangle DEC$，而 $\triangle DEC$ 可以这样做出：因为 $\triangle DEC$ 的边 $DE=AB$，$EC=BC-AD$，故三个边当然就确定了。在这里，$\triangle DEC$ 只不过是作为最终目标的中间目标。

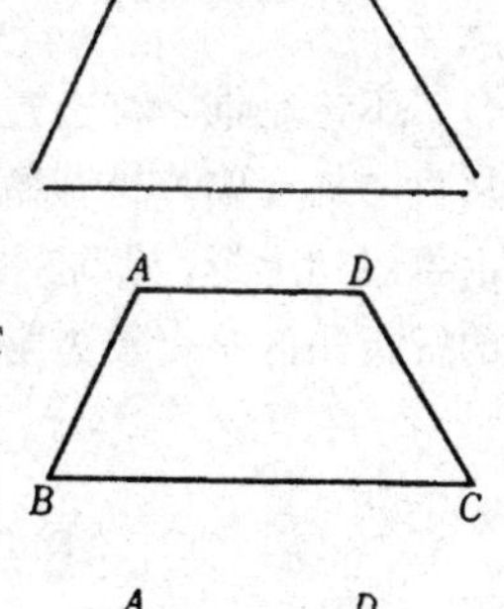

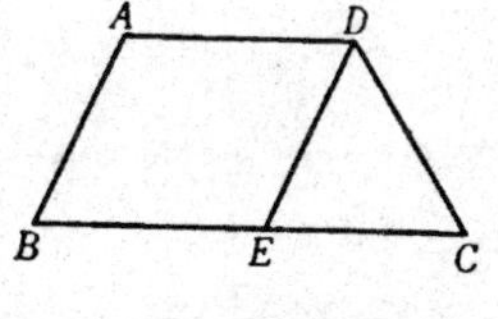

图 5-68

与此类似的倒推法应用的例子，还可以举出更复杂些的乘火车旅行一事。

例如有一天住在东京的某人打算当天到会津若松办事。这时，他要考虑些什么呢？

首先，他会想到东京至会津若松的铁路线

（见图5-69），然后再从到达点的会津若松回过头来研究一下时间表。到会津若松的火车时刻表如表5-1所示。22：22到达的末班车是20：30从郡山开出的，而郡山站的火车时刻表则如表5-2所示。

表 5-1

郡 山	15：50	17：20	18：07	20：30
……	……	……	……	……
会津若松	17：55	19：54	20：15	22：22

表 5-2

上 野	12：35	13：40	14：10	15：20	16：25
……	……	……	……	……	……
郡 山	18：45	17：49	19：00	19：58	21：13

因为如果乘坐21：13到达郡山的火车就来不及了，故无论如何要乘坐19：58或更早到达郡山的火车。为此，就应当乘坐15：20从上野[①]开出的火车。

不论是谁，都会这样打算的，考虑的顺序是先从目的地会津若松开始，再考虑中途的郡山，从郡山再想到上野，即是一种倒推法。这是柏拉图所说的解析法的一个较为复杂的应用实例。

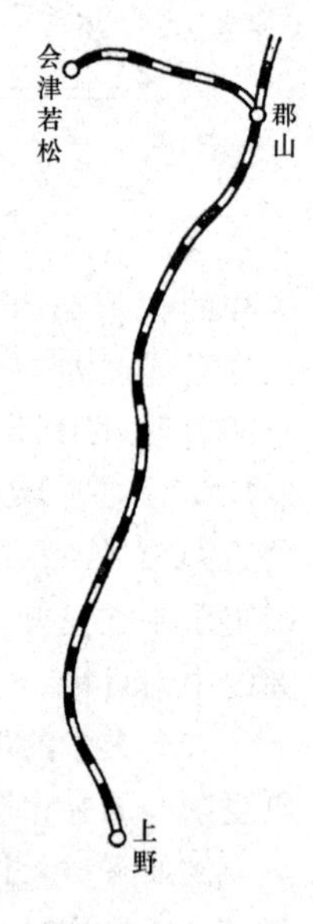

图 5-69

① 上野是东京市内的一处地名。——译者注

第6章　圆的世界

6.1　直线和圆的世界

中世纪的伟大诗人但丁的名字是人人皆知的，然而人们不知道他还是一位很有作为的数学家。

他的长篇巨著《神曲》共分地狱、炼狱、天国三大部分，其中地狱有34曲，炼狱和天国各有33曲，总共100曲。这本身就是把数字巧妙地合成100。更何况他在《神曲》中屡次提到数字7，三部曲之一的炼狱是从7个国家搜集资料完成的，三部曲之二的地狱的某城市有7座碉堡和7个城门。

和作品《神曲》中出现7相同，在作品《新生》中屡次出现数字9。但丁和贝娅特丽丝于某月9日相识。贝娅特丽丝死于1290年6月8日，但丁为了把8日规定为9日，他左手拿阿拉伯历书，右手捧着可以把月份从6月份复原到9月份的叙利亚历书在那里挖空心思苦苦思索。就但丁而言9是颇为特殊的数字。

但丁不仅仅喜欢数字而且也特别厚爱图形。圆不断出现在地狱和天国里。裹着贝娅特丽丝头的光轮也是圆的。诗人但丁沿着希腊几何学发展之路用直尺和圆规设计了他心目中的天国和地狱。

然而，但丁把创造了希腊几何学的泰勒斯和欧几里得打入地狱，却没有感到一点不公平。这恐怕是因为他们不是基督教徒的缘故吧！但是，生在耶稣以前的他们是无法成为基督教徒的，因此但丁对他们的判罪是没有道理的。如果你留心思考的话，就会发现同样都是地狱，但丁却把泰勒斯和欧几里得打入最浅层、略为好熬过的地方，也许他是经过斟酌的。

《神曲》中出现在天使周围的天体和地狱的圆，是对中世纪的教皇、皇帝、诸侯的封建权力机构的描绘。因为他们想利用完全对称的圆和球来表示其权力机构的牢固性。

《神曲》的精神创作基础是直线和圆。同时直线和圆也是物质创造的基础，千姿百态的成千上万种建筑物的结构形式都是直线和圆的巧妙组合和演变。例如，在公元1170年设计的代表佳作哥特式建筑“巴黎圣母院”（见图6-1）的寺院就是如此。不论从上往下看平面图，还是从侧面看立体图，其所有建筑部分都是直线和圆的巧妙组合。

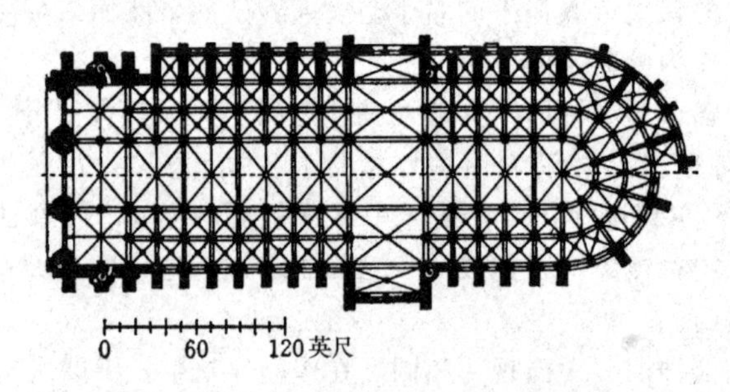

图6-1 巴黎圣母院大会堂的平面图

从图6-2也可以看出哥特式建筑的特点，即便是顶拱门也是两个圆的巧妙组合。

图6-2 巴黎圣母院立体图

因此对中世纪的建筑师们来说，欧几里得写的《几何原本》一书是他们的必修科目。目前在博物馆里还保存着中世纪建筑师的徽章，其中有直尺和圆规的组合，如图6-3所示。这说明圆和直线是当时建筑师们要掌握的最重要的图形。

图 6-3

不仅是人类居住的地方，宇宙间的其他东西也大都是可以用直尺和圆规画出来的。不仅托勒密的地心说是许多圆的组合，而且否定了地心说、创立了日心说、打破了中世纪世界观的哥白尼（1473－1543）认为行星的轨道也是圆的，如图 6-4 所示。

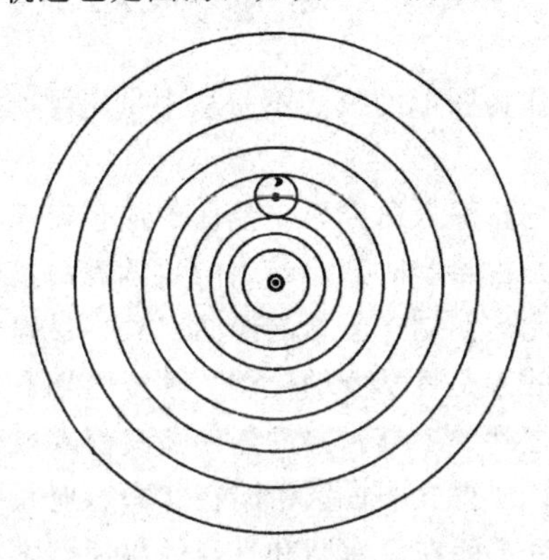

图 6-4　以太阳为中心的行星轨道（见哥白尼《天体运行论》）

在不朽的著作《天体运行论》中，哥白尼写道：

“有必要知道哪些运动是圆周运动，或者多个圆交叉在一起做运动。不论如何，按照一定的运动规律，星体的运动都是周期性进行的，如果不是圆周运动，则根本不可能，因为只有圆周运动才能够返回物体的原来位置。”

哥白尼在这里并没有打破所谓旋转轨道由圆支配的说法。明确行星的轨道不是圆，而是椭圆的人是在一个世纪以后诞生的开普勒（1571－1630）。而且令人不可思议的是，和天体世界相同的事情在地球上也一脉相承地发生着。随着时间的推移，建筑格局从哥特式建筑转向巴罗克建筑形式，从而打破了圆的至上主义，椭圆以崭新的姿态开始出现在人们的面前。

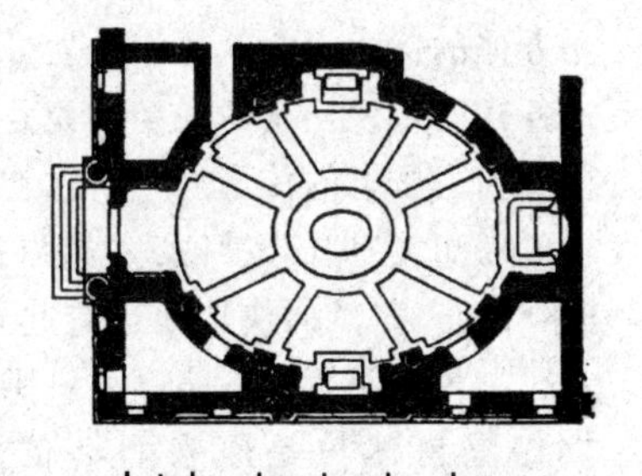

图　6-5

图 6-5 所示是 1570 年罗马一所椭圆式建筑的平面图。

6.2 神的难题

只以圆和直线作为图形的核心不是从中世纪才有的，这可以追溯到希腊的柏拉图时代。

如对图形继续进行深入研究，自然而然地会发现光用直尺和圆规是远远不够的。即使是古希腊时期，希腊的数学家们也已经思考出直线和圆以外的曲线，为此他们制造了新的绘图工具。最强烈反对使用直尺和圆规以外的新工具的人是哲学家柏拉图。柏拉图把直尺和圆规称为神圣的工具，把用除此之外的工具画出的任何曲线都鄙视为丑陋的东西。

这样做的结果，使得文明古国希腊在这一时期几乎停止了图形的研究。把几何学的研究关闭在只有圆和直线的象牙塔之中，而把做图限定在可以有限次使用直尺和圆规的范围内。如果在做图过程中使用其他工具的话，就如同相扑比赛中那样，如果使用摔跤手段，即使把另一个人摔倒了，也会当做犯规行为论处。

在做图工具上设置严格的限制，使得一些本来可以做出来的图形也无法完成。其中有三个有名的难题。

第一个问题是古老的2倍立方体的问题，即用直尺和圆规做比某一立方体的体积大1倍的一个立方体（见图6-6）。关于这个问题流传着各式各样的传说。其中一个传说是这样的。公元前400年左右在阿迪那流行着相当厉害的传染病，所以在提洛岛的神殿上，人们向神请示怎么做才可以消灾避难。神说："如果把这个立方体祭坛扩大成2倍，传染病就会停止。"然而快速地建造起长、宽、高分别是2倍的祭坛来供奉神之后，并未能使传染病停止。困惑的人们再一次去请示神。神回答说："2倍是说体积是原来的2倍，如果长、宽、高都是原来的2倍，那么体积是原来的8倍，那是不对的呀！"

然而，建造一座是规定体积的2倍的祭坛是困难的，也就是要长、宽、高是原来的$\sqrt[3]{2}$倍，即是原来的1.2599…倍才行。

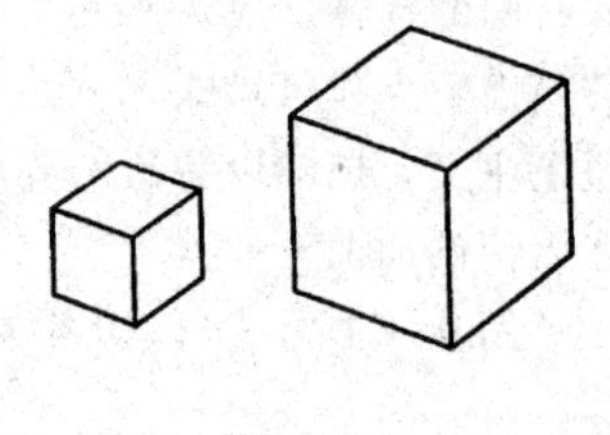

图 6-6

只使用直尺和圆规来设计，这是一道难题。据说人们没有办法，最后只得求教于哲学家柏拉图的智慧来解决。

柏拉图听了这个问题，百思不解，只好说："听到上述故事后有一种感觉，神是不论天南海北，都一视同仁的。"现在想来，大概神当初是想要长、宽、高是原来的 2 倍，体积是 8 倍的祭坛。然而因为这样并未使传染病的蔓延停止，为了推托，只好把要求改变了，说成把体积做成原来的 2 倍。其实，这是一道长、宽、高只稍微增加到大约 1.2 倍的问题，由于这个问题当时不能解决，所以就给传染病不会停止的说法找到了借口。

这是所谓推托手法的一个问题，也有与此相似的其他故事。吕底亚国王克罗索斯在位时，曾野心勃勃地想吞并波斯国。为此，他向阿波罗神请示。神有"一攻打波斯国，就使大帝国灭亡"的告示。利令智昏的克罗索斯亲自率大军去攻打波斯国。长年战争大量耗费，使国家战败灭亡，自己也当了俘虏。愤怒的克罗索斯要找阿波罗神算账。可是神的回答是清楚的："确实使大帝国灭亡，所说的那个灭亡的大帝国不是波斯国，实际是指你的国家。"这样一来，使克罗索斯无言以对，乖乖离去。

即使解决不了立方体 2 倍的问题，也不必担心会使其他国家灭亡，阿迪那的传染病也不会在这期间停止。但是这个问题谁也没有解决。是神巧妙地提出了这个谜。实际情况是许多学者和门外汉都力求解答这个问题，结果全都以失败而告终。大约在 19 世纪中期，有人首先证明这个问题用直尺和圆规是不能解答的，所以这个问题是二千多年间，令人们向往的苦恼问题。一道难题持续二千多年无人解出是很少见的。

当然，所谓"不能解"，指的是限于"有限次地使用直尺和圆规"这个条件。如果使用其他手段的话自可迎刃而解，这就又当别论了。

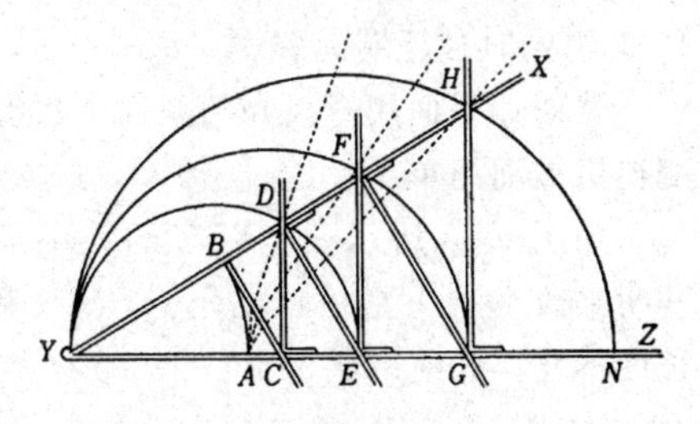

图 6-7

思想开放的笛卡儿从"只有直线和圆是神圣"的偏见中完全解放出来，创造了如图 6-7 所示的仪器工具解决了这个问题。

在图6-7中，直尺YZ和YX以Y点为支点，支点能够自由开闭。直尺BC和YX固定成直角，直尺CD和YZ固定成直角且可沿YZ边自由滑动；同样直尺DE和YX固定成直角且能够沿着YX边自由滑动；直尺EF，FG，GH…也同样可以沿直角边滑动。此刻张开$\angle XYZ$使YE等于YB的2倍时停止$\angle XYZ$的继续张开，根据相似形原理下列公式成立：

$$\frac{YC}{YB}=\frac{YD}{YC}=\frac{YE}{YD}$$

$$\left(\frac{YC}{YB}\right)^3=\frac{YC}{YB}\times\frac{YD}{YC}\times\frac{YE}{YD}=\frac{YE}{YB}=2$$

$$\frac{YC}{YB}=\sqrt[3]{2}$$

从而求出$\frac{YC}{YB}$的值。

假设不准许笛卡儿使用新创造的工具画曲线，规定他只能用直尺和圆规的话，笛卡儿也不能求出上题的结果。笛卡儿生于17世纪，当时机器已经在生产中广为应用，因此，重视机器是理所当然的。

6.3 圆的四边形化

下边首先讨论角的三等分问题，这也是当时的一道难题，即有限次使用直尺和圆规是不能把角三等分的。这个问题和立方体的2倍问题在19世纪同时被证明无解。

然而如果使用直尺和圆规的个数没有限制，那么完成角三等分就会变得机械而简单了。

如图6-8所示，$\angle XYZ$的大小可由支点开闭来改变，A是横臂固定点，AB和BC的长度不变。先使

$$YA=AB=BC$$

B点在直线XY上，C在YZ上可以自由滑动。

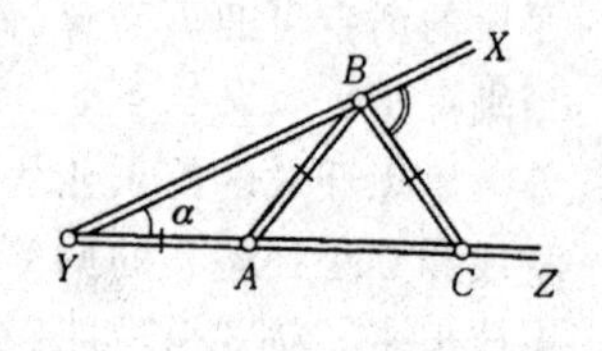

图 6-8

这时如果规定$\angle XBC$和某个角相等，则$\angle XYZ$应该等于$\angle XBC$的1/3。这是因为

$$\angle XYZ=\alpha$$

所以

$$\angle YBA=\angle XYZ=\alpha$$
$$\angle YCB=\angle BAC=2\alpha$$
$$\angle XBC=\angle XYZ+\angle YCB=\alpha+2\alpha=3\alpha$$

故有

$$\alpha=\frac{1}{3}\angle XBC$$

第三个难题是圆的正方形化，如图6-9所示，即只用直尺和圆规做一个和给定的圆面积相等的正方形的问题。简单地说，就是把圆四边形化。这个问题是喜剧《鸟》的剧中人提出来的。从这一点看，这个问题似乎是一个大众化的问题。也许是由于把圆变化成四边形引起了广大公众的特殊兴趣吧！提出这个难题的第一个人，据说是哲学家安纳萨哥拉斯（约公元前500—前428）。他因为主张太阳是燃烧着的石头，被责为无神论者关到监狱中，在狱中他研究了这个问题，后来传入民间。这个问题似乎容易弄懂，所以不仅学者而且众多的数学迷都纷纷来研究这个问题。有名的学者、无名的学者和数学迷将大批文章送到了巴黎的学士院。这种盛况一直延续到1775年，最后逼得巴黎学士院不得不贴出公告宣布，从今以后有关圆的正方形化的论文一份也不接收。

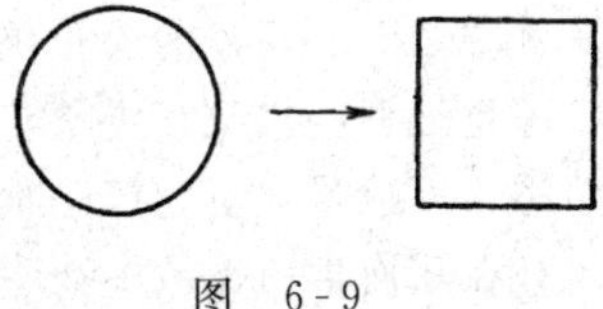

图 6-9

由于这样一个问题耗费了许多人的血汗和智慧仍然得不到解决，所以有些人从一般常识观点出发，认为大概圆的正方形化是根本不可能的，先后停止了这个时髦难题的研究工作。然而数学家并不满足于这种认识，只要没有完全证明出圆的正方形化是否可行，他们的思考就不会停止。

经过9年的苦心钻研，最后终于成功解决这个难题的人是德国的林德曼（1852—1939）。为此，他所在的伯明翰大学在幽静的校园内树立了他的雕像，见图6-10，雕像下边还刻上了圆周率π。这是因为圆的正

方形化与π的某些性质有关。

这些问题有个共同之处，就是所谓“……不可能”，也就是证明其为不可能这一点。在数学上把这种问题叫做“不可能”问题。这个不可能问题使一些事情很难办。为什么呢？所谓“……可能”问题，就是许多人只要做，总可以做出来的问题。“不可能”问题则不然。由于做法可能有无数种，所以采取对任何一种方法都试一遍的做法显然是不行的，也是不可能的。

图6-10 林德曼的雕像

这和提供一个不在犯罪现场的证明一样困难。因为提供所谓“在现场”的证明，可以想法找出目击者、检查指纹等，因此证明不在现场是不容易的。即使叫你可以在某天的报纸上登载犯罪和自己没有关系的声明，难道真就可以证明自己在案件发生时不在现场吗？恐怕还是心中无底吧！

所以那个否定的证明是困难的。数学上的“不可能”的证明也不例外。为了将不可能命题证明成功，许多情况下必然产生高出一筹的理论。因此，不可能问题屡屡促进数学的发展，促使数学产生新飞跃，完成更艰巨的任务。

不仅数学有不可能问题，物理学中也有不可能问题。例如永动机就是其中之一。到目前为止仍然还有许多的幻想家们以制造永动机为目的在那里枉费心机呢！可是，不可能是不容易证明的。为了断定不可能，熟悉一下能量守恒定律是很有必要的。

在几何学的领域中证明这些难题确实不可能，代数学和整数论的发展是证明的前提条件。

6.4 圆周角不变定理

从正三角形开始做一些美丽的正多边形。正多边形给人们的感觉是具有对称性。随着角的数目增加，对称轴的数目也增加，如图6-11

所示。

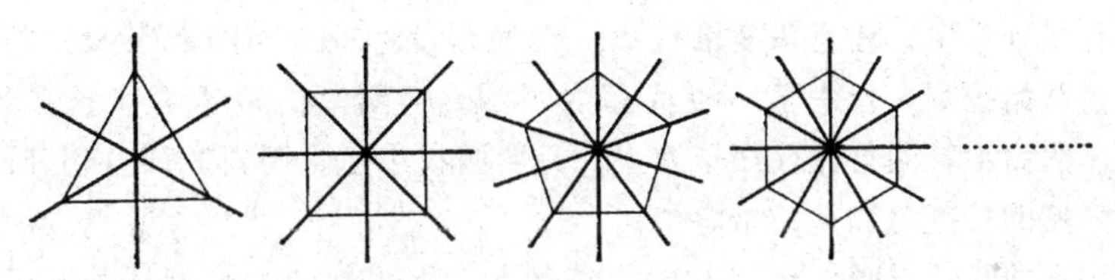

图 6-11

让这个正多边形的角的数目无限制地增加下去，就会发现它最后接近于圆。这样考虑可知圆具有无数个对称轴，即所有的直径所在直线都是圆的对称轴。通俗地讲就是：一个圆有无数条对称轴，圆的对称轴就是直径所在直线（见图 6-12）。

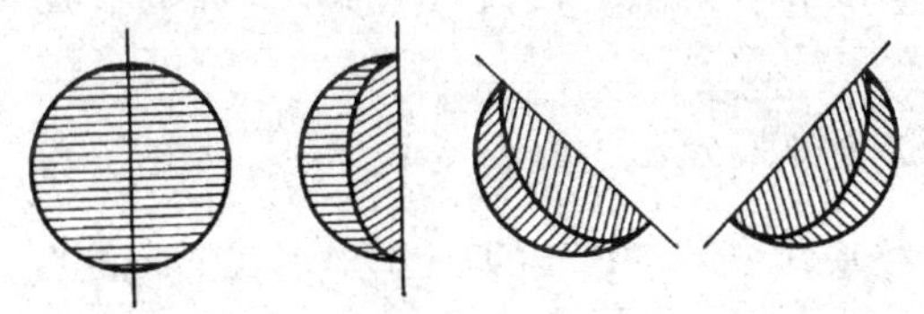

图 6-12

牢记以上道理后，看一看用两条平行直线切割圆的图形（见图 6-13）。为了使切割的圆弧相等。经常用垂直于两条平行直线的直径对迭。由于对称性，两条弧完全重合。

做好这个准备后，现在来思考下面的套圈游戏问题，详见图 6-14。

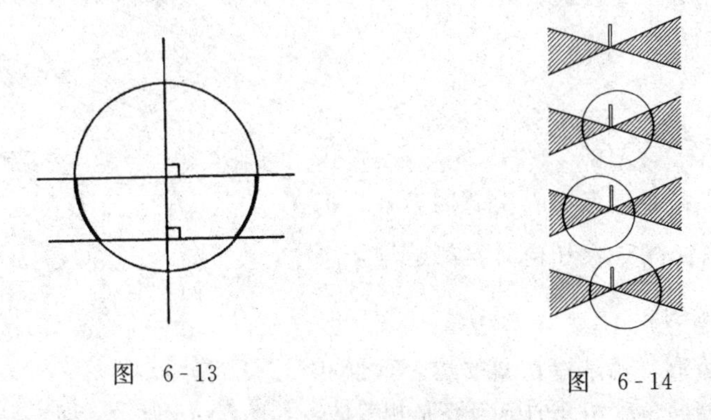

图 6-13　　图 6-14

将一根棒立在地面上，在棒的位置上有两条直线相交，交叉的角度没有特别指定，任意角度都可以。交叉角度之间，如图所示画以斜线。现在开始投圈，投中了，棒就套上了圈。但圈落的位置可能是多种多样，然而不管圈落在什么位置上，只要圈投中了，用斜线部分切开的两部分弧的长度之和是一个定值。

真的是这样吗？也许有的人纳闷儿，如果你认为是谎话，不可信，不妨做上100次套圈游戏，之后再自行观察，看是否和结论一致。这里可作如下说明。

首先，改变一下思考方法，把本来是投圈在动，变为圈不动而地面平行移动的情况。

如图6-15所示，这里，直线 AC 与 $A'C'$ 平行，直线 BD 与直线 $B'D'$ 平行。

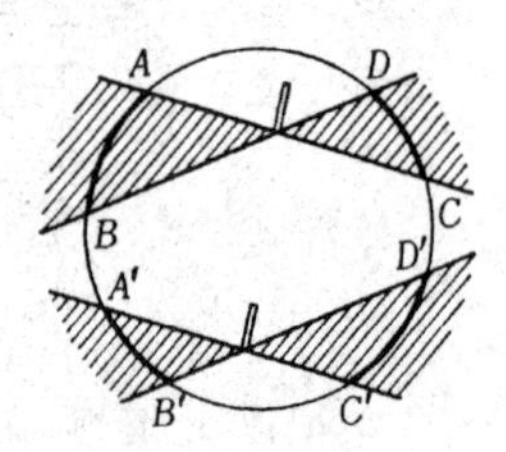

图 6-15

因为用平行的弦分割，所以 $\overset{\frown}{AA'}=\overset{\frown}{CC'}$，$\overset{\frown}{BB'}=\overset{\frown}{DD'}$，从图中知道 $\overset{\frown}{AB}+\overset{\frown}{CD}$ 是从 $\overset{\frown}{AA'}+\overset{\frown}{DD'}$ 减去 $\overset{\frown}{BA'}$ 和 $\overset{\frown}{CD'}$，即

$$\overset{\frown}{AB}+\overset{\frown}{CD}=\overset{\frown}{AA'}+\overset{\frown}{DD'}-\overset{\frown}{BA'}-\overset{\frown}{CD'}$$

同样

$$\overset{\frown}{A'B'}+\overset{\frown}{C'D'}=\overset{\frown}{CC'}+\overset{\frown}{BB'}-\overset{\frown}{BA'}-\overset{\frown}{CD'}$$

比较上述两个公式，因为

$$\overset{\frown}{AA'}+\overset{\frown}{DD'}=\overset{\frown}{CC'}+\overset{\frown}{BB'}$$

所以

$$\overset{\frown}{AB}+\overset{\frown}{CD}=\overset{\frown}{A'B'}+\overset{\frown}{C'D'}$$

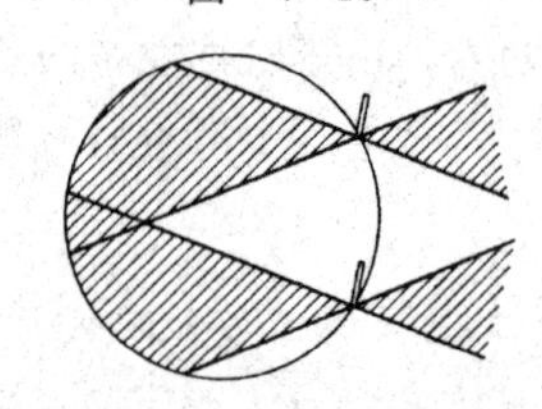

因此，就是不做100次套圈游戏，也可以知道 $\overset{\frown}{AB}+\overset{\frown}{CD}$ 在任何时候都是与 $\overset{\frown}{A'B'}+\overset{\frown}{C'D'}$ 相等的。

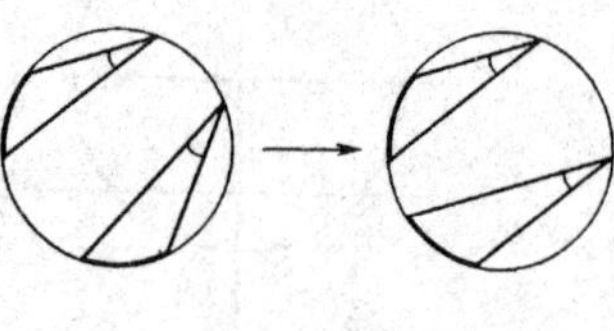
图 6-16

特殊情形，就是棒在圈的边上，也可以知道用相同角度切开的弧最终是相等的，如图6-16所示，即

“用相等的圆周角切割的弧，任何时候都相等。”

当边不平行时，将之转到平行的位置为好。

相反也可以说相等弧上建立的圆周角是相等的。

由图 6-17 可知，如果棒在圈的中心处，则有

$\widehat{AB}=\widehat{CG}$

因为对$\angle COG$来说，$\widehat{CD}+\widehat{DG}=\widehat{CD}+\widehat{EF}$
$=2\widehat{CD}$是$\angle COD$的 2 倍，因而

$\angle COG=2\angle COD=2\angle AKB$

“圆心角是同弧所对应圆周角的 2 倍。”

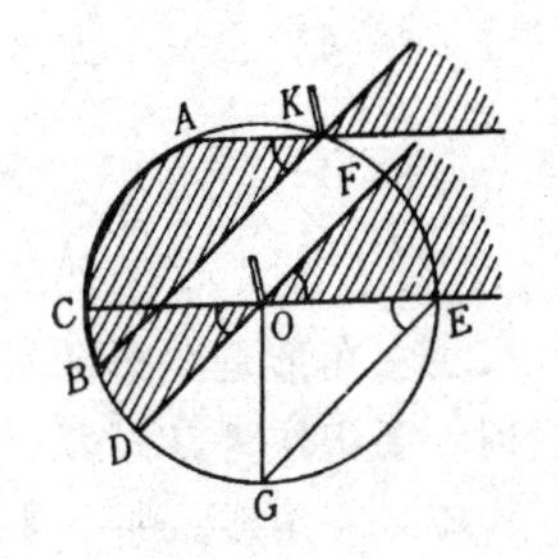

图 6-17

由这个定理马上可以知道：在一定角上看两个定点之间点的集合是圆弧。如要做实验来验证这结论，可在平面的两个点上立两根针，在两根针之间让三角形旋转移动，此三角形的顶点就画出了弧（见图 6-18）。这就是用圆规画圆的方法。

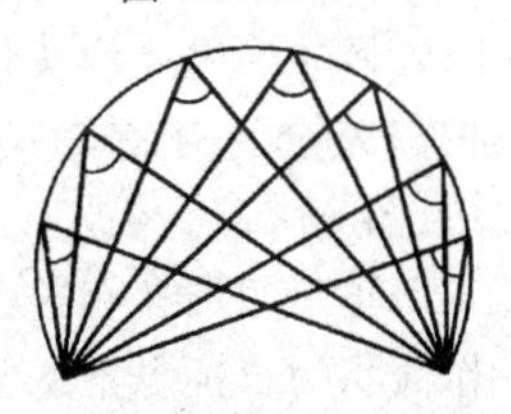
图 6-18

例如，海岸附近有暗礁，为了使船不触上暗礁，可以在暗礁的两侧建立两座灯塔（见图 6-19）。只要留心从船上到两个灯塔间的角度不超过一定的大小，就不用担心船触礁。这种方法的便利之处在于同测量船到暗礁的距离相比较，测量角度要容易些。

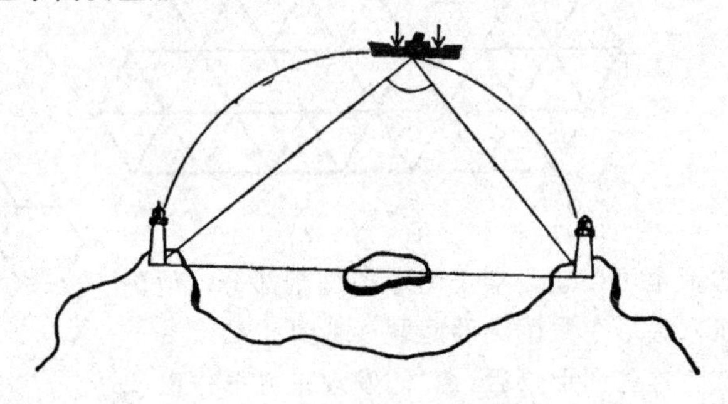
图 6-19

由这个定理可推导出："半个圆周所对应的圆周角是直角。"如图6-20所示。

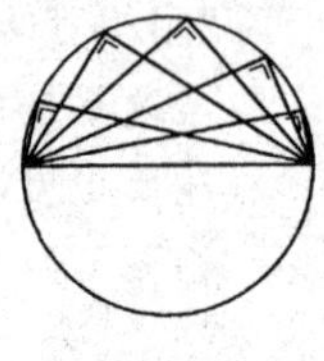
图 6-20

据说这个推论使但丁既吃惊又感到神秘。他在《神曲》的结尾部分这样写道：

"即使没有最初的运动，或者即使不知道，也可以在半圆内做出一个直角三角形来，真是神奇。"

6.5 面　　积

三角形是图形的最简单的单位，在考虑图形面积时，要记住两点：第一，不能说最终单位；第二，面积的单位是正方形而不是三角形。那不是因为正方形美丽，根本原因只是由于研究图形的目的不同而已。

圆本身是光滑美丽的，但是用作面积的单位却完全不合适，其原因是圆不能占满平面（见图6-21）。

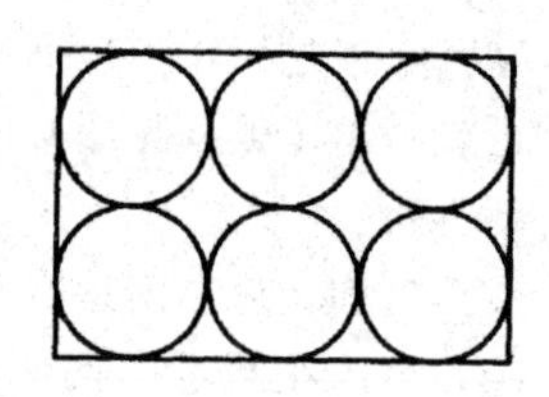
图 6-21

正三角形具有美丽的形状，然而用三角形作面积的单位也不适宜。正三角形可以遮盖某个图形的剩余部分，但数三角形的个数却是一件费力又容易出错的事（见图6-22）。

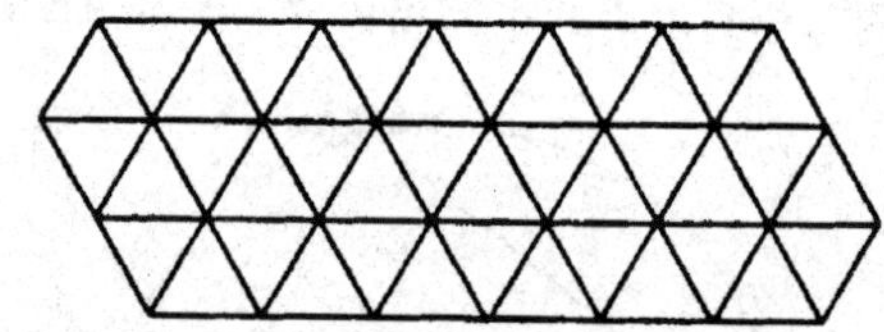
图 6-22

正六边形也可以遮盖某个图形的剩余部分，但仍然存在数正六边形个数困难的问题（见图6-23）。

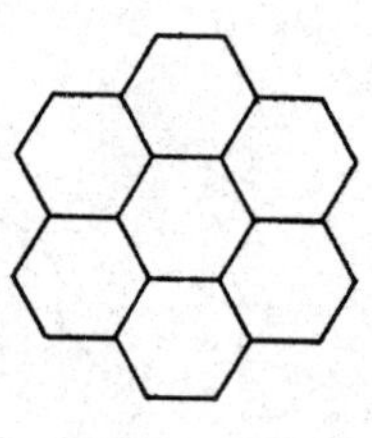
图 6-23

综合比较这些图形以后，我们发现正方形作面积的单位最合适。

这是因为正方形不仅可以占满平面的残留区间，而且数正方形的个数也颇为容易（见图6-24）。

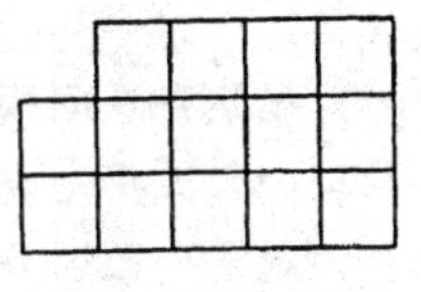
图　6-24

面积的测量基于一个潜在的原理，即“把图形分割、排列后其面积不变。”

例如下边的这道难题。把长、宽均为 8 厘米的正方形分割成图 6-25 所示的样子，分割之后把图形重新变更成如图 6-26 所示，则正方形就变成长 13 厘米、宽 5 厘米的长方形，

$$8\times8=5\times13$$

也就是说

$$64=65$$

为什么会这样呢?

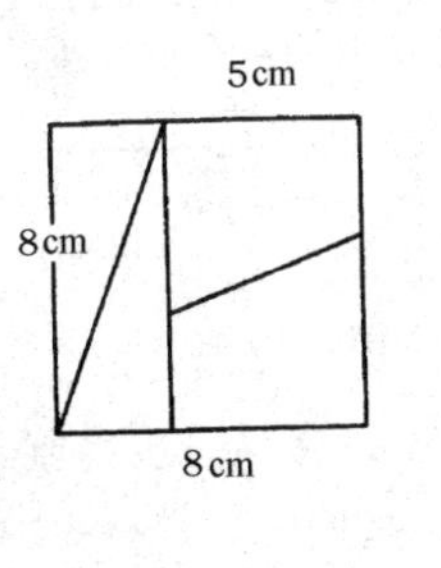

图　6-25

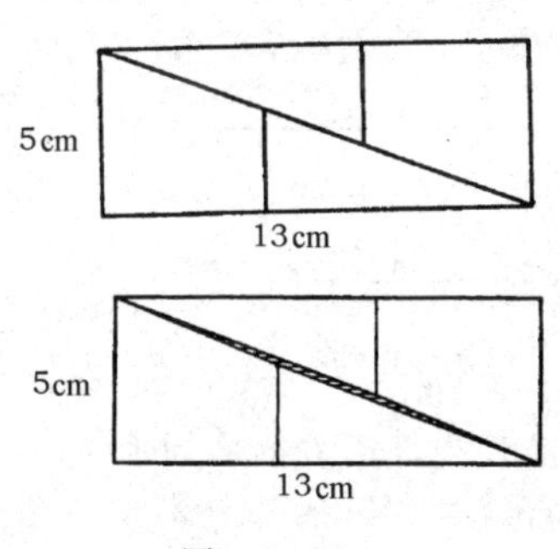

图　6-26

读者不必感到困惑，事实上图 6-26 上图的位置是不正确的。正方形变成长方形的真正图形应如图 6-26 下图所示。图中间稍微有一条空隙，以粗线条勾画出，并用细斜线予以填充。

读者为什么会有“啊，不对啦!”的感觉呢？细细思考不难理解，大概是前面叙述的“分割排列图形面积不变”的原理在头脑中起作用的缘故吧。

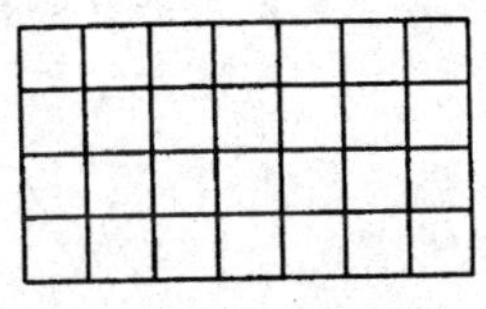
$7\times4=28$

图　6-27

运用这个原理可求得各种各样图形的面积。

首先来看一个容易划分成正方形，并以正

方形来作为面积单位的长方形，如图 6 - 27 所示。把单位正方形按长、宽排列起来，就组成了长方形，此长方形中的正方形个数可用乘法计算。

虽然存在问题不够齐全的情况，也正如在第 2 章中说过的道理，长×宽的公式仍是成立的。为了使面积＝长×宽的公式在分数情况下也成立，规定分数×分数的规则最能接近于真实情况。

如果长和宽是无理数，则近似按照有理数的情况回答。总而言之，面积＝长×宽在一般实数场合皆成立。

由长方形派生出来的图形是平行四边形，如图6 - 28 所示。前面所叙述的分割排列的方法，用在平行四边形上最合适。把平行四边形凸出来的部分切下来，排列到另一边凹下去部分的边上，使二者合二为一，则平行四边形就变成两个底边相等的长方形了。如图 6 - 29 所示。

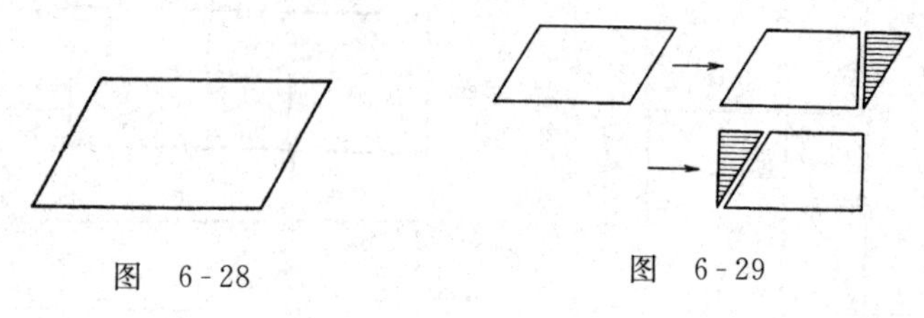

图　6 - 28　　　　图　6 - 29

可是这种巧妙的方法，如果像图 6 - 30 中那样做，也许就弄巧成拙了。即切直角时砍下的部分不是三角形，而是四边形。

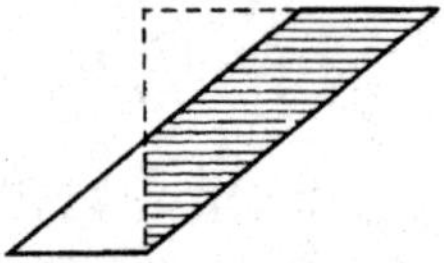

类似这种场合，必须开动脑筋使用其他方法，那就是逻辑减法。首先看图 6 - 31 所示的梯形，如果切掉图中所示的三角形，再把剩余部分灵活变化，那么剩余部分或者是长方形，或者是正方形。因而得出了图示结果。

图　6 - 30

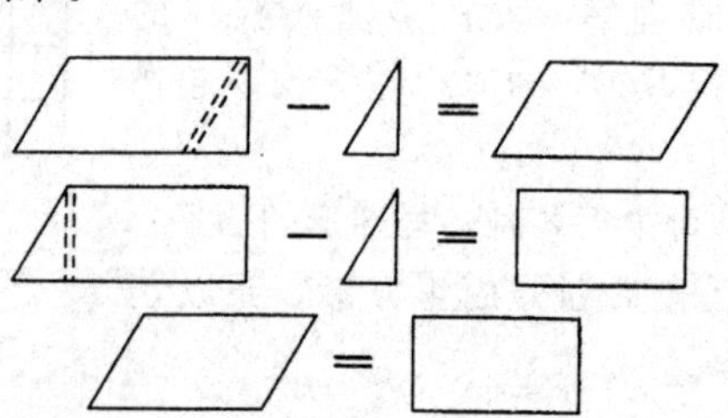

图　6 - 31

大家都知道，由图 6-32 可知，平行四边形面积的一半是三角形的面积。

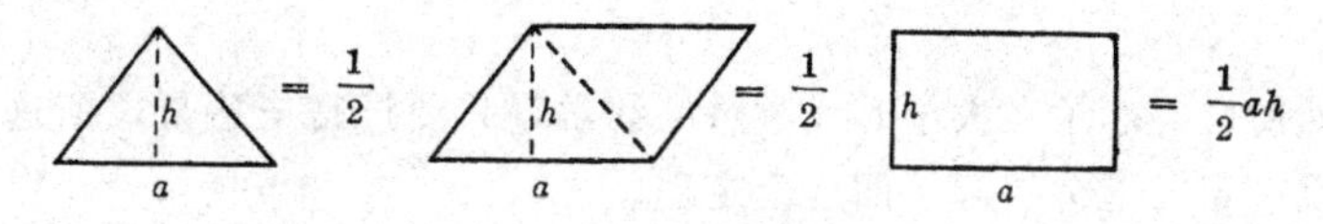

图　6-32

能有这样的面积就可以看出三角形绝不是简单元素，是由正方形—长方形—平行四边形的顺序推导出来的元素。

因而，在底边和高度相等的范围内，形状不同的三角形面积相同。这是一条重要结论。例如汽车行驶的道路和电车行驶的道路互相平行，以一定长度的电车为底边和以汽车为顶点画出的三角形面积，不管汽车和电车怎么随便移动，只要底边和高度不变，三角形的面积都是不变的，如图 6-33 所示。

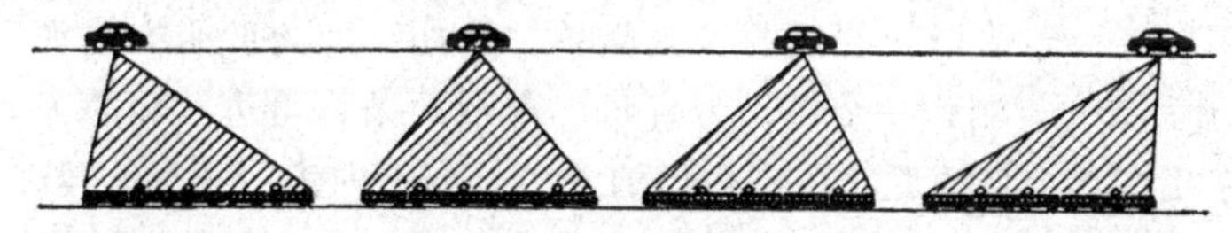

图　6-33

利用这个面积不变定理可以把多边形改变为三角形。

如图 6-34 所示，设有一个多边形 $ABCDE\cdots$，现在想把这个多边形变为三角形。在减少多边形 $ABCDE\cdots$ 的角的数目过程中决定先减少平坦角 D，可按如下顺序进行。通过 C 点引 BD 的平行线 CC' 与 ED 的延长线交于 C' 点，则因为

$$\triangle BCD=\triangle BC'D$$

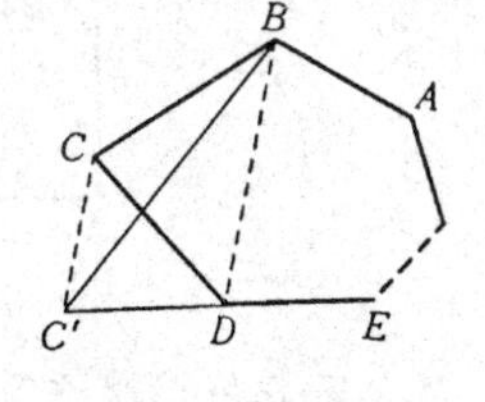

图　6-34

所以多边形 $ABCDE\cdots$ 减少了一个角，变成了多边形 $ABC'E\cdots$，并且多边形 $ABC'E\cdots$ 和多边形 $ABCDE\cdots$ 面积相等。就这样，把面积不变而角的数目可以依次减少一个的工作做下去……最后，就可以将任意的多边形变成三角形。

6.6 毕达哥拉斯定理[①]

即使已经忘了在大学时代学过的数学，只要记得毕达哥拉斯这个名字，就一定马上会想起下面这个定理。

“直角三角形的斜边上的正方形面积和三角形其他两条直角边上的正方形面积的和相等。”详见图6-35。

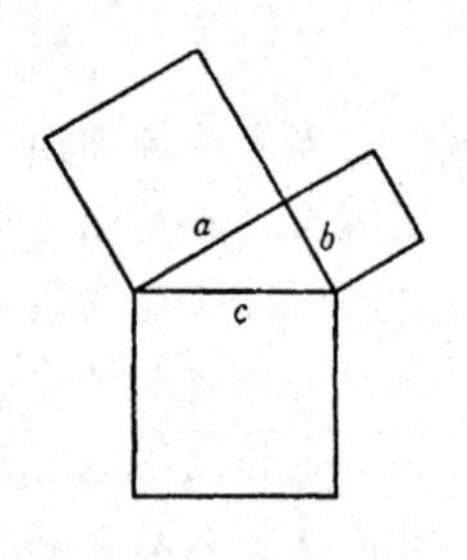

图 6-35

最先证明这个定理的是毕达哥拉斯及其弟子。事实上，很久以前人们就知道这件事，古埃及、印度、中国都知道这个定理，并且还有这个定理的证明。

毕达哥拉斯是用什么方法证明了这个定理的呢？谁也不知道。恐怕最初的证明极其简单。例如下面的证明方法如图6-36所示。首先，制作一个边长为直角三角形两条直角边之和的正方形。从这个正方形上切掉原直角三角形的4倍，剩下的为a^2+b^2。同理，如果按下图右边的方法，剩下的就是c^2，因此$a^2+b^2=c^2$。这是中国古代的《周髀算经》里的图。

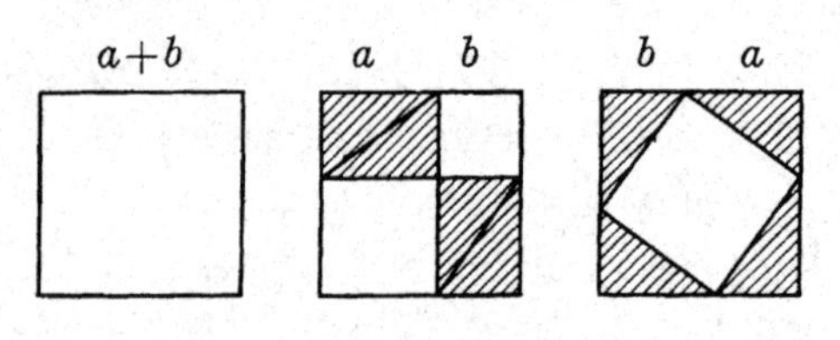

图 6-36

欧几里得对这个定理做出了严格的理论证明。

现在我们把2000年前的欧几里得脑海中的想法在这里再次浮现。欧几里得证明的关键是把正方形$BCDE$巧妙地分成两部分，分别表示出正方形$ABFG$和正方形$ACKH$之和相等的示意图（见图6-37）。

---

① 即勾股定理。——译者注

欧几里得从 A 点引垂直于直线 BC 的线段 AL，请注意欧几里得是如何把正方形 $BCED$ 简洁巧妙地分成两份的。

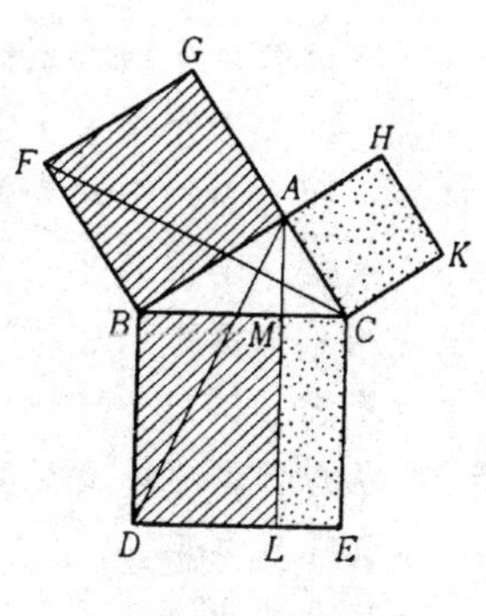

图 6-37

也就是说欧几里得的目的是让：

正方形 $ABFG$ = 长方形 $BDLM$

正方形 $ACKH$ = 长方形 $CELM$

如果证明了第一个等式，则第二个等式同理可证。所以这里只证明第一个等式。第二个等式留给读者去证明。

从面积定理知道，正方形 $ABFG$ 的面积是$\triangle FBC$ 面积的 2 倍，同样立刻知道长方形 $BDLM$ 的面积是$\triangle ABD$ 面积的 2 倍。剩下的部分是$\triangle FBC$ 和$\triangle ABD$ 的关系。

比较这两个三角形，就会看出这两个三角形的面积相等，而且细观察会发现似乎是全等三角形。

比较两个三角形的边有

$BF=AB$

$BC=BD$

两边之间的夹角

$\angle FBC=\angle ABC+$直角

$\angle ABD=\angle ABC+$直角

所以

$\angle FBC=\angle ABD$

符合两个三角形的全等条件。因此，

$\triangle FBC\equiv\triangle ABD$

当时能做出这个证明题仍然是相当困难的。无怪乎英国和法国的学生把它称为“驴桥”那种的难题。在考试的时候，这个定理的证明使得不少学生抱头沉思、无从下手。诗人哈叶纳这样形容考场的景象：

“……谁也弄不明白。可是每个学生又确确实实地知道，不能证明毕达哥拉斯定理，无论是谁都要毫无例外地留级。多少学生恨不得能使毕达哥拉斯的灵魂附体。但另一方面，出题的教官们也许是让上供的牛的灵魂附了体，才那样固执己见。”

在理解诗人讽刺意思的同时，使我们想起了毕达哥拉斯的灵魂的轮回说，即关于发现这个定理的时候，毕达哥拉斯由于兴奋过度，为了向神表示谢意而杀牛作为供品祭神的传说。

这是一个很有名的故事，在各种故事书中都被引用了。然而，最早是说用一头黄牛，之后逐渐增多了，……最后说成是100头牛。德国诗人沙米索（1781—1838）创作了这样一首诗：

从愚蠢世界中看见真理的光芒，
真理永远挺立。
著名的毕达哥拉斯定理，
过去、现在都通用。

毕达哥拉斯贡奉供品，
他把光赠给了神。
用这被杀掉烤熟的100头牛，
表达了深厚的谢意。

从那一刻起，
牛都感觉到发现了新定理，
如果这个世界有穿透一切的声音。

毕达哥拉斯让牛都恐怖了。
牛没有反抗光的力量，
刚一闭眼就发抖。

诗人有着独出心裁的夸张爱好，100头牛是过分夸张了。第一，收拾牛肉本身就是一件相当困难的事。有一个人在他的诗中又添了几句诗句，那个人是英国的数学家道奇森。对道奇森这个名字，很多人感到陌生。但是谁都知道《爱丽丝梦游仙境》这本畅销书的作者刘易斯·卡罗尔，而刘易斯·卡罗尔就是道奇森的笔名。

100头也罢，其他什么也罢，从这个定理的重要性来说，科学家们不能不采纳这个定理。其原因是这个定理是用贡奉100头乃至1万头牛也换不回来的极其重要的定理。

6.7 长度计算法

有关求解正方形的面积是多少的一个定理，为什么会如此重要呢？用一句话来说就是因为毕达哥拉斯定理既是面积的定理，同时又是求解长度的定理。

例如，设这里有如图 6-38 所示的 6 张榻榻米①大小的一个房间。从图上知道房间是长度为 2 张榻榻米（指其长边的 2 倍）、宽度为 1.5 张榻榻米的长方形。假设现在有必要测量房间内对角线的长度。不用说，房间中如果没有摆设任何家具和其他物品，那么进行测量是轻而易举的事。然而如果房间中有碍手碍脚的障碍物横在那里不能直接测量，这时候怎样做才能算出房间对角线的长度呢？

有各种各样计算房间对角线长度的方法。例如经常使用的缩图法。因为长度为 2 张榻榻米，宽度为 1.5 张榻榻米，过于大了，所以把房间缩小为长度 2 厘米，宽度为 1.5 厘米的模型，再测量其对角线的长度。这是方法之一。因为在这种情况下对角线的长度为 2.5 厘米，把单位厘米换算成榻榻米的单位张（榻榻米的长边），则答案为房间对角线的长度是 2.5 张榻榻米。这种计算方法的依据是下面要叙述的相似原理。

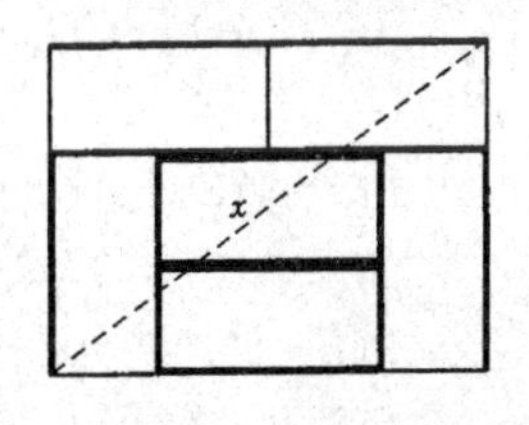

图 6-38

如果使用毕达哥拉斯定理，可按下列程序进行计算。

由于房间是长方形，它由对角线把它分成两个直角三角形，所以可以使用毕达哥拉斯定理。设房间对角线的长度为 x（张），则

$2^2+1.5^2=x^2$

$4+2.25=x^2$

$6.25=x^2$

寻找一个数的平方是 6.25 的数，则这个数是 $x=2.5$。因此我们知

① 日本人用以衡量房间面积的单位，即草垫子。——译者注

道房间的对角线长度的答案是2.5张榻榻米。

还有石匠测量长方形石头的对角线长度时，使用下列方法进行测量，如图6-39所示，要测量长方形石头的对角线BC，而BC在石头的内部是无法直接测量的。因此代替BC的直接测量是在石头的外部取和AB长度相等的线段AB'，在直角三角形$\triangle AB'C$中，测量斜边$B'C$的长度，$B'C$的长度和BC的长度相等，则长方形石头的对角线长度BC就很容易求出。

这是因为AB和AD，AE垂直，所以也和AC垂直，因而$\triangle ABC$和$\triangle AB'C$全等，则$BC=B'C$。

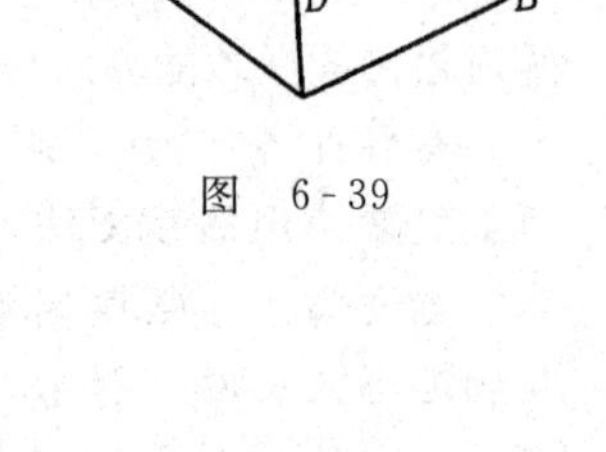

图 6-39

这也可以用毕达哥拉斯定理进行计算：

$BC^2=AB^2+AC^2$

$AC^2=AD^2+CD^2$

所以

$BC^2=AB^2+AD^2+CD^2$

如果$AB=6$，$AD=3$，$CD=2$，则

$BC^2=6^2+3^2+2^2=36+9+4=49$

$BC=7$

这种算法的优点和缩图法不同，这纯粹是数字的计算，最后的答案也是数字。因此毕达哥拉斯定理是连接图形和数的领域的一条极其重要的纽带。

欧几里得几何学是用图形研究图形的科学。相对于欧几里得几何学，笛卡儿（1596—1650）的解析几何学则是使用数和计算的手段研究图形的学问。笛卡儿是欧几里得的高徒。在给知心朋友波西米亚公主伊丽莎白的信中，他说：

“……我所说的相似三角形的边成比例的定理，是在直角三角形斜边上的正方形和其他两条直角边上的正方形的和相等的定理之外，任何定理都不需利用的定理……”

这句话是毕达哥拉斯定理重要性的很好写照。

这个有名的毕达哥拉斯定理，除了有欧几里得的证明以外，先后有数十种证明方法。其中也有美国第20届总统加菲尔德的证明。

下面首先介绍利用平行四边形进行证明。但这里就不再一一提出说明了，仅给出了图示（见图 6-40），希望读者自己考虑证明。

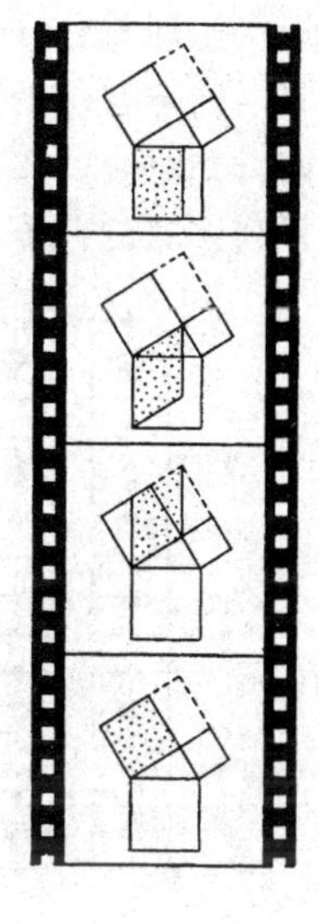

图 6-40

图 6-41 就是利用“分割、排列”原理做出来的。

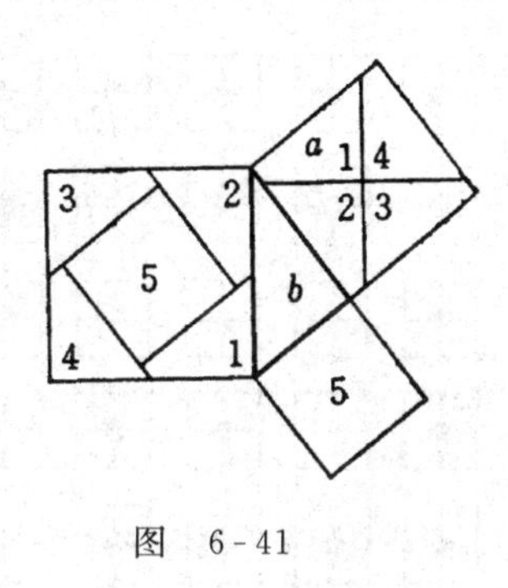

图 6-41

6.8 从触觉到视觉

“几何学家的几乎全部生涯都是在闭着眼睛思考当中渡过的。”

这种说法显然是说几何学这门科学是适合盲人研究的学问。这未免过于夸张了。

上面这句话是法国百科全书派的代表人物狄德罗（1713—1784）在《论盲人书简》中的一段节录。

盲人比视力正常的人更适合于研究几何学的主张，从普通常识来说，不过是一种胡说。因为在数学中，与算术以及代数等相比较以图形作为学问的几何学，特别依赖于眼睛，没有眼睛就寸步难行。

可是也应该注意到这个说法具有极其深刻的意义。从前，我们思考出来的图形的全等，就是规定让他们完全重合。让他们重合的步骤是闭着双眼也可以做到的。剪下两个三角形的两张纸片，把它们对合在一起，再摸摸它们俩是不是一样大小，这确实不必要用眼睛，只要手摸摸即可，即重合（全等）是触觉领域的一道手续。

同样在《论盲人书简》中，应该向读者介绍英国的盲人数学家桑德森（1682—1739）发明的几何学研究盘，见图6-42。它是在板上钉着排列整齐的钉子，只要用手触摸就可以进行图形结构的研究。

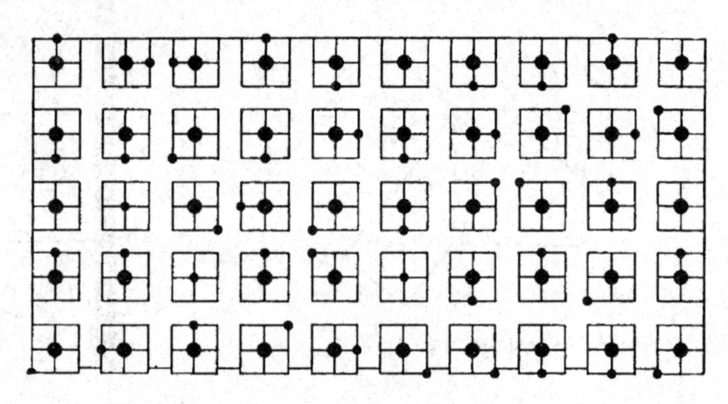

图6-42 盲人的几何学研究盘

然而离开一定的距离，由视觉来看靠触觉得出的全等概念就过于狭窄了。因而出现了代替全等的相似观点。

在详细叙述相似的正确定义之前，让我们回顾一下身边的日常生活知识吧！

眺望一个物体的时候，我们有从大小和形状两个方面观察物体的习惯，即具有从形状和大小来分开思考的能力。形容词本身有自己不同的任务。粗的、细的、圆的等等是和大小无关而和形状有关的形容词，看莱卡胶卷上的人的身影没有人说人太小，看细菌的显微镜放大的照片也没有说它大。那是因为人们具有无视图形的大小，只取出其形状的能力。

在这种观察物品的过程中，不管其大小仅取其形状，就已产生了相似的概念。本来大的物品，如果放在远处看它就小了，小的物品放在近处看就大了。这一点恐怕谁都知道。因此，如果说看上去大图形和小图形一样大，这是怎么一回事呢？

把两个图形分别放在适当的位置上，用一只眼睛看上去时，能看到这两个图形具有完全相同的形状，如图 6-43 所示。

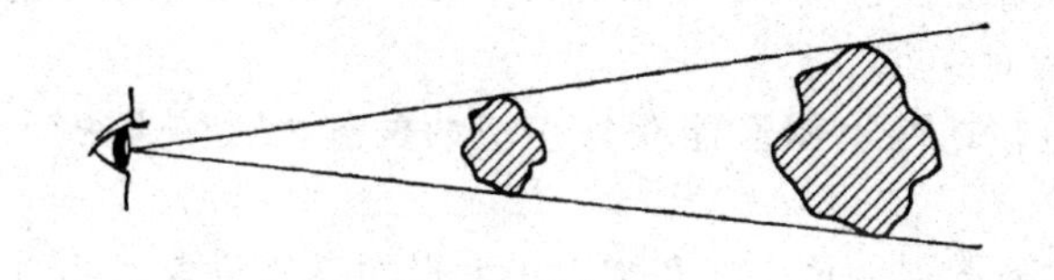

图 6-43

例如，用同样的图画纸复印二张 1∶2 的物品，把它们平行地放在 1∶2的距离上，从一点看比例为 1 和比例为 2 的物品，可以发现它们是重合的。

规定把这种能从一点看穿平行放置的两个图形叫做互相相似，可以知道照相就是基于相似的原理。

相似更正确的说法应如下描述。

从一点 O 引直线到两个平行平面 P 和 P'，交点分别为 A 和 A'，OA' 任何时候都是 OA 的 2 倍。因此如果让 A' 在那个图形上移动，则 A 点任何时候都是 OA' 的中点。因而，如把橡皮筋的一端拴在 O 点，让另一端在 A' 点移动，则在橡皮筋的中点 A，就可画出和 P' 平面上的图形相似的图形，如图 6-44 所示。

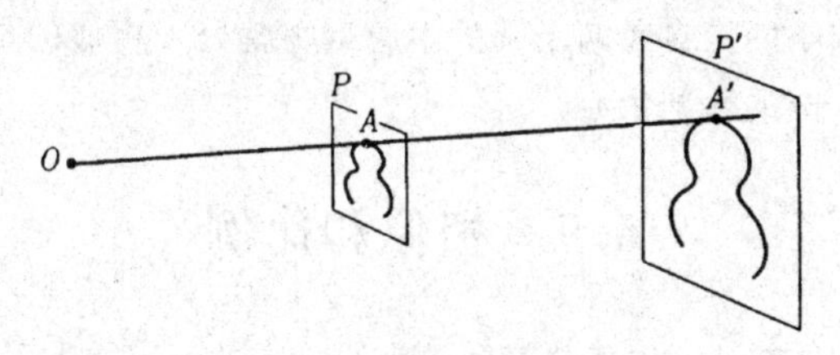

图 6-44

在 P' 平面上的图形和 P 平面上的图形完全相似。

把位置 A 和 A' 叫做两个图形处在相似的位置。

把 O 点叫做相似中心。眼睛的位置就是相似中心。

这个定义还可进一步叙述为：

从一个定点 O 引任意的直线和图形 P 相交，设交点为 A，在那条线上取 A' 点使 OA' 和 OA 之比是一定值。此时 A' 永远在 P' 上。反过来说，

如从 P'平面上的点 A'开始取 A 点。而此点任何时候都在 P 上时，则把 P 和 P'叫做相似的位置，O叫做相似中心，从 O点同时看穿的两个点 A 和 A'，称为对应点。

适当地移动两个图形能获得相似的位置，则称这两个图形是相似的。

例如，两个正方形永远相似。正方形在下述位置，沿一方移动下去，如果中心重叠则可以具有相似位置，如图 6-45 所示。

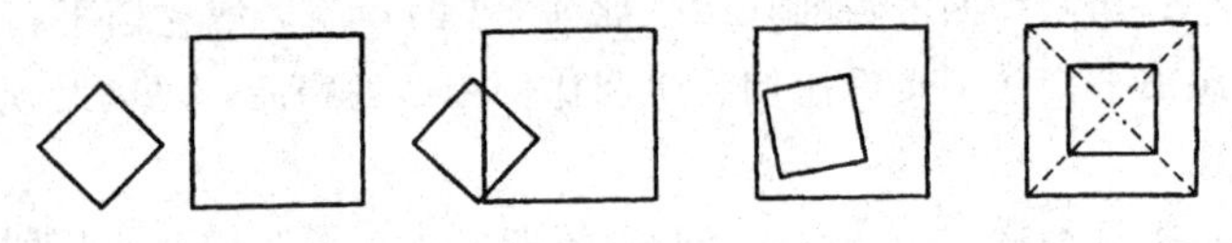

图 6-45

这个结论就曲线而言也是如此。例如两个圆，则与它们的大小无关是相似的，如图 6-46 所示。

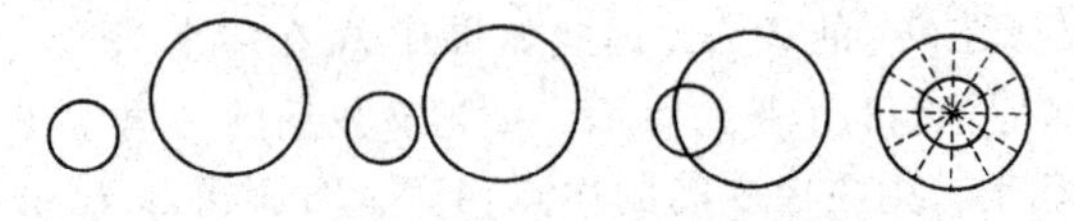

图 6-46

即移动两个圆，只要两个圆的中心重叠就处于相似的位置，相似中心必定是两个圆的共同中心。

6.9 相似和比例

如图 6-47 所示，在画着等间隔直线格子的笔记本上引一条斜直线，这条斜直线就会被直线等分。这是为什么呢？

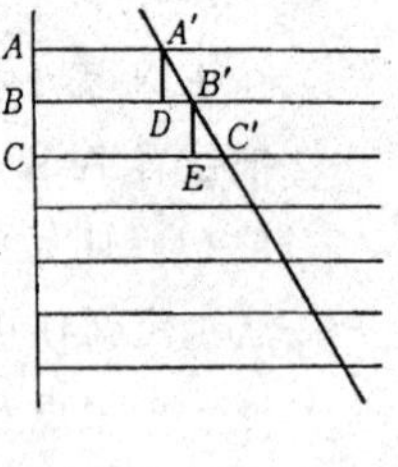

图 6-47

首先，由于图中 $AB=BC$，很容易推导出 $A'B'=B'C'$。为了得出 $A'B'=B'C'$，从 A'点引 $A'D$ 平行于 AB，从 B'点引 $B'E$ 平行于 BC，让我们来比较一下$\triangle A'DB'$和$\triangle B'EC'$就可发现：

$A'D=AB$

$B'E=BC$

因为 $AB=BC$，故

$$\begin{cases} A'D=B'E \\ \angle DA'B'=\angle EB'C' \\ \angle A'DB'=\angle B'EC' \end{cases}$$

根据两角夹一边的三角形全等定理，则

$$\triangle A'DB' \equiv \triangle B'EC'$$

因而 $A'B'=B'C'$，同样道理可以证明，$B'C'$，$C'D'$，…全都相等。

使用这个方法，在具有一定宽度的平行线之间，可以引无数条等间隔的平行线。例如，如果要把带子三等分，一般的作法是这样的，把长度为 30 厘米的刻度尺斜着放在带子上，以 10 厘米长为间隔，作四条平行线就可以了（见图 6-48）。

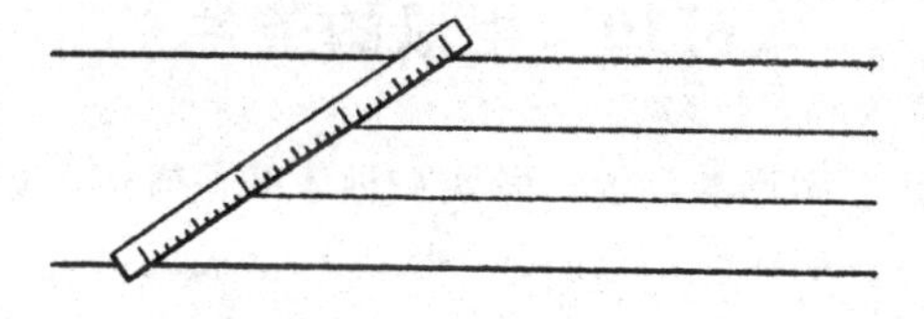

图 6-48

一般来说，由等间隔刻度尺的刻度上引出的平行线是等间隔的。

如在这些平行线上，横放上一根直而光滑的棒，则这根棒也被分成了等间隔的刻度。而且如果想使刻度更细的话，可将尺寸再分成 10 等分，则相应地棒也就被进一步地 10 等分了（见图 6-49）。有兴趣者可以一试。

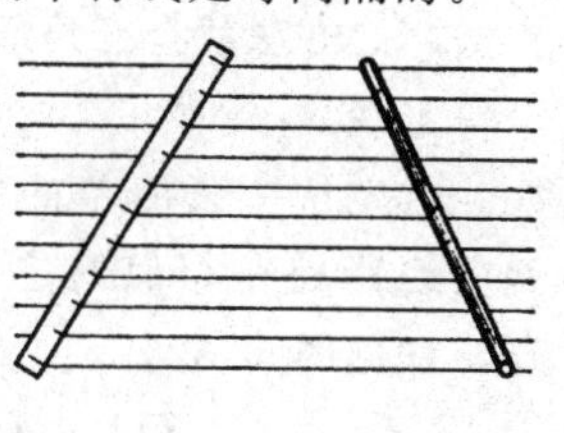

图 6-49

如果用放大镜看等分的情况，则如图 6-50 所示。

图 6-50

就照着这个样子继续细分下去，则随着刻度尺的刻度 10 等分、100 等分、1000 等分……逐渐变细，则棒也必然随着变为 10 等分、100 等分、1000 等分……总而言之，比较尺和棒，它们应该是同样地伸长或缩短，如图 6-51 所示。因此如果尺上的长度 CD 是 AB 长度的 1.4 倍，则知道棒上对应的长度 $C'D'$ 也是 $A'B'$ 的 1.4 倍。也就是

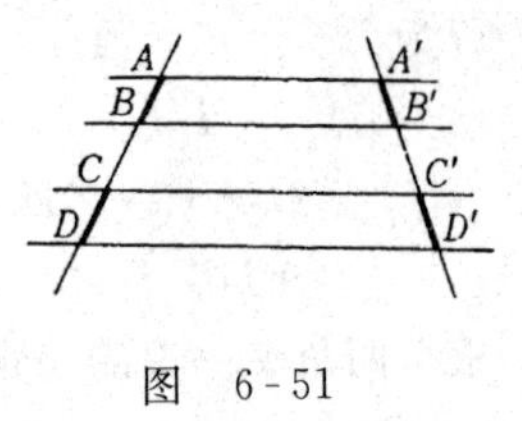

图 6-51

$$\frac{CD}{AB}=\frac{C'D'}{A'B'}$$

这是人们平常都知道的 1.4 倍或者 1.414 倍，即$\sqrt{2}$倍。

6.10 相似的条件

一眼看穿两个图形的位置，即处在相似的位置时，就说这两个图形相似，并不全对。例如，东京的某一图形和南极的某一图形受到船和飞机运输的限制，不可能把它们放在相似的位置上，重合的情形也一样。对于后者，即使两个图形实际上没有重合，仍有确定它们是否能重合的方法。此方法就是三角形的全等定理。就相似而言，非常需要三角形的全等定理。

首先从一条简单的线段开始说明吧！设两条线段处在相似的位置，相似的中心是 O 点，详见图 6-52。

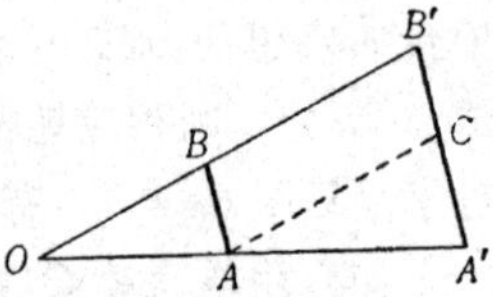

图 6-52

根据定义，$\frac{OA'}{OA}$与$\frac{OB'}{OB}$等于相同的值 k。通过 A 点引线段 AC 平行于 BB'，设和线段 $A'B'$的交点为 C。由上述定理知，

$$k=\frac{OA'}{OA}=\frac{A'B'}{CB'}=\frac{A'B'}{AB}$$

下面把这些线段连接起来变成折线看一看，如图 6-53 所示。这时也根据定义，由于$\frac{OA'}{OA}$，$\frac{OB'}{OB}$，$\frac{OC'}{OC}$，$\frac{OD'}{OD}$相等，所以相应于一条一条线

段上的结果，可以知道 AB 和 $A'B'$，BC 和 $B'C'$，CD 和 $C'D'$ 都平行，而且它们的比值也相等，即

$$\frac{A'B'}{AB}=\frac{B'C'}{BC}=\frac{C'D'}{CD}=k$$

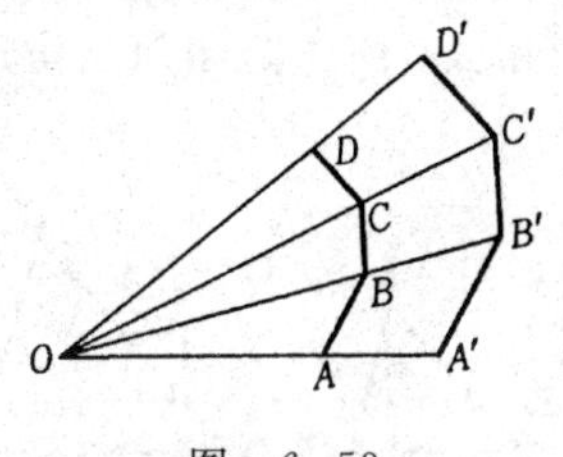

图 6-53

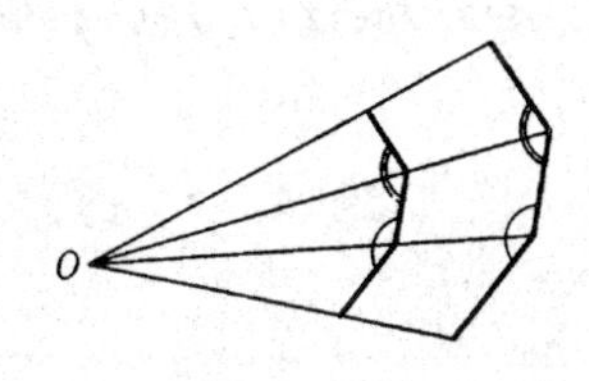

图 6-54

因为各边是各自平行的，所以它们之间的角一个地接一个相等。(见图 6-54)。

归纳以上情况，如果两条折线相似，可以得出下述两点结论。

(1) 对应边的比相等。(等比)

(2) 对应角相等。(等角)

因此分析相似的概念，就成为所谓的等比和等角的两个概念，即

相似 $\begin{cases}\text{等比}\\\text{等角}\end{cases}$

到目前为止，如果就关于相似的定义而言，那么等比和等角有着同样重要的结果和意义。

有两条折线 $ABCD\cdots$，$A'B'C'D'\cdots$，如果这两条折线对应边的比相等，即

$$\frac{A'B'}{AB}=\frac{B'C'}{BC}=\frac{C'D'}{CD}=\cdots$$

并且它们的对应角相等，即

$$\angle ABC=\angle A'B'C',\ \angle BCD=\angle B'C'D'=\cdots$$

那么，这两条折线相似。

这样思考，就知道全等是相似的一个特例，当扩大的比例数在特殊情况下为 1 时，两个相似的图形也就是全等的图形。

两端是任意开放的折线如果相似，则连接两端结合成的多角形也相似，即马上知道，在图 6-55 中，用点线表示的线段仍在相似的位置上。

从以上实例可引出三角形的相似定理。

在边—角—边折线 ABC 和 $A'B'C'$ 中，

$\frac{A'B'}{AB}=\frac{B'C'}{BC}$，$\angle ABC=\angle A'B'C'$

则折线 ABC 和折线 $A'B'C'$ 相似，ΔABC 和 $\Delta A'B'C'$ 是相似三角形（见图 6-56）。

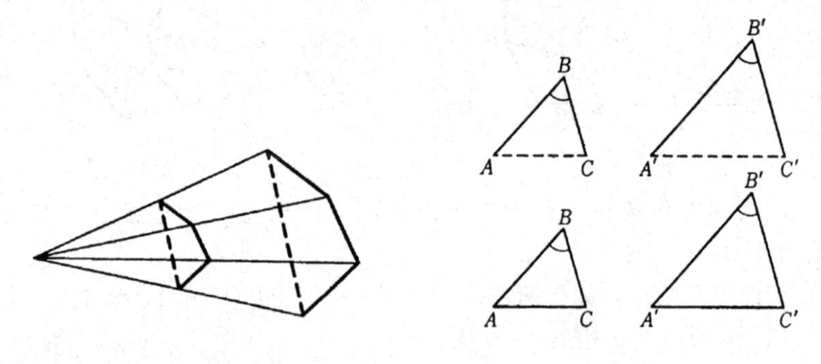

图 6-55　　图 6-56

总而言之，如果扩展两边夹一角（边—角—边）的全等定理，则应该看出下列的定理成立：“如果两个三角形的两条边成比例且这两条边的夹角相等，那么这两个三角形就是相似三角形。”

同理，扩展两角夹一边的全等定理，下述定理也成立：“如果两个三角形的两个角相等，那么这两个三角形是相似三角形。”（见图 6-57）。

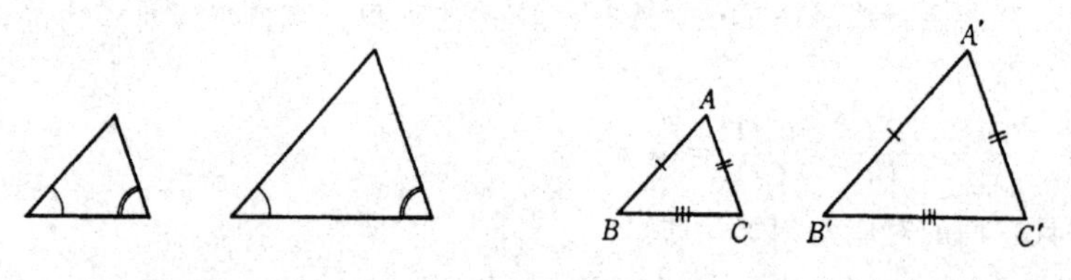

图 6-57　　图 6-58

在这种情况下可以不考虑边的长度。如果两个三角形有两个角相等，由于三角形三内角之和是 180°，所以剩下的一个必然是相等的。

对应于三角形的三边全等定理，有下述定理：“如果两个三角形的三个边成比例，则这两个三角形相似。”（见图 6-58）。

如果要想证明这个定理，首先要规定合适的相似中心，之后把$\triangle ABC$按照相同的比例扩大或缩小成$\Delta A'B'C'$，把$\Delta A''B''C''$和$\Delta A'B'C'$相互比较，检查这两个三角形是否全等。详见图 6-59。

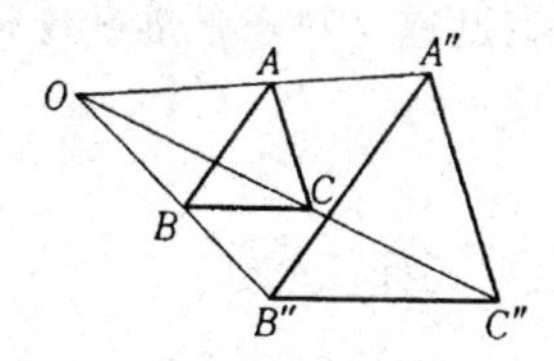

图 6-59

为此目的可以利用三边全等定理。

如果巧妙地利用相似和比例的关系，就可以在图上求解出所要计算的比例值。

例如，马铃薯每公斤（1000 克）售价 30 日元，那么 X 克马铃薯的售价是多少呢？为了方便地查找马铃薯的重量和价格之间的关系，制作了一张如图 6-60 所示的图表。表的左右两边分别直立着一个标尺，其中左边的标尺表示重量，由下端刻度 0 向上端数值逐渐增加；右边标尺是价格刻度，自上而下数值由小变大。因为 0 克马铃薯售价 0 日元，所以用直线连接 0 克和 0 日元两点；再用直线连接 1000 克和 30 日元两点，设两条直线的交点为 P。则这张图就可以表示马铃薯的重量和售价的关系。例如，想求 300 克马铃薯的售价多少？则过 P 点和重量 300 克点作一直线交于日元标尺线上一点，为 9 日元，则 9 日元即所求。相反，如想买 50 日元的马铃薯，则连接 50 日元和 P 点的直线交于重量标尺线上的那一点，就是 50 日元要买的马铃薯重量。

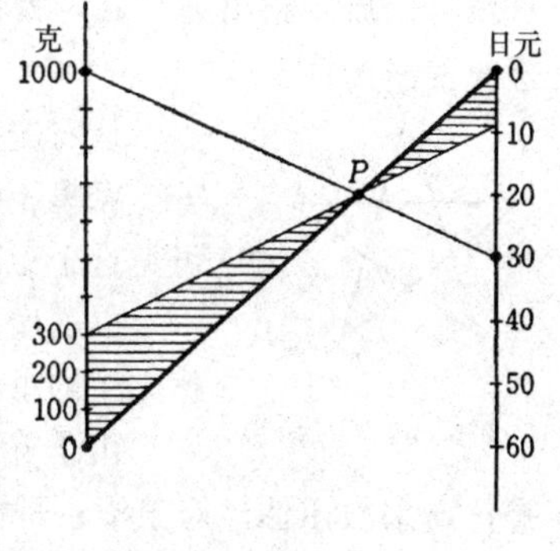

图 6-60

从相似三角形定理，立刻就会明白其中的道理。

要想知道所画一条条直线的图像是什么样子，可在 P 点用针把一条直线棒固定住，使棒可以自由地转动，就可以达到目的。

把这张图表放在蔬菜店里，顾客和店员无需计算就清楚了。

由于这是在图表上计算，所以把它称为计算图表。这种图表是计算图表的一种。计算图表的优点是答案迅速，缺点是准确度较差。换句话说计算图表是一种求快不求好的计算方法。

6.11 五 角 星

在歌德的著作《浮士德》一书中，有这样一个令人可笑的故事，有一个不好惹的魔鬼在发出歇斯底里的悲鸣。难道魔鬼也有害怕的时候吗？歌德在这里引用了魔鬼自己的话说出了它害怕的原因。

“处境不妙，老实说吧！正好在我出去的时候，遇到了麻烦，因为在那个窗户上有五角星的痕迹。”

这就是它化妆成小狗，毫无困难地悄悄溜进浮士德先生的书房，干尽坏事以后要跑出去时，猛然看见窗户上的如图 6-61 所示的五角星痕迹而说出的话。

图 6-61 五角星

请看魔鬼害怕的理由，显得多么可笑。

魔鬼不怕人，然而他不得不在五角星面前投降，可见这个五角星的威力是多么大。

以前魔鬼没有看见过五角星。正因为如此，浮士德先生的书房里的窗户上画着五角星，吓退了魔鬼。

由于五角星能驱魔去邪，以此为起因建立了毕达哥拉斯宗教团体。对于毕达哥拉斯宗教团体的人们说来，数字 5 是健康的象征。五角星是宗教团体的徽章。毕达哥拉斯自己戴着黄金冠，在黄金冠上镶着五角星。

五角星的起源为正五角形，正五角形和毕达哥拉斯有着难以想象的深刻联系。也许这和接触正十二面体有关。自古以来人们就知道正十二面体是用 12 个正五角形围起来的立体，如图 6-62 所示。正十二面体结构远不像立方体和正四面体结构那样简单。光凭头脑是难以想象的。说不定人们很早就知道正十二面体的样子，岁数大一点的人可能知道在意大利北部挖掘出来的黄铁矿石，就是正十二面体的形状（见图 6-63）。

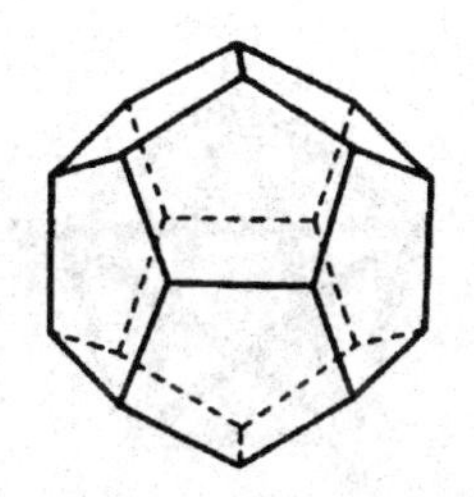

图6-62 正十二面体

图6-63 黄铁矿石

而且，在阿尔卑斯山脉以北的某地方，考古挖掘出形状为正十二面体的古代青铜器具，如图6-64所示。这个做工精湛的青铜器到底是玩具呢？骰子呢？还是蜡台呢？直到现在还没有考证清楚。也许是什么具有宗教色彩的物品吧！总之不论是哪一种东西，都足以说明，在意大利，自古以来，人们就确实知道正十二面体的图形。住在意大利南部的毕达哥拉斯，把正十二面体中的一个面所构成的五角形的顶点间隔相连，做成的五角星作为他们的徽章确实有点不可思议。

有人认为这不过是枚徽章罢了，奇怪的是，这枚徽章成了推翻他们的宇宙观的定时炸弹。

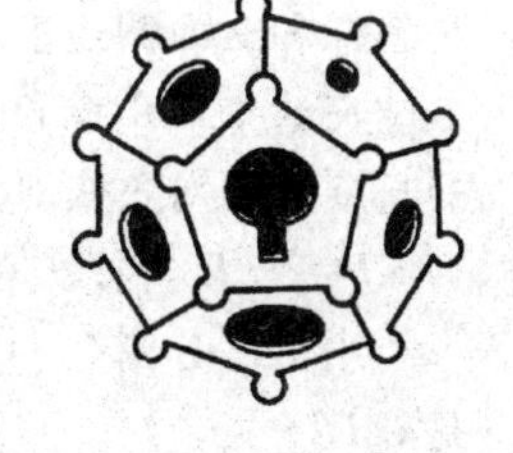

图6-64 古代青铜器具

根据毕达哥拉斯“万物都是数”的原理，直线也就是点的集合。好像是由横向排列的念珠组成。

即毕达哥拉斯的世界是由像新闻照片的网孔那样的微小的点形成的。

因此，所有直线的长度就变成为仅仅是念珠的数。设珠子的直径是 r，r 的整数倍称为 nr 值。因而若比较两条直线的长度，则两条直线的长度比就是珠子的个数比。如图6-65所示。也就是说所有的长度之比都等于整数和整数之比。这是从所谓“万物都是数”的毕达哥拉斯原理推导出来的当然结论。

然而，他们发现在五角星徽章中有和“万物都是数”的原理相矛盾之处。问题出在连接五角星顶点的直线即对角线上面。五角星徽章如图6-66所示。

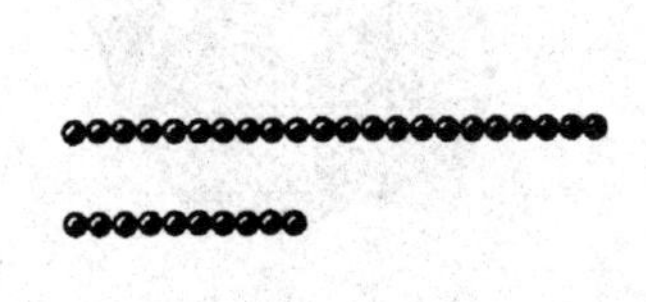

图 6-65

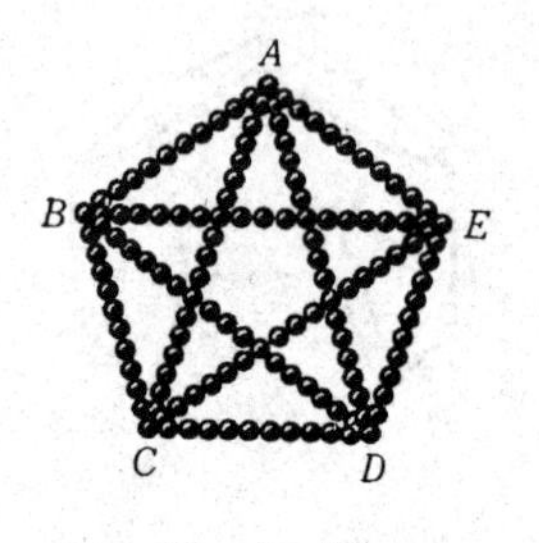

图 6-66

根据毕达哥拉斯宗教团体的信念，五角星应该是在 AB 和 AC 上有最大公约数，它可以有限次地用欧几里得的互除法找出。

6.12 五角星的秘密

果真用有限次除法就可以运算完毕吗？

在研究它之前，让我们留心注意正五边形的对角线是怎样和对面侧边平行的。请看图 6-67。

在这个对角线和边上应用互除法进行运算。用边 CD 的长度分割对角线 BE，设分割为 1（2 是不正确的）。因为 $CD=D'E$，余数是 BD'。

用 BD' 分割 CD，因为 $CD=BC'$，设分割为 1，余数是 $C'D'$。

因为 BD'' 等于 $B'E'$，所以下面用 $C'D'$ 分割 $B'E'$。这不外乎是在大正五边形中间建立小正五边形 $A'B'C'D'E'$ 的对角线和边。因此，如果把互除法做下去，会得到更小的正五边形的对角线和边。

照着这个样子做下去，接连不断地建立小正五边形，这个互除法应用有限次，不会做完。因此，$\frac{\text{对角线}}{\text{边}}$ 是用 $\frac{\text{整数}}{\text{整数}}$ 无法表示的数，总而言之是无理数。

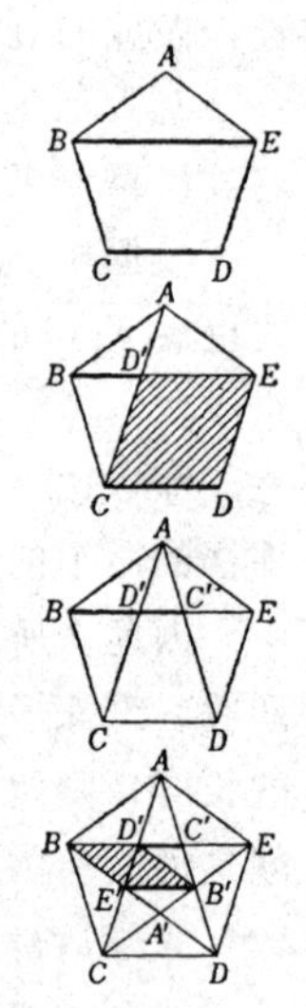

图 6-67

由此可以知道推翻毕达哥拉斯宇宙观的定时炸弹就隐藏在这个五角

星之中，详见图 6-68。

已经在小数部分（第 2 章）介绍了无限非循环小数。无限非循环小数称为无理数，如 0.1010010001000100⋯

即使看见这样的数，也可以用人工的理由把余数忽略掉。然而，对于正五边形的对角线，由于余数是自然数，不是无限非循环小数，采取简单地忽略不计是不行的。

至于无理数的发现在宗教团体中引起了多么大的冲击，尚不完全清楚，其原因是毕达哥拉斯宗教团体没有保留也不敢保留原始记录。

据说发现无理数的人是希帕索斯。希帕索斯是一名有实力的首领，由于他的发现动摇了“万物都是数”的开山鼻祖哲学，结果在宗教团体中引起了更大的冲击。正因为如此，传说希帕索斯被推下河中淹死了。另一种说法是，希帕索斯在乘船游玩的时候，宗教团体的人从背后把他推到海里淹死了。事情的真假不十分清楚。总之无理数的发现在毕达哥拉斯宗教团体中引起了深刻的动摇。

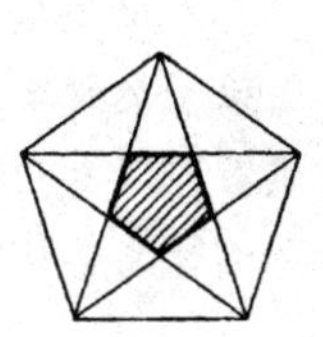

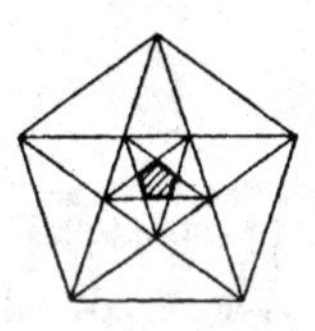

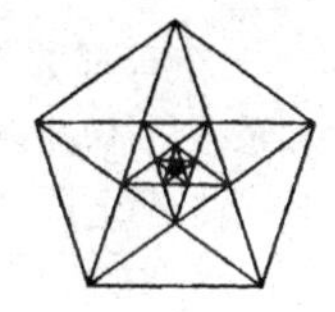

图　6-68

就他们自己的世界观而言，是想以某种理由把“讨厌的”无理数的发现永远隐藏起来，而且对不服从的人施以武力镇压。这种做法和以后镇压提倡地动学说的伽利略的罗马教皇完全相似。但是堵住伽利略一人之口，也不能否定地球运动的事实。毕达哥拉斯的徒弟们即使杀害了无理数的发现者，也不能把无理数的存在事实抹杀掉。因为人可以杀掉，真理是不能抹杀的。

无论毕达哥拉斯的弟子们怎样费劲心机千方百计地隐瞒，无理数存在的事实不久还是被希腊人知道了，从那以后无理数就成为数学家的重要研究题目。

毕达哥拉斯的弟子们，怎么会轻易地走漏无理数的秘密呢？实际情况是由于宗教团体里一个成员的过失。当时正值经济萧条时期，百姓的生活十分艰难，就连毕达哥拉斯的弟子们的生活也是每况愈下。因此他们决定外出讲学，靠讲授已研究过的几何学外部知识来谋生，有一个弟子就忘乎所以，把发现无理数的秘密说了出来，走漏了这个隐藏了又隐藏的秘密，失掉了这个宗教团体的共同财产。

本来也规定了毕达哥拉斯的弟子们一定要严守秘密，但在他那位过失弟子的眼里看来，秘密就藏在徽章中，为什么这样说呢？毕达哥拉斯戴着冠以五角星的黄金冠站立在教堂的讲坛上，这里本身就包含着无理数的秘密。由此可见毕达哥拉斯是一个全身充满矛盾的人。

6.13 有理数普遍存在

在具体研究无理数的分布之前，首先研究在没有无理数的情况下，有理数的分布问题。

在有理数中先研究分母为1的分数，也就是首先从整数开始进行具体研究。当然其排列间隔是1，如图6-69所示。首先在直线上把它们描下来。

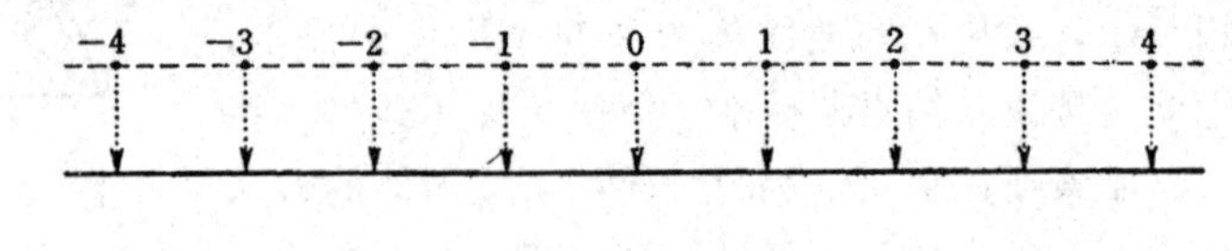

图 6-69

图6-70所示的是分母为2的分数。这些数以$\frac{1}{2}$的间隔排列。

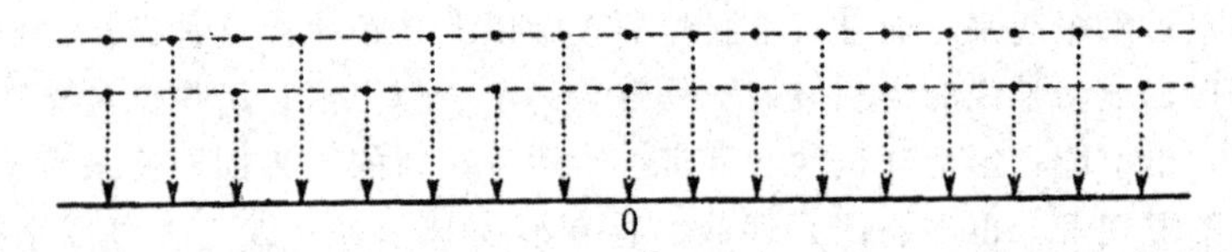

图 6-70

图6-71所示的是分母都为3的分数。

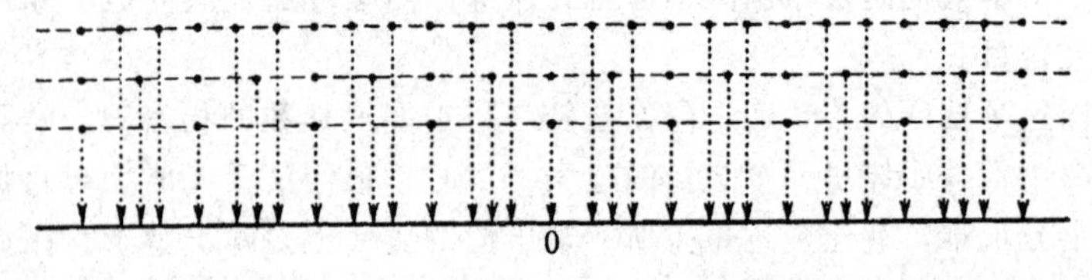

图 6-71

十分明显，这种分数以$\frac{1}{3}$的间隔排列。

依照前面的作法，分别设分数的分母为 4，5，6，…，然后把这些分数一个一个地相加，则变成图 6-72 所示的样子：

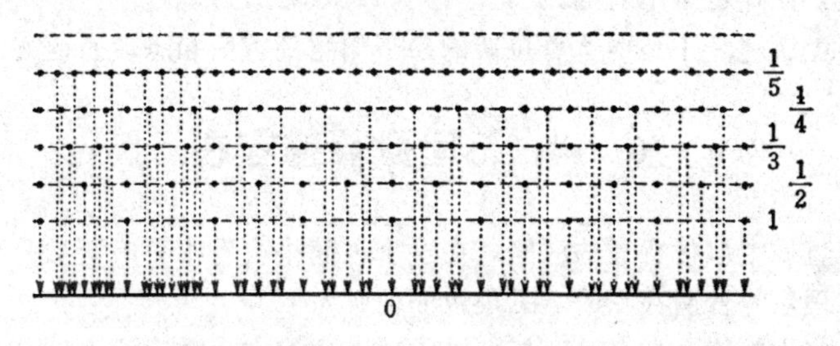

图 6-72

如果把这个工作连续不断地进行下去，则在一条直线上降落的点将会变得无限密集。在这条直线上取一个任意短的区间，在这个任意短的区间上一定可以有分数进入。例如，现在取$\frac{1}{1000}$长度的区间，以10 000为分母的分数$\frac{\cdots}{10\ 000}$①一定可以进入到其区间中。为什么呢？主要是因为这个分数是以$\frac{1}{10\ 000}$的间隔进行排列的。这和取连续 7 天作为一个星期，则在这 7 天中（一个星期）星期日必定会进入是完全一样的道理，再取一个$\frac{1}{10\ 000\ 000}$长度的小区间，其中必定有形如$\frac{\cdots}{100\ 000\ 000}$的分数加入到其中间。总而言之，不论在直线上取怎样任意短的区间，在这个区间里都会进入很多有理数。

这和在地球的任意某个地方取任意小的试验管来采集空气，在空气中必定有氧气进入是同样道理。也就是说有理数是和氧气一样普遍存在。

然而是不是由这一点就可以说，由于氧气普遍存在于空气中，所以就说空气是仅仅由氧气组成的呢？当然，这是不对的。因为事实上大家

① 分子的省略号代表 1～9 中任一个整数。——译者注

都知道，空气中除了氧气以外，还有氮气和其他气体，例如一氧化碳、二氧化碳以及一些惰性气体。

与此相同，在直线当中由于有理数普遍存在，就说直线仅仅由有理数组成，同样也是不对的。

以上所述，正是毕达哥拉斯的弟子们感到害怕和恐慌的地方。

6.14 无理数普遍存在

在直线上取任意短的区间，在这个区间中会有很多有理数，而已经知道有理数是普遍存在的，无理数如何呢？

空气中就算没有氧气，氮气也依然普遍存在。在直线上即使没有一个有理数，无理数也普遍存在。

要弄清这一点很容易。只不过是把直线向右移动一段确定的无理数长度而已。例如让我们看一看以$\sqrt{2}$作为那个无理数。基于这个$\sqrt{2}$，则有

有理数$+\sqrt{2}$

这种形式的数决不是有理数，为什么呢？如果

有理数$+\sqrt{2}=$有理数

那么则变成

$\sqrt{2}=$有理数$-$有理数

但是

$$\text{有理数}-\text{有理数}=\frac{b}{a}-\frac{d}{c}=\frac{bc-ad}{ac}$$

在这里，由于a，b，c，d都是整数，所以分母ac和分子$bc-ad$都是整数。因此$\frac{bc-ad}{ac}$是有理数。也就是说，$\sqrt{2}=$有理数，这在事实上和所说的$\sqrt{2}$是无理数恰好相反。因此一定是

有理数$+\sqrt{2}=$无理数

有理数在直线上是普遍存在的。所以把它的全体只向$\sqrt{2}$的右边挪一挪的有理数$+\sqrt{2}$也应该是普遍存在的。

不言而喻，无理数不仅具有有理数$+\sqrt{2}$的形式，而且也具有有理数

$+\sqrt{3}$的形式，或者具有有理数$+\sqrt{5}$的形式。

因为最低限度有理数$+\sqrt{2}$的形式普遍存在，所以比它多得多的无理数全体更应该普遍存在。

不言而喻，有理数和无理数与空气中混杂的氧气和氮气一样普遍存在，那么，到底是有理数多些呢，还是无理数多些呢？氧气占空气的$\frac{1}{5}$，氮气几乎占空气的$\frac{4}{5}$，就有理数和无理数而言是不是也可以有此相同的说法呢？

这个问题有必要十分慎重地考虑。因为有理数、无理数都是无限的，所以不能那样比较。

可是，在19世纪末，康托尔发现了比较无限和无限的方法。康托尔的发现启发了数学大师的思维，由此产生了多种比较有理数、无理数的方法。最初是以无理数充满有理数的间隙作为考虑，所以认为无理数比有理数要多。这种从根本上说无理数比有理数多的说法使人一看就感到有些不可思议，然而却是事实。

6.15 实　数

如果有理数的空隙可以用无理数全部填满，那么就没有间隙了。可以集中起来，把有理数和无理数的总和称为实数，即

$$\text{实数}\begin{cases}\text{有理数}\\\text{无理数}\end{cases}$$

把数的范围扩展到实数，可以用一条其上没有遗漏的点的直线来表示，如图6-73所示。

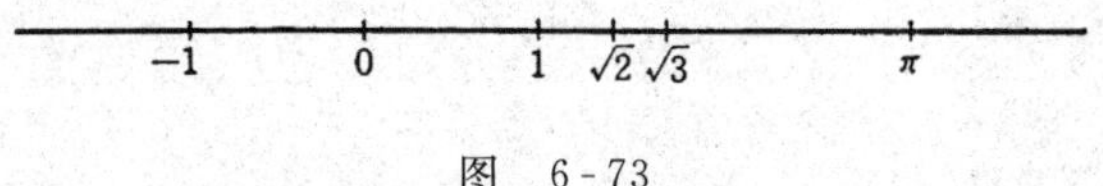

图　6-73

仅靠有理数不能连接成一条直线。稍微有点生活常识就知道，当用小刀切割一根绳子时，手会有反应，那是因为绳子的一部分放在小刀的刀刃上了。切断以后，再切那个地方，由于刀刃上已没有绳子，手就没

有反应了。

假设只有有理数，如果在$\sqrt{2}$的位置上切，把有理数左右分开，由于分开点$\sqrt{2}$不是有理数，所以手是没有反应的，换句话说，在空隙的位置上切开就会如此。

如果用数学语言来说，就是把有理数左右分开时，左边的一组没有右端，右边的一组没有左端。

那么对于有间隙的有理数，怎么说都不合适吗？

如果那样的话，就会和前面的一段叙述相矛盾。即一个边长为1的正方形，其对角线长度恰好是$\sqrt{2}$，然而$\sqrt{2}$不是有理数，它是无理数。因此如果只把有理数看成数，就会产生这样一条结论：“对角线没有长度。”

这条结论是多么令人可笑啊！因此，要表示一切长度，无论如何，必须有包含无理数在内的广泛的实数。

到实数这一步就可以开始用长度来表示所有的量，这就实现了笛卡儿的理想。

第 7 章　复数——最后的乐章

7.1　二 次 方 程

据说数学少年司汤达虽然学习了欧拉的《代数学入门》，但当他碰到下面这个问题时，才明白代数这门学问的威力。

两个农妇一共带着 100 个鸡蛋来到集市。两人把 100 个鸡蛋分开，按照自己所想的价钱卖了以后，发现卖得的钱是相等的。于是甲对乙说："把你那份鸡蛋用我的价钱卖的话就是 15 元了。"而乙却回答说："要是用我的价钱卖你那份鸡蛋的话可就是 $6\frac{2}{3}$ 元了。"她们各自有多少鸡蛋呢？

按常规解这个问题是把一个人所拿的鸡蛋数设为 x。因为鸡蛋一共有 100 个，所以另一个人拿的鸡蛋数就是 $100-x$。由于一个说的是"把你那份鸡蛋用我的价钱卖的话就是 15 元了"，因此所谓我的价钱就是每个鸡蛋为 $\frac{15}{100-x}$元。另一个说的是"用我的价钱卖你的鸡蛋是$6\frac{2}{3}$元"，也就是$\frac{20}{3}$元，所以每一个鸡蛋的价钱是 $\left(\frac{20}{3}\div x\right)$元。因此卖鸡蛋得的钱分别是$\frac{15}{100-x}\times x$ 和 $\left(\frac{20}{3}\div x\right)\times(100-x)$。因为这两份钱是相等的，所以下列方程成立：

$$\frac{15x}{100-x}=\frac{\frac{20}{3}(100-x)}{x}$$

在这之前是必须动脑筋想的，而下面只要机械地计算就可以了，也就是想法变换式子。

去掉分母

$$45x^2 = 20(100 - x)^2$$
$$45x^2 = 20(10\,000 - 200x + x^2)$$
$$45x^2 = 20x^2 - 4000x + 200\,000$$

全部移项到左边

$$25x^2 + 4000x - 200\,000 = 0$$

再用 25 除，得到

$$x^2 + 160x - 8000 = 0$$

我们看这个式子会注意到有 x^2 项。这样的方程就叫做二次方程。

联立一次方程的难度在于有很多未知数，而这个二次方程虽然只有一个未知数，但由于问题本身复杂，也是很难的方程。也有比二次方程更难的方程。

9 世纪的阿拉伯数学家花拉子米在名为《代数学》的书里，研究了以下 6 种方程。

(1) 根的平方（二次方）等于根的倍数 $x^2 = ax$
(2) 根的平方等于某数 $x^2 = a$
(3) 根等于某数 $x = a$
(4) 根的平方与根的倍数之和等于某数 $x^2 + bx = a$
(5) 根的平方与某数之和等于根的倍数 $x^2 + a = bx$
(6) 根的倍数与某数的和等于根的平方 $x^2 = bx + a$

所谓有“根”，就是意味着根的倍数 bx 存在。

那时花拉子米还不知道像今天那样使用式子，所以对以上 6 个问题是用文字叙述来解决的。

比方说，他是如何来解第 4 个问题的呢？问题就是当 $b=10$，$a=39$ 时，根的平方与根的 10 倍之和等于 39。

他在书里这样叙述：“对于这类问题，可以换个说法，即把 10 个根再加上根的平方，其结果为多少。解这样的问题可以用以下方法。把应该加到根的平方上去的根的数量平分成两半。在这个问题里根的数量是 10，所以一半就是 5。把这个数自乘，即为 25。再加上 39 就是 64。开平方得 8。然后减去根的数量的一半，剩下 3。这就是所要求的数，它的平方是 9。”

把这些以文字叙述的问题用式子如下表达。

$$x^2+10x=39$$

$$x^2+10x+\left(\frac{10}{2}\right)^2=39+\left(\frac{10}{2}\right)^2$$

$$x^2+10x+25=39+25$$

$$(x+5)^2=64$$

开平方，然后把 5 移到右边

$$x+5=8$$

$$x=8-5=3$$

一看就可以明白，式子是多么方便的工具呀！

式子的方便还不止于此，因为花拉子米列出的全部 6 个问题可归纳成一个形式。先移项使右边为 0。

$x^2=ax$	$x^2-ax+0=0$	$x^2+(-a)x+0=0$
$x^2=a$	$x^2+0x-a=0$	
$x=a$	$0x^2+x-a=0$	
$x^2+bx=a$	$x^2+bx-a=0$	
$x^2+a=bx$	$x^2-bx+a=0$	
$x^2=bx+a$	$x^2-bx-a=0$	
	$ax^2+bx+c=0$	

用一个方程 $ax^2+bx+c=0$ 就能够代表全部 6 种情况，这里 a，b，c 既可以是正数也可以是负数还可以是零。

当我们联想到花拉子米连负数或零都不知道，只能分出 6 种方程式时，就能够领会到掌握负数的意义了。

7.2 二次方程的解法

下面要做的事是解花拉子米的方程，也就是求出满足下面这个式子的 x：

$$x^2+10x=39$$

为此，我们设想有以下这样的例子。

假设有一块边长为 5 米的正方形土地，现在想把这块地扩大出 39

平方米且依然是正方形地。假定每个边增加 x 米，如图 7-1 所示，那么扩大出来的面积就是 $x^2+5x+5x=x^2+10x$，这块面积应该等于 39，即下列方程成立：

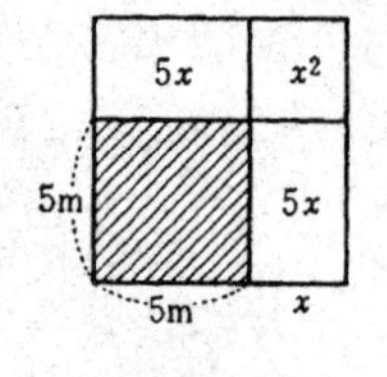

图 7-1

$$x^2+10x=39$$

这不外是花拉子米的方程。要解这个方程，可以把式子两边加上原有的正方形面积 5^2，即

$$x^2+10x+5^2=39+5^2$$

这样一来，左边就成了新的正方形面积：

$$(x+5)^2=39+5^2$$

$$(x+5)^2=64$$

即

$$x+5=\pm\sqrt{64}=\pm 8$$

$$x=\pm 8-5=\begin{cases}3\\-13\end{cases}$$

结果是 3 和 −13。3 是对的，−13 怎么办呢？因为原来说的是扩大土地面积，所以 −13 不是这个问题的解，也就是说，答案是 3 米。

这时的 −13 完全不是我们所预期的根。达朗贝尔曾经说过“代数是慷慨的，往往给我们带来的东西比我们要求的还要多”，因此这种情况可以说是代数在显示它的慷慨吧。

把扩大土地的问题的解法推广到一般的二次方程时，就像莱布尼茨说的那样，还是有“考虑变换式子”的必要。

$$ax^2+bx+c=0$$

把 c 移到右边

$$ax^2+bx=-c$$

用 a 除

$$x^2+\frac{b}{a}x=-\frac{c}{a}$$

加上 $\frac{b}{a}$ 的一半的平方

$$x^2+\frac{b}{a}x+\left(\frac{b}{2a}\right)^2=-\frac{c}{a}+\left(\frac{b}{2a}\right)^2$$

完全平方

$$\left(x+\frac{b}{2a}\right)^2=\frac{b^2-4ac}{4a^2}$$

开平方

$$x+\frac{b}{2a}=\pm\frac{\sqrt{b^2-4ac}}{2a}$$

$$x=\frac{-b\pm\sqrt{b^2-4ac}}{2a}$$

总而言之，二次方程有以下两个根：

$$\frac{-b+\sqrt{b^2-4ac}}{2a},\ \frac{-b-\sqrt{b^2-4ac}}{2a}$$

把这代入到司汤达的问题中去，结果如下：

$$x^2+160x-8000=0$$

$$x=\frac{-b\pm\sqrt{b^2-4ac}}{2a}=\frac{-160\pm\sqrt{160^2+4\times8000}}{2\times1}$$

$$=-80\pm\sqrt{14400}=-80\pm120$$

$$=\begin{cases}-80+120=40\\-80-120=-200\end{cases}$$

如果 $x=40$，那另一人的鸡蛋数就是 $100-40=60$，满足原来的方程，因此这个答案是对的。但是 $x=-200$ 的话，就是说农妇带了 -200 个鸡蛋，那就没有道理。因此 $x=-200$ 的根必须舍去。

德川时代的数学家对于方程有两个根不能接受，他们把这样的方程起名为“颠三倒四”，意思就是说这是“精神病方程”吧。

由于解决了农妇卖鸡蛋的问题，司汤达后来回想说：“我可领悟到代数这个工具是怎么使用的了。”

7.3 先天不足的数

然而，二次方程的“颠三倒四”程度还不止于此，因为又引出了以前从未料想到的新的数。例如考虑下面这样的二次方程：

$$x^2+2x+2=0$$

要解这个方程，可以变换成下面形式：

$$x^2+2x+1+1=0$$

$$(x+1)^2+1=0$$

$$(x+1)^2=-1$$

到了这一步就走不通了。只要 x 是实数，$x+1$ 也是实数。因此，$(x+1)^2$ 就不会是负的。可是它却等于 -1。我们开始时把这个方程当作是无理的方程。为了找出根，就开始进行计算，可是却没有答案，所以你会觉得好像扑了个空。也许这就像那种最后没有犯人的推理小说吧。要是那些把二次方程里出现两个根骂成是“精神病方程”的德川时代的数学家的话，一定会大骂它是更厉害的“疯狂方程”了。

面对这样的事实，有两种态度。一种是始终抱住实数的框框不放，断定这个方程“没有根”；另一种是打破实数的框框，把它看作是新的数而主张“有根”。无法判定哪一方正确哪一方错误，可是正像已经说过的那样，数学的发展是沿着后者进行的。

二次方程有时有两个根，有时一个根也没有，这个事实对于讨厌例外的数学家来说，是不能不想的。要是 $\sqrt{-1}$ 存在的话，那就一切都如意啦。这种无法摒弃的念头，在很长时期支配着数学家。

莱布尼茨很巧妙地用以下的话，替这样的数学家作了解释：

“它是解析学的奇异，是观念世界里无法产生，而拖着尾巴徘徊在存在与非存在之间的东西，它就称之为虚数。”

另外在其他地方，他还表示过“先天不足”也有用处，所以没有理由舍弃掉。

他说：“取负数的平方根，就会产生不可能的数或虚数，虽然这个数的性质很奇妙，但它有用，不可忽视。”

如果要找与此相似的例子，比方原子就有很多相似的地方。在古希腊的哲学家或物理学家的头脑中原子不过是想象中的物体。他们认为原子是否存在虽然不知道，但是在说明各种现象时是有用的东西。那样的时代持续了很长时间，后来人们制造出精密的实验仪器，才清楚地证实了原子的存在。

复数也是长期以来想象中的数，不过是“先天不足”而已，到 18

世纪末才开始确认了它的存在。

不仅给这个“先天不足”的$\sqrt{-1}$以堂堂正正的市民权，而且为后来在数学的历史中，扮演主角而开辟了立足点的人，就是大数学家高斯和测量工程师韦塞尔。

7.4 复　数

对于二次方程

$$(x+1)^2=-1$$

如果不管等式右边的负号，加以开方的话，就有

$$x+1=\pm\sqrt{-1}$$

$$x=-1\pm\sqrt{-1}$$

在这里先设$\sqrt{-1}=\mathrm{i}$，然后再来探索i的性质。

我们知道i不是实数，因此可以确定它不在表示实数的直线上，如图7-2所示。

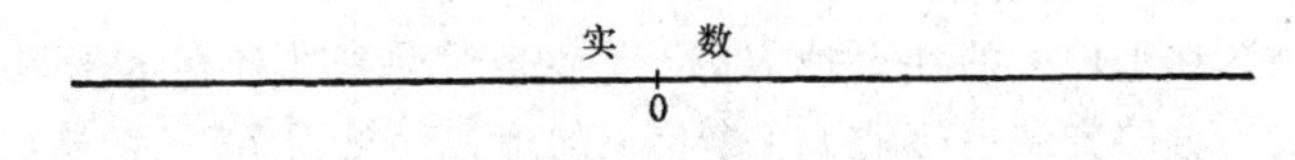

图　7-2

它一定位于这条直线以外，那么它在哪儿呢？

为了找到它，设想做一下实数的“变符号”的手续。这是和把实数乘以−1同样的作法。

$(+1)\times(-1)=-1$　　　　$(-1)\times(-1)=+1$

$(+2)\times(-1)=-2$　　　　$(-2)\times(-1)=+2$

…　　　　…

总之，$\times(-1)$的作法与把实数的直线围绕着0旋转180°是一样的（参照3.7节末），见图7-3。

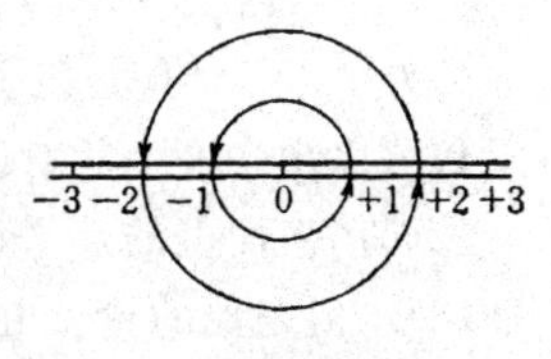

图　7-3

可是由于$-1=\mathrm{i}^2$，$\cdots\times(-1)$即$\cdots\times\mathrm{i}^2$与$\cdots\times\mathrm{i}\times\mathrm{i}$是同样意义的。如果$\times\mathrm{i}\times\mathrm{i}$与旋转180°相等的话，那么$\times\mathrm{i}$就是旋转180°的一

半，也就意味着旋转 90°（见图 7-4）。

所以 ×i，水平的实数直线就变成垂直的了。

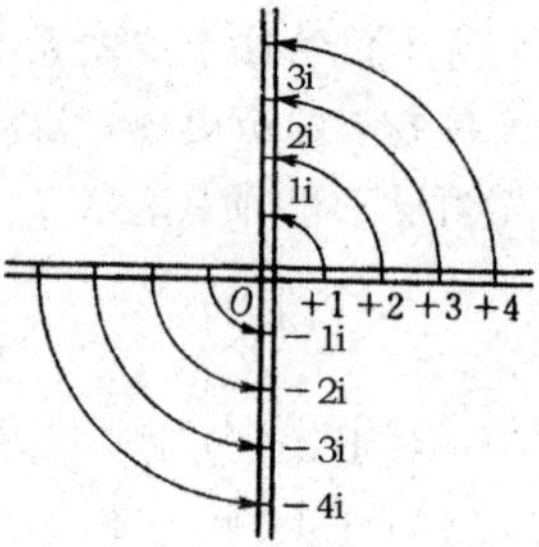

说穿了，i 这个数位于通过 O 的垂线上，距离为 1 的地方。

这个垂线上的点全都是 2i，3i，…，－2i，－3i，…那样的实数 ×i 的形式。这样的数叫做纯虚数。

图 7-4

可是仅仅把实数加上纯虚数还不能找出所有二次方程的根。例如：

$x^2-6x+25=0$

它的根是 $x=3\pm4\text{i}$，3 是实数，而 4i 是纯虚数，根是这些数的和。把这写成式子就是以下的形式：

实数＋实数×i

这种形式的数叫做复数。

这种数在平面上的什么地方呢？3 还是像原来那样在水平线上，4i 是在与之垂直的方向上移动了 4 个单位的地方（见图 7-5）。总而言之，＋3 就意味着向右移动。＋4i 就意味着向上移动。

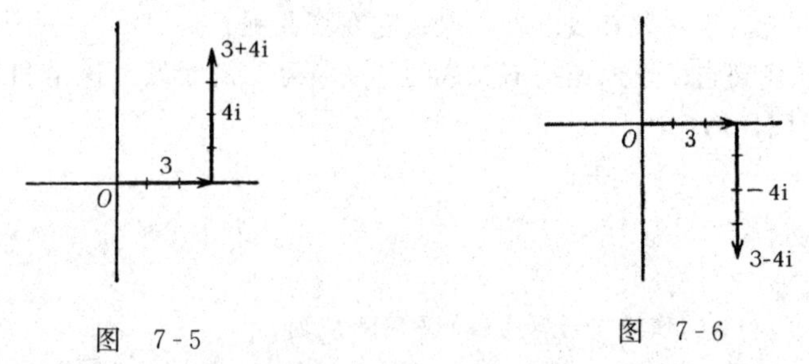

图 7-5　　图 7-6

另外一个 3－4i 是向下移动的，所以这个点如图 7-6 所示。也就是说复数可以用平面上所有的点来表示。

想起用平面上的点来表示复数的是挪威的测量工程师韦塞尔（1745－1818），但是他的论文在 100 年左右的时间内被人们忘却了，而另一个发现者高斯却出了名。人们在考虑平面上的各点表示复数时，把这个平面叫做高斯平面。

韦塞尔对于实数只有正负两个方向感到不满足，他设想可以取平面上所有方向的广义的数。这么一来，就像实数具有绝对值与符号那样，可以认为复数是用离开 O 点的距离与方向来确定的。方向就用离开实数正方向所测得的角度来表示。假设复数是 $z=a+b\mathrm{i}$，根据毕达哥拉斯定理，离开原点的距离是 $\sqrt{a^2+b^2}$。另外，角度 θ 用 $\tan\theta=\dfrac{b}{a}$ 来表示。

离开原点的距离 $r=\sqrt{a^2+b^2}$ 叫做 z 的绝对值，用 $|z|$ 表示，θ 叫做 z 的辐角，用 $\operatorname{arc} z$ 表示（见图 7-7）。

正实数的辐角是 0，负实数的辐角是 180°（或 π），如图 7-8 所示。

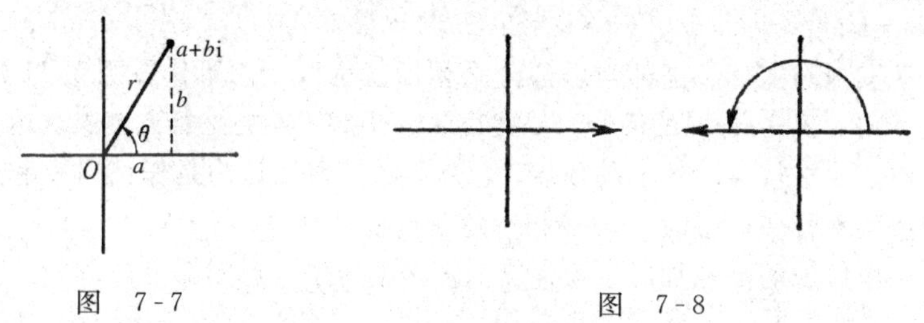

图 7-7　　　　图 7-8

7.5 加法和减法

从称为自然数的水源地奔流而出的数的大河，来到复数这里，算是告一段落。于是，所有代数方程都可以解了。

但是复数 $z=x+\mathrm{i}y$ 是由两个实数 x，y 来确定的，所以用平面上的点来表示（见图 7-9）。

这件事要是从另一角度来看的话，就会明白平面上的点全都可以由两个实数的组合来表示。这是距今 300 年前，由笛卡儿提出的重要的研究方法。

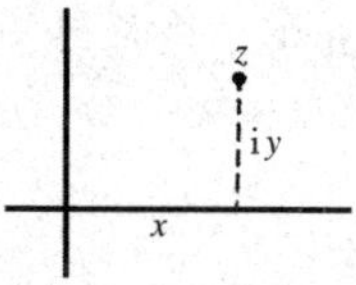

图 7-9

要是在图 7-10 上进行这种复数之间的加法和减法的话会怎样呢？在计算时，只要把横向的 3 和 4 相加，把纵向的 2 和 7 相加就可以了。这样做，纵的计算决不会对横的计算有任何影响，只不过是两个加法计算而已。

$$\begin{array}{r} z=3+2\mathrm{i} \\ +z'=4+7\mathrm{i} \\ \hline z+z'=7+9\mathrm{i} \end{array}$$

把它画成图来表示的话，就是以 O 和 z，z' 为顶点的平行四边形的第 4 个顶点 $z+z'$。

要弄清这一点，也可以说，就是从 O 开始移动到 z，然后沿着与 Oz' 相同的方向移动与 Oz' 的长度相同的距离，最后到达点就是 $z+z'$。所以像前面说的那样，+可以看作是表示连续执行 z，z' 两个平行移动（见图 7-10）。

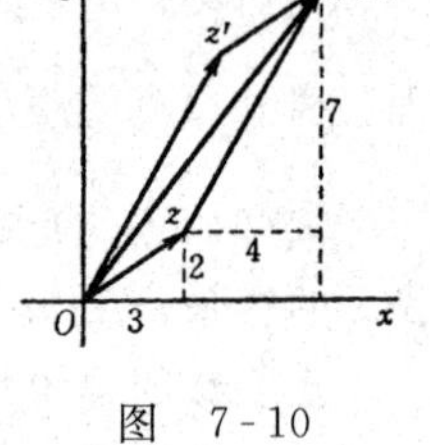

图 7-10

两个复数 $z=a+b\mathrm{i}$ 和 $z'=a'+b'\mathrm{i}$ 相加，就是

$$z+z'=(a+b\mathrm{i})+(a'+b'\mathrm{i})=(a+a')+(b+b')\mathrm{i}$$

即实部与实部、虚部与虚部分别相加就可以。如果作在图7-11上，想从 z 和 z' 得出 $z+z'$ 的话，只要找出 $a+a'$ 和 $b+b'$ 的坐标点就行，这可以看作把 z 平行移动到 z' 的顶端，也就是说，可以认为是作出以 z 和 z' 为两边的平行四边形时，与 O 相对的顶点就是所求。

三个以上的点相加时，重复以上步骤就行了（见图 7-12）。

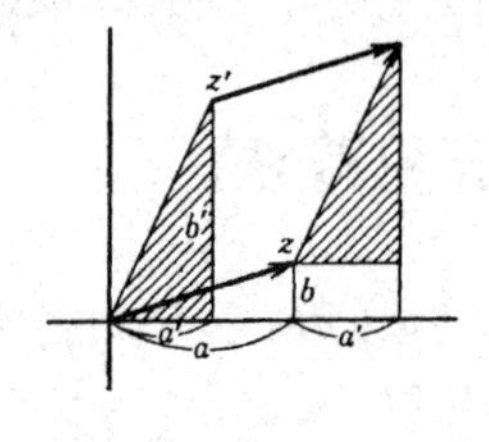

图 7-11

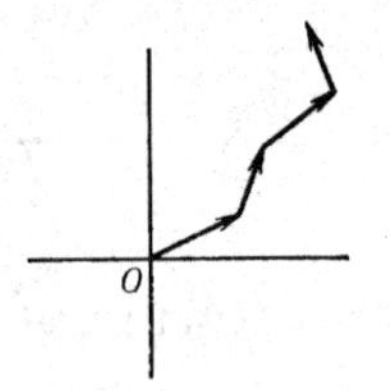

图 7-12

从这件事立刻可以知道，$|z+z'|\leqslant|z|+|z'|$。只要比较三角形一边长与其他两边长之和即可。带有等号表示有时 z 和 z' 同方向（见图 7-13）。

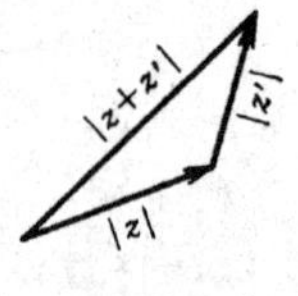

$|z+z'|<|z|+|z'|$

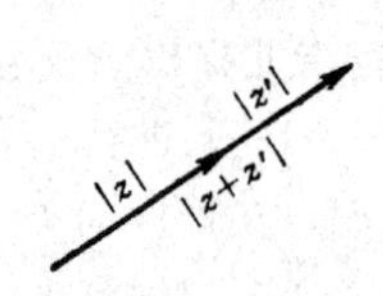

$|z+z'|=|z|+|z'|$

图 7-13

减法是看作加法的逆运算，对 z 来讲，我们设想这样一个数 $-z$，它与 z 相加等于零，

$$z+(-z)=0$$

这就是与 z 长度相同，方向相反的数，用这个 $-z$ 来定义减法，也就是把“减 z”看作是“加 $-z$”（见图 7-14），即

$$\cdots-z=\cdots+(-z)$$

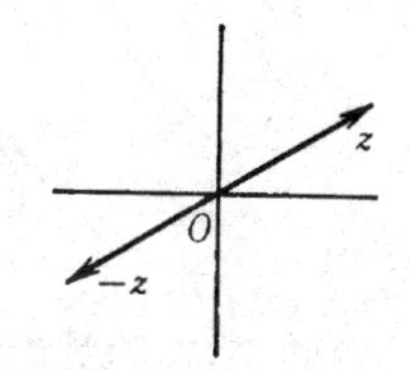

图 7-14

因此，有两个数 z，z' 时，$z-z'$ 是从 z' 开始，指向 z 的箭头，$|z-z'|$ 就是两点间的距离（见图 7-15）。

如果把平面上所有的点都 $+z$，则所有点就都移动 z 距离。

要搞明白这一点，可以看作是在平面上重叠了另外一张透明的平面（见图 7-16），并且把它平行移动。$-z$ 就是朝着反方向平行移动。

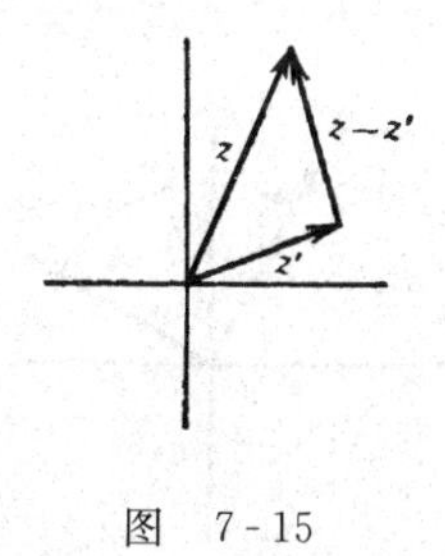

图 7-15

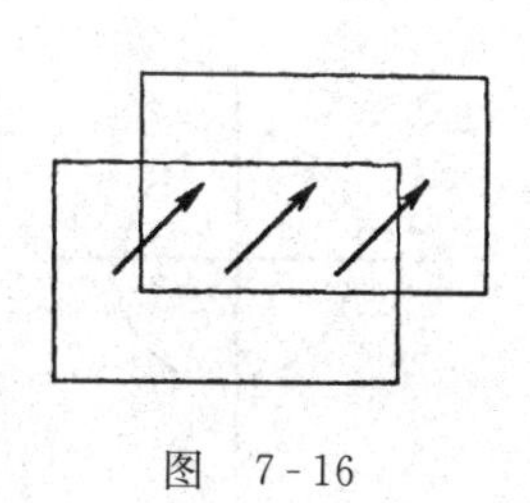
图 7-16

7.6 乘法和除法

现在来研究在平面上作复数的乘法运算。让我们先从用实数乘复数开始。

看看用实数 a 乘 $z=x+y\mathrm{i}$。

$$z\times a=az=(x+y\mathrm{i})a=ax+ay\mathrm{i}$$

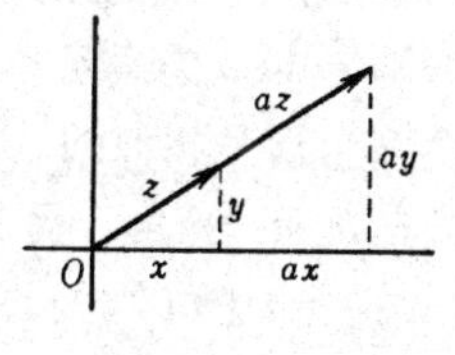

图 7-17

也就是说 x 变为 ax，y 变为 ay，如图 7-17 所示。在这里假设 a 是正数，z 仅仅是沿着原来的方向伸缩了 a。a 如果比 1 大就伸长，a 比 1 小就缩短。所以对整个平面来说，就是以 O 点为中

心，呈放射状的 a 倍伸缩。我们设想这个平面是由膨胀率很大的薄金属板制成的，如果用钉子把 O 点钉住；再把整个板加热，那么它就会发生这样的膨胀（见图 7-18）。

如果乘以 i 的话意味着什么呢?

用 i 去乘 1，i，－1，－i 的结果是：

$1\times i=i$

$i\times i=-1$

$-1\times i=-i$

$-i\times i=1$

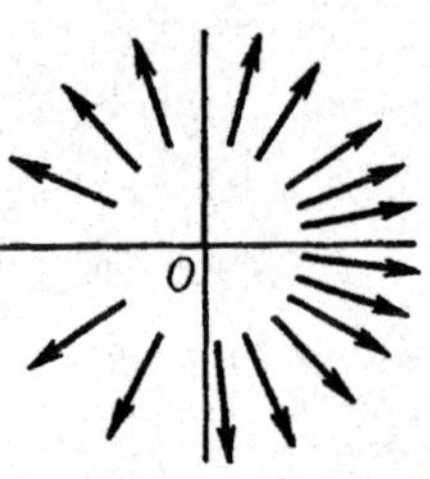

图 7-18

它们全部旋转了 90°（见图 7-19）。因此$(x+yi)\times i=xi+y(-1)$仍然是旋转了 90°。

这就是说，$\cdots\times i$ 意味着整个平面旋转 90°。$\cdots\times bi$ 即$\cdots\times b\times i$，也就是旋转 90°和 b 倍伸缩的组合（见图 7-20）。

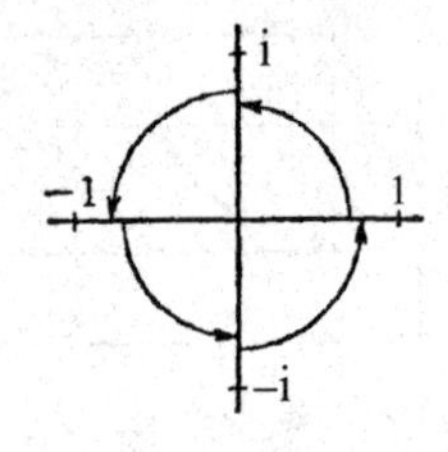

图 7-19

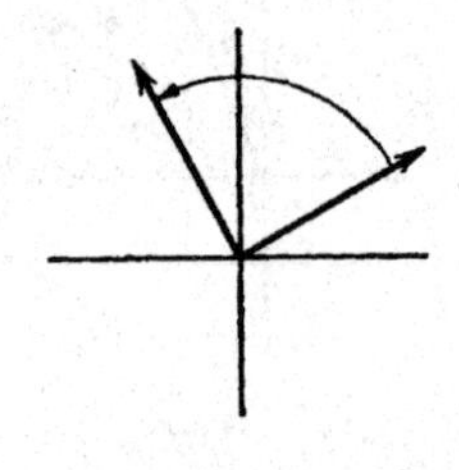
图 7-20

从这个例子可以明白 $z\times(a+bi)$ 的意义。就是作出以 za 与 zbi 为两个直角边的直角三角形，找到它的顶点，这个顶点就是 $za+zbi=z(a+bi)$。此时，在 z 上截取 a，以 a 为垂足作出 bi，根据相似三角形定理，这两个三角形是相似的。所以 z 与 $z\times(a+bi)$ 的夹角就是 $a+bi$ 的辐角。另外，$z\times(a+bi)$ 的长度等于 $|z|\times|a+bi|$（见图 7-21）。

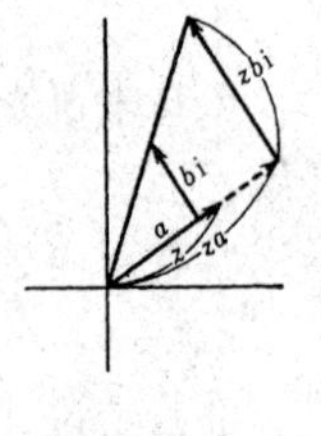

图 7-21

$z\times(a+bi)$意味着 z 伸缩了 $|a+bi|$，并且旋转了 $\mathrm{arc}(a+bi)$，也就是

$$\cdots\times z'\begin{cases}\text{伸缩了 } |z'| \text{（见图 7-22）}\\ \text{旋转了 arc}z' \text{（见图 7-23）}\end{cases}$$

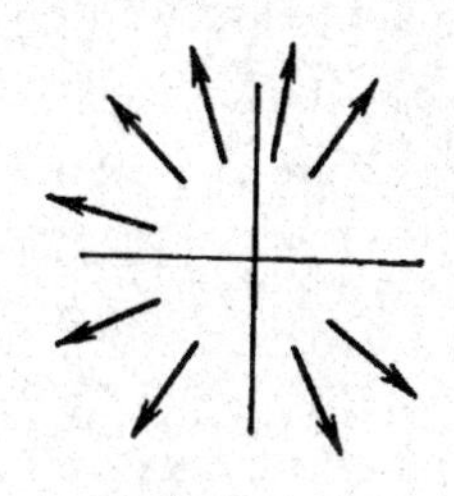

图 7-22

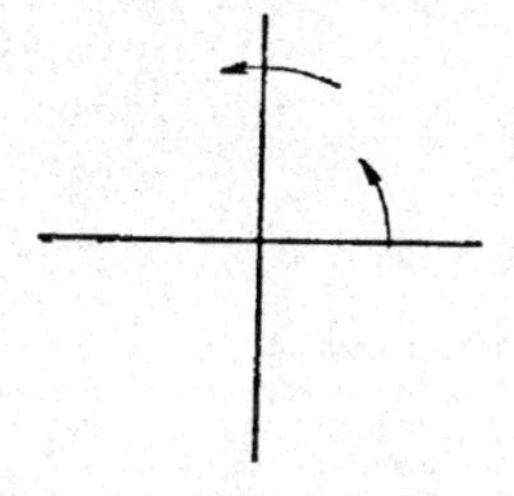

图 7-23

不管什么事都喜欢创造出各种新术语的德国人把这叫做“旋转伸长”(Drehstre ckung)。

$|zz'|=|z|\cdot|z'|$

$\mathrm{arc}(zz')=\mathrm{arc}\ z+\mathrm{arc}\ z'$

成立。所以复数乘法就是绝对值相乘，辐角相加。

把上面辐角的公式应用到实数乘法时，由于

arc(正实数) = 0°,arc(负实数) = 180°

得到下列结果，

arc(正 × 正) = arc 正 + arc 正 = 0° + 0° = 0°

结果为正。

arc(正 × 负) = arc 正 + arc 负 = 0° + 180° = 180°

结果为负。

arc(负 × 负) = arc 负 + arc 负 = 180° + 180° = 360°

结果为正。

也就是在辐角的公式中，特别是 0°和 180°时，是符号法则。

除法是乘法的逆运算。所以把 $\div z$ 认为是 $\times\frac{1}{z}$。只要 z 不是 0，它的长度和辐角就是确定的，$\frac{1}{z}$也就确定了。

即 $\left|\frac{1}{z}\right|=\frac{1}{|z|}$

$$\mathrm{arc}\left(\frac{1}{z}\right)=-\mathrm{arc}\ z$$

把式子整理一下。

$$\left|\frac{z'}{z}\right|=\left|z'\cdot\frac{1}{z}\right|=|z'|\left|\frac{1}{z}\right|=|z'|\cdot\frac{1}{|z|}=\frac{|z'|}{|z|}$$

$$\mathrm{arc}\left(\frac{z'}{z}\right)=\mathrm{arc}\ \left(z'\cdot\frac{1}{z}\right)=\mathrm{arc}\ z'+\mathrm{arc}\ \left(\frac{1}{z}\right)=\mathrm{arc}\ z'-\mathrm{arc}\ z$$

将式子整理

$$\begin{cases}\left|\dfrac{z'}{z}\right|=\dfrac{|z'|}{|z|}\\ \mathrm{arc}\left(\dfrac{z'}{z}\right)=\mathrm{arc}\ z'-\mathrm{arc}\ z\end{cases}$$

使用上式就可以得出 z 和 z' 的夹角 $\mathrm{arc}\ \frac{z'}{z}$。

到这为止，复数的加、减、乘、除计算就都确定了。应当注意的是，以前学过的数的定律对这个广义的数来说依然成立。即

$a+b=b+a$，$ab=ba$

$(a+b)+c=a+(b+c)$，$(ab)c=a(bc)$，$(a+b)c=ac+bc$

用于实数的各种公式，也照样能用于复数。为什么这样说呢？这是由于法则的基础是相同的，所以没有必要一说是复数就急急忙忙去学新的公式。

拿语言来说也一样，随着社会的发展，词汇越来越多，越来越丰富，但语法是不会变的。对于数的语言也可以这样说。在数的语言当中，与词汇相当的东西就是数。由于自然数、有理数、实数、复数而变得丰富起来，可是以上五个法则不会改变。有个名叫汉凯尔（1814－1899）的数学家，把这种语法，也就是法则形式不变的事实，命名为“形式不变的原理”。

但是这个原理并不是绝对的。因为后来出现了许多不符合以上五个法则的新的数。乘法交换法则不能用在矩阵就是其中一例。

解二次方程时出现两个根，这两个根在平面上的什么位置呢？拿方程 $ax^2+bx+c=0$ 来说，

$$x=\frac{-b\pm\sqrt{b^2-4ac}}{2a}=\frac{-b}{2a}\pm\frac{\sqrt{b^2-4ac}}{2a}$$

当 b^2-4ac 为负时，若把它改写成 $-(4ac-b^2)$ 则上式可写为

$$x=-\frac{b}{2a}\pm\frac{\sqrt{4ac-b^2}}{2a}\sqrt{-1}=-\frac{b}{2a}\pm\frac{\sqrt{4ac-b^2}}{2a}\mathrm{i}$$

也就是两个根的实部相同，虚部只是符号不同。

把它们画在平面上，就是位于关于 x 轴对称的位置（见图 7-24）。像 $x+y\mathrm{i}$ 和 $x-y\mathrm{i}$ 这样实部相等、虚部只是符号不同的两个数叫做共轭。把与 z 共轭的数用 $\bar{z}$ 表示。

绝对值与辐角的关系如下：

$|\bar{z}|=|z|$

$\arg\bar{z}=-\arg z$

此外，与＋，－，×，÷的关系如下，可以把它看作是以实轴为折线折叠起来。

$\overline{z+z'}=\bar{z}+\overline{z'}$

$\overline{z-z'}=\bar{z}-\overline{z'}$

$\overline{z\cdot z'}=\bar{z}\cdot\overline{z'}$

$\overline{\left(\frac{z'}{z}\right)}=\frac{\overline{z'}}{\bar{z}}$

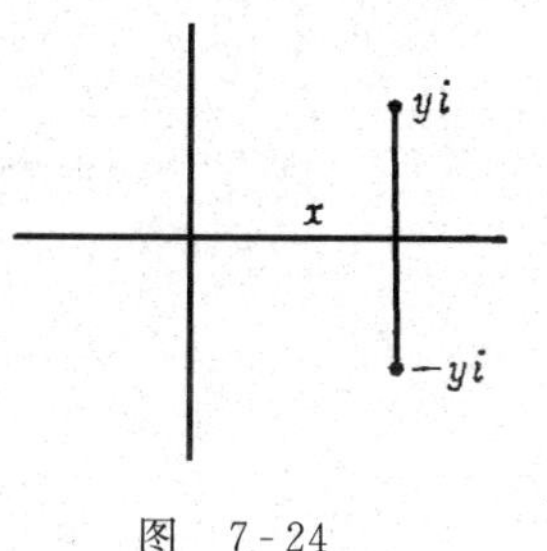

图 7-24

7.7 正多边形

在花卉当中，有像溪荪那样三个花瓣的，也有像樱花那样五个花瓣的（见图 7-25）。不论哪一种，如果把花瓣顶端连接起来，往往就成为正多边形。

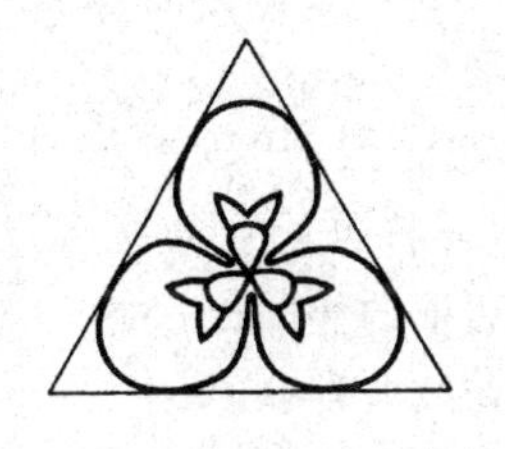

图 7-25

花之所以美丽，可以说在很大程度上是由于它们是正多边形吧。

从远古时代开始，正多边形就用于花纹或装饰上。

这种正多边形在很早以前就吸引了人们的注意。正多边形作图在数学上也成为一项重要工作。

作正三角形恐怕是最容易的，只要使用两次圆规就行了，如图7-26所示。

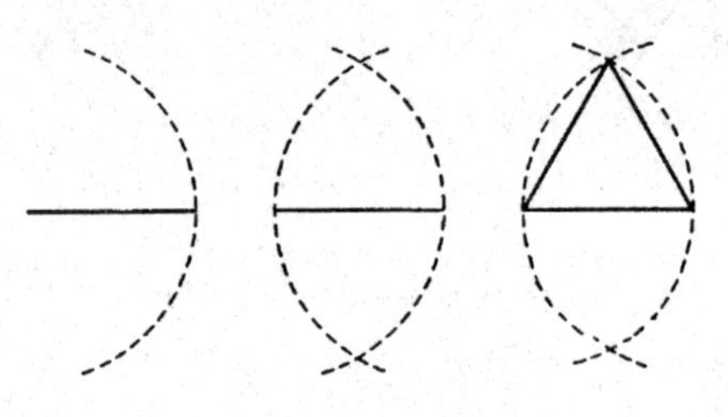

图 7-26

作正四边形即正方形也不是太难，只要会作直角就没什么问题，如图7-27所示。

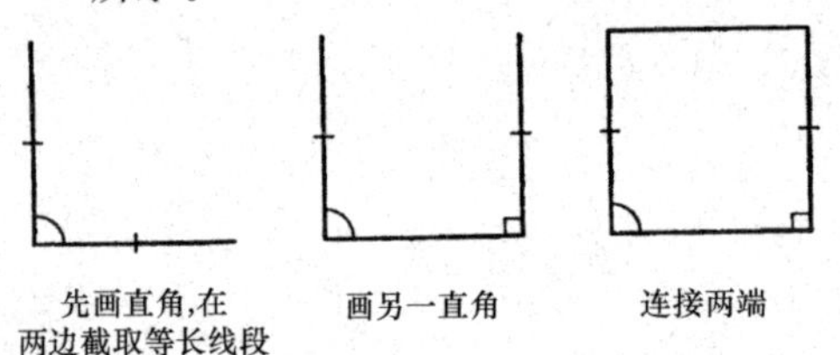

图 7-27

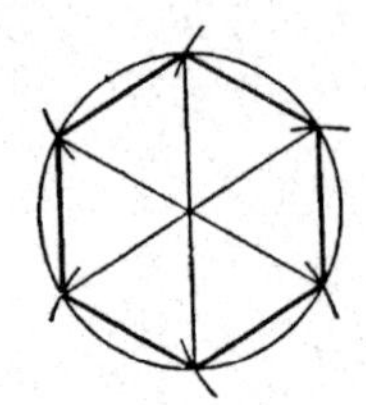

图 7-28

粗略地说，边数越多，画图也就越难，但也有例外。画正六边形就远远比画正五边形来得容易，因为画正六边形只要用圆规一段一段地截取圆周就行了（见图7-28）。

好像在古代人们就熟知这种画法。图7-29所示的是公元前7世纪或前8世纪的类似埃特鲁里亚的墓石，士兵所拿的盾牌很清楚地表示了六边形的作图法。

以前，以正六边形为基础画的花纹非常多。

可是，少了一边的五边形却不大有，作图方法也一直很难。据说在圣经里有所罗门王的宫殿的柱子是五边

图 7-29

形的记载。“在大殿的入口，用橄榄树建造了大门，门上的框和边柱呈五边形。”

在日本北海道函馆市的城郭是五边形（见图 7-30），这是很罕见的例子。

图 7-30

如果利用复数来作多边形就变为解代数方程了。

现在看方程 $z^n=1$，由于 z 的辐角 $\arg z$ 作 n 次旋转后等于 1，所以 z 的辐角若是 360°的 $1/n$，绝对值为 1 就可以（见图 7-31）。另外，旋转两圈等于 1，只要是 720°的 $1/n$ 即可，结果 z 就是把以原点 O 为中心，以 1 为半径的圆作 n 等分的点。把这些点连接起来就能得出正 n 边形，所以作正 n 边形就必然是解 $z^n=1$。

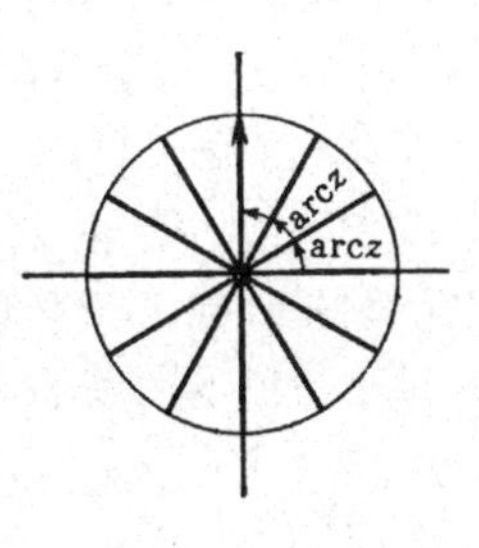

图 7-31

这样一来，就把几何学的问题转换成代数问题。作过这种问题转换的人就是高斯。

首先，要作出正三角形，就是解 $z^3=1$。在 $z^3=1$ 方程中。$z=1$ 是一个根，故 $z^3-1=0$ 具有因子 $z-1$：

$$z^3-1=(z-1)(z^2+z+1)=0$$

解 $z^2+z+1=0$，

$$z=\frac{-1\pm\sqrt{1^2-4}}{2}=\frac{-1\pm\sqrt{-3}}{2}=\frac{-1\pm\sqrt{3}\mathrm{i}}{2}$$

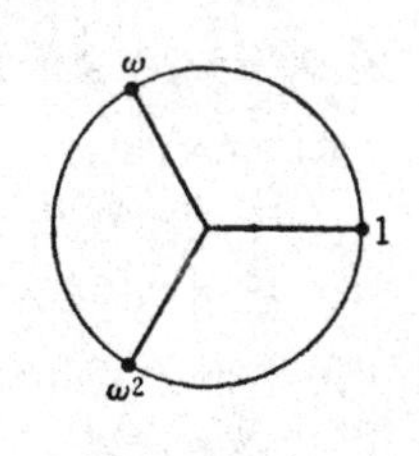

图 7-32

设其中一个根为 ω（见图 7-32），

$$\omega=\frac{-1+\sqrt{3}\mathrm{i}}{2}$$

则另外一个根就是 ω^2，

$$\omega^2=\frac{-1-\sqrt{3}\mathrm{i}}{2}$$

因为这个 ω 是原来方程的根，可见是满足 $\omega^3=1$，$\omega^2+\omega+1=0$ 的。利用这些关系可以把下式简化：

$$(x+y+z)(x+\omega y+\omega^2 z)(x+\omega^2 y+\omega z)$$
$$=x^3+y^3+z^3-3xyz$$

把上面的式子展开就得出很多项，经消去一些项后，结果变为 $x^3+y^3+z^3-3xyz$。

$z^4=1$ 的根是把圆周 4 等分的 4 个点 1，i，-1 $-$i。用代数手段的解法如下（见图 7-33）。

由 $z^4=1$ 得出 $z^4-1=0$，接下去有

$$z^4-1=(z^2-1)(z^2+1)$$
$$=(z-1)(z+1)(z^2+1)$$

由 $z-1=0$ 得 $z=1$，由 $z+1=0$ 得 $z=-1$，

由 $z^2+1=0$ 得 $z=\pm\mathrm{i}$。

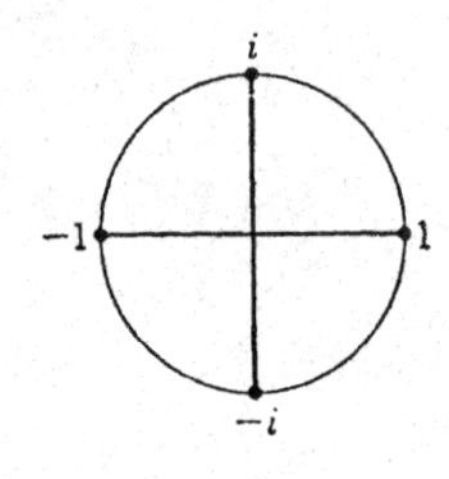

图 7-33

结果不用说了，就是把圆周 4 等分的点。

7.8 正五边形

正五边形只要解 $z^5=1$。这五个根当然就是把圆周 5 等分的点，不在话下。把这五个点连接起来，就能得出正五边形（见图 7-34）。

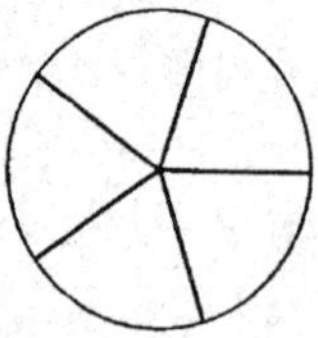

下面用代数方法来解 $z^5-1=0$。

$$z^5-1=(z-1)(z^4+z^3+z^2+z+1)=0$$

由 $z-1=0$ 得出 $z=1$。

接着再解 $z^4+z^3+z^2+z+1=0$，像这种系数的数组是 1，1，1，1，1，而且左右对称的方程是我们常作

图 7-34

的，首先用中间的 z^2 去除，

$$\underbrace{z^2+\underbrace{z+1+\frac{1}{z}}+\frac{1}{z^2}}=0$$

$$\left(z^2+\frac{1}{z^2}\right)+\left(z+\frac{1}{z}\right)+1=0$$

这里设 $z+\dfrac{1}{z}=t$，并把两边平方就有

$$z^2+2+\frac{1}{z^2}=t^2$$

$$z^2+\frac{1}{z^2}=t^2-2$$

把这些代入原来的式子就得

$$t^2-2+t+1=0$$

$$t^2+t-1=0$$

解二次方程

$$z+\frac{1}{z}=t$$

总之，解二次方程 $z^2-tz+1=0$，就可以得出 z。也就是两个二次方程重叠在一起了。

再说解 $t^2+t-1=0$，

$$t=\frac{-1\pm\sqrt{1+4}}{2}=\frac{-1\pm\sqrt{5}}{2}$$

解 $z^2-tz+1=0$，

$$z=\frac{t\pm\sqrt{t^2-4}}{2}$$

$$=\frac{\dfrac{-1\pm\sqrt{5}}{2}\pm\sqrt{\left(\dfrac{-1\pm\sqrt{5}}{2}\right)^2-4}}{2}=\frac{-1\pm\sqrt{5}}{4}\pm i\,\frac{\sqrt{10\pm2\sqrt{5}}}{4}$$

把四个根分开写，即

$$a_1=\frac{-1+\sqrt{5}}{4}+i\,\frac{\sqrt{10+2\sqrt{5}}}{4}$$

$$a_2=\frac{-1-\sqrt{5}}{4}+\mathrm{i}\,\frac{\sqrt{10-2\sqrt{5}}}{4}$$

$$a_3=\frac{-1-\sqrt{5}}{4}-\mathrm{i}\,\frac{\sqrt{10-2\sqrt{5}}}{4}$$

$$a_4=\frac{-1+\sqrt{5}}{4}-\mathrm{i}\,\frac{\sqrt{10+2\sqrt{5}}}{4}$$

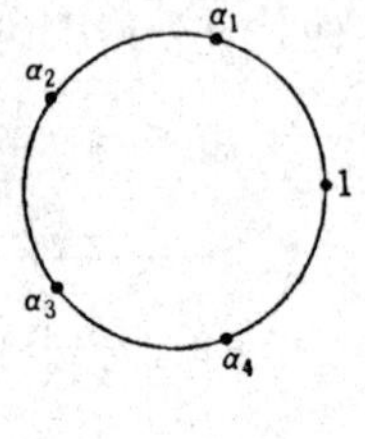

图 7-35

接着确定这四个数在圆周上的位置（见图 7-35）。

从 a_1，a_2，a_3，a_4 的式子看立刻可以知道，这是+，－，×，÷和平方根 $\sqrt{\ }$ 的有限次组合。到这里可知 $z^3-1=0$，$z^4-1=0$，$z^5-1=0$ 等方程分别有 3 个，4 个，5 个根。进一步还可以知道，一般的方程 $z^n=1$就有 n 个根。

7.9 高斯的发观

使用直尺和圆规，对+，－，×，÷和 $\sqrt{\ }$ 能够作图，所以像表示 a_1，a_2，a_3，a_4 的式子那样，要是使用直尺和圆规可以把圆周 5 等分，那么正五边形的作图是能够实现的。准确地说，用直尺和圆规作正五边形是在欧几里得以前就知道了。

把这个问题一般化，则可叙述为：

如果用+，－，×，÷和$\sqrt{\ }$能够解代数方程 $z^n-1=0$，就能用直尺和圆规作出正 n 边形的图形来。

这个事实反过来也成立，所以两件事完全一样。

高斯把这种几何学的作图问题变成代数学的问题以后，得出以下结论。

用直尺与圆规能够作出的正 n 边形的 n，在分解素因数时，为以下形式：

$$n=2^a p_1\cdot p_2\cdot\cdots\cdot p_s$$

式中 p_1，p_2，…，p_s 是具有 $2^{2^m}+1$ 形式的不同的素数。

要是从小的素数开始列举的话，就是

$m=0$ 时，　$p=2^{2^0}+1=2^1+1=3$

$m=1$ 时，　$p=2^{2^1}+1=2^2+1=4+1=5$

$m=2$ 时，　$p=2^{2^2}+1=2^4+1=16+1=17$

$m=3$ 时，　$p=2^{2^3}+1=2^8+1=256+1=257$

$m=4$ 时，　$p=2^{2^4}+1=2^{16}+1=65\ 537$

…

最先想到 $p=17$，也就是正 17 边形作图的人就是高斯。

用代数方法，只要解 17 次代数方程

$$z^{17}-1=0$$

就可以。我们就不具体去解方程，只把计算结果写出来：

$$z=a+\sqrt{1-a^2}\,\mathrm{i}$$

其中 a 是用下式表达的复杂的数：

$$a=\frac{-1+\sqrt{17}+\sqrt{34-2\sqrt{17}}}{16}+\frac{\sqrt{68+12\sqrt{17}-16\sqrt{34+2\sqrt{17}}-2(1-\sqrt{17})\sqrt{34-2\sqrt{17}}}}{16}$$

这个式子仅仅是由＋，－，×，÷和平方根 $\sqrt{\ }$ 组成，如果耐着性子是能够作出图的。高斯就是这样沿着代数的途径发现了正 17 边形的作图。只要坚持不懈，正 257 边形也好，正 65 537 边形也好，都能够作图，但实际作起来可就麻烦极了。

关于这一点，有以下的传说，也不知道是真是假。有一次，德国的哥廷根大学里有个特别喜欢刨根问底的学生，因为他老缠着教授问个没完没了，教授发了肝火骂他说："到一边去！你把正 65 537 边形的图作出来！"于是那个学生就走了。后来过了许多年，有一天一位老人抱着一个很重的皮箱来到大学。这个老人就是那个曾经刨根问底的学生。据说箱子里装的全是正 65 537 边形作图的论文。

7.10 三 次 方 程

正七边形只要解方程 $z^7-1=0$ 就可以，这同以前一样。因为

$z^7-1=(z-1)(z^6+z^5+z^4+z^3+z^2+z+1)=0$

所以只要解

$$z^6+z^5+z^4+z^3+z^2+z+1=0$$

和正五边形情况相同，用 z^3 除两边得

$$z^3+z^2+z+1+z^{-1}+z^{-2}+z^{-3}=0 \tag{1}$$

设 $z+z^{-1}=t$，则

$$t^2=(z+z^{-1})^2=z^2+z^{-2}+2$$

所以$z^2+z^{-2}=t^2-2$

$$t^3=(z+z^{-1})^3=z^3+z^{-3}+3(z+z^{-1})=z^3+z^{-3}+3t$$

因此 $z^3+z^{-3}=t^3-3t$，代入（1）得

$$t^3-3t+t^2-2+t+1=0$$

$$t^3+t^2-2t-1=0$$

这个方程确实是三次方程，所以作正七边形就变成了解一个三次方程的问题。

一般来说，三次方程的形式是

$$a_0x^3+a_1x^2+a_2x+a_3=0$$

首先开始研究如何解这样的三次方程的人是波斯的诗人兼数学家奥马·海亚姆（约 1040—1123）。花拉子米是从二次方程的分类开始，而他则是把三次方程作了以下的分类。由于不知道负数，所以三次方程有下面 18 种：

$x^3=a$	$x^3+0x^2+0x-a=0$
$x^3=cx^2$	$x^3-cx^2+0x+0=0$
$x^3=bx$	$x^3+0x^2-bx+0=0$
$x^3+cx^2=bx$	$x^3+cx^2-bx+0=0$
$x^3+bx=cx^2$	$x^3-cx^2+bx+0=0$
$x^3=cx^2+bx$	$x^3-cx^2-bx+0=0$
$x^3+bx=a$	$x^3+0x^2+bx-a=0$
$x^3+a=bx$	$x^3+0x^2-bx+a=0$
$x^3=bx+a$	$x^3+0x^2-bx-a=0$
$x^3+cx^2=a$	$x^3+cx^2+0x-a=0$
$x^3+a=cx^2$	$x^3-cx^2+0x+a=0$

$x^3+cx^2+bx=a$ $x^3+cx^2+bx-a=0$

$x^3+cx^2+a=bx$ $x^3+cx^2-bx+a=0$

$x^3+bx+a=cx^2$ $x^3-cx^2+bx+a=0$

$x^3=cx^2+bx+a$ $x^3-cx^2-bx-a=0$

$x^3+cx^2=bx+a$ $x^3+cx^2-bx-a=0$

$x^3+bx=cx^2+a$ $x^3-cx^2+bx-a=0$

$x^3+a=cx^2+bx$ $x^3-cx^2-bx+a=0$

对于二次方程的五种形式（五个方程），可表达为

$$ax^2+bx+c=0$$

而对三次方程的 18 种形式（18 个方程）则可用下式表达：

$$a_0x^3+a_1x^2+a_2x+a_3=0$$

面对这样的事实，不论谁都能体会到负数的威力了。

海亚姆（见图 7-36）的论文是把这 18 种方程逐个解了出来，但他的解法不是代数的，而是几何学的方法。

这虽然也是一种方法，但因为是求曲线的交点，所以不能说是很精确的解。真正希望的是代数的解法。

海亚姆的解法虽然不理想，却显示了着手解三次方程的一个方法，这个功绩是伟大的。即使仅仅从这一点出发，人们也可以了解到他是怎样的一位超越时代的天才。在他的诗篇《鲁拜集》里，也许反映出他内心深处的厌世情绪和不能被同时代人所理解的一种孤傲天才的叹息。

7.11 卡尔达诺公式

三次方程代数解法的发现，在数学史上还有一段著名的插曲，其中心人物就是卡尔达诺。那是一位在意大利帕维亚出生的极其有趣的人物。卡尔达诺是伟大的数学家、物理学家、医生，同时又是占星术师，还是个赌徒。叙述他坎坷一生的自传《我的生平》，被认为是跟切利尼和圣·奥古斯丁的自传并列为三大自传而出名。

那时候，人们把数学作为一种难题或是有奖竞赛，就是两个人互相出题，让对方解题来定胜负。这种“数学比赛”在当时很流行。胜的人就可以得奖金。后来渐渐地把三次方程作为悬赏问题提出来了。例如，

图 7-36

三个彼此相差 2 的数之积为 1000 时，这些数是多少？这个问题就是三次方程。假设最小的数是 x，这些数就是 x，$x+2$，$x+4$，条件是积为 1000，写成式子就是

$$x(x+2)(x+4)=1000$$

$$x^3+6x^2+8x-1000=0$$

在同一时代，有一位叫塔尔塔利亚（约 1500－1557）的数学家，他是数学比赛的名手。也许他是靠比赛的奖金生活的。有一次比赛，被对方提出的 $x^3+ax=b$ 形式的三次方程所难住，但是他运气不错，眼看到了期限，他却解了出来。他还进一步找到了方程 $x^3=ax+b$ 的解法。总之，那时候把这两个方程看作是两码事。在了解负数的今天，如果能解 $x^3+ax=b$ 的话，$x^3=ax+b$ 也就迎刃而解了。但是在不使用负数的时代可是行不通。

由于那次比赛，塔尔塔利亚发现了三次方程的解法，对于靠比赛生活的他来说，要求公开这种解法的关键就像要求公开专利一样，绝对没有商量的余地。卡尔达诺当时立下了严守机密决不外传的誓言，向塔尔塔利亚请教了秘密公式。可是后来，卡尔达诺违背了自己的誓言，在著

作中公开发表了秘密公式。从那件事开始，卡尔达诺和塔尔塔利亚就开始了论战。当然从数学的历史来看，比起卡尔达诺信守誓言，把公式秘密埋葬起来，还是违背誓言把秘密公开要好得多。

为导出卡尔达诺公式，首先是把方程

$$x^3+a_2x^2+a_1x+a_0=0$$

的未知数 x 用 $x-\frac{a_2}{3}$ 来替换。于是 x^2 的系数消去，成为以下形式

$$x^3+px+q=0$$

解这个方程式，需要利用已知的下面这个公式：

$$x^3+y^3+z^3-3xyz=(x+y+z)(x+\omega y+\omega^2 z)(x+\omega^2 y+\omega z)$$

如果两个式子相同，下面的式子也可以分解成三个一次式。这样可以写成以下形式

$$\begin{cases}-3yz=p & (1)\\ y^3+z^3=q & (2)\end{cases}$$

从这个式子解出 y 和 z。

从（1）得出 $z=-\frac{p}{3y}$，代入（2）

$$y^3+\left(\frac{-p}{3y}\right)^3=q$$

$$y^6-qy^3-\frac{p^3}{27}=0$$

这是关于 y^3 的二次方程，所以

$$y^3=\frac{q}{2}\mp\sqrt{\left(\frac{q}{2}\right)^2+\left(\frac{p}{3}\right)^3}$$

$$y=\sqrt[3]{\frac{q}{2}\mp\sqrt{\left(\frac{q}{2}\right)^2+\left(\frac{p}{3}\right)^3}}$$

只取其中的一个，则为

$$y=\sqrt[3]{\frac{q}{2}-\sqrt{\left(\frac{q}{2}\right)^2+\left(\frac{p}{3}\right)^3}}$$

$$z=\sqrt[3]{\frac{q}{2}+\sqrt{\left(\frac{q}{2}\right)^2+\left(\frac{p}{3}\right)^3}}$$

由于 $x+y+z=0$，所以根是

$$x=-y-z$$

$$=\sqrt[3]{-\frac{q}{2}+\sqrt{\left(\frac{q}{2}\right)^2+\left(\frac{p}{3}\right)^3}}+\sqrt[3]{-\frac{q}{2}-\sqrt{\left(\frac{q}{2}\right)^2+\left(\frac{p}{3}\right)^3}}$$

$$x=-\omega y-\omega^2 z$$

$$=\omega\sqrt[3]{-\frac{q}{2}+\sqrt{\left(\frac{q}{2}\right)^2+\left(\frac{p}{3}\right)^3}}+\omega^2\sqrt[3]{-\frac{q}{2}-\sqrt{\left(\frac{q}{2}\right)^2+\left(\frac{p}{3}\right)^3}}$$

$$x=-\omega^2 y-\omega z$$

$$=\omega^2\sqrt[3]{-\frac{q}{2}+\sqrt{\left(\frac{q}{2}\right)^2+\left(\frac{p}{3}\right)^3}}+\omega\sqrt[3]{-\frac{q}{2}-\sqrt{\left(\frac{q}{2}\right)^2+\left(\frac{p}{3}\right)^3}}$$

这就是卡尔达诺公式（又叫卡当公式），这个公式会产生奇妙的事情，如果把这个公式代入下式并计算

$$x^3-6x+4=0$$

的三个根，则有

$$x=\sqrt[3]{-2+2\mathrm{i}}+\sqrt[3]{-2-2\mathrm{i}}=(1+\mathrm{i})+(1-\mathrm{i})=2$$

$$x=(1+\mathrm{i})\omega+(1-\mathrm{i})\omega^2=(1+\mathrm{i})\cdot\frac{-1+\sqrt{3}\mathrm{i}}{2}+(1-\mathrm{i})\cdot\frac{-1-\sqrt{3}\mathrm{i}}{2}$$

$$=-1-\sqrt{3}$$

$$x=(1+\mathrm{i})\omega^2+(1-\mathrm{i})\omega=(1+\mathrm{i})\cdot\frac{-1-\sqrt{3}\mathrm{i}}{2}$$

$$+(1-\mathrm{i})\cdot\frac{-1+\sqrt{3}\mathrm{i}}{2}=-1+\sqrt{3}$$

从结果来看，三个根都是实数。可是在中间的计算中出现了虚数 i，这个怪事使卡尔达诺很烦恼。

总而言之，如果不承认 i 这个数，计算到中途就只好停顿，那样一来也就找不到实数根 2，$-1+\sqrt{3}$，$-1-\sqrt{3}$ 了。

对于二次方程，站在不承认虚数的立场也还说得过去。可是对于三次方程，如果不承认虚数，就会遇到连实数都无法计算的矛盾。这个例子很好地说明了如果没有虚数，代数将是多么不完整。

7.12 数的进化

到了这里，我们回顾一下从命名1，2开始的数的进化足迹。

回顾从自然数1，2，3，4…开始，再加上分数、负数、无理数，直到成为实数的发展过程，可以说它很像是许多涓涓细流汇成一条大河(见图7-37)。

自然数添上分数，再添上负数就成为有理数；有理数再加进无理数就成为实数了。可是光有实数还不够，再加上新来的虚数，这就诞生了更广泛的数——复数。

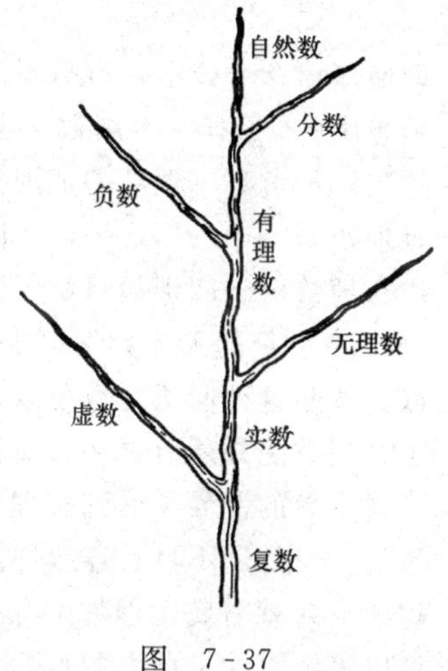

图 7-37

那么，为什么在数的世界里，要从自然数扩大到实数呢？仔细一想，这里有个一贯的原则。比如说，有一个人只知道10以内的数。

1，2，3，…，10

当然对这个人来说：加法也是不太行的。也就是说，即使取其中任意两个数相加，也有可能答不上来。如果是2+3，他知道是5。要是6+7的话，他就只好说“不知道”了。他即使知道10 000以内的数也是一样的。因为6000+7000的答案不可能在10 000以内的数里找出来。因此，为了无限制地进行+运算，就必须有无限多的自然数。这样就产生了所谓无限多的自然数的整体的想法，这就是

1，2，3，…

想象有这样一个自然数的整体，就可以自由地进行+运算了。这时，自然数的整体对于+来说叫做闭合。由于乘法也是自然数的相乘，是加法的重复，因此也能自由地进行。也就是说自然数的整体对于×也是闭合的。所以在只考虑+或×的时候。只要自然数就够用，没有必要再考虑新的数。

可是要考虑×的逆运算÷的时候，自然数就不再闭合。因为任意取

两个自然数作除法结果却不一定是自然数。例如 2÷3 的结果就不是自然数。

自然数的范围太狭窄了，要想自由地进行除法运算，就必须增加新的数，这就是分数。在自然数与分数合起来的更宽广的数的范围内，＋，×，÷就可以自由地进行。

然而，想到＋的逆运算－的时候，这个范围又窄了。因为不能从小数减去大数，例如

2－5

即使写出这个式子，也得不出答案。为了让这个式子也能有答案，就必须想出－3 这样一个新数。也就是说要自由地做－运算，需要有一种新的数——负数。把数的范围扩大到正的自然数、负的自然数及分数，即有理数时，＋，－，×，÷四则运算可以自由地无限制地进行。换句话说有理数对于四则运算是闭合的。

19 世纪的天才数学家伽罗瓦把对于四则运算闭合的数的集合叫做域。按照这种叫法，也可以说整个有理数的集合是域。当然，叫域的除了有理数之外还有许多，对我们来说最熟悉的首先就是有理数。

当数的世界扩展到有理数时，＋，－，×，÷的计算虽然能自由地进行，但是还不具有连续性，所以仍然不能表示直线上所有的点。填满这些空缺就需要无理数。有理数与无理数合起来就是实数。有了实数就可以表示直线上所有的点。

总而言之，实数的集合就是对于＋，－，×，÷闭合的一个域，同时还具有连续性。到此为止，似乎可以认为数的世界的扩展可以暂时停止了。

可是，如果实数世界就是终点，数的交响乐不过是缺少最后乐章的未完成的交响乐而已。随着实数而来的最后乐章就是复数。

7.13 四则逆运算

以前扩大数的世界时，在很多情况下它的契机是逆运算。例如，由×的逆运算÷而增加了新的分数；由＋的逆运算－而产生了新的负数。从实数产生复数的契机也仍然是基于逆运算。假如我们对 x 这样一个实

数任意进行+，－，×，÷四则运算时，可得到以下的式子：

$$2x+3$$

$$3x^2-2x+5$$

$$\frac{6x^3+4x^2-5x+10}{x^2-1}$$

…

不管这些式子多么复杂，也只是+，－，×，÷的组合，所以只要 x 是实数，代入计算得出的值就也是实数。

比如设下面式子等于 y：

$$\frac{2x^4+5x}{x^2-1}=y$$

假定这个式子是从 x 算出 y 的，这就是四则运算。

$$x\xrightarrow{\text{四则}}y$$

现在来考虑四则运算的逆运算，也就是从 y 求出 x。例如当 $y=2$ 时，x 等于多少呢？这个计算就是

$x\longleftarrow y$ 的计算

为此，只要解下面的式子求出 x，

$$\frac{2x^4+5x}{x^2-1}=2$$

去掉分母

$$2x^4+5x=2(x^2-1)$$

$$2x^4+5x=2x^2-2$$

移项得

$$2x^4-2x^2+5x+2=0$$

解满足这个方程的 x，结果呢？所谓 $\frac{2x^4+5x}{x^2-1}=y$ 的逆运算不过是解代数方程 $2x^4-2x^2+5x+2=0$，只此而已。

$$x\xrightarrow{\text{（四则运算）}}y$$

$$x\xleftarrow{\text{（解代数方程）}}y$$

以前也有这样的事，就是逆运算要比原来顺运算难，如－比+难，

÷比×难。现在的情况也是如此，解代数方程的运算是比四则运算要难。

那么在实数的范围里，能不能自由地进行解这个代数方程的运算呢？回答是否定的。请看下面这个实例。

在四则运算 $x^2=y$ 中，要是反过来从 y 求 x 的话，就不是任何时候都能行得通的。如果 y 是正数

$$x=\pm\sqrt{y}$$

可以求出实数 x。如果 y 是负数，例如 $y=-1$ 就不能在实数范围内找出与之对应的 x。因为（实数）^{2} 决不会是负数。

因此我们知道，在实数的范围内，对于四则运算的逆运算“解代数方程”来说，不是闭合的。要想自由地解代数方程，就必须打破实数的框框，导入新的数。这个新的数就是虚数。

7.14 代数学的基本定理

我们知道，如果把数的世界扩大到复数，那么二次方程，三次方程以及 $z^n-1=0$ 形式的 n 次方程就都是有根的。而且不管什么情况，根的个数和方程的次数相同。

这个事实能不能再一般化呢？也就是说所有的 n 次代数方程

$$a_0x^n+a_1x^{n-1}+\cdots+a_{n-1}x+a_n=0$$

是不是一定有复数根呢？

这件事大约在200年前就曾设想过，但在漫长岁月里谁也不能证明。首先证明这个事实的是20岁的青年高斯。他在1797年哥廷根大学的毕业论文里首先证明了这个事实。这个定理叫做代数学的基本定理，理由是解代数方程是代数学的最大任务。

这个定理就保证了代数方程不论如何都有根存在，不用担心为了找出不存在的根而白费劲，可是即便知道有根，要找出它来也决不是容易的事。

首先，解一次方程是很早以前就知道的。二次方程也是很早以前知道解法的。但三次方程就是在后来才找到解法。对于那件事，卡尔达诺

和塔尔塔利亚还争论不休呢。到了四次方程可就难得多了，那是卡尔达诺（见图 7-38）的弟子费拉里（1522－1563）发现的。

方程的次数一高，方程的解法就像加速度一样变得更难。征服了四次方程的数学家们，又着眼于解五次方程。在很长的时期里，这是数学家进军的目标。

你问登山家：“为什么要登喜马拉雅山呢？”登山家回答说：“因为它在那儿。”数学家也像登山家那样，把阻挡在眼前的五次方程作为目标，不断地发起突击。

然而，所有的突击都被挡了回来。人们就渐渐知道这五次方程是格外棘手的目标。

图 7-38 卡尔达诺像

于是人们开始重新考虑。虽然根的存在是根据代数学的基本定理而得到保证的。可是解方程的手段如何呢？仔细推敲解方程的手段，到四次方程为止，根是可以用＋，－，×，÷还有开 n 次方 $\sqrt[n]{\ }$ 等手段解出来。仍然只用＋，－，×，÷和 $\sqrt[n]{\ }$ 能解五次方程吗？就像不带氧气，只用冰镐和绳索已经不能登上喜马拉雅山那样，数学家开始怀疑用以前的手段不能解五次方程了。挪威数学家阿贝尔（1802－1829）从这种怀疑出发，终于证明了只用＋，－，×，÷和 $\sqrt[n]{\ }$ 不能解五次方程。

接着伽罗华（1811－1832）把这个问题一般化，发现了只用＋，－，×，÷和 $\sqrt[n]{\ }$ 所能解的方程的形式。他因此所创立的群论使后来的数学发生了很大的革命。

第 8 章　数的魔术与科学

8.1　万物都是数

古代罗马的讽刺作家路吉阿诺斯在《鸡》的对话中有下面一段话。

鸡："主人，您知道名叫毕达哥拉斯的男人吗？他是萨摩斯人，穆纳萨尔科斯的儿子的……。"

米基由洛斯（鸡的主人）："那个学者呀，他提出清规要布衣粗食，不许吃肉，不许吃豆，是个吹大牛的家伙。而且还建议在 5 年之内，不要跟别人说话。"……

这样交替着问答之后，接着那只鸡就坦白出自己是毕达哥拉斯投胎转世的事。

"不许吃豆"这件事是毕达哥拉斯所创立的教团的清规戒律，另一方面，毕达哥拉斯又鼓吹灵魂是轮流回转的，路吉阿诺斯很巧妙地把这些事联系在一起，编出这样的笑话，让毕达哥拉斯托生成鸡，命中注定要吃豆。

毕达哥拉斯准确的生卒年不得而知，大约是公元前 600 年吧。有个奇异的传说，说他在年轻的时候去东方旅行，在印度与释迦牟尼会过面，还与释迦牟尼或孔子一起眺望过太阳。之所以有和释迦牟尼见过面的传说，可能是因为两个人都鼓吹灵魂是轮转的缘故。

像毕达哥拉斯那样有名，而且是谜一般的人物已经不复存在了。毕达哥拉斯是个大数学家，是音乐理论的创始者，但另一方面他却是抱有"不准吃豆"啦，"不准用铁拨弄火"等等奇妙戒律的宗教教团的鼻祖。只能说他上半身是大科学家，下半身是新兴宗教的教祖。毕达哥拉斯就是这样一种矛盾体。所以，哲学家赫拉克利特这样评价毕达哥拉斯："毕达哥拉斯读了大量的书，亲自创造出智慧、博识与妖术。"

毕达哥拉斯出生在希腊的有很多岛屿的爱琴海中一个名称为萨摩斯

的小岛上。他去埃及和东方旅行之后，来到南意大利的克罗顿落户，创立了如今叫做毕达哥拉斯派的教团。这位大科学家兼教祖给弟子们讲课，据说他讲课的时候身穿白色法衣，头顶金冠站在讲坛上。

他的哲学基础就是数。这和说“万物都是水”的泰勒斯，和主张“万物都是火”的赫拉克利特不一样，毕达哥拉斯的哲学就是“万物都是数”。制造毕达哥拉斯派的宇宙需要的一块一块砖就是数1，2，3，…，是自然数。他喜欢画图形来表示数。就像扑克或骰子的点那样，把点排列成三角形或四边形，作出各种图形，然后使它们具有某种意义。

比如说三角形数，就是图8-1所示这些点的排列。

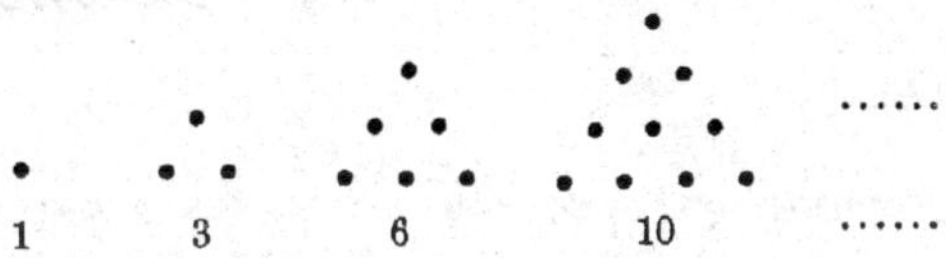

图 8-1

路吉阿诺斯还有另一篇对话，叫《拍卖学派》，在那里毕达哥拉斯也被拍卖了。买主问毕达哥拉斯你教我什么。毕达哥拉斯说教音乐和几何学，又说也教数数的方法。买主就说了：“可是现在我知道数数的方法。”

毕达哥拉斯：“你是怎么数的？”

买主：“1，2，3，4。”

毕达哥拉斯：“好啊，你认为是4，我们可认为它是10，是完整的三角形。”

总之，毕达哥拉斯说的不是普通的4，而是第4个三角形数，他说的是10（见图8-2）。

图 8-2

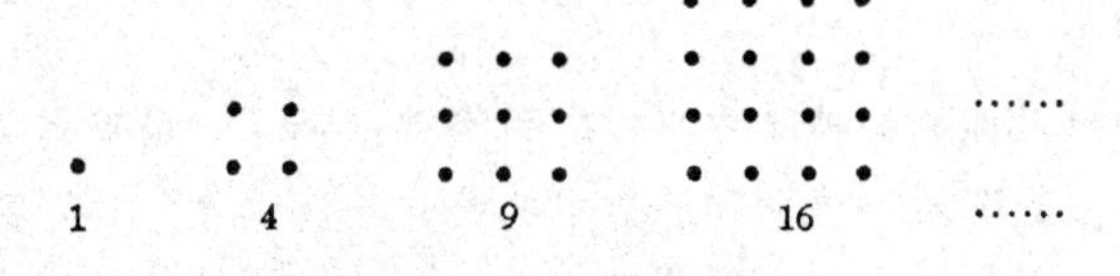

图 8-3

四边形数如图8-3所示。

五边形数如图8-4所示。

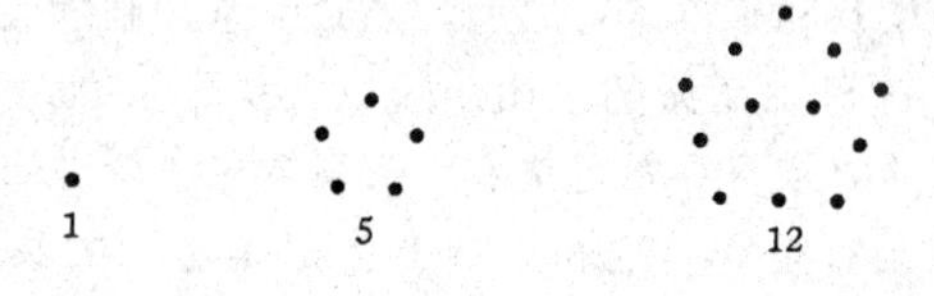

图　8-4

这样一来，他相信宇宙中一切事物都是自然数。当然，后来这个信念就必然被打破了……

8.2　数的魔术

对毕达哥拉斯来说，一个一个的数具有某种特别意义。1 是神，2 是女性，3 是男性。其中的 6 也是完全的数。为什么呢？这是因为 6 等于约数之和。

6 的约数（6 本身不算）是 1，2，3，把它们加在一起正好等于 6。

$1+2+3=6$

这种对“完全的数”的崇拜一直延续到后来。4 世纪的圣·奥古斯丁说过由于 6 是完全的数，神在 6 天的时间里创造了世界。8 世纪的阿尔博因解释说，神在 6 天里用诺亚的洪水把创造好的世界淹没了。那时留存的诺亚家族是 8 个人。可是这个 8 用约数相加的话，则是 $1+2+4=7$，不到 8。也就是说 8 是不完全数，所以说以后的世界也就是不完全的世界。

听了这个说明你就会明白，以前的人是把神秘的意义加到一个一个数上去的。

可是如果对他们的神秘主义付之一笑那就错了。就像是天文学和占星术搅和在一起诞生，化学和炼金术纠缠在一起诞生一样，数的理论也是和数的魔术紧密结合的。随着理论的发展，它渐渐地从魔术中分离出来，直到完全脱离，经历了很长时间。

完全数也仍然具有朝着理论方面发展的胚芽。这就是除了 6 以外还有没有完全数，如果有，把它们都列举出来。问题就是从这里开始的。

除了 6 以外还有完全数，例如 28 就是。把 28 的约数加在一起还是 28，

$$1+2+4+7+14=28$$

接着列举下去还有 496，8128 等。这些都是偶数，有没有奇数的完全数呢？再有，偶数的完全数果真有无数个吗？这个问题虽然谁都不知道，但确实是有非常大的完全数。这就是

$$2^{9940}\times(2^{9941}-1)$$

这个数字用普通方式来写的话就是 5985 位的数字。确定这是完全数不是靠人手，而是用巨大的电子计算机算出来的。到此，“完全数”就从魔术的世界中脱离出来，加入到科学的队伍里。

8.3 同 余 式

数的科学也许是从“除得尽”、“除不尽”的区别开始的。比方说 6 用 3 除得尽，8 用 3 除不尽就是这样的例子。

所谓用 3 除得尽的数，换句话说就是把某个正整数乘以 3 得到的数，也就是 3 的倍数，意义是一样的。如果列出 3 的倍数，就是以下形式。

3，6，9，12，15，18，21，…

因为是 3×1，3×2，3×3，…，所以可以看作是逐次加 3 的结果。相邻的二者之间仅仅差 3。

如果把 3 的倍数排列在直线上，就会以 3 为定间隔有规律地排列。因此 3 的倍数有无限个。

为了能清楚地看到它，想到用以下的方法。

首先，把排列在一条直线上的整数 1，2，3，…分别附上号牌，见图 8-5。

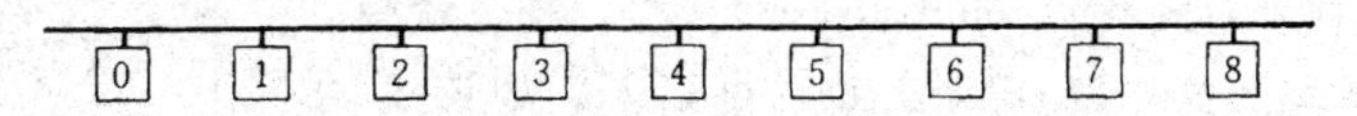

图 8-5

把这条直线以 3 为一圈缠绕在圆柱上。这时 3 的倍数每隔 3 重复出现，排在一条垂直线上。同样，用 3 除余数为 1 的数…，－2，1，4，7，10，13，…排在相邻的垂线上。我们还知道用 3 除余 2 的数…，－1,2，5，8，11，…排在另一条垂直线上，如图 8-6 所示。

总之，全体正负整数和零按照用 3 除的余数是 0，是 1，或是 2 而分成 3 种。

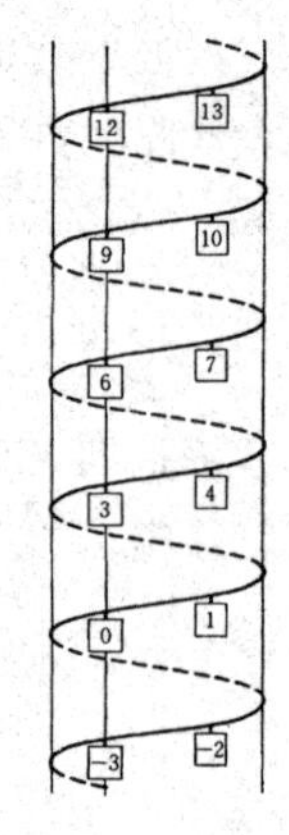

图 8-6

如果把其中一个集团叫做类的话，全体整数就可以分成 3 类。

两个整数 a 和 b 之差是 3 的倍数时，就属于同一类，如图 8-7。高斯把它用符号

$$a \equiv b \pmod 3$$

来写，并且称之为同余式，用图 8-7 来说就是 a 与 b 在同一条垂线上。

根据以上符号

$$10 \equiv 4 \pmod 3$$

$$100 \equiv 1 \pmod 3$$

$$25 \equiv -2 \pmod 3$$

设想有一些人拿着号牌，顺序排成一列入场，要分别进入三个房间。房间预先编上号码 0，1，2。如果说“请把您的号码用 3 除，按照余数是 0，是 1，还是 2，到相应号码的房间去”，那就可以有条不紊地进行。这种作法也可以用于抽签。要想每 3 个人当中有一个人中签，就可以用号码被 3 除所得的余数来分类，再决定其中的一类中签。

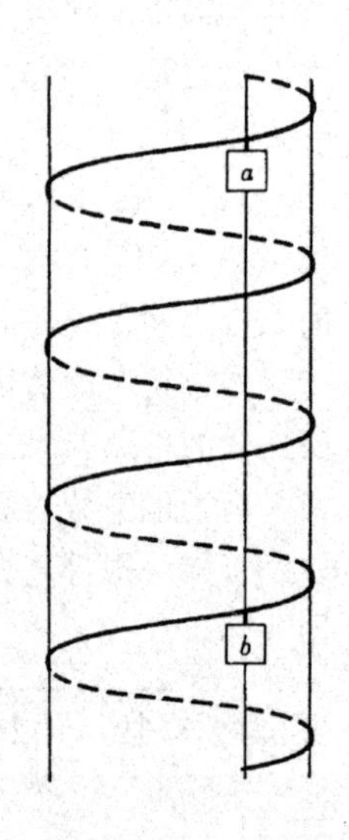

图 8-7

恒等式不一定是 3，是 2，4，5，…任何整数都可以。

用 mod 2 来分类时，就成了所谓的奇数和偶数。此外，mod 4，mod 5，…也完全一样，就是以 4，5 为一周，绕在圆柱上就可以了。如图 8-8 所示。

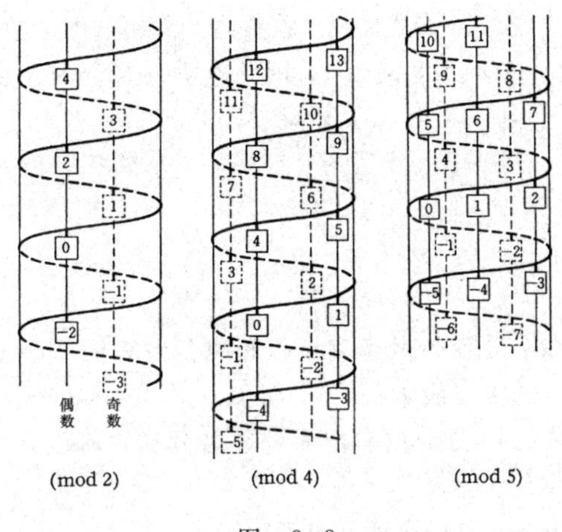

图 8-8

决定贺年片是否中奖常常是用号码的最后数字确定。比如确定了最后两位数为 67 的贺年片中奖，由于

245 867=245 800+67

所以

$$245\,867 \equiv 67 \pmod{100}$$

用 mod 100 来分类时，最后两位数是 67 的贺年片都中奖。当然这种想法也不一定就是高斯首先想出来的。

从毕达哥拉斯那时候开始，整数和魔术紧密地结合起来，但是在用字母表示数的古希腊，数却和姓名判断结合起来。例如特洛伊战争的英雄赫克托尔，如果换算成数就是

E	k	τ	ω	ρ
⋮	⋮	⋮	⋮	⋮
5	20	300	800	100

把这些都加起来就是 1225。可是他的好对手阿基里斯是

A	χ	ι	λ	λ	ε	υ	σ
⋮	⋮	⋮	⋮	⋮	⋮	⋮	⋮
1	600	10	30	30	5	400	200

全部加在一起是 1276。所以说明阿基里斯更强。

到了后来更细致了，就是把这些数用 9 除所得的余数当作问题。

赫克托尔的 1225 用 9 除余 1，阿基里斯的 1276 用 9 除余 7。

```
    136              141
9)1225           9)1276
   9                9
  ---              ---
   32               37
   27               36
  ----             ----
    55               16
    54                9
  ----              ---
     1                7
```

余数的 1 和 7 分别叫做赫克托尔和阿基里斯的“必思门”，被看作是了解他们命运的重要线索。

由于是用 9 除得的余数来把人的姓名分类，所以余数为 0，1，2，3，…，8，一共有 9 类。

据说还有用 7 除得的余数来分类的流派。

这种想法套用到年龄上就产生出天干地支。天干可以认为是用 10 除得的余数分类，而地支就是用 12 除得的余数来分类。

当然现在来看这只不过是迷信，可是在用某个确定的数去除一个数的余数来分类的方法当中，数的魔术蕴含着向数的科学发展的重要的胚芽。

用 9 除整数所得的余数来分类，就可以有 9 类，如表 8-1 所示。

表 8-1

余 0…−18	−9	0	9
余 1…−17	−8	1	10
余 2…−16	−7	2	11
余 3…−15	−6	3	12
余 4…	−5	4	13
余 5…	−4	5	14
余 6…	−3	6	15
余 7…	−2	7	16
余 8…	−1	8	17

此外，日历等是用 mod 7 分类的，如表 8-2 所示。

表 8-2

日	一	二	三	四	五	六
1	2	3	4	5	6	7
8	9	10	11	12	13	14
15	16	17	18	19	20	21
22	23	24	25	26	27	28
29	30					

这样，每 7 天重复的星期计算就是 mod 7 的同余式。我们利用这一点来查一下休假日是星期几吧。

比如对上班的人来说，遗憾的事就是休假日与星期天赶到一块儿的“日食”。要是避开日食来规定休假日就好了。可是一年 365 天不是 7 的倍数，每年的星期都要变，所以这是不可能的。好像上帝用 7 天创造世界时，没有考虑到一年的天数应该是 7 的倍数。

所以不论怎么巧妙地安排休假日，过了几年还是会出现日食。于是退一步想，能否不让日食集中在一年出现好多次，而是平均分配，让每年出现大致一样多的日食。

为此可以用 mod 7 的分类法。只要注意把 1 月 1 日开始算起的总天数用 7 除所得余数相同的日数，分配在哪一年都是同样的星期就可以。

现在的休假日是怎样的呢？就如下面的表 8-3 所示（假设平年的春分是 3 月 21 日，秋分是 9 月 23 日）。

表 8-3

mod 7 的余数	0	1	2	3	4	5	6
休假日数	2	2	0	1	1	1	2

从上面这个表可以看出，有的年有两天日食，有的年一天日食也没有。

将来科学发达，也许有必要减少工作日，增加休假日，但是在制定休假日的时候，最好还是按照类似 mod 7 的方法来分配休息日。

8.4 同余式的计算法

同余式的≡很像等式的=，用起来是方便的。≡像=，也可以说是削弱了的=。

当然，如果设 mod n 一定，那么任意一个整数就与它本身恒等

$$a \equiv a (\text{mod } n)$$

另外，如果 $a \equiv b(\text{mod } n)$，则 $b \equiv a(\text{mod } n)$

又若 $a \equiv b, b \equiv c(\text{mod } n)$，则

$$a \equiv c$$

在这一点是和 = 同样处理。

等式的两边可以加同样的数，这对恒等式也行得通。与 $a = b$ 时，$a + c = b + c$ 相同，$a \equiv b$ 时，$a + c \equiv b + c$。这是因为从位于同一垂线上的 a 与 b 同样上升了 c 的 $a + c$ 与 $b + c$，仍是位于同一垂线上的缘故，见图 8-9。即与 $a + c \equiv b + c(\text{mod } n)$ 相同，当 $a \equiv b(\text{mod } n)$，$c \equiv d(\text{mod } n)$ 时

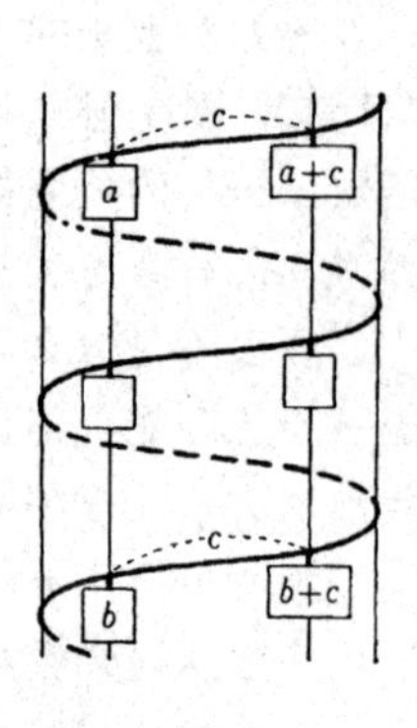

图 8-9

$$\begin{aligned} a + c &\equiv b + c \ (\text{mod } n) \\ b + c &\equiv b + d \ (\text{mod } n) \\ a + c &\equiv b + d \ (\text{mod } n) \end{aligned}$$

即可把两个等式叠加：

$$\begin{array}{rl} a \equiv b & (\text{mod } n) \\ +\ c \equiv d & (\text{mod } n) \\ \hline a + c \equiv b + d & (\text{mod } n) \end{array}$$

减法也完全一样：

$$\begin{array}{rl} a \equiv b & (\text{mod } n) \\ -\ c \equiv d & (\text{mod } n) \\ \hline a - c \equiv b - d & (\text{mod } n) \end{array}$$

乘法如何呢？如果把 $a \equiv b$ 相加 c 次：

$$c\text{个}\begin{cases}a\equiv b\\a\equiv b\\\cdots\\a\equiv b\end{cases}$$

$$\frac{+\qquad\qquad\qquad}{ac\equiv bc\ (\mathrm{mod}\ n)}$$

即同余式两边乘以相同整数结果还是同余式。因此，若有 $a\equiv b\ (\mathrm{mod}\ n)$ 和 $c\equiv d(\mathrm{mod}\ n)$ 的两个同余式，则

$$ac\equiv bc$$

$$bc\equiv bd$$

$$ac\equiv bd$$

即

$$\begin{array}{r}a\equiv b\\ \times\quad c\equiv d\\ \hline ac\equiv bd\ (\mathrm{mod}\ n)\end{array}$$

就是把同余式的两边分别相乘。

如上所述，可以把≡和=看作是相同的符号来进行处理。

同余式的计算不需要新的练习，只要把≡看作恰好是=就可以计算了。

这个高斯发明的同余式的符号很有威力。在第 4 章学矩阵的符号时，你领会到等式的威力了吧，在这里也会领会到同余式的威力。

高斯本人对于同余式的符号说过以下的话：

“这种新计算法，适应于经常发生的基本要求，所以即使没有天赋才能那样无意识的灵感，只要掌握了这种计算方法，不论是谁都能解决问题。这就是这种新计算法的长处。即便是天才，碰到错综复杂的情况不知如何是好时，也可以机械地解决问题。”

8.5 求约数的方法

使用这种方便的同余式，就可以很快地找到约数。当然，假设数用 10 进制来写。

有没有约数 2？是不是偶数？例如把 3 位数写成 $a\cdot 100+b\cdot 10+c$ 由于 $100\equiv 0\ (\mathrm{mod}\ 2)$，$10\equiv 0\ (\mathrm{mod}\ 2)$ 所以

$100 \cdot a+10 \cdot b+c \equiv 0 \cdot a+0 \cdot b+c \equiv c$

即只要看 1 位数能否用 2 除尽，2 位以上的数就不必考虑。

3 的时候，由于 $10 \equiv 1 \pmod 3$，如果把两边平方，三次方……就可以得到

$100 \equiv 1, 1000 \equiv 1 \cdots \pmod 3$

所以就成为

$100 \cdot a+10 \cdot b+c \equiv 1 \cdot a+1 \cdot b+c \equiv a+b+c \pmod 3$

即只要看数字的和能否用 3 除尽即可。

4 的时候是 $100 \equiv 0 \pmod 4$，于是 $1000 \equiv 0, 10\,000 \equiv 0, \cdots \pmod 4$，所以

$1000 \cdot a+100 \cdot b+10 \cdot c+d$

$\equiv 0 \cdot a+0 \cdot b+10 \cdot c+d \equiv 10 \cdot c+d$

即只要看最后 2 位数能否用 4 除尽就行了。

5 的时候 $10 \equiv 0, 100 \equiv 0, \cdots \pmod 5$

所以

$100 \cdot a+10 \cdot b+c \equiv 0 \cdot a+0 \cdot b+c \equiv c \pmod 5$

即最后 1 位数是 0 或 5 即可。

对于 6，可以把 mod 2 和 mod 3 合起来用。

7 呢？从 $10 \equiv 3 \pmod 7$ 接连乘以 10 倍

$10^2 \equiv 30 \equiv 2, \quad 10^3 \equiv 20 \equiv -1, \quad 10^4 \equiv -10,$

$10^5 \equiv -10^2, \quad 10^6 \equiv 1 \pmod 7$

如果有一个 6 位数

$10^5 \cdot a+10^4 \cdot b+10^3 \cdot c+10^2 \cdot d+10e+f$

$\equiv -10^2a-10b-c+10^2d+10e+f$

$=-(10^2a+10b+c)+(10^2d+10e+f)$

假如这个 6 位数是 293 524，就把它分成 3 位数 293 和 524，求它们的差。

$524-293=231$

只要看这个 231 能否用 7 除尽即可。由于 231 可以用 7 除尽，所以 293 524 也确实能用 7 除尽。

8 的时候，由于 $10^3 \equiv 0 \pmod 8$，因此可以不管 4 位以上的数，只要最后 3 位能用 8 除尽即可。

最后再来看看 9。由于 $10 \equiv 1, 10^2 \equiv 1, 10^3 \equiv 1, \cdots \pmod 9$，因此

$$
\begin{aligned}
10^3 a + 10^2 b + 10c + d &\equiv 1 \cdot a + 1 \cdot b + 1 \cdot c + d \\
&\equiv a + b + c + d \pmod 9
\end{aligned}
$$

这就同 3 一样，只要看数字之和能否用 9 除尽即可。

拿 9 来说，以前叫做 9 去法，用来确定计算的结果。为了确定下面的计算，求出数字和。

```
254…2 + 5 + 4 = 11…2
183…1 + 8 + 3 = 12…3
 ×                ×
762                  6
2032
254
46482…4+6+4+8+2=24…6
```

其理由可以从同余式立即得到说明。

$$254 \equiv 2 + 5 + 4 \equiv 2$$

$$183 \equiv 1 + 8 + 3 \equiv 3$$

$$254 \times 183 \equiv 2 \times 3 \equiv 6 \pmod 9$$

这样就能看出 9 特别方便，因为它是只比 10 小 1 的数。

例如利用 mod 9，下面的问题就容易解出来。

1, 2, 3, 4, 5, 6, 7, 8, 9

把 9 个数字适当排列，在它们当中适当的地方放入加号，例如

$$6 + 23 + 7 + 9 + 1 + 8 + 45$$

并且计算这个式子。看看能否使答案正好是 100。若计算上式，则

$$6 + 23 + 7 + 9 + 1 + 8 + 45 = 99$$

也许你会想再凑上 1 就正好是 100 了，但是事实却不是这样的。应用 9 去法，则有

$$
\begin{aligned}
6 + 23 + 7 + 9 + 1 + 3 + 45 &\equiv 6 + 2 + 3 + 7 + 9 + 1 + 8 + 4 + 5 \\
&\equiv 45 \equiv 0 \pmod 9
\end{aligned}
$$

可以看出这样的数全都是 9 的倍数，所以绝对不会是 100。

怎么动脑筋想办法也不会凑成 100，这是确定无疑了，可如果是不知道 9 去法的人，就会把所有可能情况都想做一下试试看。那么要说所有可能情况的话，到底有多少呢？其实这个数字也是大得出奇。

$2^8 \times 2 \times 3 \times 4 \times 5 \times 6 \times 7 \times 8 \times 9 = 92\ 897\ 280$

即使计算一个式子需要 1 秒，全部检查完了也需要将近三年以上的时间。懂得同余式的人是不会干这种傻事的。这个例子让我们领会到了恒等式的威力。

8.6 公倍数与公约数

一个数的倍数是有规律地按照相等的间隔排列的，两个数共同的倍数又是怎样的呢?

共同的倍数叫公倍数。最古老的公倍数的例子就是天干地支。

天干是　　甲、乙、丙、丁、戊、己、庚、辛、壬、癸

地支是　　子、丑、寅、卯、辰、巳、午、未、申、酉、戌、亥

天干是每 10 年重复一次，地支是每 12 年重复一次。甲子再次来到是什么时候呢? 甲是每 10 年重复，所以是 10 的倍数，子是 12 的倍数，所以甲子是每隔 10 和 12 的共同倍数重复一次。见图 8-10。

天干　　10，20，30，40，50，60，70，80，90，100，110，120，130，…

地支　　12，24，36，48，60，72，84，96，108，120，132，…

其中找出共同数，首先可以找到 60，这个 60 是 10 和 12 公倍数当中最小的一个。也就是最小公倍数。每 60 年一个甲子就是这个缘故。

接下去再出现的公倍数是什么呢? 因为甲子出现之后，甲又是每 10 年重复一次，子又是每 12 年重复一次，所以和以前完全一样，仍然是 60 年后又轮到甲子。如果从头数就相当于第 120 年，再往后数 60 年就是第 180 年，总之，10 和 12 的公倍数是 60 的倍数。

60，120，180，240，…

这种想法对两个以上的数来说是同样的。所以可以说几个数的公倍数就是最小公倍数的倍数。

因为有这个规律，在找公倍数时可以先找出最小公倍数。

具体来说，怎样找出最小公倍数呢? 这将放在后面来叙述。

就像把共同的倍数叫做公倍数，共同的约数就命名为公约数。例如 12 和 18 的公约数就用以下方法找出。

12 的约数：1，2，3，4，6，12

18 的约数：1，2，3，6，9，18

把两者比较一下，找出共同数就是 1，2，3，6 四个数。三个以上的数的公约数仍然用同样方法找出。例如对 27，36，54 有

27 的约数：1，3，9，27

36 的约数：1，2，3，4，6，9，12，18，36

54 的约数：1，2，3，6，9，18，27，54

把三者比较一下，找出共同数就是 1，3，9。

在公倍数里最小公倍数是重要的，在公约数里最小的公约数总是 1，所以没有多大意义。反之，在公约数里最大的数是重要的。在 12 与 18 的公约数中，6 是最大的；在 27，36，54 的公约数中，9 是最大的。在公约数中最大的数，叫做最大公约数。

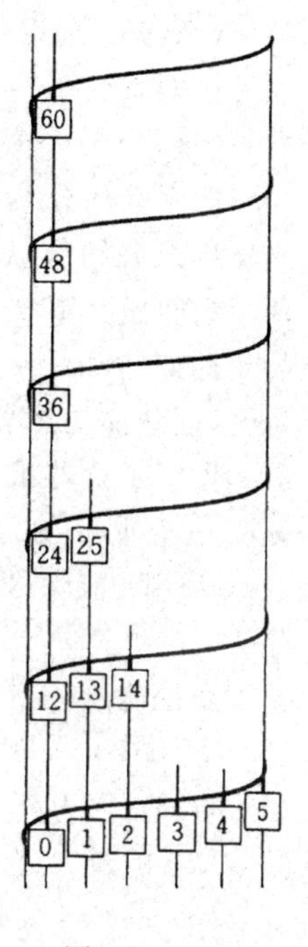

图　8-10

怎样找出两个整数的最大公约数呢？

比方要找 21 与 48 的最大公约数，先设想有一个长是 48，宽是 21 的长方形，并且从这个长方形切出尽可能大的正方形，如图 8-11 所示。从图可以看到能切出两个边长为 21 的正方形。剩下的部分是长为 21，宽为 6 的长方形。还可以从它切出正方形。

这样继续下去，可以切出边长为 3 的正方形，很显然，这个 3 就是 6，21，48 的公约数。比 3 大的整数既不是 6 和 21 的公约数，也不是 21 与 48 的公约数。总之，比 3 大的 21 和 48 的公约数不存在。这样我们就知道交替作除法，最后能够除尽的数就是最大公约数。

把两个整数这样交换除的计算法叫做互除法。

假设用 (x, y) 来表示两个整数 x，y 的最大公约数，则有

$$(21,48) = 3$$

假设长方形的长和宽都扩大到两倍，就是变为 42 和 96，再同样进行切出正方形的步骤，那么最后的正方形边长也是两倍，不是 3 而是 6 了。因而

$(42,96)=6$

一般来说

$(xz,yz)=z(x,y)$

两个数的公约数只有1时，当然最大公约数就是1，把这样两个数叫做互素数。

例如$(8,15)=1,(10,17)=1,\cdots$，这些都是互素数。

做好了这些准备，下面就来证明一个重要的定理，即$(a,n)=1$，ab用n能除尽时，b就能用n除尽。

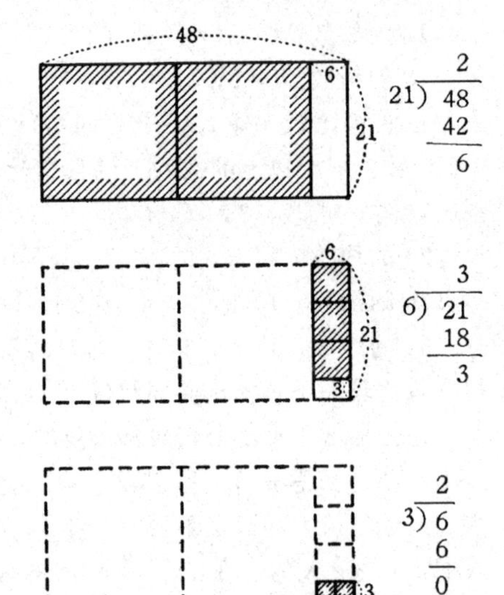

图 8-11

要证明这一点，首先要考虑三个数ab,bn,n的最大公约数(ab,bn,n)。因为其中开始的两个数ab,bn的最大公约数是b：

$(ab,bn)=b(a,n)=b\cdot 1=b$

所以(ab,bn,n)就是b与n的最大公约数。

$(ab,bn,n)=(b,n)$

另一方面，因为ab和bn也是n的倍数。

$(ab,bn,n)=n$

$(b,n)=n$

即b可以用n除尽。

利用这个事实，可以证明以下定理：

$(a,b)=1$时，a,b的最小公倍数是ab。

最小公倍数是a的倍数，可以写作ac。它还能用b除尽，所以c可以用b除尽。总之，c是b的倍数，因此其中最小的就是ab。

假设两个数a和b的最大公约数是g，最小公倍数是l。

$\frac{l}{g}$是$\frac{a}{g}$和$\frac{b}{g}$的最小公倍数。由于$\frac{a}{g}$与$\frac{b}{g}$是互素数，$\frac{a}{g}$与$\frac{b}{g}$的最小

公倍数是$\frac{a}{g} \cdot \frac{b}{g}$。因此

$$\frac{l}{g}=\frac{a}{g} \cdot \frac{b}{g}$$

去掉分母

$$gl=ab$$

总之两个数的最大公约数与最小公倍数之积等于两个数之积。

所以要求最小公倍数时，可以把两个数相乘，再用最大公约数去除。

例如求 10 与 12 的最小公倍数，因为最大公约数是 2，所以就是

$$10\times 12\div 2=60$$

8.7 素　数

所有整数都是把 1 不断累加的结果。因此要是把加法看作是基础，就可以说所有整数都是由 1 这样的原子组成。

可是用乘法作基础来考虑的话，就不是这样了。把整数逐次分成几个小的数的乘积，一直分到不可再分为止。

$$6=2\times 3$$

$$8=2\times 2\times 2=2^3$$

$$12=2\times 2\times 3=2^2\times 3$$

以乘法为基础来考虑时，分到 2，3，…这样小的数时就不能再分。把不能分成像上述这样小的数乘积的整数叫做素数。总而言之，素数是乘法世界中的原子。在加法世界中，原子仅仅是 1，但作为乘法世界的原子的素数来说却是 2，3，5，…有许许多多。

素数可以说是相当于化学家说的元素。可是对于化学家来说，幸亏只有 102 种元素，即使算上同位素也仍然是有限个。

与之相比较，素数如何呢？如果能全部找出 1000 个左右或是 10 000 个左右的素数，那么，即便是几亿几万亿的大数，也全都可以用这些素数的积来表示，那可多方便呀。

可是真不巧，事实并不是这样。我们知道，不论到什么地方总是有

新的素数出现。也就是说“素数有无限多个”。

首先明确地证明了这个定理的是欧几里得，他是用反证法证明的。

首先确定有两种情形。

(1) 素数有无限个。(2) 素数只是有限个。

证明 (1) 是我们的目的，但我们要用否定 (2) 来说明 (1) 成立。

假定全部素数是有限个，例如假定只有 n 个。并且从 2 开始，把这些数全部写出来，第 n 个素数是 p。

$2，3，5，7，11，\cdots，p$

用这些素数组成以下的整数 a，

$a=2\times3\times5\times7\times\cdots\times p+1$

这个 a 用 2，3，5，7，…，p 中的任何一个去除都除不尽而余 1。所以把 a 分解成素数时，其中所含有的素数都不是 2，3，5，…，p。因此除了 2，3，5，…，p 以外还有素数，这样就违反最初 2，3，5，…，p 是全部素数的假定。于是 (2) 就不成立。也就是说，不论如何，结论 (1) 素数有无限个成立。

素数有无限个，由此数学家的任务也就变得艰难起来。可是因此数学家就不会失业了。这里出现的难题，首先是所谓的无限是怎样分布的呢？它的分布是相当不均匀的。例如 90 与 100 之间只有 97，可是 100 与 110 之间就有 101，103，107，109 四个素数。数学家关心的是找出一种什么法则，以便一看就能知道纷繁的素数分布情况。

如果说素数相当于化学家的元素，那么把整数分成素数之积，就相当于把化合物分解成元素，也就是相当于分子式：

水 $=H_2O$

硫酸 $=H_2SO_4$

…

就像发现化合物可以分解成元素这件事，在化学这门学问的历史上起到了决定性的作用一样，第一次发现整数能分成素数的乘积时，数的知识就像一个人开始会走路那样成为科学了。

首先需要有系统地找到素数的方法，最简单的方法之一，就是埃拉托塞尼的所谓筛法。这种想法极单纯，就是只要不是更小的数（不是 1）的倍数就是素数。因为是把倍数筛漏出去，剩下的是素数，所以起名叫筛法。

例如，想要找出100以内的素数，先列出从1到100的数。首先去掉1。

然后隔一个数把2的倍数（即偶数）消去。可是最初的2当然是素数，不要消去。

看一下剩下的数中最小的数，那是3，3是接着2的素数。每3个数中有一个3的倍数，把它消掉。

剩下最小的数是5，这是下一个素数。所以接下去要消去5的倍数。

剩下的最小的数是7，接着消去7的倍数。

再看看剩下的数，最小的是11，但是11的倍数已经没有必要消去了。这是因为在100以内的数中，用11能除尽的数，其商就是10以内，那它就是已经被消去了。

一般来说，要找到n以内的素数，可以消去$\sqrt{n}$以内的素数的倍数。因此如果是100以内则是$\sqrt{100}=10$，如果是1000以内则是$\sqrt{1000}\approx 31$，即可。

用这种方法找出100以内的素数，就是以下25个：

2，3，5，7，11，13，17，19，23，29，31，37，41，43，47，53，59，61，67，71，73，79，83，89，97。

在这里谁都会有点疑问的，就是为什么没有把1算作是素数呢？这是因为人们觉得1不能分解成比自身小的数，因此有充分的资格作为素数；此外，事实上在埃拉托塞尼时代似乎就是把1当作素数了。但是在今天，由于下面的理由，1不作为素数。

8.8 分解的唯一性

如果单是分成素数的积，就没有必要这么重视了。重要的事实是分法只有一种。

分解210的步骤决不是一种。某个人首先注意到约数7，然后注意到约数5，3，2。

$210=7\times30=7\times5\times6=7\times5\times3\times2$

把这和上面的2，3，5，7比较一下，顺序虽然不一样，可是分解的素数相同。这对于任何数的素因数分解都成立，这就是唯一性的定理。

在证明这个定理以前，先人为地作一个定理不成立的例子。我们不考虑全部整数，而是只考虑个位数为1的数，也就是对 mod 10 来说 $x \equiv 1 \pmod{10}$ 的数。

1，11，21，31，41，51，61，…

要是考虑到计算方法，我们立刻可以知道，把这样的两个数相乘的结果，个位还是1。

假定有一个人只知道这样的数，那么对他来说，不用说11或31，连21或51也会看作是素数，因为即使分成 $21=3\times7$，他也是不知道数3或7。这样一来，对于4641来说就可以分为两种。

$4641=21\times221$

$4641=51\times91$

在他看来，这里出现的21，221，51，91都是素数，可是分的方法确实不止一种。

因此，在这种“人为的”数的世界中，素因数分解的唯一性不成立，因为唯一性成立的环境是“自然”数的世界。

假设把某个数分成素数的积时，用了两种不同的分法。

$a=p_1p_2\cdots p_s=p_1{}'p_2{}'\cdots p_t{}'$

如果两边出现同样的素数，约去以后，两边就不会再出现同样的素数。

可是从左边的 p_1 来看，那是把 $p_1{}'p_2{}'\cdots p_t{}'$ 的积除尽了，因此是把 $p_1{}'$，$p_2{}'$，…，$p_t{}'$ 之中的某个数除尽，$p_1{}'$，$p_2{}'$，…，$p_t{}'$ 是素数，所以应该是与其中的一个数一致。总之在右边也有 p_1，这就与“没有共同的素数”的假定相反。

总而言之，由于约去 a 的两边就变成 $1=1$ 的形式，一开始就出现同样的素数。知道了这个唯一性的定理，就会明白为什么不把1当作素数。要是1也算作素数的话，就有

$6=2\times3=1\times2\times3=1\times1\times2\times3=\cdots$

它的分解就不是一种了。

运用这个唯一性的定理，能够证明 $\sqrt{2}$，$\sqrt{3}$，…是无理数。

如果假定 $\sqrt{3}$ 是有理数，则可置

$$\sqrt{3}=\frac{b}{a}$$

设 a，b 为整数，把两边平方，去掉分母

$$3a^2=b^2$$

试将 a，b 分成素数

$$3p_1^2p_2^2\cdots p_m^2=q_1^{\ 2}q_2^{\ 2}\cdots q_n^{\ 2}$$

这时素数 3 在左边出现奇数次，在右边出现偶数次，这就与唯一性定理相矛盾。所以$\sqrt{3}$不会是有理数，而是无理数。

同样可以知道$\sqrt{5}$，$\sqrt{6}$，$\sqrt{7}$，…是无理数。

8.9 费马定理

用≡符号表示的同余式把全体整数分成有限个组。当某些数用 n 除得的余数相等时，就属于同一组。这种分法最近常用在确定抽签中奖号码。所谓把用 5 除余数为 2 的号码作为中奖号码，恰好是满足下式的整数：

$$x\equiv 2 \pmod 5$$

以前曾经说过，如果用（mod 5）来分类，就可以分为 5 个组（以后规定叫做类），这是因为余数有 5 种：

0，1，2，3，4

现在只把 0 另外处理，取 1，2，3，4 类来看看。如果是取 2 的话，这时就是

$$2,\ 2^2,\ 2^3,\ \cdots$$

下面把（mod 5）省略掉，

$$2\equiv 2 \qquad 2^2\equiv 4 \qquad 2^3\equiv 8\equiv 3 \qquad 2^4\equiv 6\equiv 1$$

也就是 4 次方就变成 1 了。

接着我们来作一下 3：

$$3\equiv 3 \qquad 3^2\equiv 9\equiv 4 \qquad 3^3\equiv 12\equiv 2 \qquad 3^4\equiv 6\equiv 1$$

这次也不错，4 次方就变成 1 了。再作一下 4 看看，

$$4\equiv 4 \qquad 4^2\equiv 16\equiv 1$$

这次是 2 次方就是 1 了。当然 4 次方也是 1。

$$4^4\equiv 1$$

不论取 1，2，3，4 的哪一个，只要 4 次方就都是 1。

$x^4 \equiv 1 (\mathrm{mod}\ 5)$

要证明这一点可以用以下做法。首先把1，2，3，4全都乘上2，于是就成了

2，4，6，8

这是1，2，3，4中的某一个，为什么呢？因为用5除不尽的数互乘的积也还是用5除不尽，而且彼此也不会恒等。总而言之，2，4，6，8仅仅是把1，2，3，4的顺序变换一下。事实是

$$\begin{array}{cccc} 2 & 4 & 6 & 8 \\ \downarrow & \downarrow & \downarrow & \downarrow \\ 2 & 4 & 1 & 3 \end{array}$$

因此 $(1\times 2)\times(2\times 2)\times(3\times 2)\times(4\times 2) \equiv 1\times 2\times 3\times 4$

$2^4\times 1\times 2\times 3\times 4 \equiv 1\times 2\times 3\times 4$

由于$1\times 2\times 3\times 4$用5除不尽，故有

$2^4 \equiv 1\ (\mathrm{mod}\ 5)$

即使不是2,用3,4也可以。所以,一般来说

$x^4 \equiv 1\ (\mathrm{mod}\ 5)$

由以上论述可以看出，即使不是5，对于一般的素数也成立。这就是费马（Fermat）定理：

$x^{p-1} \equiv 1(\mathrm{mod}\ p)$（$x$用$p$除不尽）

恒等式≡与等式＝相似的地方很多，但是碰到费马定理就大不一样，对于＝来讲，实在不能说是$x^{p-1}=1$。因为常识告诉我们，不管x是多少，只要大于1，它的累乘总是变大。而对≡来讲，由于≡1周期性地重复，因而$x^{p-1}\equiv 1$。

8.10 循环小数

众所周知，把分数换成小数时，会得到有限小数或循环小数。

在变为循环小数时，使用费马定理可以很巧妙地找出从第几位数开始重复。

这里只作一下分母是素数的情况吧，比如说$\frac{1}{7}$：

$$\frac{1}{7}=0.\underbrace{142\ 857}\ \underbrace{142\ 857}\cdots$$

计算后就知道是从第 6 位后开始重复。这时把开始的 6 位移到小数点的左边。为此可以乘以 10^6：

$$\frac{1}{7}\times 10^6=142\ 857.\underbrace{142\ 857}\ \underbrace{142\ 857}\cdots$$

接着再减去$\frac{1}{7}$，小数部分就消失而只剩下整数部分：

$$\frac{1}{7}\times 10^6-\frac{1}{7}=142\ 857$$

$$\frac{10^6-1}{7}=142\ 857$$

总之，10^6-1 能够用 7 除尽了。写成同余式

$$10^6\equiv 1(\mathrm{mod}\ 7)$$

这时的 6 就是重复的位数。如果是 11 时，由于

$$10\equiv -1(\mathrm{mod}\ 11)\qquad 10^2\equiv 1\ (\mathrm{mod}\ 11)$$

$\frac{1}{11}$应该是两位重复，由计算可知是以 09 重复：

$$\frac{1}{11}=0\cdot\underbrace{09}\ \underbrace{09}\ \underbrace{09}\cdots$$

对于比 11 大的数来讲，就是

$$10^6\equiv 1(\mathrm{mod}\ 13)\qquad 10^{16}\equiv 1(\mathrm{mod}\ 17)$$

$$10^{18}\equiv 1(\mathrm{mod}\ 19)\qquad 10^{22}\equiv 1(\mathrm{mod}\ 23)$$

$$10^{28}\equiv 1(\mathrm{mod}\ 29)\qquad 10^{30}\equiv 1(\mathrm{mod}\ 31)$$

…

10 的右上方的指数就是循环小数$\frac{1}{13}$，$\frac{1}{17}$，…的重复的位数。读者可以自己去验证。

第9章 变化的语言——函数

9.1 变与不变

本章从两个方面考虑变与不变的问题。据说人们对变与不变的概念有着根深蒂固的倾向。比方说在“汽车跑”这句话里，动词“跑”表示位置的变化，名词“汽车”并没有位置变化和不变化的意思，这句话表示了一般人的思维方法。人们往往习惯于把变与不变这两方面对立起来。

如果数学是某种特殊语言，并且仍然以不变化和变化作为研究课题，则可按照侧重于变化，还是侧重于不变化，大体上把学问的性质来划分一下。

比如算术，可以说是不变方面特别突出的学问。在写1，2，3，…时，这些数是不动、不变的。在算术领域中，变化和运动几乎完全隐藏在背后。

即使在欧几里得的《几何原本》中，图形也是以不变和静止为主要思路来进行论述的。他力图尽量避免使图形又变化又运动。

可是随着时间的流逝，不变和静止的数学开始落后了，取代不变和静止的数学的是变化和运动的数学，且变化和运动的数学一跃而后来居上，其原因是这种新型数学符合新时代的要求。

长时期的封建制度把欧洲分隔成许多小国家，把国家划分成若干个省，又把省划分为若干个县。那个时期实行闭关自守，任何一点点开放的活动都是非常困难的。

然而，从14世纪开始到15世纪，有了使闭关自守这道墙崩塌的条件，这就是商品开始出现于社会生活中。

商品像身体小但力量大的蚂蚁群一样，从村庄到村庄，从城市到城市，迅速地发展起来。为了制造商品就兴办了新型工业，为了交换商品则诞生了商业。而为了运输商品，陆地和海上的交通也随之蓬勃发展起来了。

工厂的工人和商人的身价顿时倍增。但是如果以为工人和商人们从此就可以安安稳稳地从事自己的事业，那就大错特错了。封闭社会的封建制度这座堡垒，仍然继续阻挡着他们前进的道路。这样，新生势力与守旧势力就发生了冲突，并且这种冲突屡屡变成白热化的战争。战争需要配制火药、制造大炮。为了配制火药，化学必须有新的发展，而为了计算炮弹的弹道，物理学和数学也必须有新的突破。

除此之外，为了开发新的原料产地和商品市场，对于商人们来说欧洲的舞台已经显得过于狭小。正因为如此，以哥伦布和瓦斯科·达·伽马为先导的商船队，从地中海出发驶往大西洋和印度洋去开拓新市场。

商船队在海上，经过地中海由一个岛屿绕过一个岛屿航行的时候，必须有新的航海技术。在茫茫的大海中连一个岛屿的影子也看不见，只能凭借太阳、月亮和星星这些天体来决定船队所在的位置，这样就要精确地知道太阳和月亮的运动，因而创造了新的天文学。

这个时代所要求发展的科学不是不变和静止的科学，而是变化和运动的科学。

伽利略反对那种认为“不变才是高贵、完全的科学”的说法。

伽利略受到了罗马教皇的镇压，导致受宗教审判的导火线是他的《天文对话》一书。他在书中写道：

“对于把形成不生不灭、不变化的宇宙的自然界物体看作非常高贵和完整，相反地却把有生有灭、易变化的事物视作不完整，我甚感吃惊，并从理智上反对这种谬误。”

这句话中，强烈地反映了不是从静止而是从运动来观察世界的近代精神。伽利略给以静止为高贵的人们进行了痛苦的洗礼。

“高度评价不消灭性、不变化性的人们，是因为想长生不老和害怕死亡，所以吹捧不消灭性、不变化性，然而他们没有想到要是人能够长生不死，就不能从天堂来到地上。为了让这些人更完善起见应该让他们去见识一下，把遇见的一切都变成珠宝钻石的孟德撒头像。”

如果要研究不静止的运动和不稳定的变化问题，就必须知道＋，－，×，÷的计算方法和尽可能地通晓圆和几何学的有关知识。

为了满足上述要求，必须创造出有关研究变数和函数的完整新式工具。

9.2 变数和函数

在阿拉伯人的时代，人们还不知道方程中的字母代表某种数。它是某种难题的答案，但不是变动的数。

把字母看作是变动的数即变数的人是笛卡儿。

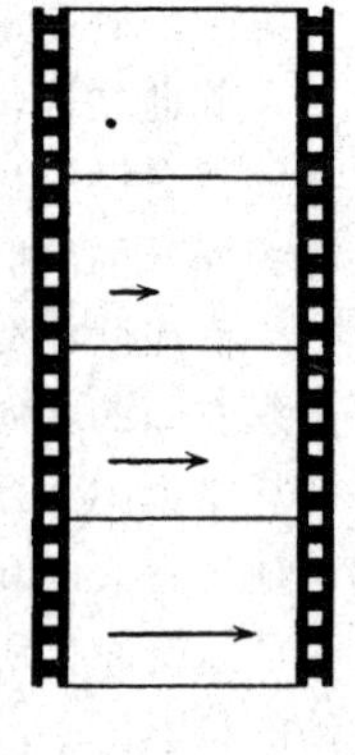

图 9-1

比方说，字母 t 不仅表示某一瞬间，而且表示一定的时间间隔，变化时，所得到的是连续不断的时间。t 是表示连续的电影胶片长度的全部，如图 9-1 所示，而不是其中的一个片段。

称做 x 的变量，不是直线上的一个点，而是表示在直线上可以任意移动的一个量。

长度、体积、重量表示物体或物质的性质，设某个物体是永远不变的，则其长度、体积、重量也是不变的。如果某个物体是变化的，则哪些量变化，其值就是变数。

反映患者疾病的指标是脉搏、呼吸、体温等。脉搏、呼吸、体温随着患者病情的变化而变化，所以也是变数。

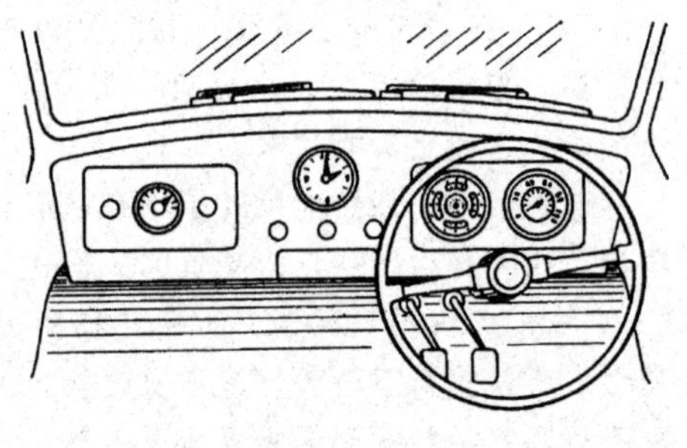

图 9-2

安装在汽车驾驶台上的计时表、速度表、里程表都是随着时间而变的变数。

在这种情况下，时间、速度、行车距离这三个变量是表示汽车状态的标志（见图 9-2）。

家庭厨房中安装的电表、煤气表、水表表示各自的消费量，是三个变量。

与这种以单独形式存在的数和量相比，以和其他几个量共存的形式来表示某一物体的状态、性质的情况更多，而且在多数情况下这些量之间相互存在着一定关系。

例如，家里的钟表和电表之间是有某种关系的。从傍晚开始到10点钟左右为止，耗电量多，夜间耗电少，白天的耗电量接近于零。

当考虑共存的几个量之间的相互关系时就产生了所谓的函数。

比方说，即使汽车的驾驶台上的里程表坏了，只要有速度表和计时表，就可按

速度×时间＝距离

计算出距离。此时把距离叫做速度和时间的函数。

另外，在列车时刻表中记有距离和运费的对照表，只要距离一确定，运费也就确定了。也就是说运费是距离的函数，如表9-1所示。

表 9-1

距离（千米）	运费（日元）	距离（千米）	运费（日元）
1～6	10	28～31	70
7～10	20	32～35	80
11～14	30	36～39	90
15～18	40	40～43	100
19～22	50	44～47	110
23～27	60		

上面已经叙述了两三个实例，然而在包围着人类的自然界中存在着无数的量，并且这些量之间彼此关联和变化。

研究这些变化规律是近代数学最重要的课题。按照莱布尼茨的说法，函数是变化和运动的“普通的语言”。

不言而喻，这些量一方面互相关联，一方面变化的方式是多种多样的。这不是一件轻而易举的工作。因此这里一如既往地从最简单的情况开始叙述，并且采取从最简单的问题出发，再进而过渡到复杂问题的方法。

两个变量具有关联变化的场合是最简单的情况，之所以这样说，是因为一旦决定了其中一个变数，则另一个变数随之可求出：

$x \rightarrow y$

欧拉把它写成 $y = f(x)$。

例如，图 9-3 中所示的玻璃容器，容器中间用金属网隔开。当给容器注入一定水量之后，则拧开容器下部的龙头放水，使容器中的水量可以自由增减。

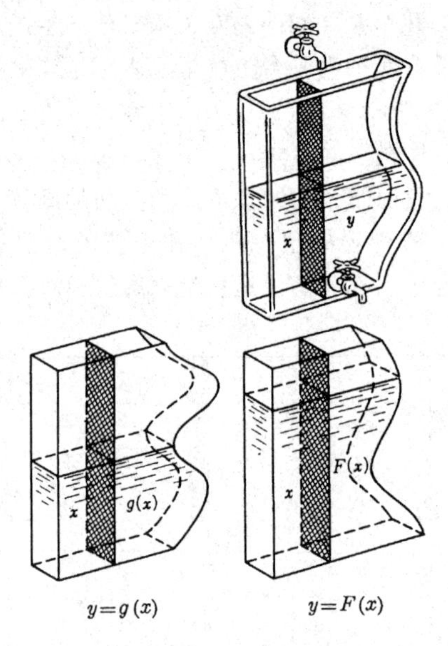

图 9-3

设用升测量出容器左侧的水量 x，右侧的水量是 y。由于玻璃容器中间是用金属网分开的，所以容器中的水可以自由地左右流动，即整个液面水平线任何时候都相同。因此一旦规定了容器左侧的水量 x，则右侧的水量 y 也为一定值。也就是说 x 变化，y 也随之而变化。

所以，这种情况应写成 $y = f(x)$ 的形式。

在这个例子中，如果把右侧的玻璃容器做成各种不同的形状，就可以得到各种不同的函数。

以上各种不同形式的函数一般可写成 $y = g(x)$，$y = F(x)$ 的形式。

9.3 正 比 例

这种函数中最简单的情形是右侧完全变成长方体，请看图 9-4。设玻璃器皿左侧水量为 x，右侧的水量为 y。此刻一旦确定了 x 的量，由于水面具有相同的高度，y 的量也就决定了，从这个意义上讲，不能不说 y 是 x 的函数。因此，仍然可以写作 $y = f(x)$。

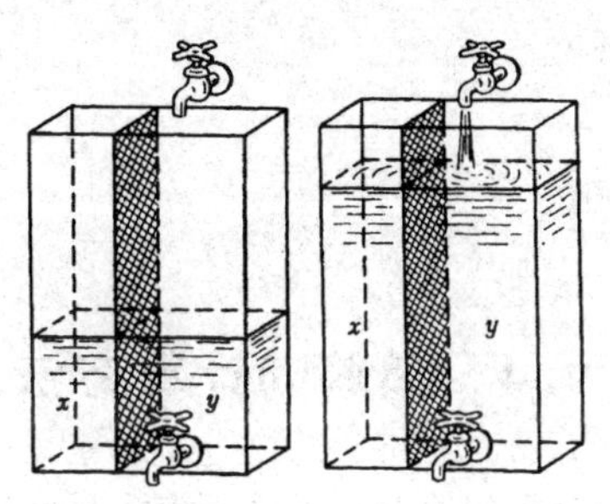

图 9-4

在这里让我们想想看，当 x 变化时，y 怎样变化。

当 x 变成 2 倍时，y 怎样变化呢？从图 9-5 中看，y 也依然变成 2 倍。

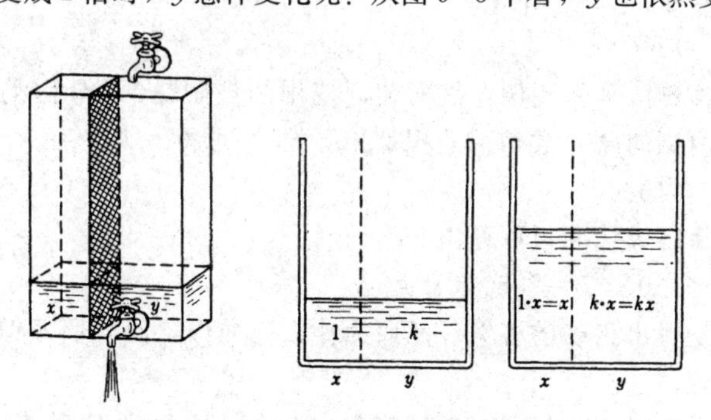

图 9-5

同样，如果让 x 变成 3 倍，y 也变成 3 倍。

另外使 x 变成 1/2，同样 y 也变为 1/2，使 x 变成 1/3，y 也变成 1/3。

具有这种关系时，称 y 与 x 成正比例。

当 y 和 x 成正比例时，函数 $y=f(x)$ 写成哪种形式好呢？为此可以看看 x 等于 1 的特例，并设此时 y 的值为 k。现在让 x 从 1 变成 x，则 1 变成了 x 倍，故 y 也变成 k 的 x 倍，即 $y=kx$。也就是说函数 $f(x)$ 成为 kx 的形式。这种正比例用 $y=kx$ 来表示，是一种最简单的函数。

这样的正比例关系非常多。例如：

距离＝速度×时间

价格＝单价×重量

…

…

$y=kx$

9.4　鹦鹉的计算方法

据说这样的正比例计算是从前的欧洲商人经常使用的。

比方说，如果遇到“5 码（英制长度单位，1 码＝91.44 厘米）的布料是 1300 日元，那么 8 码的布料是多少钱”这样的问题，商人们就按下述方法算账：

$5:8=1300:x$

把这种算法称作比例，然而此刻使用的规则是：“外侧的两个数相乘的积和内侧的两个数相乘的积是相等的。”可得

$5x=8\times1300$

用 5 除以等式两边可算出 x：

$x=8\times1300\div5=2080$（日元）

这只是得出正确的答案，然而为什么这样做，商人们好像还不明白其中的道理。

哲学家斯宾诺莎（1632—1677）曾激烈地批评这种盲目的计算方法。

“有的人在比例法这方面据传闻得知，如果在第二个数上乘以第三个数再除以第一个数，就会得出第四个数。这个数与第三个数的比例与第二个数相对于第一个数的比例相同。他也不考虑传播这种方法的

人说的也许是谎话，就盲目地追随着进行计算。尽管盲目者具有上述关于比例法则的计算知识，然而他只不过是盲目从事，就好像鹦鹉学舌。”

如果不用死记硬背的鹦鹉公式来计算，而是根据道理进行计算，则如下所述：

因为5码是1300（日元），

所以1码是1300（日元）÷5，

8码是1300（日元）÷5×8=2080（日元）。

因为这种方法是从5码一次归化到1码，所以把它称之为归一法。在欧洲的小学教育中，已经不采用斯宾诺莎攻击过的鹦鹉公式，而采用容易接受的归一法来进行正比例计算，可是在日本仍然有死记硬背这种鹦鹉公式的学校。

9.5 变化的形式

数学上研究的是 x，y 为任意量时，$y=kx$ 这种函数，并且假定 x，y，k 是纯数[①]。

数学家主要关心的是用 $y=kx$ 的表达式所表示的变化形式。至于 y 和 x 具体有什么样的内容，则听凭物理学家和化学家等人去进行判断。英国数学家G. H. 哈代（1877—1947）曾说过：

“数学家是像画家、诗人那样类型的人，如果他创造的模型也像画家和诗人的作品一样永恒，则是因为其模型是抽象概括的结果。”

也可以说数学家和其他科学家的关系具有作曲家和歌词作者相类似的关系。作曲家的主要兴趣是音符的变化形式，不是歌词。考虑歌词内容的优劣是歌词作者的工作。因此，即便是相同的曲调也可以创造出不同内容的歌词。比方说卢梭创造的下列曲调也被填上各种各样的歌词。明治初年的小学歌唱队唱过下边那样的歌词：

---

① 指没有单位的数。——译者注

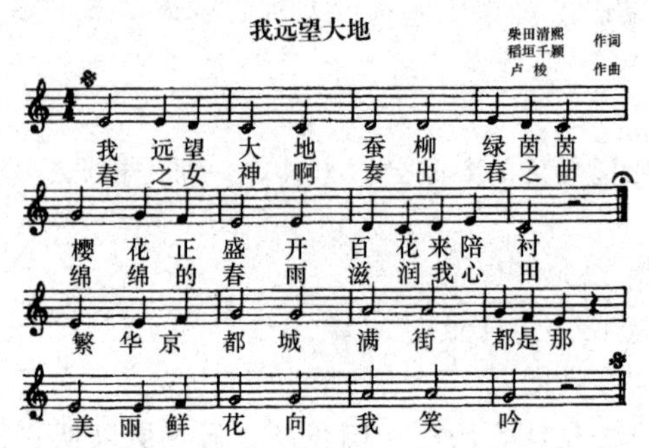

到了后来，创造了意思完全相反的“合起来再张开”的歌词。

合起来再张开，

拍拍手合起来，

再张开，再拍手，

传下去。

虽然这个歌词的意思已经和原来的不同了，但音符的变化形式仍相同。

数学家之所以要研究变数这个题目，是因为数和音符的变化形式相同。

因此数学家研究 $y=kx$ 的性质，既可以在物理学家的“速度×时间=距离”方面使用，也可以在商人的“价格=单位×重量”方面适用。

9.6 各种类型的函数

不言而喻，函数的种类不仅仅只有正比例一种。比方说正方形的边长 x 同它的面积 y 之间的关系可写作 $y=x^2$，显而易见它不是正比例。

一般来说，上述情形应该写成什么样的函数呢？

请看图 9-6，左侧是长方体，右侧是三角形的柱体，中间用金属网隔开。此时设左侧的水量是 x，右侧的水量是 y，它们是如何变化的呢？首先如果加入 2 倍 x 的水量，则随着 x 的变化 y 应该变成 4 倍，设 x 为 3 倍，则 y 成为 9 倍，即如果 x 为 n 倍则 y 变成 n^2 倍。

和正比例的情形一样，相对于 $x=1$ 把 y 的值规定为 k。此刻如把 x

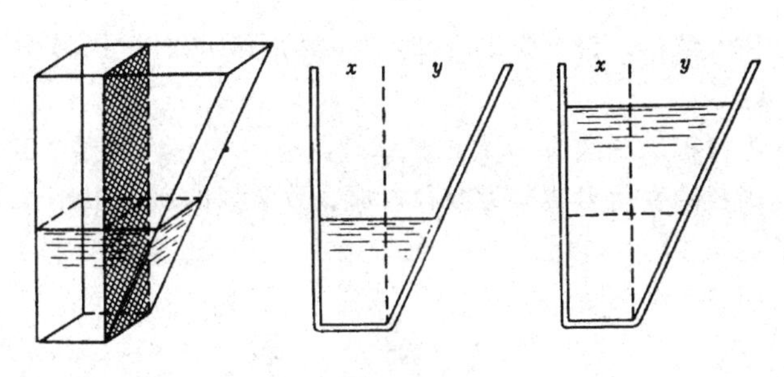

图 9-6

换成 $1\times x$，可知 y 变成 $k\times x^2$，也就是说变成了 kx^2。

总而言之变成：

$y=kx^2$

比较 $y=kx$ 和 $y=kx^2$，明显看出它们是不同的函数。如果使用 $f(x)$类型的记号，为了把上面的两个函数区分开，还是把另一个函数写成 $g(x)$的形式为好。即

$y=f(x)=kx$

$y=g(x)=kx^2$

这种记号在今天已经和阿拉伯数字 1，2，3，…一样在全世界广泛使用。当初莱布尼茨刚创造出函数的时候使用的符号是另一种形式，今天写的 $f(x)$，$g(x)$，…他则用$\overline{x|1}|$，$\overline{x|2}|$，…来表示，号码 1，2，…是函数 1 号，函数 2 号的意思。

和莱布尼茨的符号相比较，记号 $f(x)$使用方便，替换 x 时，比方说用 2 代替 x 则可写成 $f(2)$的形式，这相当于按 $f(x)$变化的胶卷在某个 $x=2$ 时刻的一张胶片的情形。

不用说，除了函数 $y=f(x)=kx$ 和 $y=g(x)=kx^2$ 以外，还有许多的函数。

例如让我们看看做成如图 9-7 所示形状的水槽。

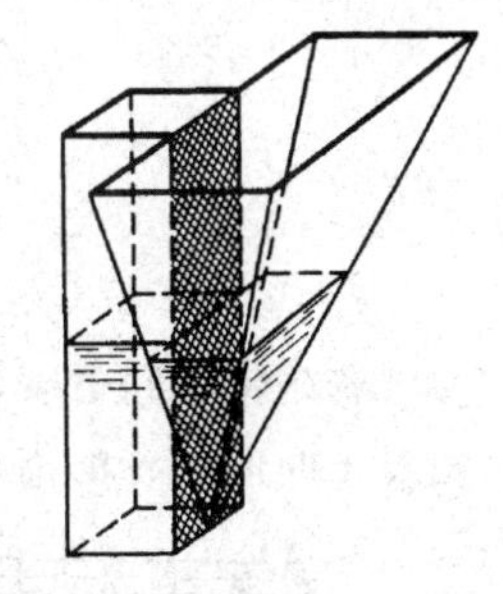

图 9-7

如图所示，如果规定 x 变为 2 倍，y 就变成 $2\times2\times2$ 倍也就是 8 倍，若 x 变为 3 倍，则 y 就变成 $3\times3\times3$ 倍也就是 27

倍，照以往的情形，设 k 为 $x=1$ 时的 y 值，则函数可写成如下形式：

$y=kx^3$

仿此，可得出函数 $y=kx^4$，$y=kx^5$，…

可见函数的变化形式有无数种，那么数学家的研究工作也就因此变得丰富了。

9.7 图 表

设有函数 $y=f(x)$，现在可绘出随着 x 的移动，点 $(x, f(x))$ 变化的一条曲线或者直线，这就是描图法。为了用眼睛看这条曲线 $y=f(x)$ 变化的形式，描图法实在是极好的方法。

医生观看病人的体温图表，如图 9-8 所示，在某些情况下，用来诊断病人是否患疟疾病。

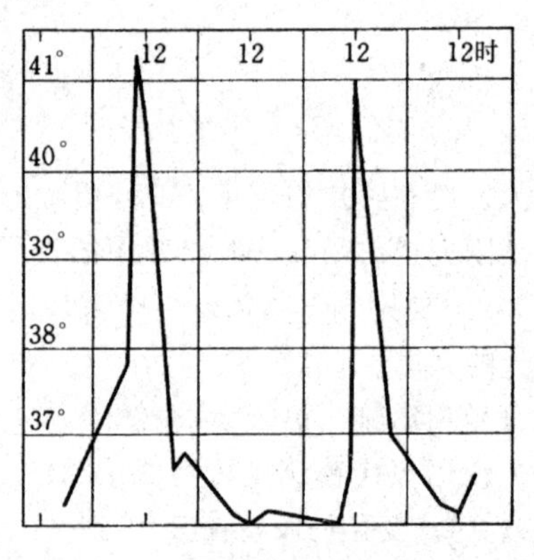

图 9-8

音乐家眼睛看着乐谱时脑海里随之浮现出曲调，因为乐谱可看成是相对于时间的音的高低变化的视觉化图表。

图表的发明者笛卡儿在《方法论》一书中有如下叙述：

“这种方法就是借助几何学的解析和代数学的一切优点，用一方之长补另一方之短。”

可以进行精密计算是代数学的优点，然而却欠直观；另一方面，几何学则非常直观，却欠缺精密的计算。

笛卡儿把代数运算的手和透视几何的眼睛有机结合起来，创造出比以前更强有力的武器。

9.8 函数的图表

具有正比例这种最简单关系的 $y=kx$ 的图表是什么样呢？如考虑当 $k=2$ 时的函数 $y=2x$，当 x 是 0 或者是正整数时计算 y 的值，则得出表 9-2。如果把这些点画在平面上则如图 9-9 所示。

这里，当 x 为 $\frac{1}{2}$，$\frac{3}{2}$，$\frac{5}{2}$，…中间值的时候，根据 $2\times\frac{1}{2}$，$2\times\frac{3}{2}$，…计算得出 y 值，此时的 y 值也刚好是中间值，新的点依然很好地排列在相同的直线上。这是由于乘的是分数，由分数的规则所决定的。这样做的结果是间隔逐渐缩小而点越来越密集，最终成为一条直线，如图 9-10 所示。

表 9-2

x	y
0	0
1	2
2	4
3	6
4	8
⋮	⋮

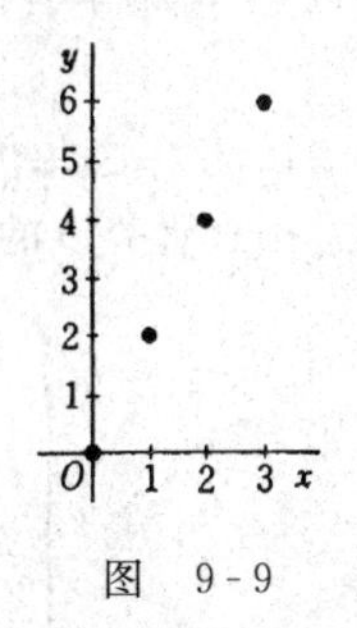

图 9-9

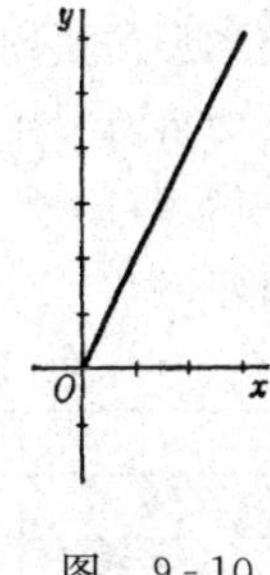

图 9-10

只是这种情况是直线结束在原点，即左下方直线没有延伸。在图 9-10 的左下方，对于 $y=2x$ 按理应该加入 $x=-1$，$x=-2$，…的计算，见表 9-3。把这些点画在平面上就如图 9-11 所示。

这里使我们再次想起了乘负数的规则。由于规定了正数×负数＝负数，延长右上方的直线，这些点应该构成左下方的直线。如果万一有正数×负数＝正数的法则，那么点就在图 9-12 所在的位置上了。

表　9-3

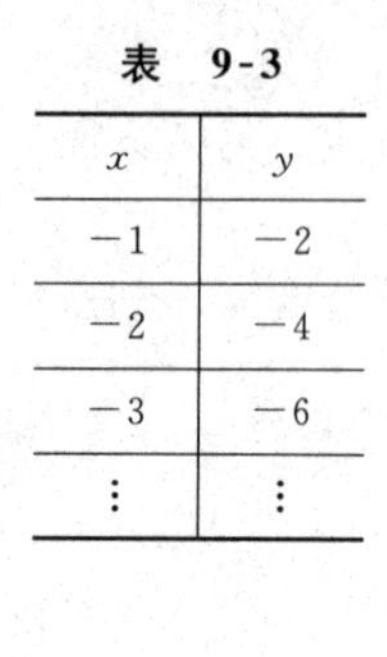

x	y
-1	-2
-2	-4
-3	-6
⋮	⋮

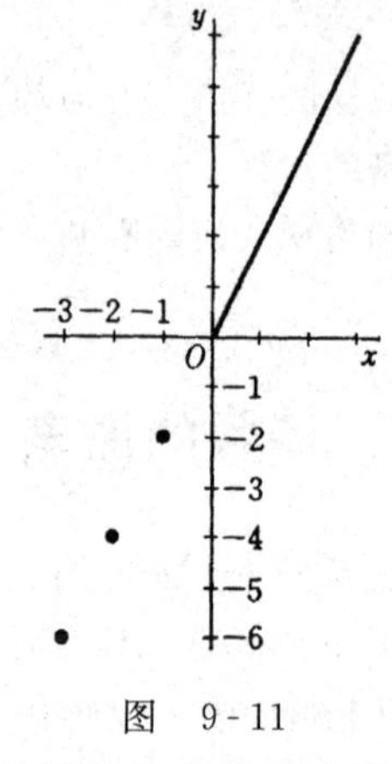

图　9-11

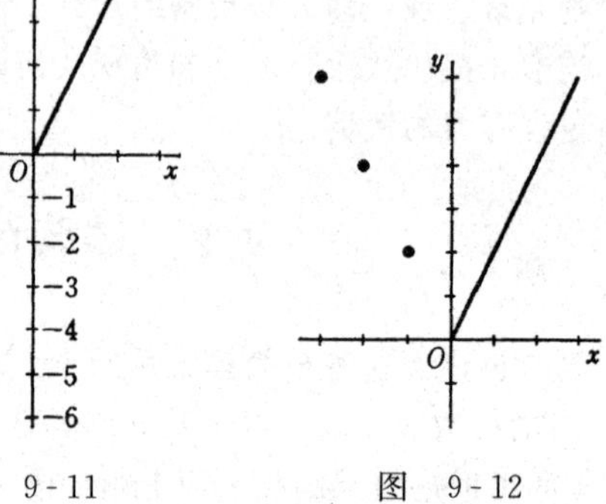

图　9-12

由于这个×分数的法则和×负数的法则，故而函数 $y=2x$ 的图形是一条通过原点从左下方到右上方的无限延长的直线。×分数的法则和×负数的法则的出现比图表的发明要古老得多。可是，即便是出现了图表，上述法则依然完全正确。

帕斯卡说："数字模仿空间。"帕斯卡首先预见到数字的计算法则具有空间图形的法则。

下面再看看函数 $y=x^2$ 的图表。这儿仍然是对应于 $x=\cdots$，-3，-2，-1，0，$+1$，$+2$，$+3$，…，计算 y 的值，可得到表 9-4，对点而言，则如图 9-13 所示。

表　9-4

x	y
⋮	⋮
$+3$	9
$+2$	4
$+1$	1
0	0
-1	1
-2	4
-3	9
⋮	⋮

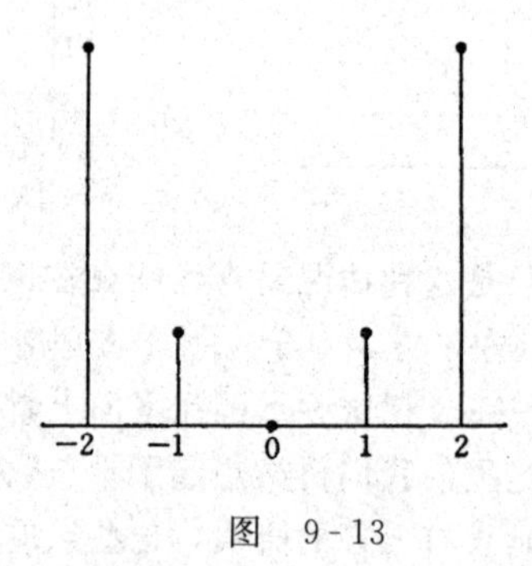

图　9-13

逐次以取中间值的方法使点密集，就得到一条连续的曲线。如图 9-14 所示。

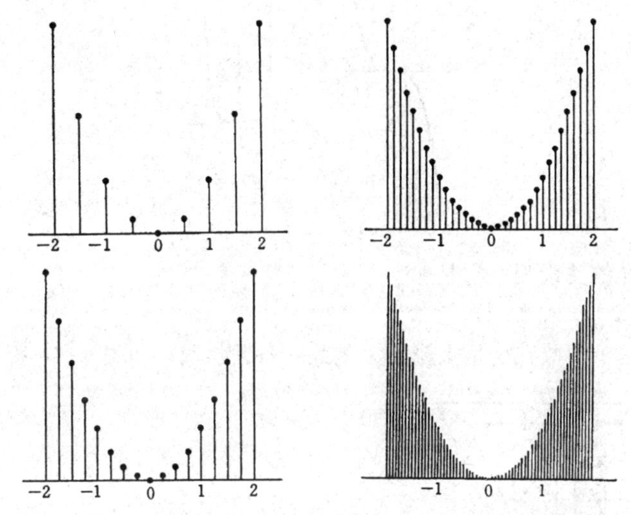

图 9-14

掌握 x^2 或者其一般形式 $f(x)=kx^2$ 很重要，这种函数，可以用于求正方形的边长 x 和面积 y 之间的关系，扔石头的时候时间 t 和石头下落距离 s 之间的关系，还有流过导线的电流强度 I 和发热量 J 之间的关系。至于怎样利用，则由使用数学的人来判断。数学家所关心的是 $y=x^2$ 的变化形式（见图 9-15）。

用同样的研究方法可画出 $y=x^3$，$y=x^4$ 的图形，如图 9-16 所示。

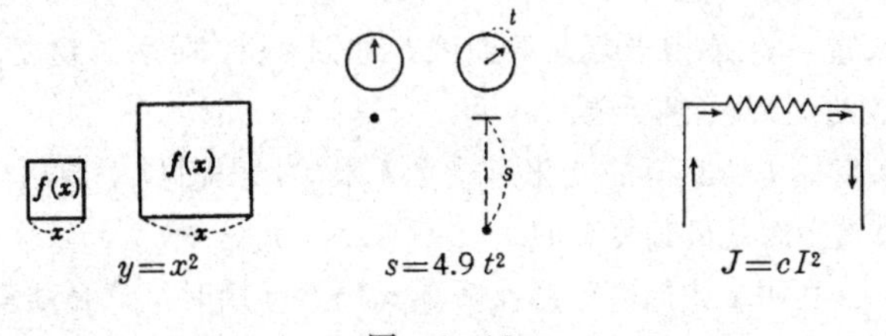

图 9-15

将这些函数进行恰当的组合可以创造出复杂的函数。

譬如，在如图 9-17 所示形状的水槽中，左侧的 x 和右侧的 y 之间

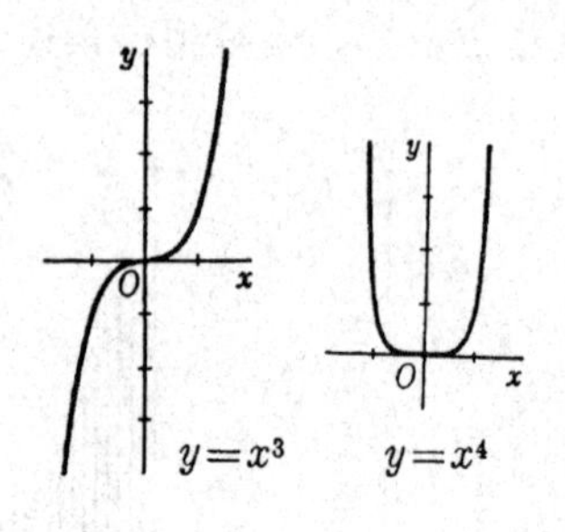

图 9-16

有着怎样的关系呢？它是

$y=ax^2+bx+c$

把这个函数在坐标上画出来就是一条抛物线，如图 9-18 所示。

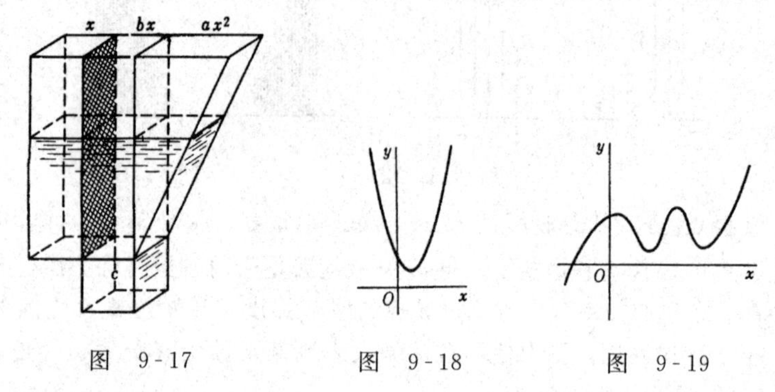

图 9-17　　图 9-18　　图 9-19

函数的一般形式可写为

$y=a_0x^n+a_1x^{n-1}+\cdots+a_{n-1}x+a_n$

一般来说，这是相当复杂的曲线，如图 9-19 所示。粗略地说就是 n 越大，函数的图形就越复杂。

在现实世界中所具有的变化形式是无限的，因而如果想用公式来表示的话，其公式必然是极其复杂的。

因此，当利用多少次幂的高次多项式仍不够用时，就必须借助于第 12 章中叙述的无限高次多项式：

$f(x)=a_0+a_1x+a_2x^2+a_3x^3+\cdots$

9.9 解析几何学

为了做到一眼就能看出某个函数变化的形式，可利用图表。

然而，也可以把这个目的和手段颠倒过来，即为了研究图形的性质而利用函数的计算，这就产生了解析几何学。解析几何学是利用计算手段的几何学。

一切图形都是由点开始的，对解析几何学也不例外。

为了用数字表示点的位置，必须用坐标。坐标是从竖和横两个方向上来表示平面上的点。

表示某座城市中的住处也有各式各样的办法。例如，既有无一定城市规划建造最混乱的城市东京的例子，也有整整齐齐有计划建造的札幌那样的例子（见图 9-20）。

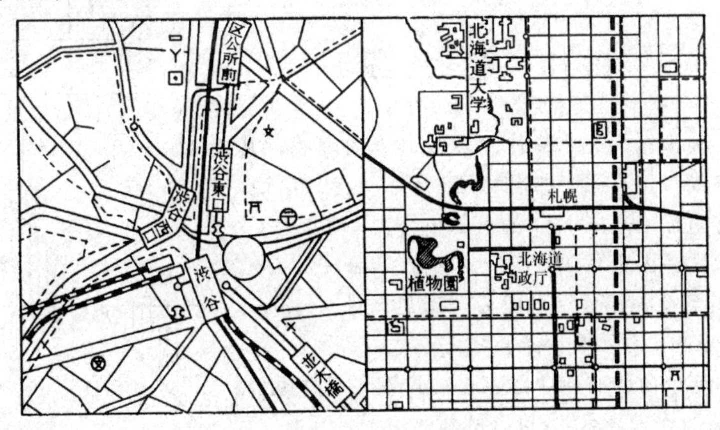

图 9-20

在没有城市总体规划的混乱的东京，如果不拿着详细的地图去不知道的地方救险，那就糟透了。然而在札幌，只要知道大街名称和住地号，即使没有地图也可以顺利找到目的地。那是因为住地号是沿坐标方式安排的。

由平面上的一点引两条直线相交成直角，再以与此直线平行的线来将平面细细地划分。由此，平面上的一点就可用两个数字来表示。原来的直线是坐标轴，其交点是原点，如图 9-21 所示。

相同的物品因排列方法不同变得有好有坏，这是不足为奇的。

用“伊吕波歌”[①] 来排列50个日文假名，与按照“あいうえお”的顺序来排列相比，其方便的程度是不一样的。详见图9-22。

在“伊吕波歌”中间，假名没有什么亲近性，像东京市的排列，然而“あいうえお”则像札幌式的排列，从某种意义上讲是按照坐标来进行考虑的。

围棋盘上的原点就是围棋盘的中央，是从−9开始到+9结束。

最近，不论是字典，还是电话簿都采用札幌式“あいうえお”的区分办法，并不是偶然的。

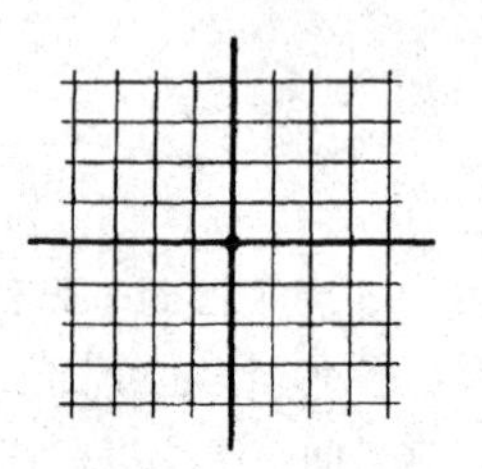

图 9-21

あ	か	さ	…
い	き	し	…
う	く	す	…
え	け	せ	…
お	こ	そ	…

图 9-22

9.10 直 线

横坐标为 x、纵向长为 $ax+b$ 的竖线，其顶点构成一条直线，如图9-23所示。换句话说，具有坐标 $(x, ax+b)$ 的点的集合为一条直线。

这是因为写成 $y=ax+b$ 和 $(x, ax+b)$, (x, y) 的意义相同，结果成为“满足条件 $y=ax+b$ 的点的集合，是一条直线”。

这个命题的逆命题就是“所有的直线可用 $y=ax+b$ 来表示”。也有例外的情形。

所谓例外是垂直于 x 轴的直线，因为这条直线的 x 坐标是一定的，可写成 $x=a$，可是 y 不出现在公式中（见图9-24）。

为了去掉这个例外，可用下列公式表示直线：

$$ax+by+c=0$$

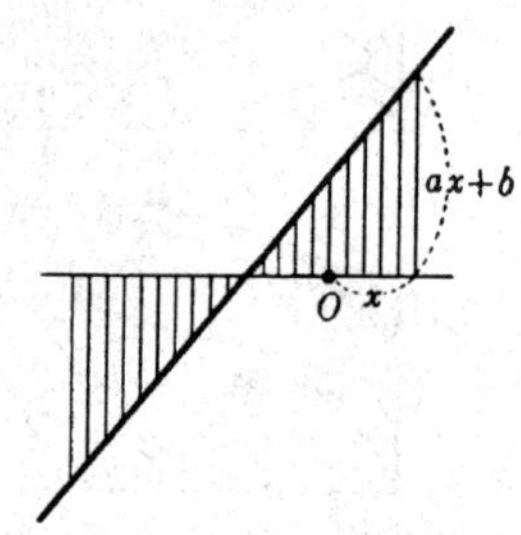

图 9-23

① 日本平安时代的一首古老的诗歌，几乎用到日语全部的五十个字母。——编者注

此公式即使 a 和 b 都为 0 也没有关系。当 b 不等于 0 时，移项后除以 b，则公式为：

$$y=\left(-\frac{a}{b}\right)x+\left(-\frac{c}{b}\right)$$

它和 $y=mx+l$ 具有相同的形式。当 $b=0$ 时，变为 $x=-\frac{c}{a}$，这是垂直于 x 轴的一条直线，即包含了上述例外的情况。因此，采用这个形式的方程，上述逆也就成立了。

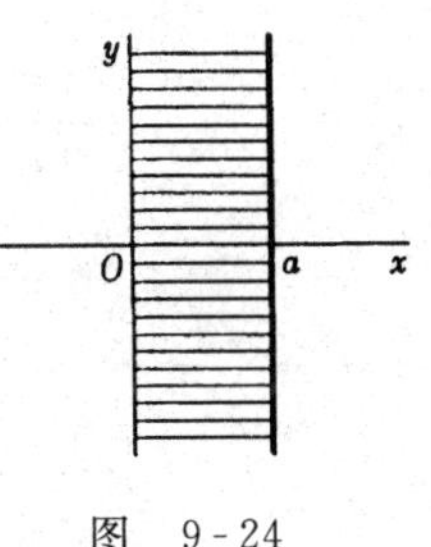

图　9-24

即"$ax+by+c=0$ 表示直线，其逆就是直线可用公式 $ax+by+c=0$ 来表示。"

当 a，b，c 是常数时，可作出各种直线，如图 9-25 所示。

到此为止所得出来的直线图形是可用公式和计算语言翻译过来的。因此，即使是完全缺乏思考图形能力的人，他只要知道数字，就可按与直线等效的一次方程 $ax+by+c=0$ 来计算，从而达到同样的目的。

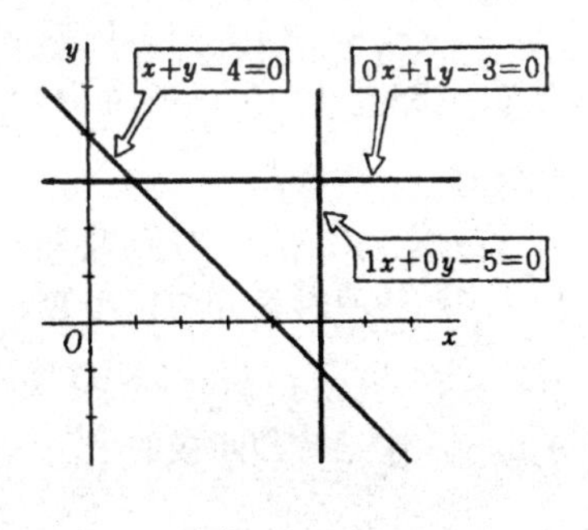

图　9-25

当 b 不是 0 的时候，虽然 $ax+by+c=0$ 和 $y=mx+l$ 两公式的形式不同，但意思完全一样。然而思考的方法有着相当的差别。

为了说明，可以以图 9-26 所示等温线为例。当测量日本全国各地在某一天的气温时，由于有温度零上的地区和零下的地区，故一定有 0℃的那条交界线，可以用 $ax+by+c=0$ 来考虑这个例子。

比方说取方程 $2x+3y+4=0$ 来看，如果取平面上的点(x,y)处的 $2x+3y+4$ 的值，则如图 9-27 所示。

也就是说如果计算 $2x+3y+4$ 的值，虽然有"＋"的点，"－"的点，可是其交界线上的点是 $2x+3y+4=0$ 的点。

由于 $2x+3y+4$ 决定了(x,y)的一组数，因而可把它看做是两个变数 x 和 y 的函数。可以写成：

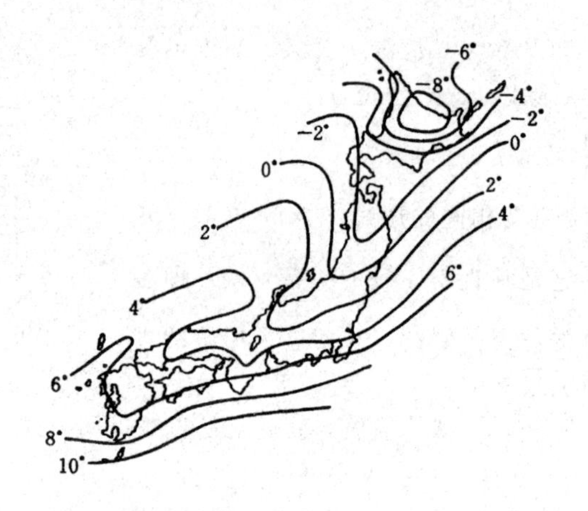

图 9-26

$F(x,y)=2x+3y+4$

而 $2x+3y+4=0$ 一般可以用 $F(x,y)=0$ 来表示。

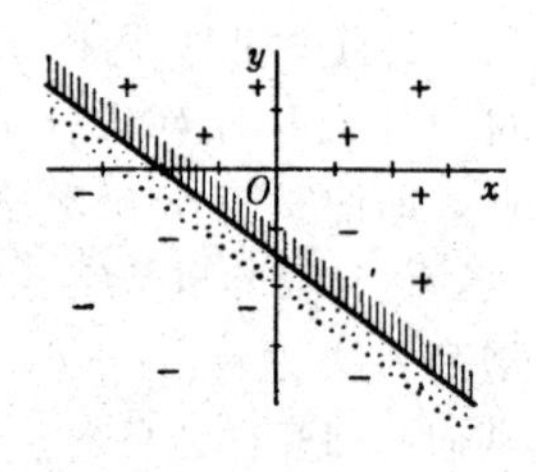

图 9-27

写成 $y=f(x)$ 的时候叫做阳函数，写成 $F(x,y)=0$的时候称为阴函数。从 $x=a$ 求 y 的时候，由于 $F(x,y)=0$，必须从 $F(a,y)=0$ 来求出 y，这是一种间接的求法。

9.11 相交和结合

与将日语翻译成英语，把英语翻译成日语相同，可把图形翻译成公式，或者相反也可把公式翻译成图形，后者是笛卡儿的天才发现。

联系两个国家语言的有字典和文法书，联系图形和公式也有相应的字典和文法书。在字典方面的意义为函数 $y=f(x)$ 可用什么样的图形来表示或某个图形表示什么样的函数。

这里再稍微说明一下相当于文法的内容。

研究由直线和曲线组合的图形性质时，首先遇到的问题是求直线和曲线的交点。

比方说经常使用直尺在图形上求直线 $A(x-y-2=0)$ 和直线 $B(2x+3y-6=0)$ 的交点。参见图 9-28。在公式范围内如何做好呢？从交点的性质可知，由于这个点既是直线 A 上的点也是直线 B 上的点，所以交点是 $x-y-2=0$ 和 $2x+3y-6=0$ 上的点，故结果是联立方程

$x-y-2=0$ 和 $2x+3y-6=0$，求联立方程，即

$$\begin{cases} x-y-2=0 \\ 2x+3y-6=0 \end{cases}$$

的根。

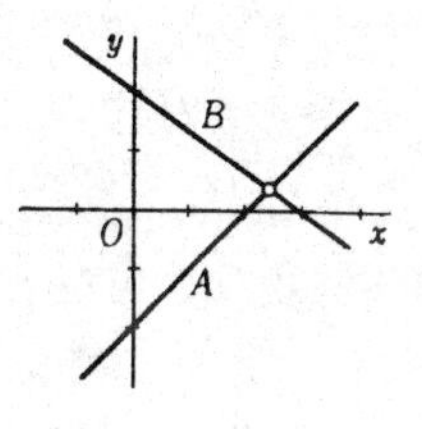

图 9-28

相交的基本步骤是结合，其作法是合并直线 A 和 B，即寻找 A 在 B 上所落的点（反之亦可）。这个步骤在公式中是如何体现的呢？

这就是满足方程 $x-y-2=0$ 和 $2x+3y-6=0$ 的点在何处的问题。

解答这个问题，要用到 0 这个数的奇妙性质。几万、几亿的大数一旦乘以 0 则结果均为 0，即对于任何数 a，有

$a\times0=0$

反之，如果是从自然数开始到复数为止的数 a 和 b 相乘，答案是 $ab=0$ 的话，那么 a 和 b 之中至少有一个数一定为 0。

其余任何数都不具有 0 的这种性质，比方说以 $ab=2$ 为例，a 和 b 的数值决不局限于是 $a=2$ 或者 $b=2$。0 在数字中间是完全例外的数，是和扑克牌中的大王一样特殊的数。

现在我们想利用 0 的这种“大王”性质，将公式 $x-y-2=0$ 和 $2x+3y-6=0$ 的左边的式子相乘，并使之为 0，即

$(x-y-2)(2x+3y-6)=0$

这样的话，我们从 $(x-y-2)(2x+3y-6)=0$ 中自然可以推导出 $x-y-2=0$ 或者 $2x+3y-6=0$，即得到了合乎目的的式子。

总之，在图 9-29 中的结合相当于在公式中的乘法。

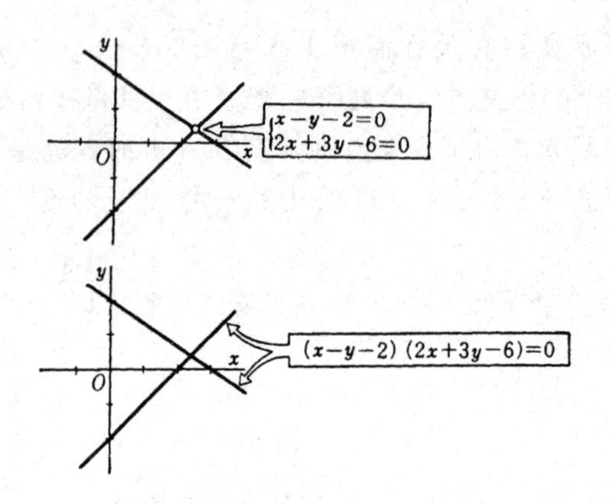

图 9-29

9.12 贝祖定理

即使是3个以上的公式也一样，把各个公式照原样相乘即可。参见图9-30。例如三条直线的结合是3个一次方程相乘的结果，即

$$(2x+3y-2)(3x+2y-12)(x+y-2)=0$$

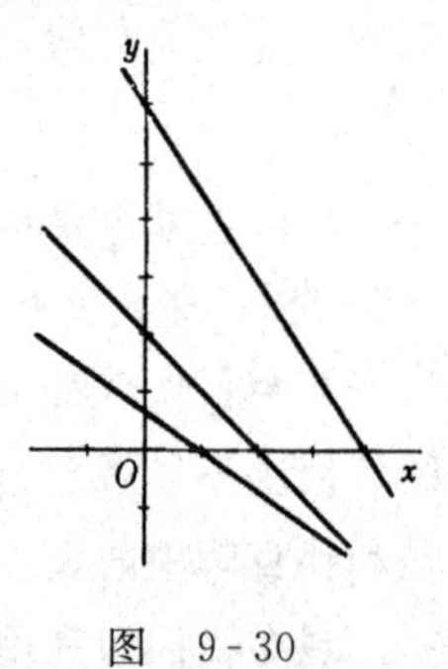

图 9-30

去括号并展开这个公式，则变成关于 x，y 的三次幂的三次方程：

$$6x^3+19x^2y+19xy^2+6y^3-42x^2-96xy-52y^2+84x+104y-48=0$$

参见图9-31。再考虑另外两条直线的结合，即

$$(3x-2y-2)(x-y-2)=0$$

将其展开，则可变成二次方程：

$$3x^2-5xy+2y^2-8x+6y+4=0$$

现在来考虑一下，上述三次方程和这个二次方程的交点，即找出这两个联立方程的根。

$$\begin{cases}3\text{ 次式}=0\\2\text{ 次式}=0\end{cases}$$

这种相交在图上是 3 条直线束和 2 条直线束的交点，其交点的个数显而易见是 $3\times2=6$ 个（见图 9-32）。

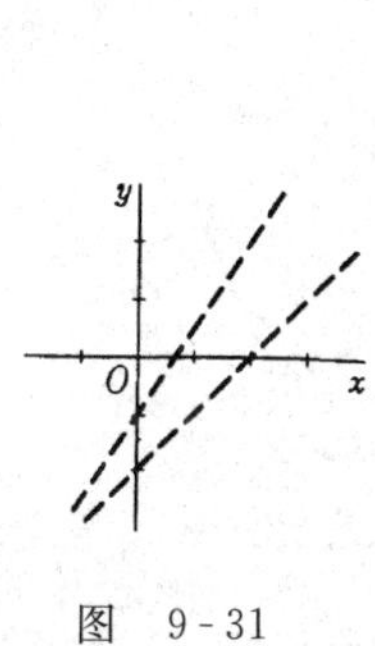

图 9-31

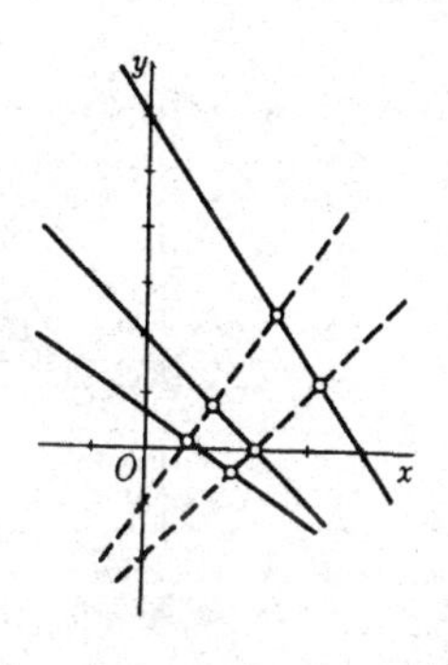

图 9-32

不言而喻，这里有许多例外。即使是直线和直线，如果平行的话，则没有交点，所以全部交点不一定有 $3\times2=6$ 个。因此，不应说“正确地说有 6 个”，而说“有 6 个或者 6 个以下的交点”则是正确的。

同理，一般情况下，如果有 m 条线束和 n 条线束相交，则由 $m\times n=mn$，所以可以说交点是 mn 个或者小于 mn 个。

总而言之，一般可以说让关于 x，y 的 m 次方程和 n 次方程联立，此联立方程具有 mn 个或者小于 mn 个根。当然，这时“不论是 m 次式，还是 n 次式均应具有能够表示成若干一次式的积”这一附加条件。

数学家永远不会感到满足，所以对这个附加条件并不称心如意，因此研究没有这个附加条件时，上述结论是否成立。

其结果正像数学家期望的那样，没有附加条件，上述定理也成立。这就是著名的贝祖（1730—1783）定理。

虽然，其证明因为超越了这本书的程度而作罢，然而若像图 9-33 那样来考虑，也可以得到大体上的理解。首先只要稍微改变一下两个方程的系数，图形就会有所变化，成为一条曲线。其交点也稍有移动，然而交点的个数还是 6 个。

知道了这个定理，就让二次方程和一次方程联立：

$$\begin{cases}x^2+y^2-2=0\\2x+3y+4=0\end{cases}$$

两方程的交点是 2×1=2 个，从公式知道交点只有两个。在图形领域中这就是圆和直线的交点，如图 9-34 所示。

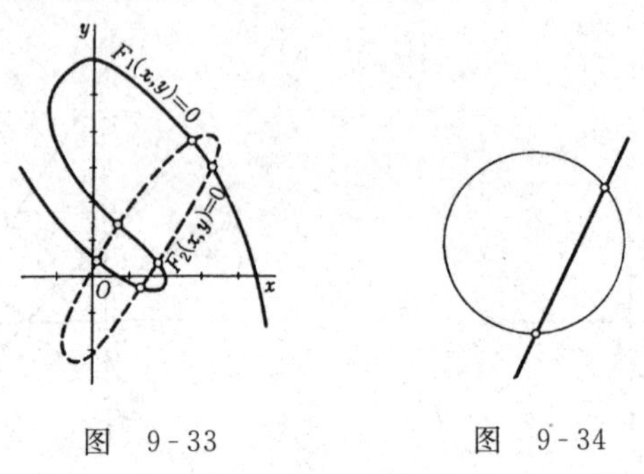

图 9-33　　　　图 9-34

9.13 圆锥曲线

在桌子上放上球，让电灯从上往下照射，如图 9-35 所示，此时球的影子是什么形状的呢?

这里先把问题进一步简化。

以 M 点为顶点，在圆锥中间以 O 点为中心做圆锥的内接圆球，此时用这个与球相切的平面来切割圆锥所得切口就是球的影子。因为这条曲线是平面切割圆锥的切口，所以一般把它称为圆锥曲线。这和用手电筒照射墙壁时得到的曲线完全相同（见图 9-36）。

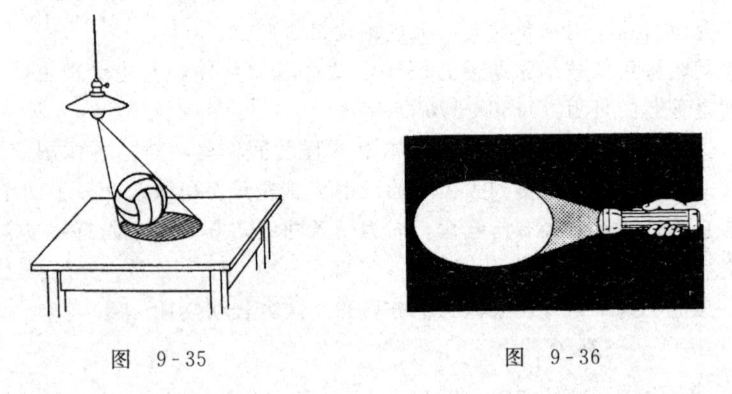

图 9-35　　　　图 9-36

这条曲线具有什么性质呢？请看图 9-37。

首先，圆锥和球沿着一内接圆相连接。这个圆位于光的部分和影子部分的交界处。包含这个圆的平面和桌平面的交线就是 XY。球与桌面的接点为 F。在曲线上取任意一点 P，从 P 点向直线 XY 引垂线 PS，则不论 P 点移到何处，$\dfrac{PF}{PS}$总保持一定值 e。

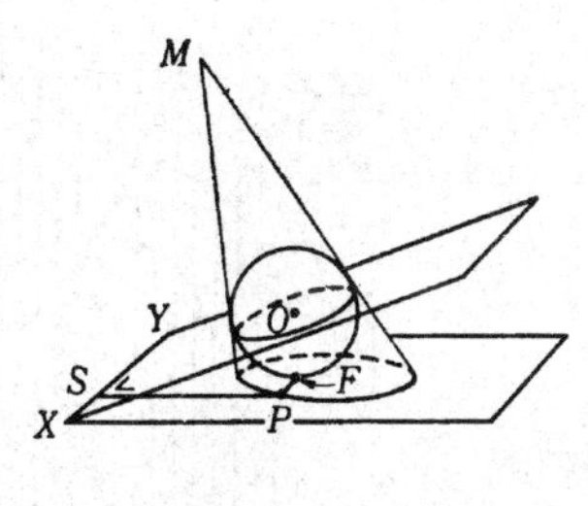

图　9-37

从以上事实可以得出圆锥曲线的定义：在平面上取定点 F 和定直线 XY，则到点 F 的距离和到直线 XY 的距离之比为一定值的点的聚合曲线就是圆锥曲线。这样由点 F，直线 XY 和 e 就能确定圆锥曲线。称 F 为焦点，XY 为准线，e 为离心率。

离心率可有各种数值，根据 e 值的大小，圆锥曲线的形状千奇百怪。离心率小于 1 的时候是椭圆（见图 9-38），等于 1 时是抛物线（见图 9-39），而大于 1 的时候则是双曲线。双曲线有两条（见图 9-40）。

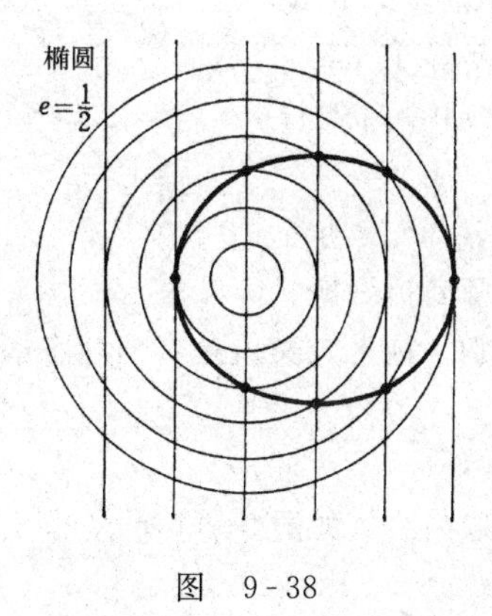

图　9-38

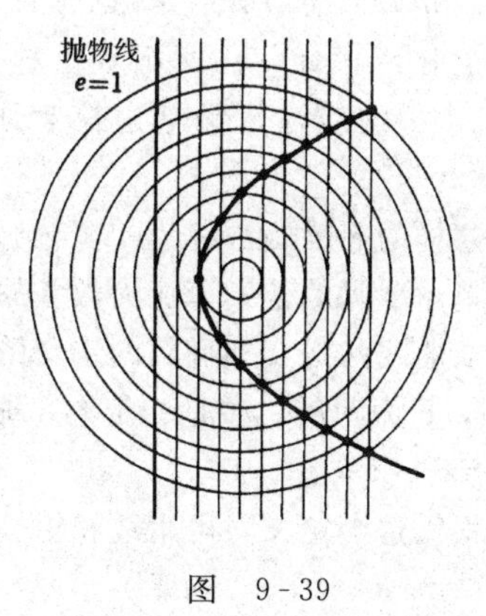

图　9-39

圆锥曲线也可以用其他方法来定义。例如，让我们看看椭圆的情形，如图 9-41 所示，在桌子下侧也有一个内接圆，如果设 F'点为这个球和桌平面的接触点，则可知：

$PF+PF'=$一定

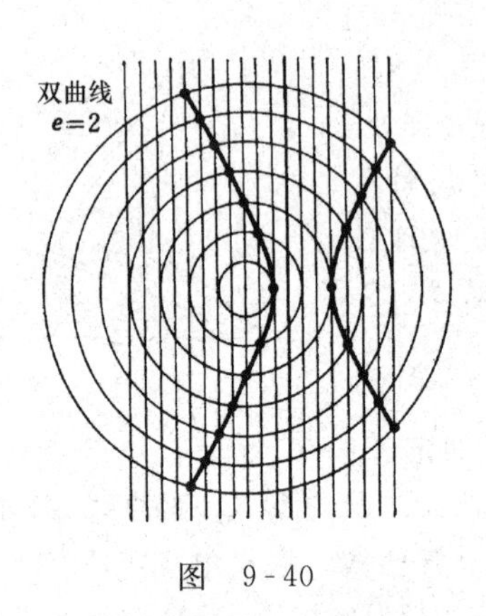

图 9-40

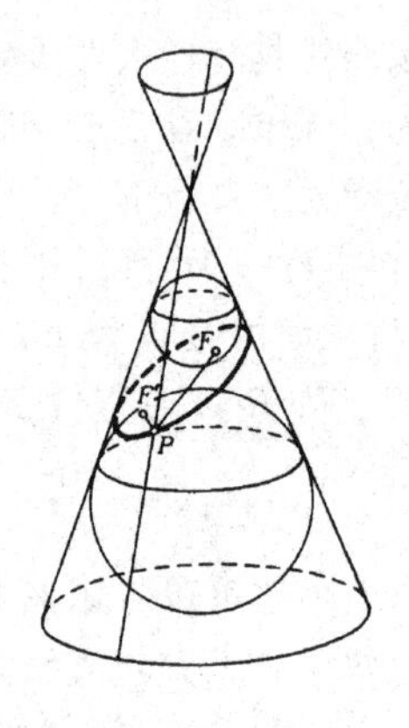

图 9-41

总而言之，因为 P 到两个定点 F，F' 的距离之和 $PF+PF'$ 是一定的，所以移动 P 点的时候足以得出一椭圆。

因此如果想在纸上画椭圆的话，就在 F，F' 的位置上扎两根针，在两根针上拴上长度等于 $PF+PF'+FF'$ 的线，用铅笔边拉紧绳边移动一圈就行（见图 9-42）。

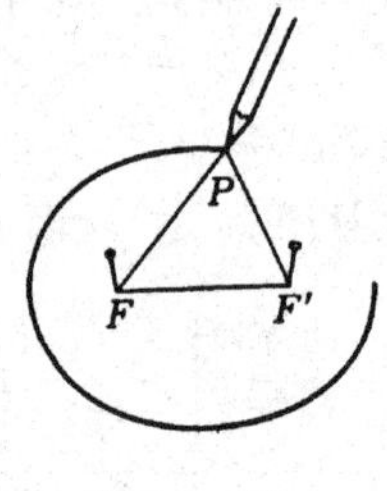

图 9-42

这样的椭圆画法称为“园艺师作图法”，发明者是建造东罗马的圣索菲亚大教堂的建筑师安提缪斯。

双曲线的定义和椭圆的定义稍有差别，这个定义就是：与两个固定点 F'，F 的距离之差是一定的，即

$PF-PF'=$一定

根据这个定义，可用线和铅笔画出双曲线，如图 9-43 所示。

9.14 二次曲线

2000 年前的希腊人阿波罗尼奥斯根据到焦点的距离和到准线的垂线距离定义了圆锥曲线，这个定义预示了后来的笛卡儿方法。因为笛卡儿是以到两条直线的垂线距离为出发点来考虑问题的。

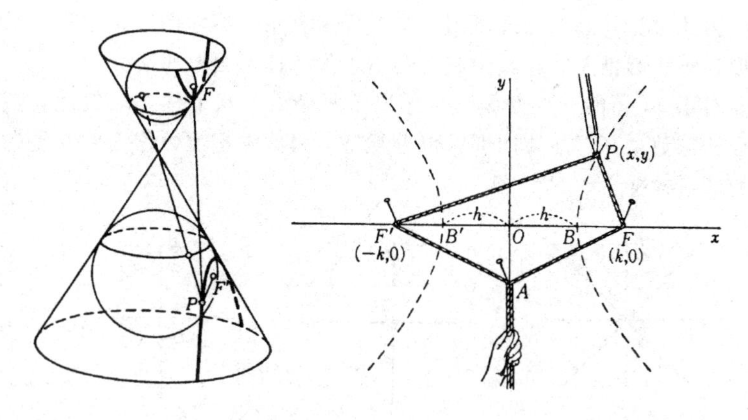

图 9-43

如图 9-44 所示，如果在 y 轴上取准线，通过 F 点在 x 轴上取和 y 轴垂直的直线的话，则 $P(x,y)$ 和 F 的距离：

$PF=\sqrt{(x-a)^2+y^2}$， $PS=x$

如果用公式写出圆锥曲线的定义,则有

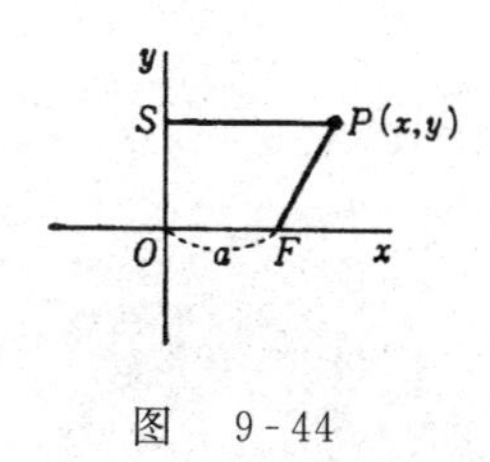

图 9-44

$PF=ePS$

$PF^2=e^2PS^2$

$(x-a)^2+y^2=e^2x^2$

$x^2-2ax+a^2-e^2x^2+y^2=0$

$(1-e^2)x^2-2ax+a^2+y^2=0$

结果是关于 x，y 的二次方程。如用公式表示圆锥曲线，就可以知道是用关于 x，y 的二次方程来表示。反过来，关于 x，y 的二次方程，什么时候能变成圆锥曲线呢？

$ax^2+bxy+cy^2+dx+ey+f=0$

如果令系数为各种值，则在多数情况下图形为圆锥曲线，只是位置和形状各异，当然也有例外情况。

(1) $x^2-y^2=0$ 是两条直线（见图 9-45）。

(2) $x^2+y^2=0$，由于在 $x=0$，$y=0$ 时等式才成立，所以是一个点（见图 9-46）。

(3) $x^2+y^2+1=0$，因为没有实数解，所以不存在图形（见图 9-47）。

由此可见，圆锥曲线可用二次方程来表示，然而用二次方程表示的图形远不止圆锥曲线，其中甚至会出现没有任何图形的情况。

对于 x，y 的三次方程已经作出了复杂的三次曲线。一般地，随着方程的次数增高，曲线的形状也愈复杂，因此常把次数作为曲线复杂程度的衡量标准。

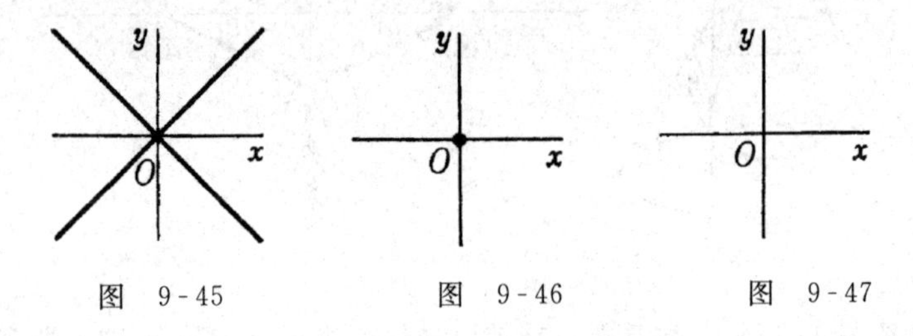

图 9-45 图 9-46 图 9-47

第 10 章　无穷的算术——极限

10.1　运动和无穷

在科学领域里首先提出变化和运动概念的人是伽利略和笛卡儿，他们为近代科学的创立立下了丰功伟绩。可是反过来，也不能否定运动和变化带来了新的难题。它就是本文要谈到的“无穷”这样一个怪物。

假设移动一条直线上的 x 点，把它从 a 移到 b（见图 10-1）。

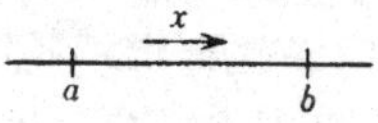

图　10-1

这时，x 就在有限的时间内通过 a 和 b 之间的无穷多个点，也就是说，虽然线段 ab 的长度有限，然而在这个线段上却挤满了无穷多的点。

这样看来，只要产生运动，就不可能让“无穷”这个怪物永远在那里睡大觉。

古代希腊人都知道这样一件事。古希腊的埃利亚学派有一个人叫芝诺（公元前 5 世纪左右），他以悖论的形式来表达运动和无穷，其中之一就是阿基里斯与乌龟的悖论。

“阿基里斯为了追上乌龟而快跑，当阿基里斯来到乌龟出发点的时候，乌龟已经向前爬了几步，当阿基里斯再一次来到乌龟的这个位置时，乌龟又向前爬了几步。假如这样办，恐怕阿基里斯永远也追不上乌龟。”

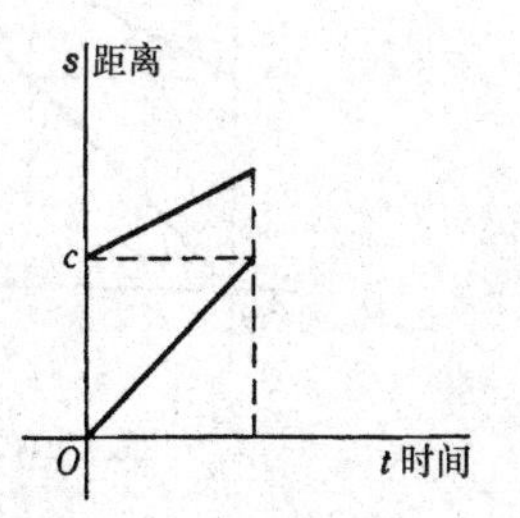

图　10-2

把这个例子画在图上，就显得更加清楚了。

在横轴上取时间作单位，在纵轴上取距离作单位，设阿基里斯和乌龟各自按照某个等速度向前跑，由此可以建立 $s=at$ 的正比例公式，式中 a 是阿基里斯的速度。

设 b 为乌龟的速度；c 是 $t=0$ 时乌龟已经领先的距离。用直线图表示此时阿基里斯和乌龟的跑法。$\frac{c}{a}$时间后，阿基里斯来到 c 的位置上（见图 10-2），这时乌龟只前进了 $b\times\frac{c}{a}=c\times\left(\frac{b}{a}\right)$一段距离。

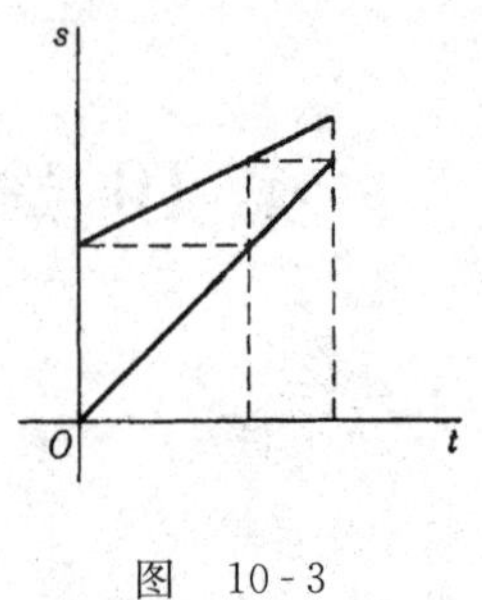

图　10-3

设阿基里斯继续追赶这只乌龟。经过 $c\times\left(\frac{b}{a}\right)\div a$ 时间后乌龟仅仅处在前方 $c\times\left(\frac{b}{a}\right)\times\left(\frac{b}{a}\right)=c\times\left(\frac{b}{a}\right)^2$ 的位置上。情况如图 10-3 所示。

这样继续不断地追下去，在图上变成在两条直线之间阶梯状前进（见图 10-4）。因此如果一个一个地忠实追寻这个阶梯状比赛的话，是永远不会结束的。

要是有人喜欢给阿基里斯和乌龟赛跑照相的话，拍出的照片就如图 10-5 所示。

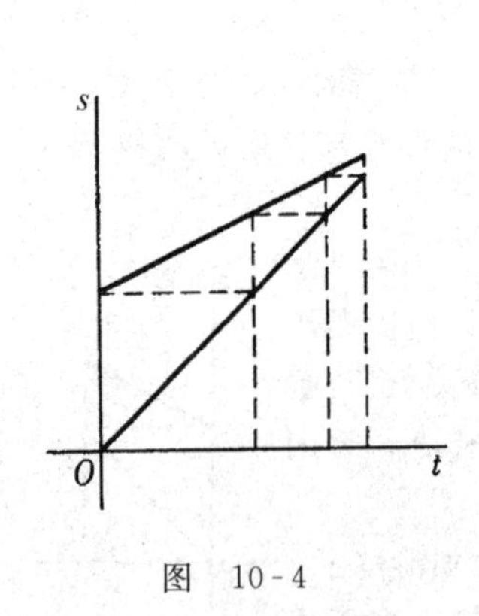

图　10-4

图　10-5

但是拍照的速度必须逐渐加快，这样拍好的胶片以一定的速度放映时，才会让观众看到确实像芝诺说的那样，阿基里斯永远追不上乌龟。

然而制作那样的胶片在技术上是不可能的。第一，分开两个拍摄的曝光时间极短，不可能实观；第二，曲柄的回转速度有限，从这一点看来也不可能实现。

不管怎么说，阿基里斯追不上乌龟的影片是拍不出来的。

10.2 无穷级数

芝诺的悖论引起了古希腊数学家们的特别注意。因为这件事警告了他们，如果让无穷这个怪物睁开了眼睛，将会带来多大的麻烦。所以他们想悄悄地把这个怪物的眼睛遮住。即便是著名的大数学家欧几里得在写作《几何原本》时也有那样的戒心。他好像尽量避免移动图形，其原因是运动必然伴随着无穷的问题出现。

可是近代科学家们的想法却不一样。他们以积极的态度面对变化和运动，敢于让无穷这个怪物睁开眼睛，他们勇于打破传统数学的一些框框。

计算无穷个数的必要性，仍然是与阿基里斯和乌龟的问题有关。由于阿基里斯与乌龟在速度上相差太多，所以我们拿一个步行者和乌龟作比较吧！假设步行者每秒走 1 米，乌龟以每秒 0.1 米的速度爬行，设乌龟提前 7 米出发，由此画出的图形如图 10-6 所示。

步行者：$s = t$

乌龟：　$s = 0.1t + 7$

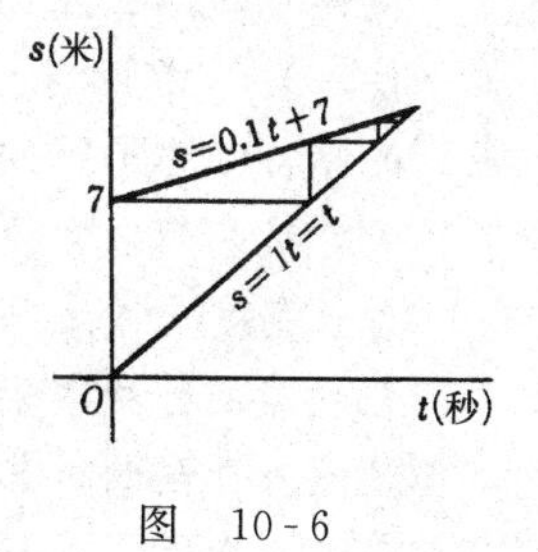

图　10-6

因为步行者来到乌龟的出发点是 $7 \div 1$ 秒，也就是 7 秒之后，所以乌龟前进的距离仅仅是 7×0.1 米。接着步行者要走这段距离需要 7×0.1 秒，而在这段时间内乌龟又前进了 $7 \times 0.1 \times 0.1 = 7 \times (0.1)^2$ 的路程。

再随后，乌龟又前进 $7 \times (0.1)^3$ 米，这样无穷地前进下去，结果求出追赶距离为

$$7 + 7 \times (0.1)^1 + 7 \times (0.1)^2 + 7 \times (0.1)^3 + \cdots$$

要是把这个计算一直认真地做下去，就永远不会结束，所以要稍微灵活点，另外想些办法试试。

在图10-6中，由于在追上的瞬间步行者和乌龟是同时位于相同的距离，因此可以解以下的联立方程：

$$\begin{cases} s=t \\ s=0.1t+7 \end{cases}$$

在解这个联立方程时，把 $s=t$ 代入第二个方程中，得

$$s=0.1s+7$$

$$s(1-0.1)=7$$

$$s=\frac{7}{1-0.1}$$

总而言之，根据这个方法，则有

$$7\times1+7\times(0.1)+7\times(0.1)^2+7\times(0.1)^3+\cdots=\frac{7}{1-0.1}$$

如果把7换成 a，把0.1换成 r，就容易实现一般化：

$$a+ar+ar^2+ar^3+\cdots=\frac{a}{1-r}$$

尽管左边为无穷次加法运算，然而有趣的是右边用有限次的计算就能解决，只要 r 比1小，上式在任何时候就都成立。

左边的数 a，ar，ar^2，…不是随手乱写的，是 a 不断地乘以 r，两相邻数之比总是等于 r，所以把这个公式叫做无穷等比级数。

接连不断地加数，其运算结果不是一个无限的数值，而是有限值，似乎使古人非常惊奇，雅各布·伯努利（1654—1705）在《论无穷级数》的序言中写了下列六行诗：

无穷级数啊，即便想把你看作是无穷的东西，

你却仍是有限之和，在界限前面躬下了身躯，

在贪婪的万物之中，印下无穷之神的身影，

虽然身受限制，却又无穷增加，

我多么欣喜，在无法度量的细物之中，

在那微小又微小之中，我看到了无穷之神。

数学家是不大写诗的，可是伯努利写了这首诗，似乎是表明他对“无穷”所具有的不可思议性感到惊异吧。

10.3 无穷悖论

近代数学在提出无穷学说之后，果然像希腊人担心的那样，在数学界引起了混乱，令数学家烦恼不已。这种混乱一直延续着，直到1821年柯西点明了其中的关键。

那么首先回顾一下，无穷引起了什么样的怪事。

比方说考虑以下这个无穷级数：

$$1-\frac{1}{2}+\frac{1}{3}-\frac{1}{4}+\frac{1}{5}-\cdots$$

假设求这个无穷级数和的人是想用归纳相邻项的方法进行计算。

$$\left(1-\frac{1}{2}\right)+\left(\frac{1}{3}-\frac{1}{4}\right)+\left(\frac{1}{5}-\frac{1}{6}\right)+\cdots$$

$$=\frac{1}{2}+\frac{1}{3\times4}+\frac{1}{5\times6}+\cdots$$

计算这个无穷级数的和是困难的，但明显看出和是比1/2大的数。可是如果一个人稍微偷点懒，像下式那样计算，答案则为0。方法是漂亮的，假如这个人把加法和减法各自分开计算：

$$\left(1+\frac{1}{3}+\frac{1}{5}+\frac{1}{7}+\cdots\right)-\left(\frac{1}{2}+\frac{1}{4}+\frac{1}{6}+\frac{1}{8}+\cdots\right)$$

上式加上$\left(\frac{1}{2}+\frac{1}{4}+\frac{1}{6}+\frac{1}{8}+\cdots\right)$，再减去同样的项，答案应该是不变的。所以答案$=\left(1+\frac{1}{3}+\frac{1}{5}+\frac{1}{7}+\cdots\right)+\left(\frac{1}{2}+\frac{1}{4}+\frac{1}{6}+\frac{1}{8}+\cdots\right)-2\left(\frac{1}{2}+\frac{1}{4}+\frac{1}{6}+\cdots\right)=\left(1+\frac{1}{2}+\frac{1}{3}+\cdots\right)-\left(1+\frac{1}{2}+\frac{1}{3}+\cdots\right)=0$

这个狡猾的人得出的答案是0，到底哪个答案是正确的呢？想来想去似乎二者都正确。

下面举出捷克的哲学家波尔察诺（1781—1848）所著《无穷悖论》一书里写的例子。

那个例子是1和−1交替出现的级数（波尔察诺级数），即

$$1-1+1-1+1-1+\cdots$$

为了计算这个级数，有三个人采用了三种不同的方法进行计算，结果得出三种不同的答案。

第一个人从开始就进行相邻两数的归纳计算，答案是0。

$$
\begin{aligned}
&1-1+1-1+1-1+\cdots \\
&=(1-1)+(1-1)+(1-1)+\cdots \\
&=0+0+0+\cdots \\
&=0
\end{aligned}
$$

第二个人从第二个数开始再进行相邻两数的归纳计算，答案是1。

$$
\begin{aligned}
&1-1+1-1+1-1+1-\cdots \\
&=1+(-1+1)+(-1+1)+\cdots \\
&=1+0+0+\cdots \\
&=1
\end{aligned}
$$

可是第三个人用代数方法，把未知数作为 x 来计算，答案是 $\frac{1}{2}$。

$$
\begin{aligned}
x&=1-1+1-1+1-1+\cdots \\
&=1-(1-1+1-1+1-\cdots) \\
&=1-x
\end{aligned}
$$

结果 $x=1-x$，解这个方程，则

$$
\begin{aligned}
&2x=1 \\
&x=\frac{1}{2}
\end{aligned}
$$

最先得出这个 $\frac{1}{2}$ 答案的人比波尔察诺要早100年，是名叫格兰弟(1671—1742)的意大利人。

他用下述牵强附会的理由解释答案为什么是 $\frac{1}{2}$。父亲给两个儿子留下一块宝石，可是一块宝石不能分开，于是决定兄弟俩一年换一次，轮流保存这块宝石，结果就是两人都有 $\frac{1}{2}$ 块宝石一样。

10.4 没有答案的加法

这个叫做无穷的怪物，虽然不断地破坏以往的一些知识，但是在一段时间内，谁都愿意驯养这个怪物，这对数学的发展是否有好处呢?

柯西第一个创立了无穷级数的正确理论。由于这一点柯西建立了不朽的功绩，尽管他的着眼点多少有点像哥伦布立鸡蛋的故事，他敏锐地发现了他以前的数学家没有发现的两点，其中重要的一点就是计算的顺序。

把有限个数相加时，不管怎么变化相加的顺序，答案是不变的。例如计算 a,b,c 三个数的和，用下列六种顺序计算，结果都相同。

$a+b+c$ ，$b+c+a$，$c+a+b$ ，$a+c+b$，$c+b+a$ ，$b+a+c$。

这个事实不仅仅对于三个数成立，甚至 100 个数，1000 个数等，只要是有限个数，总是成立的。

这是做加法运算时非常方便的法则。可是这个法则在无穷个数的加法运算中已经不成立，柯西以前的数学家们谁也没有注意到这个事实。

前面已经叙述了

$$1-\frac{1}{2}+\frac{1}{3}-\frac{1}{4}+\frac{1}{5}-\frac{1}{6}+\cdots$$

当决定把 $1-\frac{1}{2}+\frac{1}{3}-\frac{1}{4}+\frac{1}{5}-\frac{1}{6}+\cdots$分成

$$\left(1+\frac{1}{3}+\frac{1}{5}+\cdots\right)-\left(\frac{1}{2}+\frac{1}{4}+\frac{1}{6}+\cdots\right)$$

时，实际上已经改变了计算顺序，这就是悖论产生出来的原因。如果规定这个无穷级数按照原来的排列顺序相加计算，悖论就不会产生了。

上面的例子，可以计算如下：

$$1=1$$

$$1-\frac{1}{2}=\frac{1}{2}=0.5$$

$$1-\frac{1}{2}+\frac{1}{3}=\frac{5}{6}=0.833\cdots$$

$$1-\frac{1}{2}+\frac{1}{3}-\frac{1}{4}=\frac{7}{12}=0.583\cdots$$

…

这样计算下去，可以知道这个无穷级数的值逐渐接近 ln2。

如果按照这个顺序计算下去，就不必担心答案会不一样。柯西还进一步把当时的数学家从一个迷信当中解放了出来。

这个迷信就是认为无穷级数总是有和的。这一点在有限级数中没有什么怀疑。例如求 1000 个数的和，只要坚持不懈连续计算下去最后一定会得出正确的答案。

但无穷级数的求和运算也可能没有答案，首先注意到这个问题的人就是柯西。

对于根本不存在的东西，若是假定它存在的话，其结果必然会引起混乱。比方说前面叙述过的波尔察诺级数就是如此，如果认为是存在，则

$$x=1-1+1-1+\cdots$$

结果得出 $x=\frac{1}{2}$。根据柯西的理论，首先设 x 的做法就不对，答案必然不对。

由于无穷级数也可能没有和，所以后来的数学家不必非得找个什么理由去求和了。

柯西理会到进行无穷级数的求和运算过程中，不能随意改变相加的顺序，而且也可能有的无穷级数没有和，他还提出了与以前不同的新的想法，这就是数列的收敛和发散的概念。

设有下列无穷级数

$$a_1+a_2+a_3+a_4+\cdots$$

要计算这个级数，必须从左边开始按顺序地相加：

$$a_1=s_1$$

$$a_1+a_2=s_2$$

$$a_1+a_2+a_3=s_3$$

…

此刻，形成一列数 s_1，s_2，s_3，…，像这样按顺序排列的数叫数列。

根据柯西的理论，这个数列在渐渐逼近某一确定数 s 的时候，成为数列 s_n 收敛于 s，把收敛目标的数 s 称作极限。

例如

$\frac{1}{2}$，$\frac{1}{4}$，$\frac{1}{8}$，$\frac{1}{16}$，…，$\frac{1}{2^n}$，…

这个无穷数列逐渐接近 0，所以它收敛于 0，极限是 0（见图 10-7）。

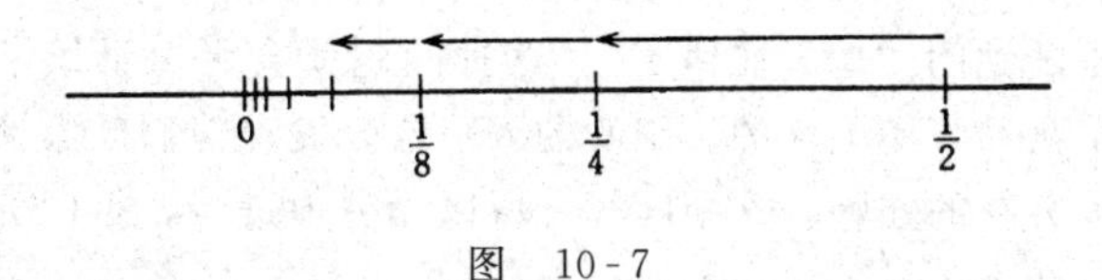

图　10-7

说到这里可能有人会认为所有的困难都已经解决了，可是还有一个问题没有解决，那就是“逐渐逼近 s”这句话。

10.5　一种空想的游戏

用一般的话说，所谓“逐渐逼近 a”的意思是很清楚的，没有什么疑问。可是从数学家的角度来看，这种说法非常不确切。这是怎么一回事呢？

数列 a_n“逐渐逼近 a”用数学的语言说就是 a_n 和 a 的距离 $|a_n-a|$“逐渐变小”。

然而，所谓“小”怎么才算是小呢？比如说 1 亿分之 1，即 0.000 000 01，这个数对一般人来说可真是太小了。但是对于原子物理学家来说，这可是非常大的数，因为电子只有 9.109×10^{-28} 克，反过来，对于观测直径为 9.5×10^{17} 千米的银河系的天文学家来说，即使是 1 亿也只不过是极其小的数。

从上面的例子可以明白一个道理，举出一个数，判断这个数是大是小，是没有绝对标准的。

取出两个数就可以区分哪个比较大，哪个比较小。我们能做到的不是判定大小，而仅仅是判定“更大”和“更小”。

从这件事入手，换个说法看看“逐渐变小”是怎么回事。

为了给说明做准备，我先给你讲一个《浮世根问》里的笑话。

老八来到知识渊博的闲居老人的家和老人聊天，话题转到地球的问题上时，老八问："一直往西走会走到什么地方呢?"闲居老人回答："长崎。"老八坐在榻榻米上问："从长崎继续往西走会走到哪儿呢?"闲居老人回答："是海。"由于老八总是重复地问："假如继续往西呢?"闲居老人终于言尽词穷，只好说："像你这样总是追根究底地问，是非常不礼貌的。"

老八不断地问"继续往西走"，这种问题就会无穷继续下去，但闲居老人迟早是回答不上来的。细心的人一定会发现他们问答谈话的背后隐藏着"无穷"的怪物。这个问答之所以无穷地进行，是因为设立了有对立意见的两个人。

对我们来说也可以同样考虑。

在这里让我们假想一场游戏吧！

攻击军队是数列 a_1，a_2，a_3，…，a_n，…。设攻击军队想杀到对面的 a，a 是防御军队的本阵地。迎击攻击军队的防御军队，在 a 的周围布防设立阵地，使敌军的数列 a_1，a_2，a_3，…，a_n，…不能靠近本阵地 a。

首先防御军队在本地阵 a 的左右准备了宽度为 ε 的阵地狙击对方，如图 10-8 所示。

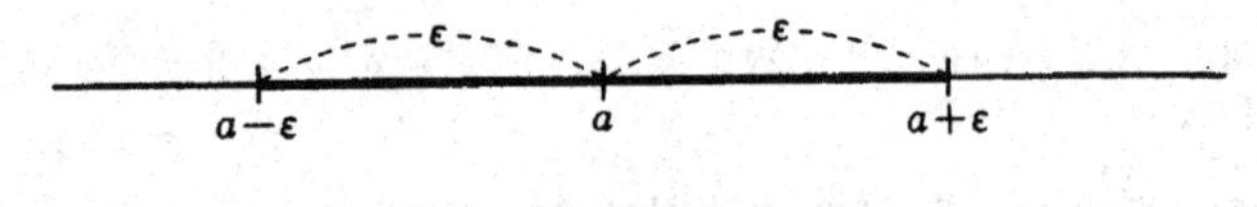

图 10-8

针对这种布防，攻击军队想顺序排除数列 a_1，a_2，a_3，…，a_n，…，试图冲入防御阵地中去。

这个游戏规定，假如攻击军队的一部分成功地冲入 ε 阵地，而进攻失败倒在 ε 阵地之外的有无穷个的话，那么攻击军队就是失败了，如图 10-9 所示。

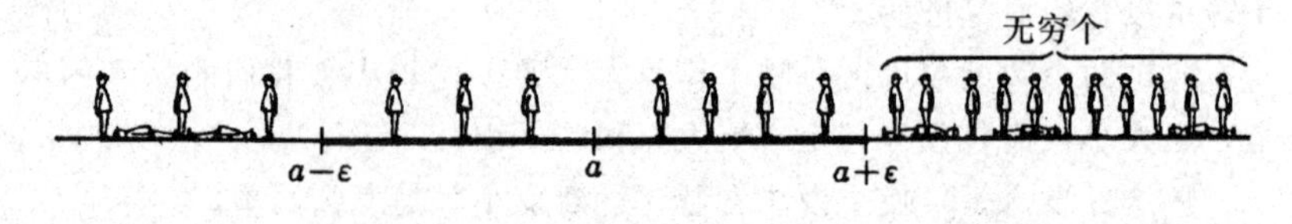

图 10-9

相反，攻击军队在 ε 阵地外面冲锋失败倒下的人，不过是有限个，而某个编号之后的全部人员成功地冲入 ε 阵地，则攻击军队在攻占 ε 阵地的战斗中为胜利的一方，如图 10 - 10 所示。

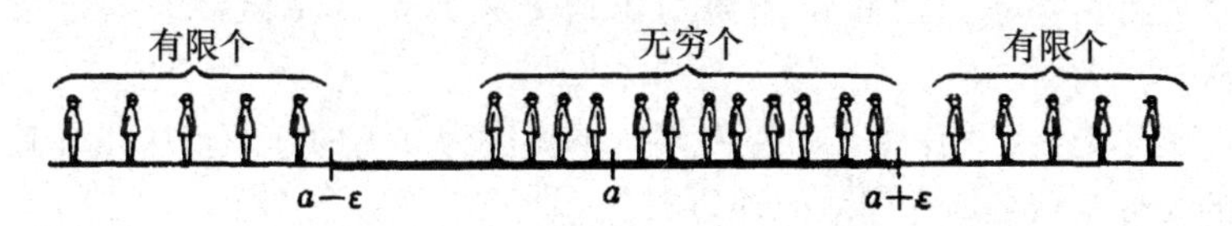

图　10 - 10

虽然攻击军队在攻击 ε 阵地的战斗中胜利了，战争还没有胜利。假定防御军队进一步缩小战线，在 a 的左右构筑了更狭小的宽度为 ε' 的阵地来阻击攻击军队，在争夺这块 ε' 阵地的战斗中，攻击的一方如果失败，这场游戏就结束了。可是如果攻击军队又胜利了，就重新更换狭小的 ε''，在此阵地上继续战斗。像这样攻击军队在 ε 阵地，ε' 阵地，ε'' 阵地，……所有的战斗中都胜利时，就可以说攻击军队打赢了突入 a 的战争，如图 10 - 11 所示。

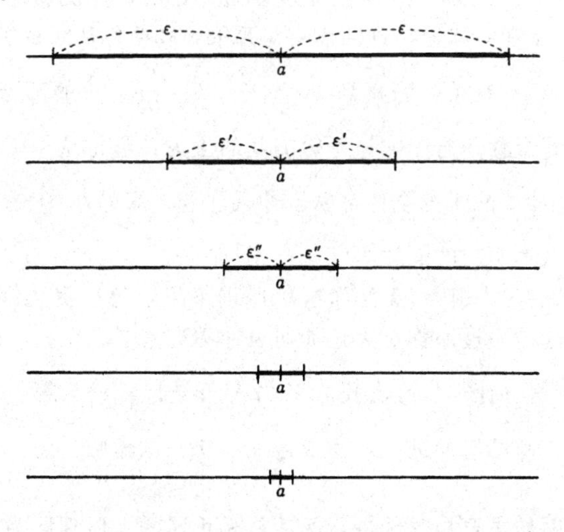

图　10 - 11

为了明确数列 a_n “逐渐逼近 a”，采用反证法，就是假定有一个人否认逐渐逼近。

把这事应用到数列 $1,\frac{1}{2},\frac{1}{3},\cdots,\frac{1}{n},\cdots$ 试试看！为了让这场游戏进行得明明白白，我们决定请喜欢争论而不轻易认输的《浮世根问》中的两个人再次登场，设知识渊博的闲居老人是防御军队，老八是攻击军队。

闲居老人："我在 a 的左右修筑了宽度为 0.1 的阵地，所以你数列中的无穷个项都倒在阵地的外边啦！"

老八："不是那样的，老先生，虽然 $1,\frac{1}{2},\frac{1}{3},\cdots,\frac{1}{9},\frac{1}{10}$ 倒在阵地外面了，但是从 11 号开始的 $\frac{1}{11},\frac{1}{12},\cdots$ 全体成员都冲进去了呀。"（见图 10-12）。

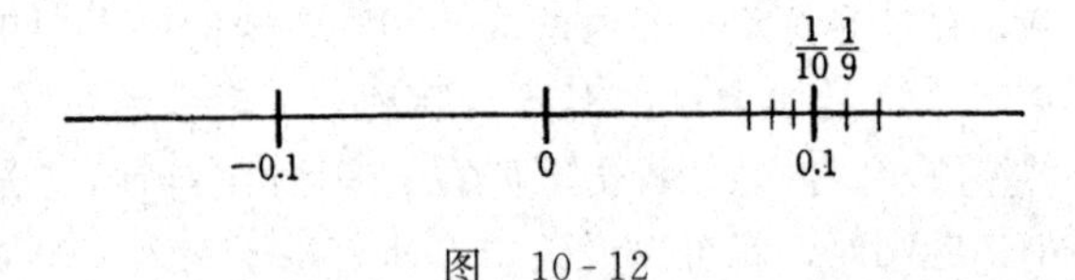

图 10-12

闲居老人："的确，这次是冲进去了，好吧，这次我缩小战线，又修筑了 0.01 宽度的阵地，这回没有关系啦，随便你从哪里进攻吧。"

老八："我不在乎，确实到 $1,\frac{1}{2},\frac{1}{3},\cdots,\frac{1}{100}$ 为止的部分，都死在 a 阵地外了，那个数是有限的，不影响我的主力，可是从 101 号开始的以 $\frac{1}{101}$ 为第一个冲锋战士的全体部队，冲入您老人家的 0.01 的阵地了。你看，你有什么不明白的问题吗？"

闲居老人："好吧，就算你这次冲进来了，哼！我又修筑了 0.001 宽度的防御阵地，这回你是无论如何也冲不进来了。"

老八："这有什么！这次我从 1001 号开始以 $\frac{1}{1001}$ 为第一个冲锋战士的全体部队，都可以冲进去。到了这一步您就认输吧！怎么样，我的老先生！"……

这个问题如果要想继续进行的话是无止境的。但到此为止，也已经看出胜负是明显的。老八胜，闲居老人败，也就是说，因此可以知道数列 $1,\frac{1}{2},\frac{1}{3},\frac{1}{4},\cdots,\frac{1}{n},\cdots$ 是无穷接近 0 的。

10.6 柯西的收敛条件

以简洁为宗旨的数学语言中，是不会像《浮世根问》那样悠闲地翻来复去做问答的。因此收敛的游戏也要用简短的公式形式来表达。由此可以得出柯西的收敛条件如下所述：

“有无穷数列 a_n，如果对给定任意小的正数 ε，总能确定一个适当的整数 N，使得对于一切 $n>N$ 都有 $|a_n-a|<\varepsilon$，则称数列 a_n 收敛于 a，称 a 为收敛数列 a_n 的极限。”

由于收敛数列和极限的关系在数学中极为重要，所以规定用符号

$$\lim_{n\to\infty}a_n=a$$

表示。这个符号阐明下述两点：

(1) 当 n 无穷大的时候，无穷数列 a_n 收敛。

(2) 它的极限是 a。

在上例中可以写作 $\lim\limits_{n\to\infty}\dfrac{1}{n}=0$。

在不提出变化和运动的算术和代数中，只是计算＋，－，×，÷的问题，lim 的计算没有必要。可是在提出变化和运动的微分学、积分学——更广义地说是数学分析当中，lim 的计算和＋，－，×，÷并列，是最重要的一种运算。赋予这个运算以明确定义的人就是柯西。所以即使把柯西称为近代数学分析的奠基人也决不过分。

柯西的独创性就在于抓住了隐藏在“无穷接近 a”这一事实中的二者斗争的逻辑。

证明数列 a_n 接近于 a 采用反证法，即设想反对者否认接近于 a，再击败反对者，与正面证明的方法结果一样。有人觉得柯西的收敛条件难懂，这是由于收敛条件具有否定之否定的形式。把收敛条件中的“给定任意小的正数 ε”看作是敌对者的挑战就容易懂了。接着就是对挑战的应战。这里不采用 0.1 或 0.01 等特定的数，只设了一般的 ε，这样就可以避开相继出现的一系列数 0.1,0.01,0.001,…的麻烦。柯西的收敛条件用几行字就可以写出，很简单。这是看起来简单，其实内容很复杂。柯西的头像如图 10-13 所示。

如果以前创造了微积分学的牛顿和莱布尼茨给出 lim 的正确定义就好了，因为他们创造的微积分学的运算基础是 lim。然而历史没有那样做。以牛顿和莱布尼茨为首的以及后来的数学家们推迟了对 lim 的严密定义，他们以“a_n 无穷接近 a”的理解程度完成了微积分学，而且把它应用于力学和物理学等，不断地发现一些隐藏的自然规律。牛顿使用微积分学，明确了太阳系的构造。那时还不知道极限和收敛的严密定义。然而，他具有敏锐的洞察力，使得他虽然使用不正确的逻辑，但还是防止了陷入错误的泥潭之中。从微积分学的诞生到产生柯西的收敛条件为止，大约经过了 150 年的岁月。这就很好地说明了，从变化和运动当中感知掩藏着的二者斗争的逻辑是多么困难了。

图 10 - 13 柯西

从另一个方面来看，这件事还可以反映创造和批判之间的关系。创造新的事物要求有非凡的想象力和观察力。可是敏锐的批判分析能力也未必不需要。所以就像艺术作品先行于美学那样，在很多情况下，是创造超过批评的。这种情形对于数学这样的逻辑科学来说，也决不会例外的。常常是在含糊的逻辑上进行大胆的飞跃，而严密的逻辑证明，大部分都是依靠后来其他人进行。也有人主张数学是仅仅靠逻辑的力量组成的科学，如果是那样的话，创造与批评之间就不会有分歧了。

识别数列在左右摆动时是否收敛是相当费事的，然而数列不摆动，“沿一个方向增加”或者“沿一个方向减少”时，识别数列的收敛就很容易。图 10 - 14 中上图所示是摆动数列，下图所示是沿一个方向增加的数列。

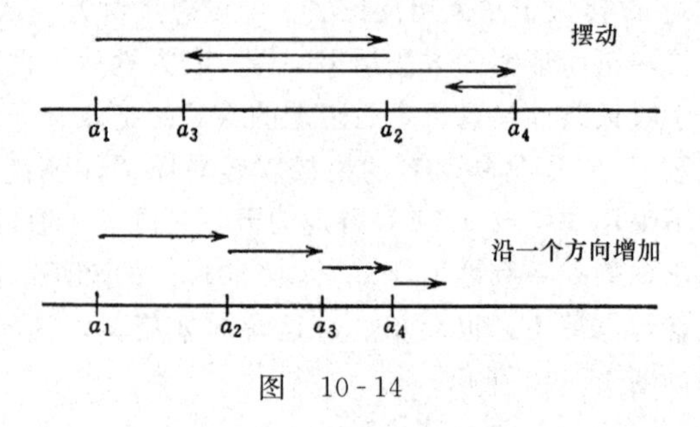

图 10 - 14

即可以如下所述：

沿一个方向增加的数列在没有越过某个界限时，数列是收敛的（见图 10-15）。

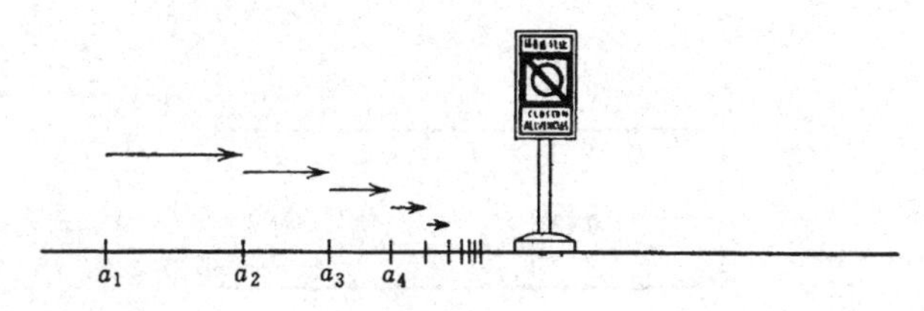

图 10-15

在数的直线全体上取整数点…，−3，−2，−1，0，1，2，…分为长度为 1 的区间。

在这样的区间，一定有 $a_1,a_2,\cdots$ 中一个也没进入的区间，在那样的区间当中，取最左端的区间。

在它左侧的区间里已经有数列中的元素挤入，如图 10-16 所示。

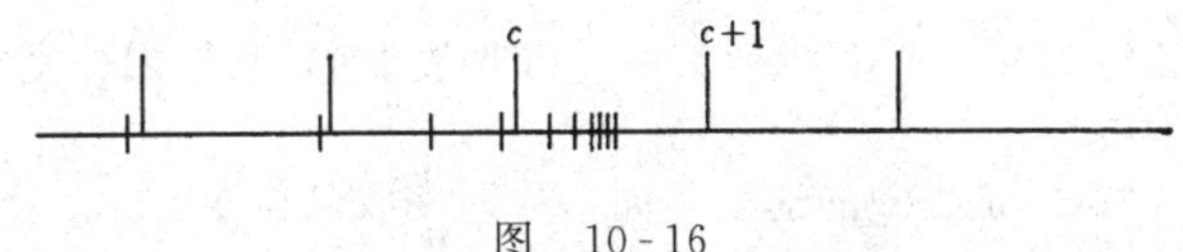

图 10-16

把数列挤入的区间重新分成 10 等分，其中，还可以再把区间划分为数列挤入的区间和数列没有挤入的区间，如图 10-17 所示。例如，假设在 0.4 和 0.5 之间。再重新把这个区间分为 10 等分的时候，数列挤进来的区间设为（0.42，0.43）。

像这样继续进行 10 等分分割的时候能够得到区间

(0.4,0.5)

(0.42,0.43)

(0.427,0.428)

…

这样把原来的无穷数列去掉有限个之后，就全部进入这些区间了。

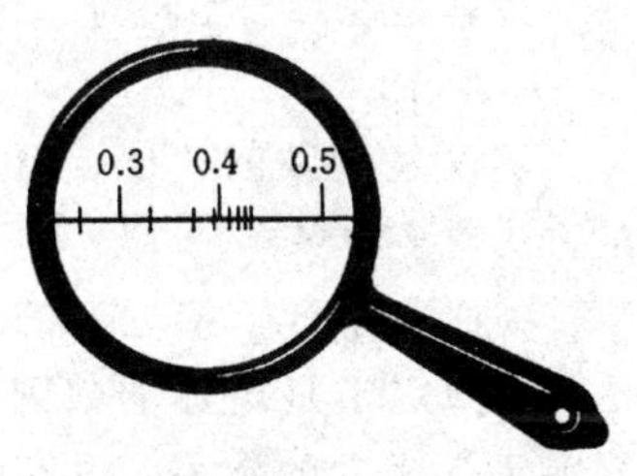

图 10-17

此处，如果令 0.427…＝S，则 S 就是数列 a_n 的极限。详见图 10-18。

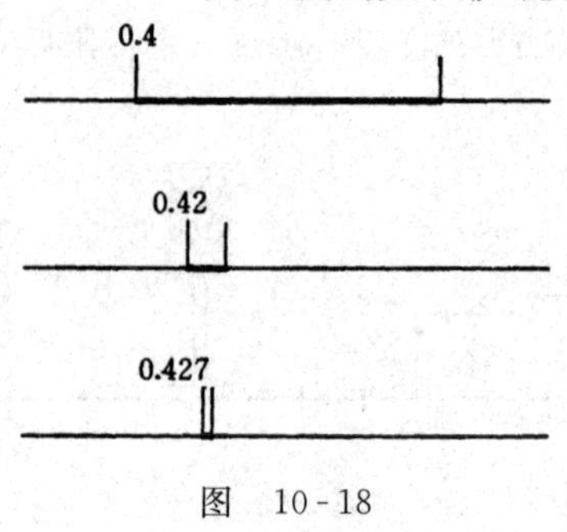

图 10-18

10.7 收敛和加减乘除

某数列是不是收敛到一个极限上，应用柯西的收敛条件就知道了。但是数列收敛速度是不一样的。

比方说数列 $a_n=\frac{1}{n}$ 和数列 $b_n=\frac{1}{n^2}$ 都收敛于 0，其极限分别是 $\lim\limits_{n\to\infty}\frac{1}{n}=0$，$\lim\limits_{n\to\infty}\frac{1}{n^2}=0$，但是收敛的速度不同，数列 $\frac{1}{n^2}$ 收敛得快。

如果在 0 附近建立宽度为 0.01 的“阵地”，则数列 $\frac{1}{n}$ 进入这个阵地的数是从 101 号开始，而数列 $\frac{1}{n^2}$ 进入这个阵地的数是从 11 号开始。

也就是说对于相同的 ε，规定的号码 N 越小，收敛得越迅速，如图 10-19 所示。

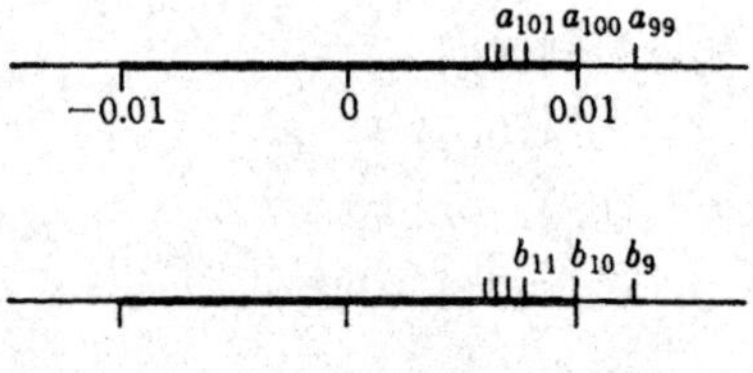

不仅是收敛的速度，而且收敛的方法也多种多样。

柯西也注意了接近 a 的种种方法，不限定于是增加的数列，也不限定于是减少的数列，也有一边摆动一边接近 a 的数列，如图 10-20 所示。

a_{101} a_{100} a_{99}

−0.01 0 0.01

b_{11} b_{10} b_9

图 10-19

以摆动为例，柯西给出了数列：

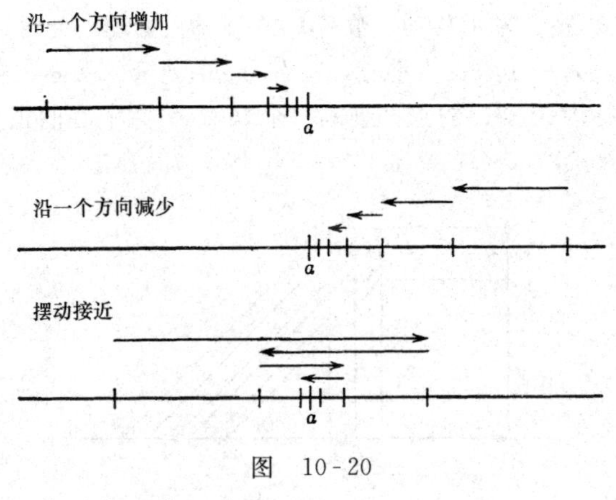

图 10-20

$\frac{1}{4}$，$\frac{1}{3}$，$\frac{1}{6}$，$\frac{1}{5}$，$\frac{1}{8}$，$\frac{1}{7}$，…

这个数列的收敛情况如图 10-21 所示。

有时有必要把这些按各种方式变化的数列进行加或减，但作为计算基础来说，必须证明几个法则。

在算术和代数中规定+，-，×，÷的几个基本法则为基础进行计算。可是因为现在出现了新的 lim 的运算，所以应该先弄清 lim 和+，-，×，÷之间的关系。

有两个收敛数列 a_n 和 b_n，设 a 和 b 是数列 a_n 和 b_n 的极限。

$\lim_{n\to\infty} a_n = a$，$\lim_{n\to\infty} b_n = b$

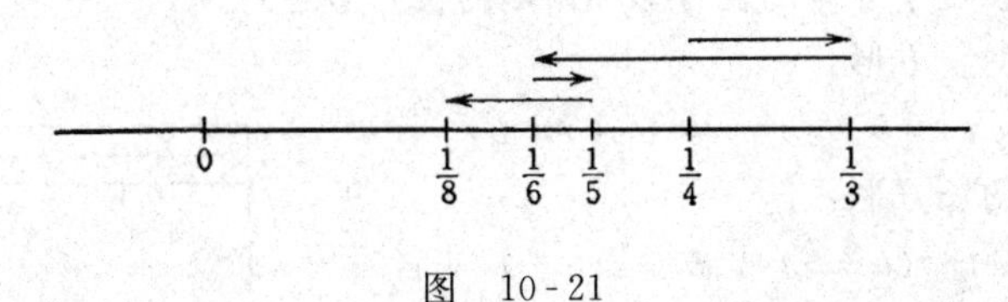

图 10-21

那么数列 $a_n + b_n$ 是一个什么样的数列呢？这里假定 a_n 和 b_n 的收敛速度是任意的。

如果 $a_n = \frac{1}{n}$，$b_n = \frac{1}{n^2}$，则收敛速度完全不同，不言而喻这种情况也包含在内。

设数列 a_n 在 x 轴上移动，数列 b_n 在 y 轴上移动。此时，数列 a_n 从某号数开始进入一个以 a 为中心，左右为 ε 的狭窄的区间。数列 b_n 也一样，于是坐标为(a_n,b_n)的点，进入一个以(a,b)为中心的正方形内（见图10-22）。

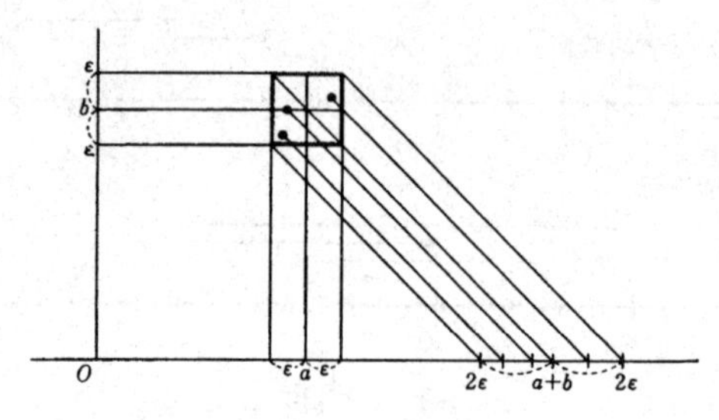

图 10-22

如果把这点用 45°的平行线在 x 轴上投影，则变成 a_n+b_n，这就进入以 $a+b$ 为中心，左右具有 2ε 宽度的区间。

因为 2ε 可以任意小，所以根据柯西的收敛条件知，数列 a_n+b_n 收敛于 $a+b$。

$$\lim_{n\to\infty}(a_n+b_n)=a+b=\lim_{n\to\infty}a_n+\lim_{n\to\infty}b_n$$

同样

$$\lim_{n\to\infty}(a_n-b_n)=a-b=\lim_{n\to\infty}a_n-\lim_{n\to\infty}b_n$$

乘法只要证明$\lim\limits_{n\to\infty}a_nb_n=ab$ 即可，这是因为我们都知道，表示 a_nb_n 的长方形面积位于外侧的长方形和内侧的长方形之间。

外侧的长方形：

$$(a+\varepsilon)\times(b+\varepsilon)=ab+\varepsilon(a+b)+\varepsilon^2$$

内侧的长方形：

$$(a-\varepsilon)\times(b-\varepsilon)=ab-\varepsilon(a+b)+\varepsilon^2$$

因为 ε 取的值是任意接近 0，所以两个公式的计算结果都接近于 ab，因此夹在中间的 a_nb_n 也接近于 ab。请参看图 10-23。

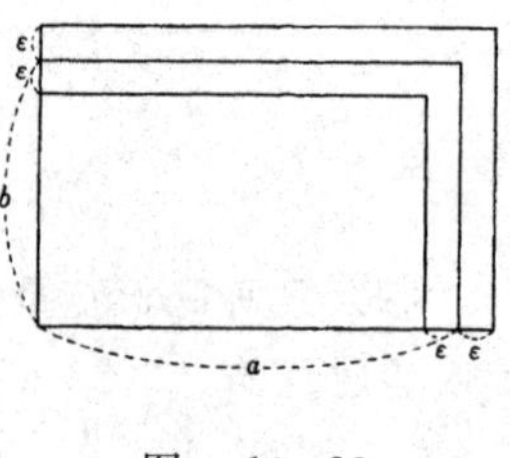

图 10-23

下面讨论$\dfrac{b_n}{a_n}$，这里先规定 a 不为 0，如果 a

等于 0，定理是不成立的。

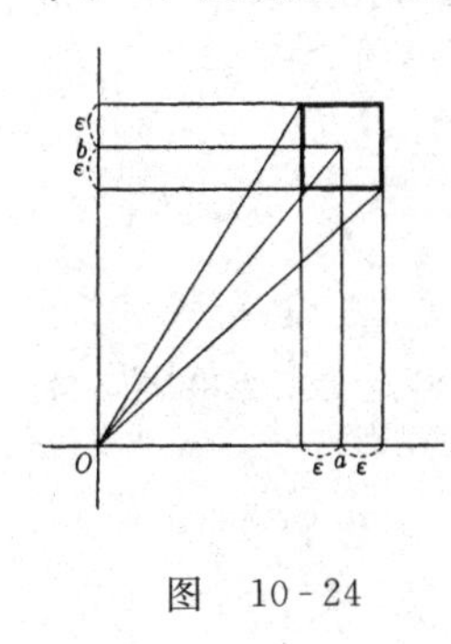

图 10-24

此时因为$\frac{b_n}{a_n}$的趋势是位于$\frac{b+\varepsilon}{a-\varepsilon}$，$\frac{b-\varepsilon}{a+\varepsilon}$之间，可以知道仍然接近$\frac{b}{a}$。请参看图 10-24。

归纳以上结果得到如下结论：

$\lim(a_n+b_n) = \lim a_n+\lim b_n$

$\lim(a_n-b_n) = \lim a_n-\lim b_n$

$\lim a_nb_n=\lim a_n\times\lim b_n$

$\lim \frac{b_n}{a_n}=\frac{\lim b_n}{\lim a_n}$（但 $\lim a_n$ 不是 0）

到现在为止，+，-，×，÷和新加入的 lim 运算的关系可用如下语言表示，那就是在数列运算过程中，首先进行+，-，×，÷的运算，然后进行 lim 运算的计算结果和首先进行 lim 的运算，然后进行+，-，×，÷运算的计算结果是相等的。

总之，可以变换+，-，×，÷和 lim 的运算顺序。

10.8 规则的数列

考虑无穷数列收敛时，也想到排列任意的数 a_n。实际上，多数情况是用某一法则顺序排列数列的各项。

如果 $a_1+a_2+a_3+\cdots+a_n$ 的项是任意排列的，从第一项开始进行相加时，只能老老实实地一个一个加下去。

然而如果是规则排列的项，巧妙地利用其规律，用灵活的计算方法往往很快会得出答案。

例如使用算盘练习从 1 到 10 的加法，笨办法就是一个数一个数地加下去，但是如果把

1+2+3+4+5+6+7+8+9+10

从两端开始，把首尾两个数分成一组各自相加，像图 10-25 那样，每组数都为 11，由于共有 5 组，所以答案为 11×5=55，当然，使用这种计算方法就不是练习珠算的加法了。

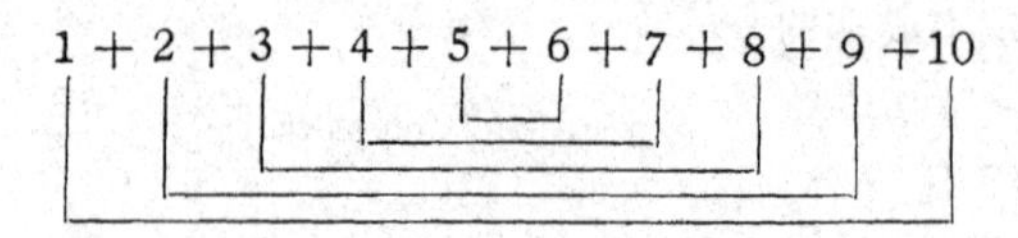

图 10-25

和阿基米德、牛顿齐名的历史上最伟大的数学家之一高斯（1777—1855），6 岁左右时，老师出了一道从 1 一直加到 100 的连加法问题，高斯用首尾两端为一组数的方法进行运算：

$$101\times50=5050$$

据说使老师非常惊讶。

像这样的“灵活”计算的例子还有很多。德川时代的通俗的数学书中，有著名的吉田光由先生的《尘劫记》，书中写着计算堆放的稻草袋的方法。最底层堆着 18 个草袋，并连续往上堆放了 11 层，此时，最上面一层有 8 个草袋（见图 10-26），即

$$18-(11-1)=8$$

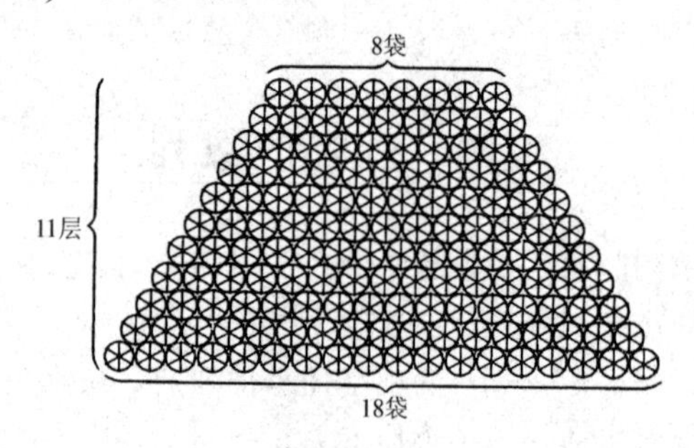

图 10-26

这个时候，设想有一个上下倒转的草袋堆，再把这两堆草袋横向排列在一起来看，如图 10-27 所示。

每层草袋全部为 18＋8＝26，也就是说每 26 个草袋一层，一共堆放了 11 层，所以把这个总数除以 2 就可以了。

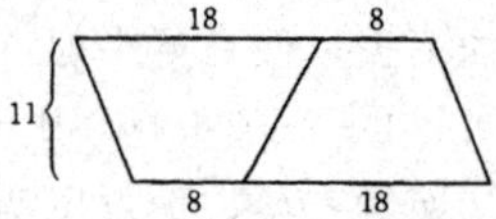

$$26\times11\div2=286\div2=143$$

图 10-27

这种灵活的计算，自古以来时有发生。很多

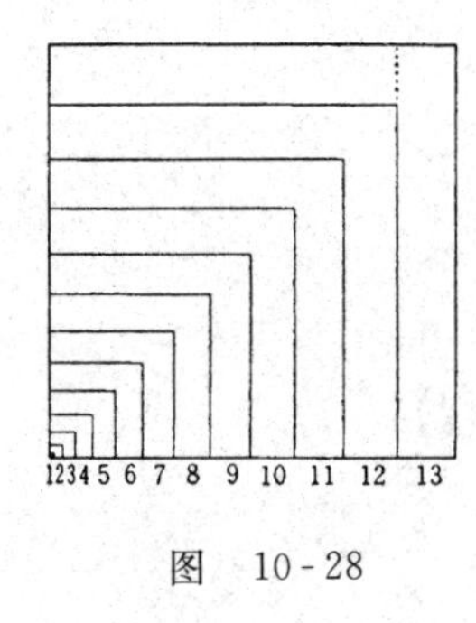

图 10-28

人都知道，阿基米德（约公元前 287—前 212）很早就已经知晓平方和的计算公式：

$$1^2+2^2+3^2+\cdots+n^2=\frac{1}{6}n(n+1)(2n+1)$$

还有某位阿拉伯数学家已经知道了立方和的计算公式：

$$1^3+2^3+3^3+\cdots+n^3=\left[\frac{1}{2}n(n+1)\right]^2$$

据说他使用图 10-28 证明了这个公式。

10.9 帕斯卡三角形

在这种规则数列中，最重要的就是所谓的帕斯卡三角形。

图 10-29 表示像围棋盘那样的整齐街道。设想从顶点 A 步行去某个地点，规定 n 代表步行能去的区域位置，从左侧线开始用 (n,m) 表示 m 号地点。

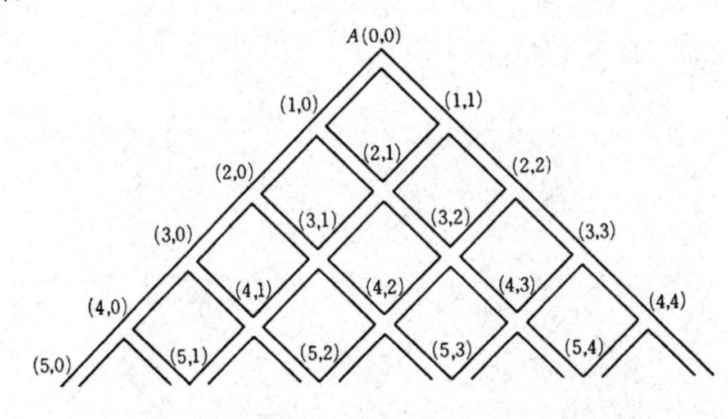

图 10-29

这里，从 $(0,0)$ 点出发步行到地点 (n,m) 的道路的种类的数目写作 $\binom{n}{m}$。当然是不绕远地到达目的地道路的数目。此刻用 $\binom{n}{m}$ 制作出来的数字图形就是帕斯卡的数三角形。详见图 10-30。

具体计算如图 10-31 所示。这个数三角形是可以无穷延伸的。那么

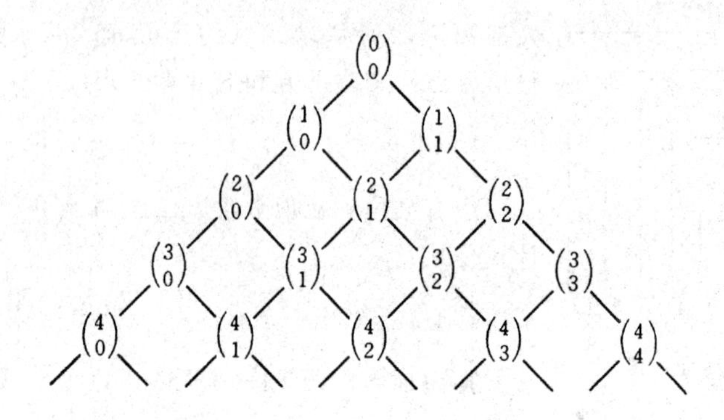

图 10-30

$\binom{n}{m}$具有什么样的结构呢？例如，考虑一下$\binom{n}{m}$在另外一个位置上是如何呢？在去点（n，m）时，可以经过（$n-1$，$m-1$）和（$n-1$，m）这样两条道路。要到达地点（$n-1$，$m-1$）有$\binom{n-1}{m-1}$条路；往地点（$n-1$，m）去只有$\binom{n-1}{m}$条路，所以去地点（n，m）有$\binom{n-1}{m-1}+\binom{n-1}{m}$条路，即下式成立：

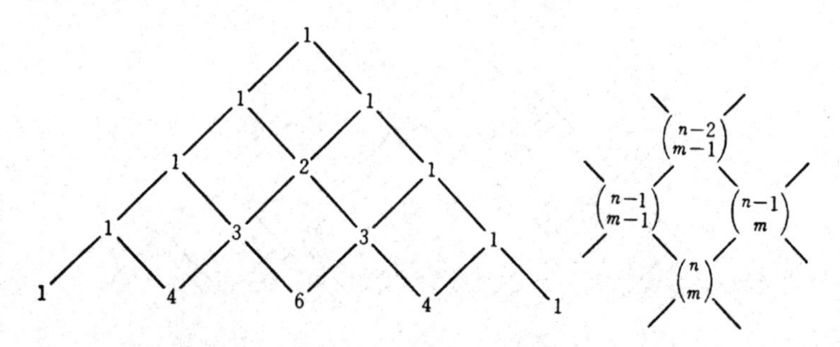

图 10-31

$$\binom{n-1}{m-1}+\binom{n-1}{m}=\binom{n}{m}$$

并且具有下列性质

$$\binom{n}{r}=\binom{n}{n-r}$$

要计算 $(a+b)^n$ 时，利用帕斯卡三角形，则计算过程变得十分简单。展开 $(1+x)^n$ 时，如要想知道出现几个 x^m，方法可以和组成数三角形相同。例如让 $\times a$ 往左边走，$\times b$ 往右边走，如图 10 - 32 所示，那么就会出现从 1 开始到 $a^{n-m}b^m$ 为止的道路数，这个数是 $\binom{n}{m}$，也就是下列公式成立：

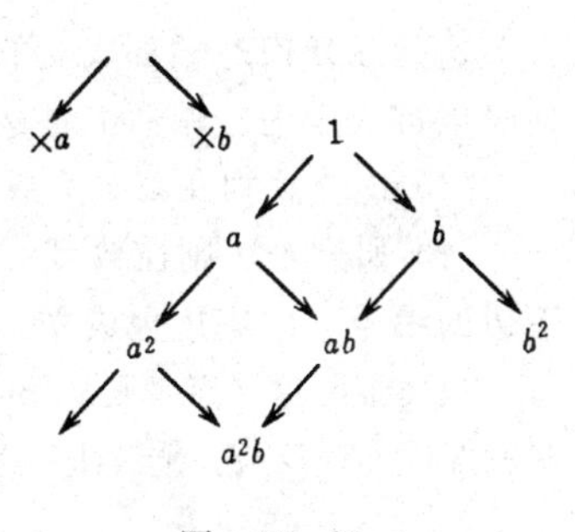

图 10 - 32

$$(a+b)^n=\binom{n}{0}a^n+\binom{n}{1}a^{n-1}b+\cdots+\binom{n}{1}ab^{n-1}+\binom{n}{0}b^n$$

这个公式是在任何时候都成立的一般关系式。

10.10 数学归纳法

使用这个公式能够计算数三角形的一切数，可是要从(0,0)开始顺序计算，这是很不方便的。

那么有没有把任意地点的 $\binom{n}{m}$ 一下子计算出来的方法呢？帕斯卡研究了这个问题。

帕斯卡的证明方法是前所未有的全新的方法。这种证明方法后来叫做完全归纳法或者叫做数学归纳法，它在数学史上发挥了很大的作用。

帕斯卡把同一底边上排列的数看成一群，首先取相邻的数 $\binom{n}{m}$，$\binom{n}{m+1}$。

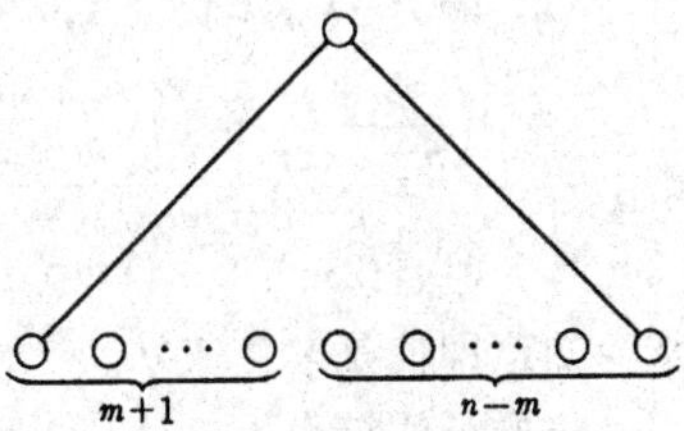

图 10 - 33

从左侧数开始到左端为止的个数为 $m+1$，从右侧数开始到右端为止的个数为 $n-m$。这时，参见图 10 - 33，发现 $\binom{n}{m}$ 和 $\binom{n}{m+1}$ 之间隐含着以下法则：

$$\binom{n}{m}\Big/\binom{n}{m+1}=(m+1)/(n-m)$$

这是在任何时候都成立的法则，怎样能证明公式在任何时候都成立呢？帕斯卡是这样叙述的（见图10-34）。

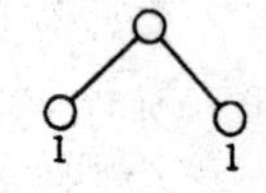

图 10-34

（1）这个法则在第二边成立。

（2）如这个法则在数目 $n-1$ 的底边成立，则它必然在下边的编号 n 的底边也成立。

只要证明这一点，则从第二边开始，接着第三边，第四边，……的证明就发生连锁反应。继续进行到任何地方，因此就完成了对所有边的证明。

$2\to3\to4\to5\to\cdots$

（1）由于第二边是1，所以为1时的证明是不言而喻的。

在（2）的说明上因为 $n-1$ 号成立，所以

$$\frac{\binom{n-1}{m}}{\binom{n-1}{m+1}}=\frac{m+1}{n-1-m}\text{，因而}\binom{n-1}{m}=\frac{m+1}{n-1-m}\binom{n-1}{m+1}$$

$$\frac{\binom{n-1}{m+1}}{\binom{n-1}{m+2}}=\frac{m+2}{n-2-m}\text{，因而}\binom{n-1}{m+2}=\frac{n-2-m}{m+2}\binom{n-1}{m+1}$$

注意，假设上述公式成立，并代入公式

$$\frac{\binom{n}{m+1}}{\binom{n}{m+2}}=\frac{\binom{n-1}{m}+\binom{n-1}{m+1}}{\binom{n-1}{m+1}+\binom{n-1}{m+2}}$$

$$\text{则上式}=\frac{\left(\frac{m+1}{n-1-m}+1\right)\binom{n-1}{m+1}}{\left(1+\frac{n-2-m}{m+2}\right)\binom{n-1}{m+1}}=\frac{m+2}{n-1-m}$$

从而知道即使是 n 也成立。

这样证明结束了，这是推论的连锁反应，这与将棋一个压一个倒下去的逻辑相似。

排列将棋棋子时，

（1）第一个棋子必须先倒下；

（2）如果到 $n-1$ 号为止的棋子倒下，则 n 号的棋子一定倒下。

如上述两点确定了，则所有的棋子都将倒下。所谓数学归纳法就是将棋倒下的逻辑。

如使用这个定理，要从$\binom{n}{r}$求$\binom{n}{r+1}$，只要乘以$\frac{n-r}{r+1}$即可。

从$\binom{n}{0}$开始接连不断地计算$\binom{n}{1}$，$\binom{n}{2}$，…，$\binom{n}{m}$时，如下所示

$$\binom{n}{m}=1\times\frac{n}{1}\times\frac{n-1}{2}\times\cdots\times\frac{n-m+1}{m}$$

$$=\frac{n\times(n-1)\times(n-2)\times\cdots\times(n-m+1)}{1\times2\times3\times\cdots\times m}$$

把数字从1开始顺序相乘到k时，规定把这个乘积写作$k!$，因为分子$n\times(n-1)\times(n-2)\times\cdots\times(n-m+1)$变成

$$\frac{n\times(n-1)\times\cdots\times(n-m+1)\times(n-m)\times\cdots\times1}{(n-m)\times(n-m-1)\times\cdots\times1}=\frac{n!}{(n-m)!}$$

所以可写成

$$\binom{n}{m}=\frac{n!}{m!\ (n-m)!}$$

使用符号！使公式变得明了清楚。

利用这个逻辑能够证明下述事实。

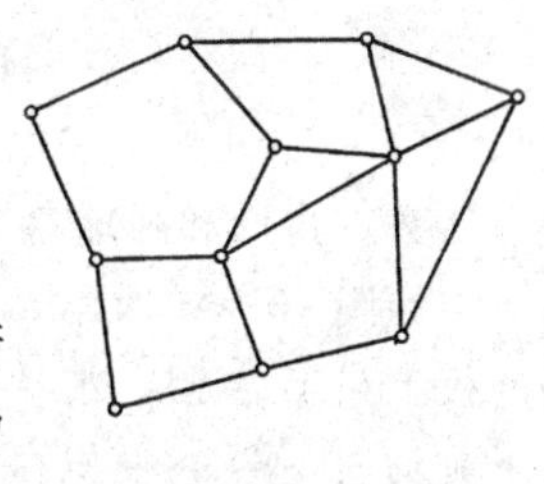

图 10-35

在平面上画多边形的网孔时，如图10-35所示，其多边形的面数和线数及结点数之间关系为下述等式：

面数＋结点数＝线数＋1

试把数学归纳法应用到这个事实。也就是把它顺序应用到多边形的面数为1,2,3,4,…的情况。

首先：

(1) 面数等于1时怎么样（见图10-36)？

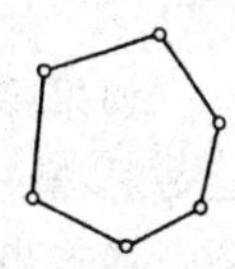

图 10-36

面数等于1时，线数和结点数相等，因此确实有

面数＋结点数＝线数＋1

(2) 面数等于$n-1$时，设公式是正确的，此时再连接一个多边形，于是面数为n。

这时就像图10-37中所示又补了一个多边形。设新增加的结点数为s，则新增加的线数是$s+1$。因此，如果多边形在$n-1$时公式成立，则n的时候公式也成立，即

$n-1$ 时……面数＋结点数＝线数＋1

＋新增加数…… 1 ＋ s ＝$s+1$

n 的时候……面数＋结点数＝线数＋1

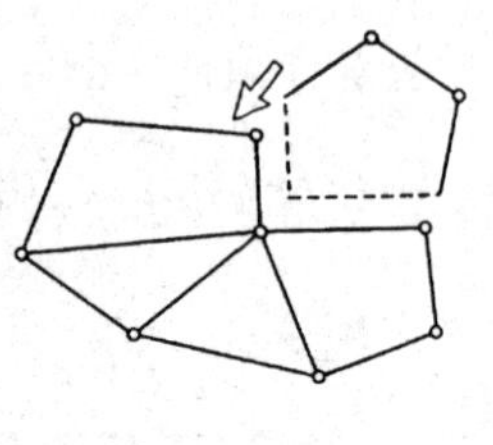

图 10-37

在这里，用数学归纳法完成了这道题的证明。因此我们知道，不管有多少个面，上式总是成立的。

如果开始时不预先设想问题的法则，则不能使用数学归纳法。其原因是在第（2）条一直到 $n-1$ 为止，假定这一法则，并以此为基础，证明了 n 的情况。

因此在用不严密的实验方法搞清某个问题时，要想对其做严密的数学证明，经常利用数学归纳法。

10.11 高斯分布

数三角形和弹球盘（一种游戏机）有着相当奇妙的联系。

如图 10-38 所示，垂直的板上设有水槽，水从上向下流动时，第一段积存的水为$\left(\frac{1}{2},\frac{1}{2}\right)$，第二段积存的水为$\left(\frac{1}{4},\frac{1}{2},\frac{1}{4}\right)$，第三段积存的水为$\left(\frac{1}{8},\frac{3}{8},\frac{3}{8},\frac{1}{8}\right)$。

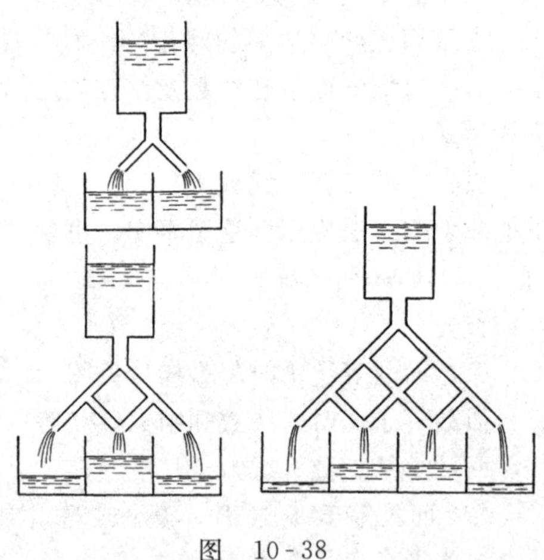

图 10-38

如果弹球盘上的钉子像这种水槽一样规则整齐排列，当打出许多弹球时，弹球的下落情况和水下落情况一样。

也就是说正中间落下的弹球最多，随着离开正中间位置的距离加大，则落下去的弹球越来越少。

这时，如果使承受水箱的宽度逐渐变窄，而且又在水槽下边放上无数大小一样的水箱的话，则各水箱的接水量变成如图 10-39 所示的一条光滑的曲线。

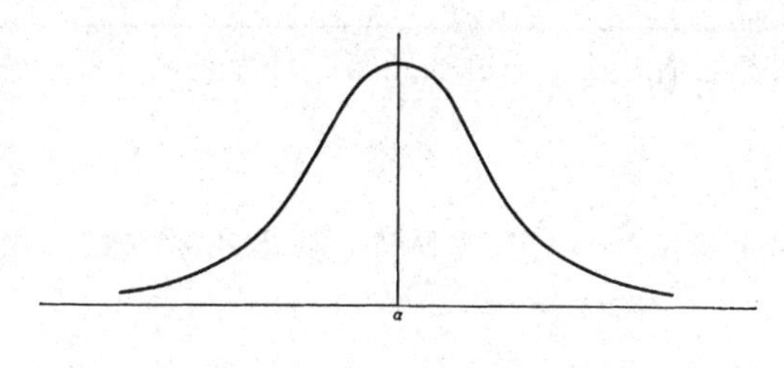

图 10-39

这就是高斯的误差曲线。

这个吊钟型的曲线在植物的高度分布等情况中经常出现。

成千上万地采集一种植物，测量植物的高度，在平均高度的周围就形成这种吊钟型的分布，如图 10-40 所示。

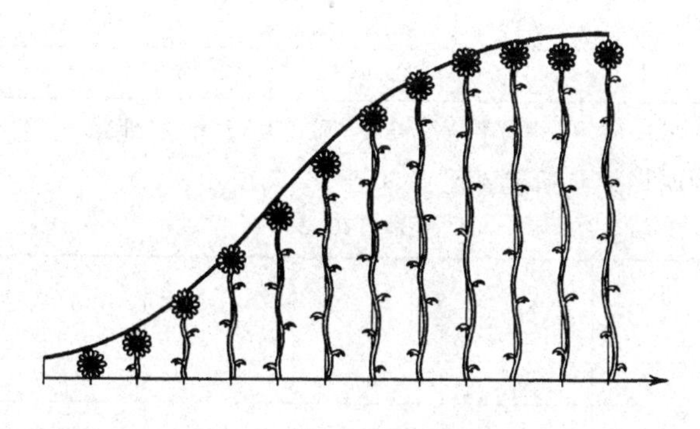

图 10-40

然而必须注意的是，和弹球盘的弹球不同的是，人类具有自己的意志，任何时候都是努力寻求好的，所以小孩子的学习成绩决不是这个形式。

10.12 阶　差

在比较某种变化事物的变化方式时，常常建立差的概念。例如，把某商店某月某天的销售额做成统计表的话，就像表 10-1 中所列的那样。

表 10-1

日期	1	2	3	…
日元	a_1	a_2	a_3	…

这时候，如果想看看从头一日开始到第二日为止，有哪些变化时，可以减去相邻的数：

a_2-a_1，a_3-a_2，…

把这个相邻数的差 a_n-a_{n-1} 称为阶差，阶差用来观察变化的程度。如果设

$$a_n-a_{n-1}=b_n$$

就又建立了新的数列 b_n。把这个数列叫做第 1 阶差数列。为了方便，规定从 0 号开始，如表 10-2 所示。

表 10-2

0	1	2	3	…
a_0	a_1	a_2	a_3	…
	b_1	b_2	b_3	…

如果从 b_1，b_2，b_3，…再建立阶差，则可以更精密地求出变化的情况。把这个数列叫做第二阶差数列，如表 10-3 所示。

表 10-3

原数 / 阶差	a_0	a_1	a_2	a_3	a_4	…
1		b_1	b_2	b_3	b_4	…
2			c_2	c_3	c_4	…
3				d_3	d_4	…
4					e_4	…
5						…

从日本每年的人口数列 a_n 取一次阶差，其数列是正的。其理由是人口每年是增加的。

可是如果再一次建立阶差，则有时会变成负的。

人口虽然增加，然而增加的速率是减少的。

如果把这个阶差接连不断地作下去，可以抓住变化的细小差别。

在图 10-41 中，减去某一横行相邻项的数，任何时候都是等于正下方的数。

相反，某数总是等于左边数与下边数之和。

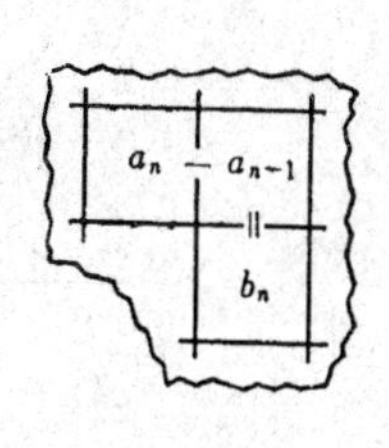

图　10-41

这时如果知道排列在左端的数

a_0，b_1，c_2，d_3，e_4，…

就可以知道表 10-3 中的任何数。

那么如果知道了 a_0，b_1，c_2，d_3，e_4，…，怎样求 a_4 呢？

首先把加法运算按照→和↑的方向进行考虑。

因为从 a_0 到 a_4 只是按照→移动，所以 a_0 只进入一次。

而从 b_1 到 a_4 一共有 4 种路径，所以 $4b_1$ 进入。

从 c_2 到 a_4 只能挑选 $\binom{4}{2}$ 种路径，所以 $\binom{4}{2}c_2$ 进入，同样有 $\binom{4}{3}d_3$，$\binom{4}{4}e_4$。总之，

$$a_4=\binom{4}{0}a_0+\binom{4}{1}b_1+\binom{4}{2}c_2+\binom{4}{3}d_3+\binom{4}{4}e_4$$

一般式为

$$a_n=\binom{n}{0}a_0+\binom{n}{1}b_1+\binom{n}{2}c_2+\cdots$$

这个公式是莱布尼茨首先提出的。而且，这个公式是他创立微分学的重要阶梯。

应用这个公式就可以求以下级数的和：

$$a_n=1^2+2^2+3^2+4^2+\cdots+n^2,\ a_0=0$$

也就是说从表 10-4 中可以知道从第 4 阶差数列再往下就是 0。

表　10-4

0	1	5	14	30	55	91	140
	1	4	9	16	25	36	49
		3	5	7	9	11	13
			2	2	2	2	2
				0	0	0	0
					0	0	0

代入上述公式：

$$\begin{aligned}a_n &= \binom{n}{0}\cdot 0+\binom{n}{1}\cdot 1+\binom{n}{2}\cdot 3+\binom{n}{3}\cdot 2+\binom{n}{4}\cdot 0+\cdots\\ &= 0+n\cdot 1+\frac{n(n-1)}{1\cdot 2}\cdot 3+\frac{n(n-1)(n-2)}{1\cdot 2\cdot 3}\cdot 2\\ &= \frac{2n^3+3n^2+n}{6}\\ &= \frac{n(n+1)(2n+1)}{6}\end{aligned}$$

一般情况下，可以求出 $1^k+2^k+3^k+\cdots+n^k$ 的值。

例如，对于

$$1^k+2^k+3^k+\cdots+n^k=f(n)$$

伯努利发现了 $f(n)$ 的一般形式。尽管是偶然的一致，可是江户时代的伟大数学家关孝和（1642—1708）也同伯努利一样在同一时期提出了和 $f(n)$ 相同的公式。

据说伯努利把 1 到 100 的 10 次方的和在 7 分 30 秒内计算出来，就自以为了不起了。那么答案是多少呢？是

959 924 142 434 241 924 250

是一个天文学的数字。

当然伯努利未必是老老实实地计算：

$$1^{10}+2^{10}+3^{10}+\cdots+90^{10}+\cdots+100^{10}$$

即使他是计算的名人，在 7 分 30 秒内也不能把这道题计算出来。他是知道变戏法的秘密的。这个秘密就是以下公式：

$$\begin{aligned}&1^{10}+2^{10}+3^{10}+\cdots+n^{10}\\ &=\frac{1}{11}n^{11}+\frac{1}{2}n^{10}+\frac{5}{6}n^9-n^7+n^5-\frac{1}{2}n^3+\frac{5}{66}n\end{aligned}$$

只要把这个 n 用 100 代替，代入这个计算公式就行了。不难想象在 7 分 30 秒的时间内可以得出答案。

第11章　伸缩与旋转

11.1 老　鼠　算

吉田光由（1598—1672）的《尘劫记》是江户时代的一本最通俗的数学书，其中有所谓“老鼠算”一节。书中写道：

“正月里公母两老鼠生了十二只小老鼠，这样总共就有了十四只老鼠。到二[①]月里，这些老鼠又全配成对，每对各生了十二只小崽，这样一共就变成了九十八只。如此每月一次繁殖下去，按每次各对生十二只考虑，那么经过十二个月就会有二百七十六亿八千二百五十七万四千四百零二只老鼠。

算法是以二只老鼠数乘七的十二次方。”

同理，可以表示正月、二月、三月、……增殖后的老鼠数。将此计算以数学算式表示，则如下列所示：

$2\times7=14$

$2\times7\times7=98$

$2\times7\times7\times7=686$

$2\times7\times7\times7\times7=4802$

$2\times7\times7\times7\times7\times7=33\ 614$

$2\times7^{6}=235\ 298$

$2\times7^{7}=1\ 647\ 086$

$2\times7^{8}=11\ 529\ 602$

$2\times7^{9}=80\ 707\ 214$

$2\times7^{10}=564\ 950\ 498$

---

① 原文误为“三”。——译者注

2×7^{11} =3 954 653 486

2×7^{12} =27 682 574 402

最后的数目若以现在的写法表示就是

2×7^{12}=27 682 574 402

为了强调这个数目的大小，吉田光由进而又提出了这样一个新问题：如果每只老鼠每天吃半合米，那么一年内能有多少米被吃掉呢？答案是“一千三百八十四万一千二百八十七石二斗一合”，如果每只老鼠按身长四寸计算，排列起来则有“七十八万八千六百五十四里二十三町二十间八寸”[①]。

这样，老鼠算的结果都是一些出人意料的大数，这是由于以同样的数字重复相乘的结果。

《尘劫记》中的老鼠算是反复地乘以7，与此类似的算例古时候在欧洲也有。

有4000年悠久历史的古埃及阿孟斯文件中记有下列计算结果：

家	7
猫	49
鼠	343
小麦	2 401
玛斯[②]	16 807

这是什么意思呢？历史学家对此作出了下列解释：

“7户人家中各养了7只猫，1只猫捉了7只老鼠，1只老鼠能吃掉7棵小麦。1棵小麦合7玛斯粮食，那么小麦共有多少玛斯？”

这是一个想象中的问题，只要逐次地乘以7，就会得出有趣的答案。

像这种7倍的故事，后来还曾屡次出现过。例如在13世纪的数学家斐波那契（约1180—1250）的《计算书》中有下列问题：

“在罗马有7位老妇人，

每人赶着7头毛驴，

---

① 这里的“町”、“间”亦为日本长度单位：1町约为109米，1间约为1.818米。——译者注

② 玛斯为古埃及的一种质量单位。——译者注

每头驴驮着7只口袋，

每只口袋里装着7个面包，

每个面包附有7把餐刀，

每把餐刀有7只刀鞘，

以上合计共有多少只刀鞘？”

最后的刀鞘数为

$7\times7\times7\times7\times7\times7$

即为 7^6，实际算得的数目为117 649。

11.2 2倍的故事

可与此“7倍的故事”相提并论的有“2倍的故事”。差不多与吉田光由同时代的井原西鹤（1642—1693），也许是读过《尘劫记》之后有所联想，他在《日本永代藏》[①] 一书中首次写道：在泉州[②]有一座叫做水间寺的观音寺，该寺每年以100％利息向外贷款。据说这种经营贷款，即以金融业为副业的寺庙在古希腊就有，叫做神殿银行。这个寺的年息为100％，是名副其实的高利贷。

这样，若今年借了1钱银子，来年就得还2钱，后年就得还4钱，……，每年递增为2倍。

有一次，住在武藏国江户的一个人借了1贯钱，以后就行踪不明了。当寺主以为这个人不会来还钱的时候，他却在13年后出现了。他经过东海道用马驮着8192贯钱来还账。

因为1年增为2倍，故对于13年就是2自乘13次，即 2^{13}。其结果就是8192，即

$2^{13}=2\times2\times2\times2\times2\times2\times2\times2\times2\times2\times2\times2\times2=8192$

西鹤在这个故事中说：“那时世上借债的利息真是高得惊人啊！”成倍地获取利息的办法是不合情理的。

此外，还有类似的“2倍的故事”，例如棋盘的故事。古时候在印度

① 有中译本，书名《日本致富宝鉴》。——译者注

② 此为日本大阪附近的泉州。——编者注

有一个舍罕王，他的来客中的赛沙·伊本·达海鲁发明了西洋棋。

国王非常高兴，决定要奖励他，让他任取自己所喜爱之物。赛沙请求在棋盘的格子上放置小麦（见图 11-1），第 1 格中放 1 粒，第 2 格中放 2 粒，第三格中放 4 粒，以此每格按 2 倍递增，他要取最后一格即第 64 格中相当的小麦数，因为棋盘的格数为 $8\times8=64$。

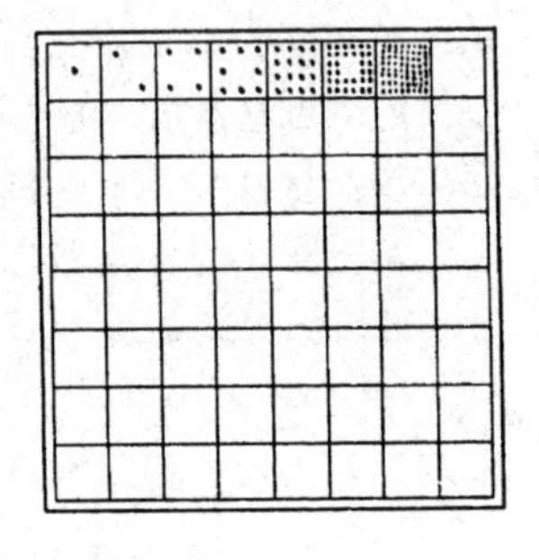

图 11-1

国王以为这是极易满足的事，但是计算结果却出乎他的意外，答案是 2^{63} 粒小麦，为 19 位数，相当于 2500 年的全世界小麦产量。

11.3 数 沙 子

最初是把反复相加定义为乘，例如

$$2+2+2+2+2=2\times5$$

这里 5 是重复相加的次数。

同样，当反复相乘出现时，也应给以新的定义，如写作

$$2\times2\times2\times2\times2=2^5$$

右上角小字 5 称为指数，表示重复相乘的次数，指数虽然写得小，但其作用是很大的。只要想想在“棋盘问题”中 2^{63} 是多么大的数字就会明白的。

对于表示巨大位数的所谓天文数字，使用这种指数是非常方便的。例如 1 亿可表示为 10^8，1 万亿是 10^{12}。因此，这种写法极受天文学者的欢迎，因为把宇宙半径写成 5.2×10^{22} 千米比写成数字后带有许多个 0 要省事得多。

这种字小却作用大的指数具有哪些性质呢？

例如，2^3 与 2^4 相乘时，由指数的定义可知结果为 2^7，即

$$\overbrace{2\times2\times2}^{2^3}\times\overbrace{2\times2\times2\times2}^{2^4}=\overbrace{2\times2\times2\times2\times2\times2\times2}^{2^7}$$

这可以表示成一般规律：

$$a^m\times a^n=a^{m+n}$$

这里的 a 限于正数。这样就把等号左侧的“×”变成了右侧的“+”。

这个法则最早是由古代大数学家阿基米德（约公元前 287—前 212）发现的。

阿基米德曾经打算数一数整个宇宙中的沙子的数目。为此，不能不考虑大的数字。他使用的数按现在的写法就是 10^{63}，也就是 1 的后面加 63 个 0。

用这样大的数来乘、除，促使他想到了

$$a^m \times a^n = a^{m+n}$$

这个法则。当然，现代从天文学的角度来看，阿基米德所想象的宇宙比罂粟种子还小。但是作为把整个宇宙中的沙子都要数一数的阿基米德的梦想还是挺壮观的。根据佛教的经典，古时候是用沙子数来表示大数的。所谓“恒河沙”即恒河的沙子数，是作为表示无限大的数而使用的。在东方，数不清的大数是宗教崇拜的目标。“无限”在某种程度上带有宗教的色彩。但是西方的阿基米德却为数清宇宙之沙作出了贡献。这种雄心壮志乃是创造出欧洲科学的动力。

11.4 负的指数

利用指数法则的逆，可将除法运算变为减法运算。当 m 比 n 大时，则有

$$a^m \div a^n = a^{m-n}$$

此式限于 m 大于 n 的条件。而 $m=n$ 或 $m<n$ 时，则属例外。

但是，搞数学的人讨厌这种例外，希望在这里将指数的意义引伸一下，清除这种例外。

当 $m=n$ 时，$a^m \div a^n$ 变成 $a^m \div a^m$，即同数被同数除，其答数当然是 1。因此定义 $a^{m-m}=a^0$ 为 1，即

$$a^m \div a^m = a^{m-m} = a^0 = 1$$

这样一来，$a^m \div a^n = a^{m-n}$ 的规律对于 $m=n$ 时也就成立了。

现在考虑 n 大于 m 的情况，此时的一个特例是 $m=0$ 的情形。因为 $a^0=1$，故

$$a^m \div a^n = 1 \div a^n = \frac{1}{a^n}$$

这里 $a^{0-n} = a^{-n}$ 被定义为 $\frac{1}{a^n}$，则有

$$a^0 \div a^n = a^{0-n} = a^{-n}$$

这样把负的指数也予以定义以后，$a^m \div a^n = a^{m-n}$ 的法则，就适用于 m，n 为任何值的情形了。

从而就把数学家讨厌的例外给消除了。

采用这种新的定义后，可制成下列指数表（见表11-1）。

指数是从1开始向右递增1，而幂则是…×a；指数从1向左递减1，而幂则是…÷a。

表 11-1

指数	…	-3	-2	-1	0	1	2	3	…
幂	…	$\frac{1}{a^3}$	$\frac{1}{a^2}$	$\frac{1}{a}$	1	a	a^2	a^3	…

表中上面一行是＋和－的世界，下面一行则是×和÷的世界。

利用负的指数可将小数点以下带有许多0的小数以简单的方式表示出来。例如1亿分之1的普遍写法是

$$0.000\,000\,01$$

利用负指数表示，可写为 10^{-8}。

对于研究微观世界的原子物理学家来说，这是极受欢迎的方法。

例如，电子的质量用普通方法表示为

$$0.000\,000\,000\,000\,000\,000\,000\,000\,000\,910\,9\text{g}$$

以新的符号表示则为 9.109×10^{-28}g，写起来比上述方便得多。

11.5 分数的指数

然而到此为止，并不能使数学家感到满意。a^n 虽可定义于任何正、负整数，但 n 为 $\frac{1}{2}$ 时情况又如何呢？这里以 $a=2$ 作为特例，作出 $2^x = y$

的图，如图 11-2 所示。

此图还是间断的，希望能连成一条曲线。虽然以任何线连接均可，但还是尽可能按其自然规律连接为好。

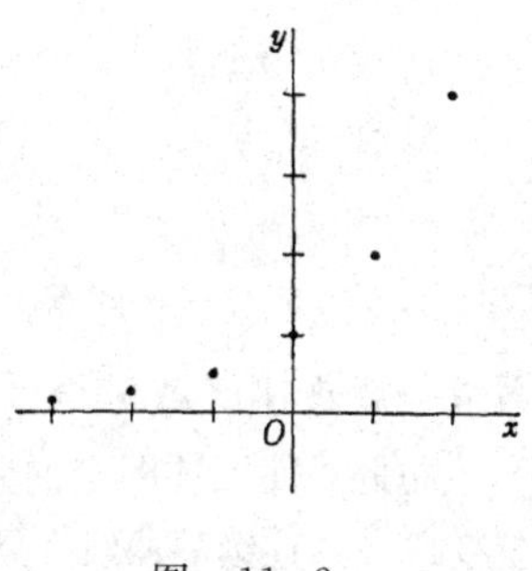

图 11-2

首先，对应于中间点$\frac{1}{2}$，$\frac{3}{2}$，$\frac{5}{2}$，…确定$2^{\frac{1}{2}}$，$2^{\frac{3}{2}}$，$2^{\frac{5}{2}}$，…这些值。显然这时指数递增 1，幂则递乘 2。

在这里，把指数一下子由 0 跳到 1 这种移动，改变为中间多走一步，即

$$0 \longrightarrow \frac{1}{2} \longrightarrow 1$$

这样，幂就相应地为

$$1 \rightarrow 1\times(?) \rightarrow 1\times(?)\times(?)$$

而$(?)^2 = 2$。

由此可知，图中的数为$\sqrt{2}=1.4142\cdots$。即$2^{\frac{1}{2}}$被定义为$\sqrt{2}$，故

$$2^{\frac{3}{2}}=2^{1+\frac{1}{2}}=2\times 2^{\frac{1}{2}}=2\sqrt{2}$$

$$2^{\frac{5}{2}}=2^{2+\frac{1}{2}}=2^2\times 2^{\frac{1}{2}}=4\sqrt{2}$$

…

因此，将这些中间的点加入，图 11-2 就变成图 11-3 这样了。

在这里，由于对应于$x=\frac{1}{2}$，y的数值是$\sqrt{2}=1.4142\cdots$，故它不在$2^0=1$与$2^1=2$两点连成的直线的中点 1.5 处，而是要在其下方。

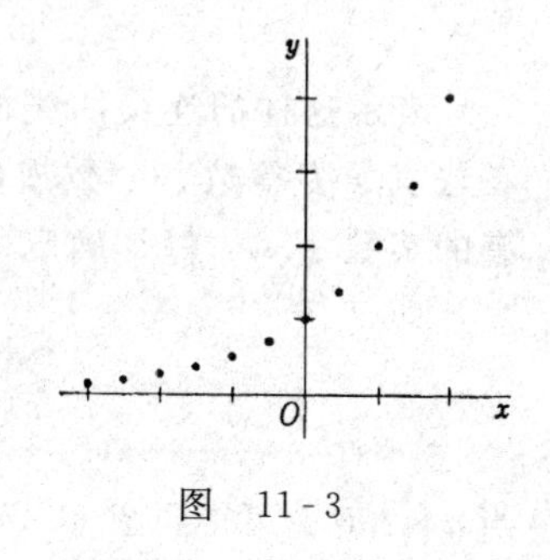

图 11-3

想出$a^{\frac{1}{2}}$这样的分数指数的学者是 14 世纪的奥雷姆。再看看当指数由 0→1 分成三段移动的情形，即

$$0 \rightarrow \frac{1}{3} \rightarrow \frac{2}{3} \rightarrow 1$$

与其对应，由于有

$$1\rightarrow(a^{\frac{1}{3}})\rightarrow(a^{\frac{1}{3}})^2\rightarrow(a^{\frac{1}{3}})^3=a$$

故有

$$a^{\frac{1}{3}}=\sqrt[3]{a}$$

$$a^{\frac{2}{3}}=(\sqrt[3]{a})^2$$

写成一般规律就是 $a^{\frac{n}{m}}=(\sqrt[m]{a})^n$

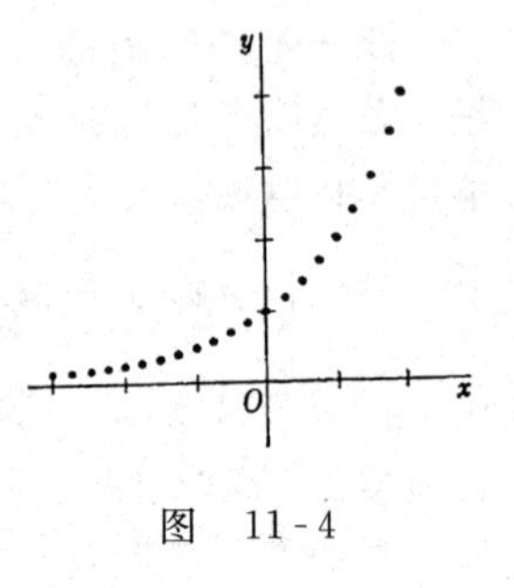

图　11-4

仿此，使上述图中的分散点密集起来，最终就变成一条连续的曲线（见图 11-4～图 11-6）。

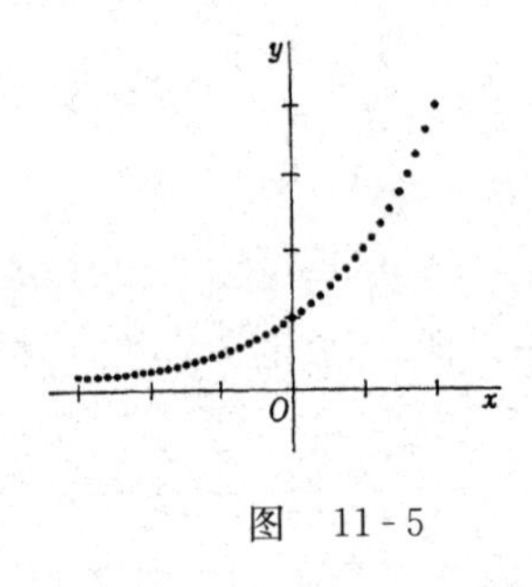

图　11-5

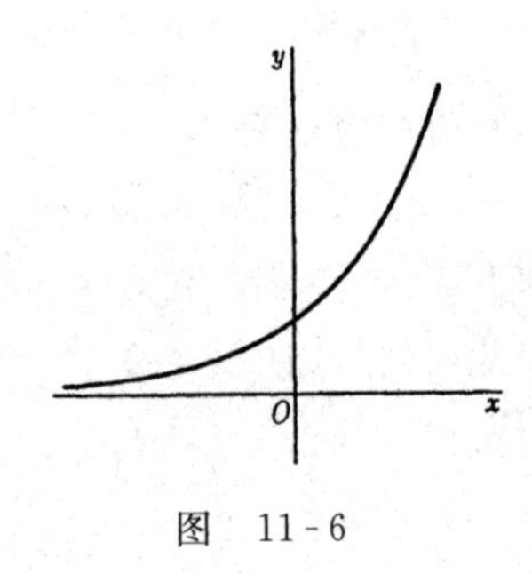

图　11-6

11.6　指数函数

表示这样的连续曲线的函数称为指数函数，如已画出的 $y=a^x$，在这里 x 为整数、分数或负数均可，甚至无理数也行，总之对于所有的实数 x，a^x 都是确定的。并且指数法则对应 x 为所有实数都成立，即

$$a^x\times a^{x'}=a^{x+x'}$$

$$a^x\div a^{x'}=a^{x-x'}$$

当 $a=2$ 时，可得到图 11-7。

首先令 x 为正整数时，可列出表 11-2。

表 11-2

1	2	3	4	5	6	7	8	9	10
2	4	8	16	32	64	128	256	512	1024

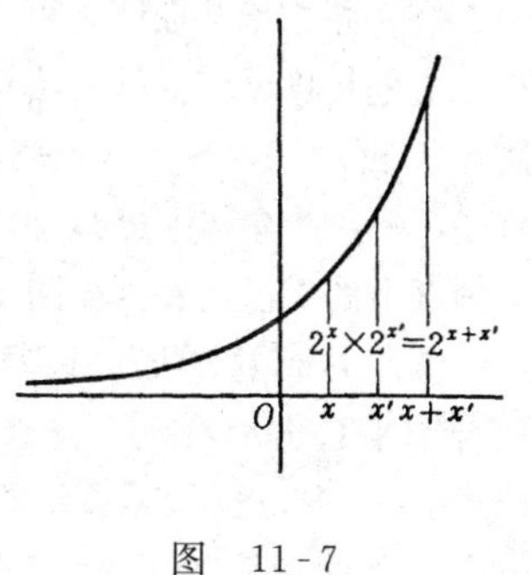

图 11-7

在这里只要运用指数法则，就可仅用此表对表中下一行的数进行×，÷计算。例如有

$$\begin{array}{ccc} 4+ & 6= & 10 \\ \uparrow & \uparrow & \downarrow \\ 16\times & 64= & 1024 \end{array}$$

这就不必进行

$$\begin{array}{r} 16 \\ \times\ 64 \\ \hline 64 \\ 96\ \\ \hline 1024 \end{array}$$

这样的计算，就连忘记了“九九”口诀的人，也能根据加法计算得出正确答案。

然而，这种方便的计算只适用于按 2，4，8，…这样增长的数，这是其缺点。对于中间的数，如 3×5，表中没有给出，就难办了。

但是，对于指数函数，由于被连成了曲线，不论 3 或 5，其对应的指数都是确定的，故计算仍是方便的（见表 11-3）。如

$3=2^{1.58\cdots}$

$5=2^{2.32\cdots}$

…

表 11-3

指数	1	—	2	—	—	—	3	…
幂	2	3	4	5	6	7	8	…

$$\begin{array}{ccccc} \square & + & \square & = & \square \\ \uparrow & & \uparrow & & \downarrow \\ 2 & \times & 3 & = & 6 \end{array}$$

利用指数函数曲线，可按下法进行乘法计算。这里是将 y 轴上的乘法运算与 x 轴上的加法运算相对应，故在 x 轴上刻度出 1，2，3，4，5，…，并在其上进行加法运算，就可转化为刻度上的乘法运算（见图 11-8）。

为了进行这种加法运算。可使两个刻度尺合起来自由地滑动。这样就制出了计算尺（见图 11-9）。也就是说计算尺是将乘法运算转变为加法运算的工具。

由图 11-9 可见，计算尺上具有不等间隔的刻度，越往前间隔越小。

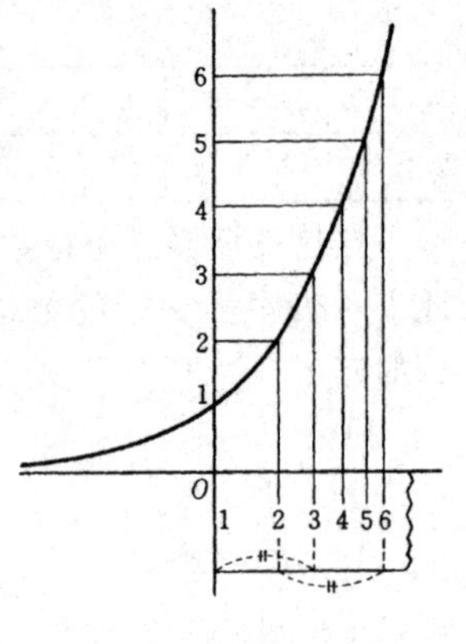

图 11-8

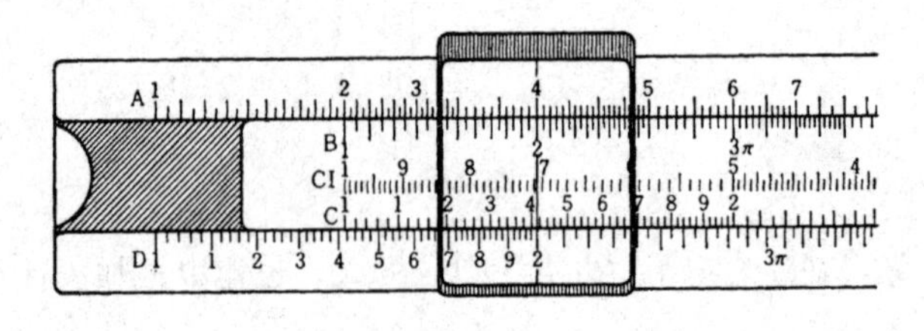

图 11-9

11.7 对　　数

当使用指数函数的曲线时，数字

$3=2^{\square}$

$4=2^{2}$

$5=2^{\square}$

…

右上角的指数称为以 2 为底的 3，4，5，…的对数。即

$5=2^{\text{以2为底的5的对数}}=2^{2\cdots}$

这里，数学家将“以 2 为底的 5 的对数”这种长的句子写成 $\log_2 5$ 或写作

$5=2^{\log_2 5}$

这样就有

$$3\times 5=15$$

$$2^{\log_2 3}\times 2^{\log_2 5}=2^{\log_2 15}$$

$$2^{\log_2 3+\log_2 5}=2^{\log_2 15}$$

因此，与指数相比较，有

$$\log_2 3+\log_2 5=\log_2(3\times 5)$$

一般写法：

$$\log_a x+\log_a x'=\log_a(x\cdot x')$$

当 $a=10$ 时，有

$$\log_{10}100=2$$

$$\log_{10}1000=3$$

当数为 10，100，1000，…即按 10 倍递增时，其对数则为 1，2，3，…即按 +1 递增，增长得相当慢。

数学家丹尼尔·伯努利（1700—1782）说："人们的精神财富与物质财富的对数成正比。"因此，按伯努利说来，从财产为 10 万日元增到 20 万日元的高兴心情，和从 100 万日元增到 200 万日元时的高兴心情是一样的。虽然我们不是大财主，不了解他们的心情，但若照伯努利说来，就是大财主也并不是高兴得了不得的（见图 11-10）。

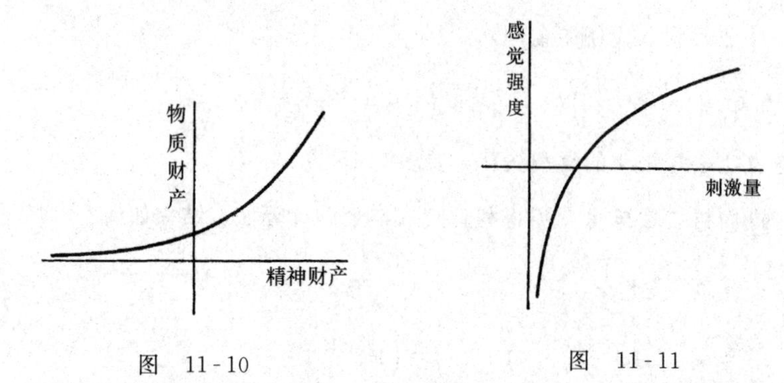

图 11-10　　图 11-11

类似情况还有心理学法则，或所谓韦伯定律。即感觉的强度与刺激的强度的对数成正比。如果刺激按 2 倍递增，则感觉仅是按一定量增加。即

感觉强度 $=k\log$(刺激量)（见图 11-11）

发现对数的人是英国贵族纳皮尔和瑞士学者别尔基。由于对数可将×和÷变为+和−，给计算带来了方便，特别是与复杂计算打交道的天文学家更感到高兴。当时的天文学家开普勒高兴地说过："托对数的福，天文学家的寿命延长了一倍。"因为计算的劳苦减少了一半，故可说是寿命增长了一倍。

11.8 连续的复利法

西鹤所说的"当时借钱的利息高得惊人"，是因为不是按单利法，而是按复利法计算的。如果按单利法的话，从水间寺借了一贯钱的江户某人在十三年后只要还十四贯钱就行了。可是若按复利法，他就得还八千一百九十二贯钱。即算法为：

按单利法　$1+1\times13=14$

按复利法　$(1+1)^{13}=8192$

且不说这种年息100%已经是一种高利贷，更有甚者，若每半年就将利息转变为本金的话，利息就更多了。因为前半年的利息在后半年内又会生息。例如

在$\frac{1}{2}$年间（应还的金额）　$1+\frac{1}{2}$

1 年间　$\left(1+\frac{1}{2}\right)\left(1+\frac{1}{2}\right)=\left(1+\frac{1}{2}\right)^2=\frac{9}{4}=2.25$

就是说比按每一年的复利法算，要多 0.25 贯。

进而再看看按每$\frac{1}{3}$年将利息转入本金的计算法，结果如何？

$\frac{1}{3}$年间　$1+\frac{1}{3}$

$\frac{2}{3}$年间　$\left(1+\frac{1}{3}\right)\times\left(1+\frac{1}{3}\right)=\left(1+\frac{1}{3}\right)^2$

1 年间　$\left(1+\frac{1}{3}\right)\times\left(1+\frac{1}{3}\right)\times\left(1+\frac{1}{3}\right)=\left(1+\frac{1}{3}\right)^3$

实际计算的结果为

$\left(1+\frac{1}{3}\right)^3=\left(\frac{4}{3}\right)^3=\frac{64}{27}=2.37\cdots$

即比上述 2.25 的结果又增大了。

这样，不断将利息转入的次数递增，1 年后的利息就不断地增大：

$$\left(1+\frac{1}{4}\right)^4=2.44\cdots$$

$$\left(1+\frac{1}{5}\right)^5=2.48\cdots$$

…

如果次数无限地增加，这个数值并不会无限增大。它不会大于 3，而是逼近 2.71…。由于它和圆周率 $\pi=3.14\cdots$一样，在数学中经常会遇到，为简单起见，用字母 e 表示。

$$e=2.71\cdots$$

用现在的电子计算机可将 e 的数值算到 5 万位。

当将利息转入的次数无限增多时，其结果就是要在瞬间将利息转入，即连续的转入利息的复利法。由此，数学家雅各布·伯努利（1654—1705）把它称为“连续复利法”。

因此，这也可以说是贪得无厌的高利贷的复利法。如果水间寺的住持用这种连续复利法来计算的话，那么借了一贯钱的江户某人，在十三年后就要还

$$(2.71\cdots)^{13}=442413.\cdots$$

贯钱。这么大的数字，恐怕连进行过大量计算的西鹤也无法想象。

年利 100%的利息已经很高了，那么年利 $x\times100\%$的利息，若按连续复利法来算，结果怎样呢，根据每年还的次数，情况如下：

1 次　$1+x$

2 次　$\left(1+\frac{x}{2}\right)^2=1+x+\frac{x^2}{4}$

3 次　$\left(1+\frac{x}{3}\right)^3=1+x+\frac{x^2}{3}+\frac{x^3}{27}$

4 次　$\left(1+\frac{x}{4}\right)^4=1+x+\frac{3}{8}x^2+\frac{x^3}{16}+\frac{x^4}{256}$

…

可见，也是不断增加的。

随着利息转入次数的增加，利息会增多，虽然放高利贷的人凭本能

也能知道这一点，然而数学家总觉得不加证明是说不过去的。

为此，可用二项式定理，将$\left(1+\frac{x}{n}\right)^n$展开。即

$$\left(1+\frac{x}{n}\right)^n=1+n\left(\frac{x}{n}\right)+\frac{n(n-1)}{1\cdot 2}\left(\frac{x}{n}\right)^2+\cdots=1+x+\frac{\left(1-\frac{1}{n}\right)}{1\cdot 2}x^2+\frac{\left(1-\frac{1}{n}\right)\left(1-\frac{2}{n}\right)}{1\cdot 2\cdot 3}x^3+\cdots$$

在这里，当n增大时，由于$1-\frac{1}{n}$，$1-\frac{2}{n}$，…增大，故就证明了n增大时$\left(1+\frac{x}{n}\right)^n$是增大的。

由于$1-\frac{1}{n}$，$1-\frac{2}{n}$，…全都接近于1，故$\left(1+\frac{x}{n}\right)^n$的值接近于

$$1+\frac{x}{1}+\frac{x^2}{1\cdot 2}+\frac{x^3}{1\cdot 2\cdot 3}+\cdots$$

可是这种无穷级数是否收敛呢？如果无限增大的话，高利贷者可就大喜啦！因为只要要求增加利息转入的次数，他就能获得无限大的利息。但是，幸好这不是事实。因为不论对于多大的x，

$$1+\frac{x}{1}+\frac{x^2}{1\cdot 2}+\frac{x^3}{1\cdot 2\cdot 3}+\cdots$$

均收敛到一个有限的值。

11.9 旋　　转

本金按一定利率增值，这是复利法。它奠定了伸缩的基础。与伸缩可以相提并论的是旋转。举例说，把区域划分杂乱无章的东京除外，区划整齐的札幌也不考虑，我们考虑的是莫斯科和澳大利亚的堪培拉的区划方式（见图11-12）。它们都是从城市中心向四方伸出一群放射状的直线，市中心相当于一群同心圆的中心。

这样划分区域之后，点的位置可由它离中心的距离和距中心的方位角来表示。例如，此方位角在中心以东，再测出多少度就行了。角度的

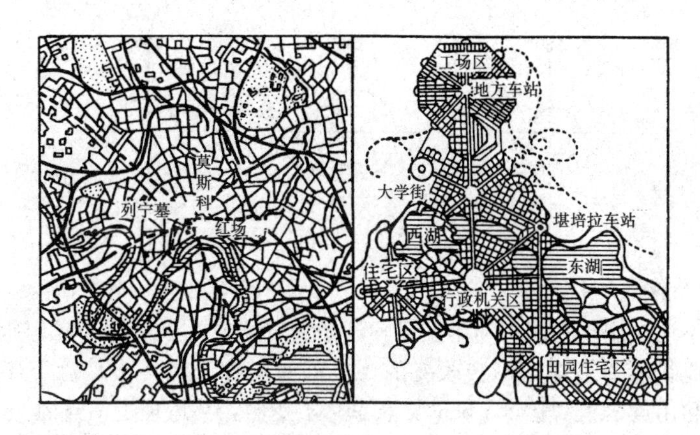

图　11-12

方向按国际规定，向左旋转，即逆时针方向为正，与在运动场上沿跑道跑的回转方向相同（见图 11-13）。

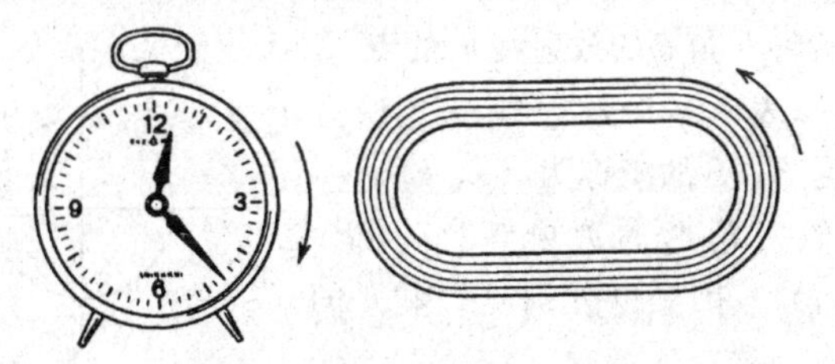

图　11-13

与自然界存在这种正、逆相对的两种旋转相类似，对于人来说也有心脏位于体内左侧、而有力的右手却在体外右侧活动这种相对的事实，并且大家都已习惯了。

角度的测量以按这种自然旋转的方向为正，反之为负。

现在来考虑围绕基线旋转的角度的大小。它可为任意值，例如正好转一周时为 360°，转两周时为 720°，如反转一周则为 −360°（见图 11-14）。

由于最初角是用两条半直线构成的楔子状图形来表示的，故不能想象出 180°以上的角。然而如果换成角度是旋转的大小这种观点，则不论正、负，任何角度均可以考虑了。

设点的位置距中心的距离为 r，并测得在东方的角度为 θ，则将（r，

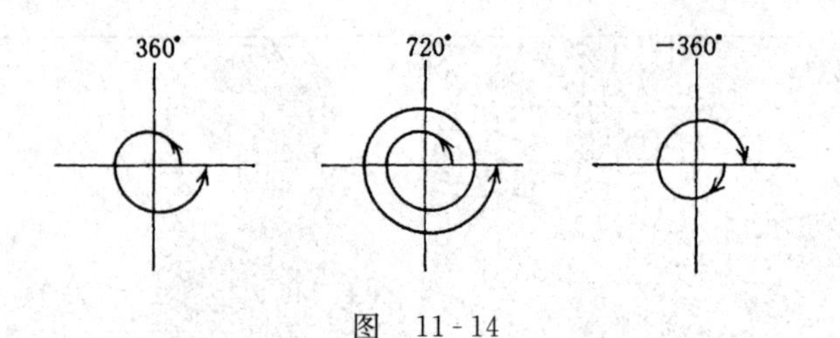

图 11-14

θ）称为该点的极坐标。

不论是用札幌式的笛卡儿坐标还是用堪培拉的极坐标，它们所表示的点或线等图形都是不会改变的。这正如用日语说“これは万年筆です”和用英语说“It is a pen”，意思是不变的，其道理是一样的。

要了解这个道理，必须有从笛卡儿坐标转换成极坐标时的规则。下面来说明这一点。

为此取距中心距离为 1 的点，即考虑半径为 1 的圆（见图 11-15）。

此时，试将在角 θ 的放射线上的点（x，y）用（r，θ）表示。设此射线与半径为 1 的圆的交点为 S，S 的坐标为（a，b）。

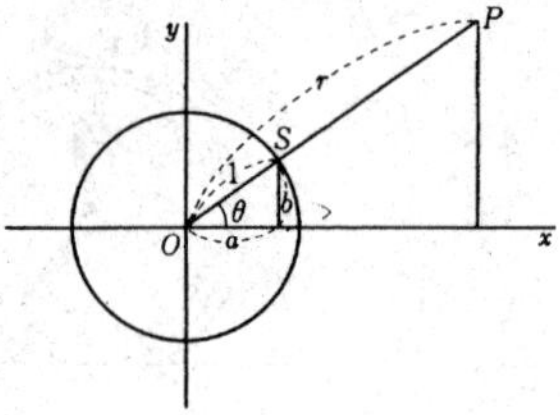

由于相似三角形的边成正比，OP 是 OS 的 r 倍，故 x 和 y 也分别是 a 和 b 的 r 倍。这样就有

图 11-15

$$\begin{cases} ra=x \\ rb=y \end{cases}$$

若 θ 变动，a 和 b 就会随之而变，故 a 和 b 是 θ 的函数，即

$$a = f(\theta)$$

$$b = g(\theta)$$

将这样的函数分别写作 $\cos\theta$ 和 $\sin\theta$（见图 11-16）。sin 是 sine 的缩写，cos 是 cosine 的缩写。因

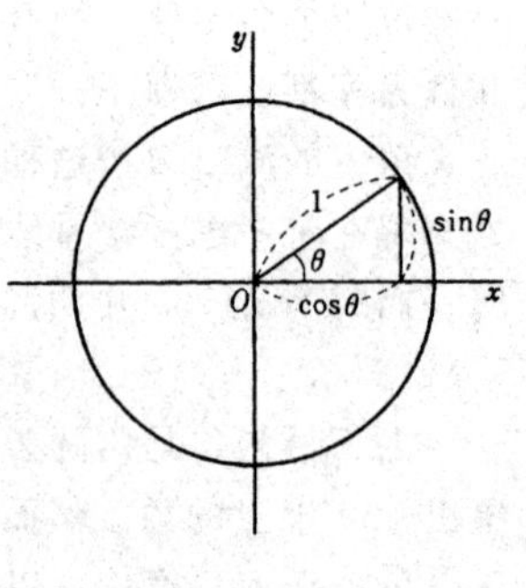

图 11-16

$$a=\cos\theta$$

$$b=\sin\theta$$

故 x 和 y 可表示为

$$\begin{cases} x = r\cos\theta \\ y = r\sin\theta \end{cases}$$

当 θ 任意变化时，$\cos\theta$ 和 $\sin\theta$ 均随之而变，有时为正，有时为负。

为了弄清这一点，可将平面分成四个部分，称为四个象限。相应于地图上对中心来说的东北、西北、西南、东南四个方位。按此顺序称作第一象限、第二象限……由角处在哪个象限来决定 $\cos\theta$ 和 $\sin\theta$ 为正或为负（见表 11-4）。

表 11-4

Ⅱ	Ⅰ	cos为－ sin为＋	cos为＋ sin为＋
Ⅲ	Ⅳ	cos为－ sin为－	cos为＋ sin为－

11.10 正弦曲线和余弦曲线

当角度的大小按从基准线开始旋转变化时，$\sin x$ 的图如图 11-17 所示。

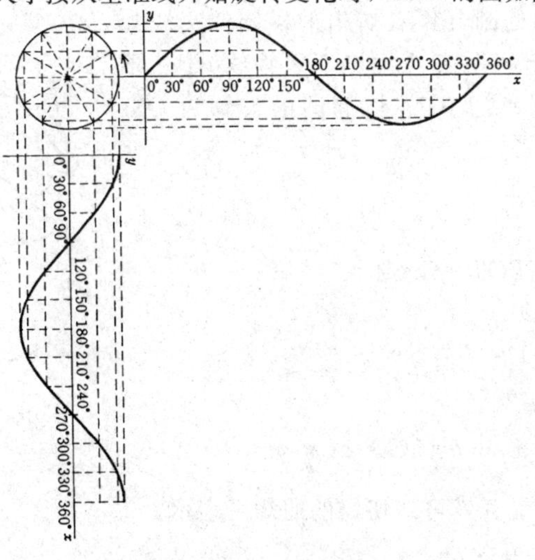

图 11-17

为了能看清 sin 和 cos 的值，可制作一个如图 11 - 18 所示的机械。作出半径为 1 的圆，在其圆周上从 0°到 360°进行分度。在此圆中再作一个半径为$\frac{1}{2}$的圆，使其直径的一端在大圆的圆心上，而让小圆沿其圆心转动。这时 x 轴与小圆的相交处就是直径与 x 轴夹角的余弦 $\cos x$，而与 y 轴的相交处则是 $\sin x$。

因为交点是直径所对圆周角的顶点，故此圆周角总是直角。

当角度增加到 360°时，由于直线又回到原来的位置，故 $\sin x$ 和 $\cos x$ 又变成最初的数值。即 $\sin x$ 相应于 x 每增减 360°而重复变化。由此可知，这种曲线是一种理想的波的形状。

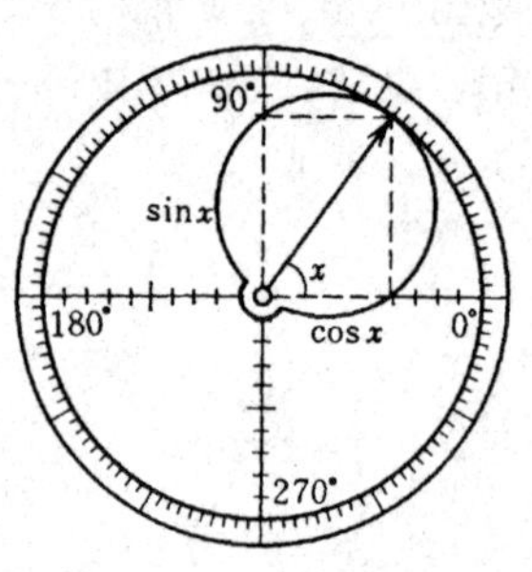

图 11 - 18

正弦曲线可用各种方法得出。例如将一个圆柱用纸卷起来，把它连同圆柱一起斜着切开，再将纸展开，就可看出切口具有正弦曲线的形状（见图 11 - 19）。设圆柱半径为 a，把它斜着切时，切口与中心轴的交点为 O。设以 O 为中心垂直切出的圆与斜着切出的椭圆的交线为 OT。从椭圆上的一点 A 向圆上引垂线 AB，再由 B 向 OT 引垂线 BC。设椭圆的长轴为 OS。则有

$$\frac{AB}{BC}=\frac{US}{a}$$

令 $AB=y$，$\angle BOT=\theta$，则有

$$BC=a\sin\theta$$

$$y=AB=\frac{US}{a}\cdot BC$$

$$=\frac{US}{a}\cdot a\sin\theta=US\cdot\sin\theta$$

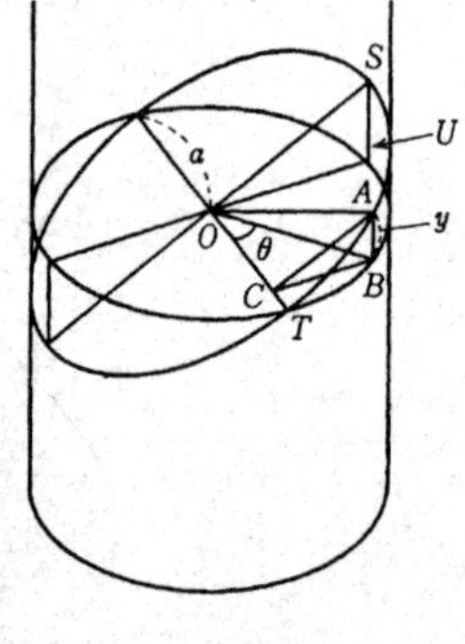

图 11 - 19

这样将纸展开就可知切口的曲线可表示为

$$y=US\cdot\sin\theta$$

反过来考虑一下，若将按正弦曲线形状切开的纸的两端对接起来，就变成斜着切开的圆柱形状了。这在做西服的袖子或是雨漏时都有应用（见图 11-20）。

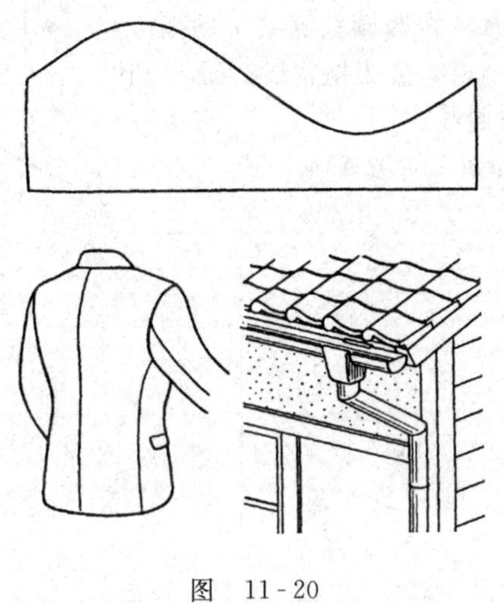

图 11-20

11.11 极 坐 标

与札幌式的直角坐标相比，堪培拉式的极坐标更为方便。对数螺旋线用直角坐标表示，公式很复杂，但若用极坐标表示则为 $r=ae^{k\theta}$，就简便得多（参见 11.14 节）。

圆、椭圆等圆锥曲线也适合用极坐标表示（见图 11-21）。

首先确定焦点和准线，按阿波罗尼奥斯定义，有

$FA=r\cos\theta$

$PB=\dfrac{r}{e}$

$FA+PB=FC$

$\dfrac{r}{e}+r\cos\theta=FC$

$r(1+e\cos\theta)=eFC=FD=p$

因此有

$$r=\frac{p}{1+e\cos\theta}$$

这里当 e 比 1 小时，为椭圆；随着 e 的增大，椭圆变平；当 $e=1$ 时，成为抛物线；而当 e 比 1 大时，则变为双曲线。

这种变化，如图 11-22 所示。

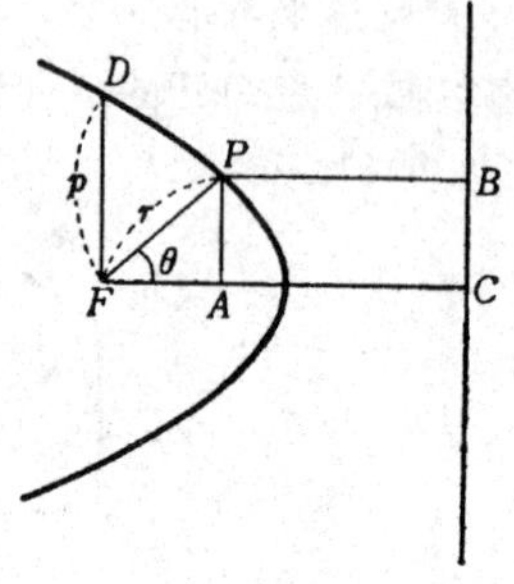

图 11-21

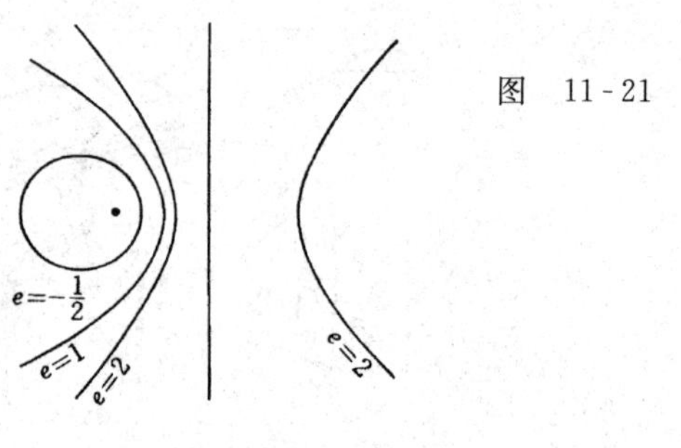

图 11-22

11.12 正弦定理和余弦定理

当三角形的边一角一边确定了时，此三角形就完全确定了，因此第三个边也被确定（参见 5.5 节）。虽然这是立刻就能明白的，但还不知道第三边边长的计算方法。

利用余弦可推出此计算公式。

由于正弦或余弦是处在直角三角形下得出的，故应将三角形一分为二成为两个直角三角形（见图 11-23）。

为此由 A 向 BC 引垂线 AD，则有

$AD=b\sin C$

$CD=b\cos C$

$BD=a-CD=a-b\cos C$

$c^2=AD^2+BD^2=(b\sin C)^2+(a-b\cos C)^2$

将 $(\sin C)^2$ 写作 $\sin^2 C$，上式就变成

$$c^2 = b^2\sin^2 C + a^2 - 2ab\cos C + b^2\cos^2 C$$
$$= a^2 + b^2\ (\sin^2 C + \cos^2 C)\ - 2ab\cos C$$
$$= a^2 + b^2 - 2ab\cos C$$

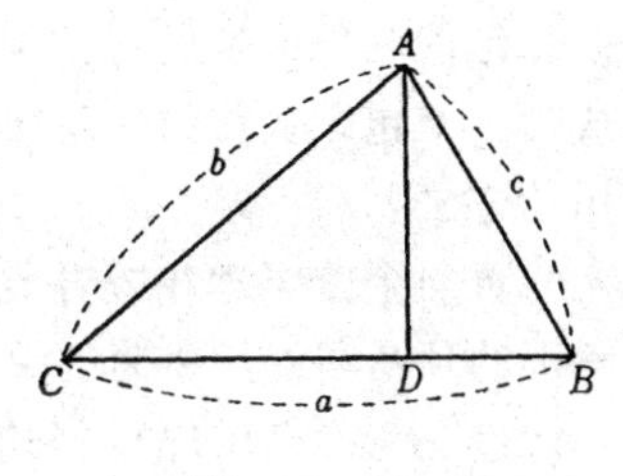

图 11-23

删除中间过程，仅取最初和最终两式，则有

$$c^2 = a^2 + b^2 - 2ab\cos C$$

$$c = \sqrt{a^2 + b^2 - 2ab\cos C}$$

此式称为余弦定理。利用此式，只要知道了 a，C，b 的值，即使不把三角形作出来，也能算出第三边的大小。

根据这个定理，可知若 a，b 一定，则随着 C 的增大，c 是如何变化的。即若 C 增大，则 $\cos C$ 变小。

若 $\cos C$ 变小，$-2ab\cos C$ 也变小①，而 $a^2+b^2-2ab\cos C$ 则变大，故 $c=\sqrt{a^2+b^2-2ab\cos C}$ 就增大了。也就是说，由于 C 增大的结果，c 也随着增大了（见图 11-24）。

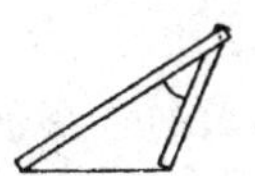
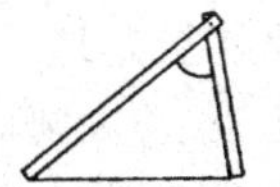
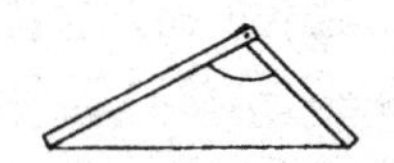
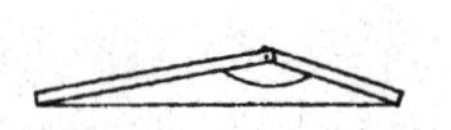

图 11-24

现在使用余弦定理作一个计算。即已知三角形的两个边为 3 和 8，夹角为 60°，求第三边（见图 11-25）。

计算为

$$\sqrt{a^2+b^2-2ab\cos 60^\circ} = \sqrt{3^2+8^2-2\times 3\times 8\times \frac{1}{2}}$$
$$= \sqrt{49} = 7$$

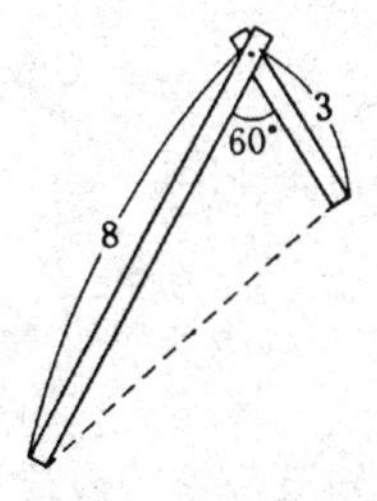

图 11-25

根据此定理，若 $C=90^\circ$，则因 $\cos 90^\circ=0$，故

$$c^2 = a^2 + b^2 - 2ab\times 0 = a^2 + b^2$$

这就是毕达哥拉斯定理。因此，知道了余弦定理，也就知道了其中包含的毕达哥拉斯定理。当初为了证明

① 原文为“$-2ab\cos C$ 增大”不易理解，改为“$2ab\cos C$ 变小”为好。——译者注

余弦定理利用过毕达哥拉斯定理，然而现在使它更一般化了、扩展了，成为一个包含从前的定理在内的视野广阔的定理，这是在数学中经常采用的方法。

可与余弦定理相提并论的有正弦定理，它表示三角形的顶角与对边之间的关系。如图11-26 所示。

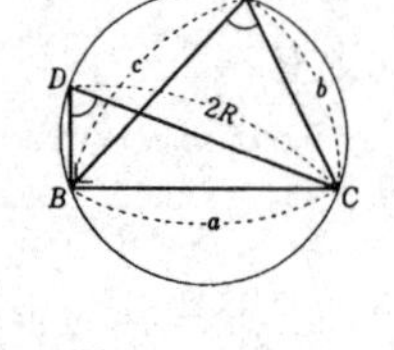

图 11-26

过三角形 ABC 的三个顶点作圆，令通过 C 点的该圆直径为 CD，$CD=2R$。

根据圆周角不变定理（参见 6.4 节），可知 $\angle A=\angle BDC$，$\angle CBD$ 为直角，故

$$a=2R\sin A$$

$$\frac{a}{\sin A}=2R$$

由于对任何角都成立，故有

$$\frac{a}{\sin A}=\frac{b}{\sin B}=\frac{c}{\sin C}=2R$$

即三角形的边与对角之正弦成正比，这就是正弦定理。

当三角形的三个角均小于直角时，由于若角大则此角的正弦也大，故大角对大边. 这是刚学过不久的定理（参见 5.18 节）。

利用正弦定理，知道了角—边—角的数值，就能求出其他边的大小。例如，若知道 $\angle B-a-\angle C$ 的话，可先算出 $\angle A=180^\circ-\angle B-\angle C$，再由

$$\frac{a}{\sin A}=\frac{b}{\sin B}=\frac{c}{\sin C}$$

可求出

$$b=\frac{a\sin B}{\sin A},\quad c=\frac{a\sin C}{\sin A}$$

这样，利用正弦和余弦定理，不必实际绘出三角形，仅据计算就能知道待求的边或角的大小，这就是三角测量的基础。

11.13 海伦公式

诗人兼农业技师宫泽贤治曾给一位朋友写了下面这样一封信。这位

朋友因为有病不能干体力活，想从事不费体力的工作，又苦于没有合适的，而曾同他商谈过。宫泽写道：

最近有机会看到了在外国进行的勘测工作。那是一种拥有对数表、计算尺、各种数表等，受理各种计算的职业。

目前由于要确定施肥量等问题，测量耕地面积大小非常流行。为此，若把土地分成一些简单的三角形，测出其三个边长，然后再按公式

$$\sqrt{\text{三边和的一半 } s\times(s-\text{第一边})(s-\text{第二边})(s-\text{第三边})}$$

求出各三角形的面积就行。因为每块田地都可这样来算，一个村庄何止千百块田地要这样来算，你若从事这种工作如何呢？”

这封信中给出的公式是测知三角形的三个边长，由此而计算出面积的公式。这就是从前叫做海伦公式的那个公式。海伦是距今 2000 年前住在亚历山大的学者兼测量师。

为了导出海伦公式，要稍作推导，如图 11 - 27 所示，

$$\text{三角形的面积}=\frac{bd}{2}=\frac{ab\sin C}{2}$$

这里 $\sin C$ 可从 $\cos C$ 求出：

$$\sin C=\sqrt{1-\cos^2 C}$$

由余弦定理求得 $\cos C=\dfrac{a^2+b^2-c^2}{2ab}$，代入上式并令 $s=\dfrac{a+b+c}{2}$，就可得出

$$\text{三角形的面积}=\sqrt{s(s-a)(s-b)(s-c)}$$

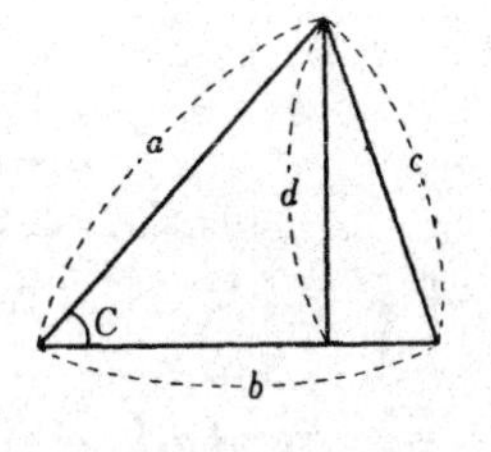

图 11 - 27

为测量形状复杂的土地的面积，可将其分成适当的三角形，逐个计算这些三角形的面积，然后再把它们加起来，使用海伦公式计算三角形面积是最方便的。一般测量人员是引三角形的垂线，然后按公式

$$\text{面积}=\frac{\text{底边}\times\text{高}}{2}$$

来计算，用海伦公式就不必引垂线和测量其长度了，方便得多。

例如计算图 11 - 28 所示三角形的面积

$$s=\frac{1}{2}(13+14+15)=21$$

$s-a=21-13=8$

$s-b=21-14=7$

$s-c=21-15=6$

三角形面积$=\sqrt{s(s-a)(s-b)(s-c)}=\sqrt{21\times8\times7\times6}=84$(平方米)

引垂线是幼稚的方法，易出误差，若被有意加以利用，就会在土地的亩数上产生欺骗行为。

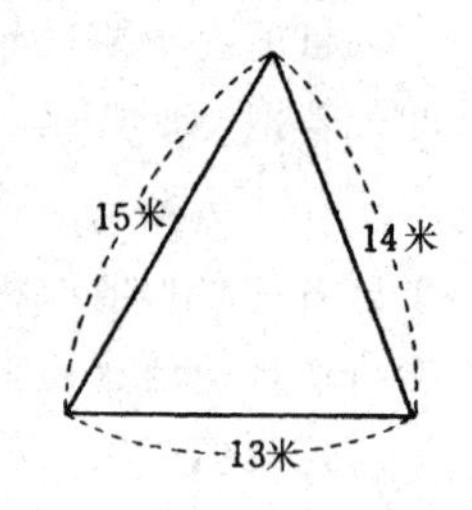

图 11-28

从事土地买卖的人如果不清楚地了解这一点，就会上大当。还是不要听凭测量人员的摆布，自己拿着卷尺去实际量一量比较安全可靠。

不论对自己所有的土地或租借的土地，都可用卷尺测测，按海伦公式算算，也许还会发现一些错处。说不定还可以了解到自己多花了许多不应花的税金或土地费。

由此可见，对于海伦公式是马虎不得的。

11.14 永远曲线

图 11-29 杜瑞的自画像

欧洲的文艺复兴时期天才辈出。他们并非只专一技之长，而是多才多艺的。特别是有像列奥纳多·达·芬奇这样的人，不但是画家、科学家、建筑家，而且又是土木工程师。同时代的德国画家杜瑞（见图 11-29）也是这样的天才之一。

他从透视图和远近法开始，进行科学的一个分支研究，是一位卓越的几何学家。他还不仅仅研究了直线和圆。在他研究的螺旋线中，他给起了“永远曲线”这样的名字。这就是今天称为“对数螺旋线”的一种螺旋线。

如果有人按一定的坡度登一座圆锥形的山，这时登山道就变成如图 11-30 所示的螺旋线状。可从飞机上俯视这条登山道，看看它变成何种曲线？

图 11-30

首先，从山顶上作出的放射线总是按一定角度相交，这是已知的。

按这种方式作出的螺旋线就是杜瑞所说的“永远曲线”，现在叫做对数螺旋线（见图 11-31）。

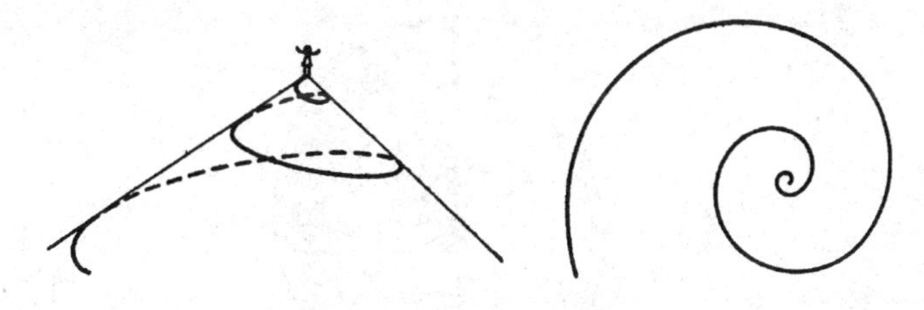

图 11-31

这种对数螺旋线在自然界多有所见。例如，螺（见图 11-32）的贝壳上的线况及在已结籽的向日葵上也可看到。

可以认为这条曲线具有无限延长的量，也许这就是杜瑞把它叫做永远曲线的道理吧。确实，不但在螺这样小的东西中，在直径 10 万光年这样大的星云（见图 11-33）中也呈现出这种曲线形状。

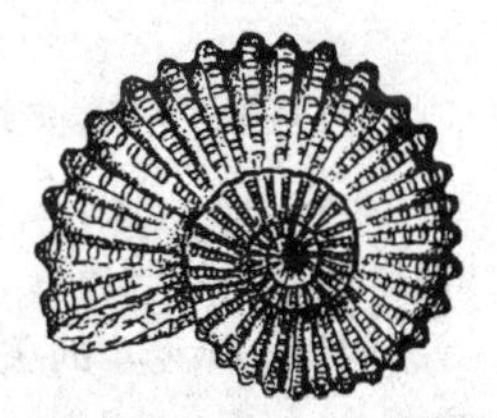

图 11-32

莱布尼茨的学生，即对微积分作出了伟大贡献的雅各布·伯努利，非常喜欢这种对数螺旋线。临死前曾留下遗言，要在他自己的墓碑上刻上对数螺旋线和“Eadem resurgo”这句话，表明了他“不论有多大变化，我按原样复活”的本意。

这可能是因为对数螺旋线不论按原样放大或缩小，都能和原曲线重合的道理吧。

把这种螺旋线进行相似地放大，就是让其按一定的角度旋转，故能与原图形重合。

可是据说石匠因为不懂数学，没能实现伯努利特意留下的遗言。石匠刻上去的不是对数螺旋线而是阿基米德螺旋线。阿基米德

图 11-33

螺旋线虽然也叫螺旋线，但实际上与对数螺旋线是不同的。例如，由定速旋转的唱片中心令唱针按定速退出，则针脚所画出的曲线就是阿基米德螺旋线（见图 11-34）。

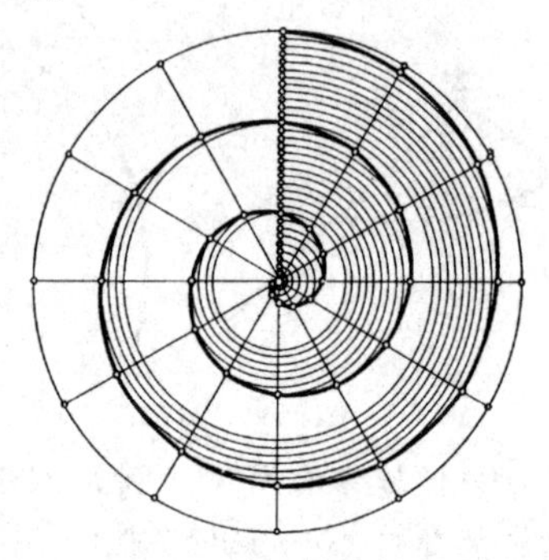

图 11-34

而这种“永远曲线”则是由于转动角 θ 仅增加一定的大小，而离原点的距离 r 则按一定倍率增长（见图 11-35）。

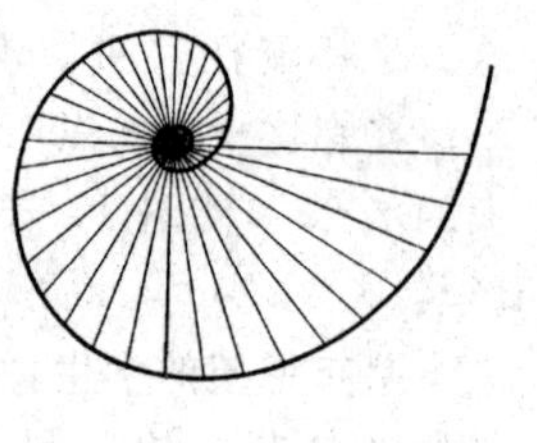

图 11-35

因此，r 与 θ 的关系（见表 11-5）可以写成下式：

$$r=ca^{\theta}$$

表 11-5

θ	0	1	2	…
r	c	ca	ca^2	…

11.15 欧拉公式

现在把永远曲线用复数表示。把 $z=x+\mathrm{i}y$ 叫做复数，这对于连续复利法也适用。

首先只考虑 x 为正的情形。

此时，$\left(1+\dfrac{z}{n}\right)^n$ 的大小，即其绝对值可以这样求（见图 11-36）：考虑$\left(1+\dfrac{x+\mathrm{i}y}{n}\right)^n$，令 $n\to\infty$，则

$\left|\left(1+\dfrac{x+\mathrm{i}y}{n}\right)^n\right|$ 就趋近于 $\lim\limits_{n\to\infty}\left(1+\dfrac{x}{n}\right)^n=\mathrm{e}^x$ 辐角则趋近于 y。①

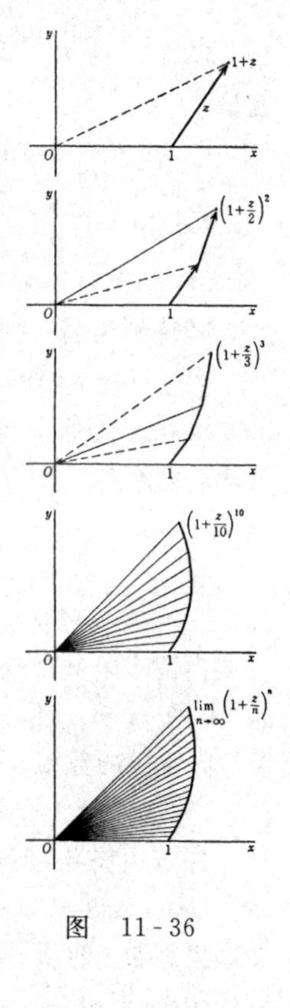

图 11-36

因此

$$\lim_{n\to\infty}\left(1+\frac{x+\mathrm{i}y}{n}\right)^n=\mathrm{e}^x(\cos y+\mathrm{i}\sin y)$$

当左边为实数时，与 $\mathrm{e}^{x+\mathrm{i}y}$ 的定义相同，即

$$\mathrm{e}^{x+\mathrm{i}y}=\mathrm{e}^x\left(\cos y+\mathrm{i}\sin y\right)$$

另一方面，半径为 1、弧长为 α 时，$1+\dfrac{z}{n}$ 的辐角由图 11-37 可知有

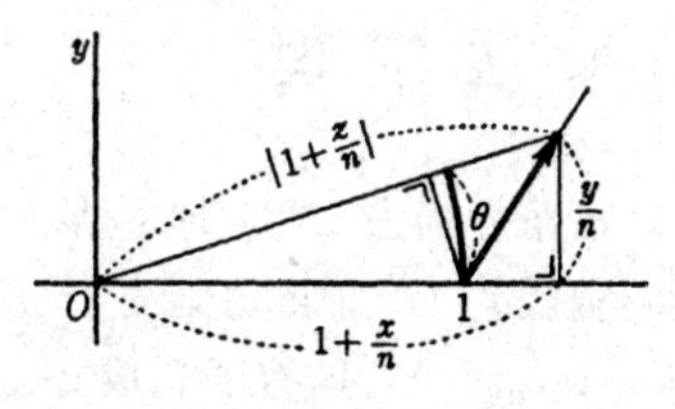

图 11-37

$$\frac{\dfrac{y}{n}}{\left|1+\dfrac{z}{n}\right|}<\alpha<\frac{\dfrac{y}{n}}{1+\dfrac{x}{n}}$$

所以，$\left(1+\dfrac{z}{n}\right)^n$ 的辐角 $n\alpha$ 为

$$\frac{y}{\left|1+\dfrac{z}{n}\right|}<n\alpha<\frac{y}{1+\dfrac{x}{n}}$$

---

① 此结论的证明，见本书末附录“11.15 节的注释”。

在这里令 $n\to\infty$，则有

$\lim\limits_{n\to\infty} n\alpha = y$

因此，

$\lim\limits_{n\to\infty}\left(1+\dfrac{z}{n}\right)^n$ 的绝对值为 e^x，辐角为 y（见图 11-38）。这样的一点就是

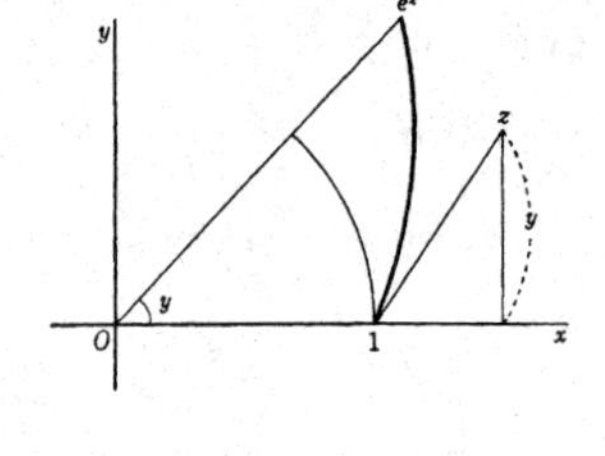

图 11-38

$e^x\cos y + ie^x\sin y = e^x(\cos y + i\sin y)$

当 $\lim\limits_{n\to\infty}\left(1+\dfrac{z}{n}\right)^n$ 为实数时，可用 e^z 表示：

$e^z = e^{x+iy} = e^x(\cos y + i\sin y)$

其特例为当 $x=0$，$y=\theta$ 时，有

$e^{i\theta} = \cos\theta + i\sin\theta$

这就是在数学公式中，颇为有名的欧拉公式。它在数学中，是最为令人惊奇的公式之一。

11.16 加法定理

当两个复数的绝对值均为 1，辐角分别为 α 和 β 时，即为 $\cos\alpha + i\sin\alpha$，$\cos\beta + i\sin\beta$ 时，其乘积的绝对值仍为 1，而辐角则为 $\alpha+\beta$（参见 7.6 节），这样的数就是 $\cos(\alpha+\beta) + i\sin(\alpha+\beta)$，即有下式成立：

$\cos(\alpha+\beta) + i\sin(\alpha+\beta) = (\cos\alpha + i\sin\alpha)(\cos\beta + i\sin\beta)$

将右边展开，则有

$(\cos\alpha\cos\beta - \sin\alpha\sin\beta) + i(\sin\alpha\cos\beta + \cos\alpha\sin\beta)$

在这里将带 i 的项、不带 i 的项加以比较可知

$\cos(\alpha+\beta) = \cos\alpha\cos\beta - \sin\alpha\sin\beta$

$\sin(\alpha+\beta) = \sin\alpha\cos\beta + \cos\alpha\sin\beta$

这就是正弦和余弦的加法定理，它表示两个变数 α 和 β 相加时正弦和余弦如何变化（见图 11-39）。

上式两边可用欧拉公式改写成

$e^{i(\alpha+\beta)} = e^{i\alpha}\cdot e^{i\beta}$

即所谓将变数的加法运算变成函数的乘法运算，这也是指数函数的基本

性质。

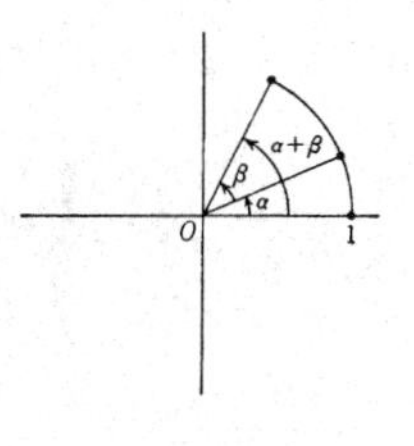

图 11-39

总之，复数中的一个等式 $e^{i(\alpha+\beta)}=e^{i\alpha}\cdot e^{i\beta}$ 相当于实数的两个等式，即

$$\begin{cases}\cos(\alpha+\beta)=\cos\alpha\cos\beta-\sin\alpha\sin\beta\\ \sin(\alpha+\beta)=\sin\alpha\cos\beta+\cos\alpha\sin\beta\end{cases}$$

指数函数 e^x 最初是从反复进行乘法运算中产生的，主要与复利有密切的关系。然而，它和图形却没有什么关系。

另一方面，$\cos\theta$ 和 $\sin\theta$ 却是从图形的研究中产生的，而与所谓复利没有什么关系。

可是，现在根据欧拉公式已经可将指数函数和三角函数联系起来。这实在是一种奇妙的结合！结合的媒介是虚数 $i=\sqrt{-1}$。它最早是莱布尼茨为“先天不足的数”所起的名字，而今它把存在于完全不同的世界中的两种函数联系了起来。

当我们解三次方程时，会感到实数的世界太狭窄了，必须把数扩大到复数的领域（见第 7 章）。这也就是利用虚数把指数函数和三角函数结合为一个统一体。

这个事实告诉我们，数学的进步，关键是要依靠知识的综合应用，而不能仅靠单干。这好比站得高看得远：从飞机上比从高山上更能一望无际，而从人造卫星上则可瞭望整个地球。

用一种原理把完全不同的事实统一起来，这充分显示了数学的威力。

第 12 章　分析的方法——微分

12.1　望远镜和显微镜

1609 年的秋天，意大利帕多瓦大学教授伽利略（见图 12 - 1）用自己制作的 30 倍望远镜观察了月亮。他的惊人的发现记载在他第二年出版的著作《星际使者》中。书中写道：

图 12 - 1　伽利略

“远离我们约有 60 倍地球半径之遥的月亮，现在好像离我们只有约 2 倍地球半径的距离了。看上去，真是美极了！它比肉眼所见的直径要大到 30 倍，表面积成为 900 倍，而体积则为 27000 倍。这样观察到的月球表面并不是那么光滑平整的，而是同地球一样有着高山和深谷，并有断层的构造。”

这就是人类历史上不可忘怀的一瞬间。

一位访问过晚年的伽利略的英国诗人弥尔顿（1608—1674）这样写道：

“从那里——拨开云雾和闪烁的群星——他看到了另一个光辉星球的土地，山顶上松柏常青的神仙的乐园，就像是伽利略用望远镜从月球上所看到的那种想象的土地。”（弥尔顿《失乐园》）

从那一瞬间开始，一直主宰人们的亚里士多德的有限宇宙观开始受到了致命的打击，取而代之的是无限宇宙观。

旧的宇宙观的维护者们，在初期极力要抹煞这一事实。尽管伽利略请他们试用望远镜来探查一番，但他们连听都不要听。更有甚者，当这种抹煞的企图失败时，他们又利用宗教统治权力进行镇压，判决伽利略有罪，把他的书作为禁书查封了 200 多年，直到 1835 年才解禁。

如果说望远镜给了陈旧的宇宙观以第一次打击的话，那么紧跟着显微镜又给予它第二次打击。

望远镜打开了无限大的世界的大门，而稍后出现的显微镜，则开辟了观察无限小的世界之路。

荷兰业余科学爱好者列文虎克（1632—1723）用显微镜来观察了随手碰到的东西，当观察水池边上的水滴时，他获得了像当年伽利略用望远镜探查月亮时那样的惊人发现。在水滴中充满了一些想象不到的小动物。就这样，他发现了原生动物。

听到列文虎可的发现的莱布尼茨写道：

“由此可知，即使在物质的最小部分中，也充满了生命的活力。物质的各个部分就像是长满了植物的庭院或充满了鱼的池塘。而这些植物的枝叶、动物的手足、一滴滴的水滴等，就构成了所谓庭院或者池塘。”

由于开辟了新的通向无限小的道路，人们的思路拓宽了。

帕斯卡对无限大和无限小这两个无限作了下列说明：

“这就是大自然安排在这些事情当中的值得惊叹的关系。这种关系是大自然为了让人们赞叹而不是去想象所提出来的两个无限。最后还要指出，为了结束这个考察，我可以说这两个无限不同于一般的无限，它们附加有这样一层关系，即对一方的认识必然会导致对另一方的认识。例如拿数来说，从能够使数不断增加这一事实能够无条件地导致使数不断减少。这是很明显的，因为如果人能够把某数乘以 10 万倍的话，也就同样能够把这个数拿来用除法得到其 10 万分之一。”

从这两个无限出发，人们创造了科学研究的新手段——微积分学。

12.2 思考的显微镜

生物学家或者物理学家使用的显微镜是用玻璃制作的，而数学家所用的则不是物质的显微镜，而是思考的显微镜。

首先试用这种思考的显微镜来研究一下函数 $f(x)=x^2$。例如，在 $x=1$ 附近如何变化（见图 12-2）。先将此曲线的这一部分放大 10 倍，众所周知，这部分曲线近似于直线。进而若再将这部分曲线放大 100 倍，毫无疑问它和直线就没有什么区别了

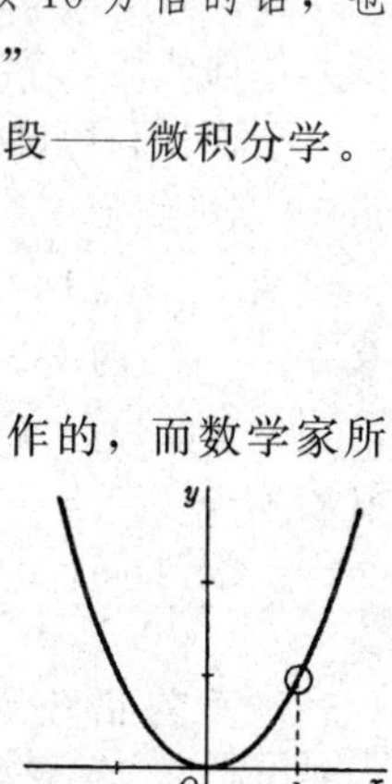

图 12-2

(见图12-3)。

图 12-3

对于我们来说，感觉到地球是圆的是困难的，同样，住在抛物线附近的小动物也会对抛物线的弯曲毫无感觉，而把曲线的一部分当成直线。

与此类似，把显微镜的倍率逐步增大，例如达到200万倍电子显微镜的程度，使用它来观察这种抛物线和直线，二者是一点差别也没有的。

虽然迄今尚未作出比这更高倍率的物质显微镜，但可以认为数学家掌握的这种思考的显微镜具有高得多的倍数，也就是说数学家的这种显微镜具有无限大的倍率。

可是不论哪种显微镜，都是倍率愈大，所观察的部分，即视野愈狭小。总之，由于倍率增大，视野必然变小。

因此，大致上可以说，这种思考的武器就是倍率无限大，视野无限小的显微镜。

受到莱布尼茨的工作所启发的一位微积分学者——约翰·伯努利(1667—1748)把这件事公式化地描写为：

“所有的曲线都是由无限多个无限小的直线构成的。”

虽然当今的数学家们已经想出了一些不符合这个公式的奇妙的曲线，然而任何一条非常光滑的曲线确实是符合这一公式的。

下面就利用这种显微镜来观察一下式 $f(x)=x^2$ 如何变化。首先考虑10倍率情形。

从 $x=1$ 点向右移动0.1时曲线会怎样变化呢？此时对应于 x 的增量0.1，$f(x)$ 的增量为

$$(1+0.1)^2-1^2=1+2\times0.1+(0.1)^2-1=2\times0.1+(0.1)^2$$

其斜率为

$$\frac{2\times0.1+(0.1)^2}{0.1}=2+0.1=2.1$$

进而若倍率为100，则当 x 从1增加0.01时，y 由1增到 $(1+0.01)^2$，增量为

$$(1+0.01)^2-1^2=2\times0.01+(0.01)^2$$

其斜率为

$$\frac{(1+0.01)^2-1}{0.01}=\frac{2\times0.01+(0.01)^2}{0.01}=2+0.01=2.01$$

像这样，依次取倍率为 10 倍，100 倍，1000 倍，10 000 倍，…则斜率变为 2.1，2.01，2.001，2.0001，…，逐渐地向 2 逼近。

总之，如果用无限大倍率的显微镜来观察的话，则此抛物线的这一部分与斜率为 2 的直线相近。

在 $x\neq1$ 的其他点，如 $x=a$ 附近又如何变化呢？当 x 增加了 h 时，y 就从 $f(a)$增加到 $f(a+h)$，故变化了 $f(a+h)-f(a)$。其增加的比率为

$$\frac{f(a+h)-f(a)}{h}=\frac{(a+h)^2-a^2}{h}=\frac{a^2+2ah+h^2-a^2}{h}$$

$$=\frac{2ah+h^2}{h}=2a+h$$

在这里，如果 h 趋向于 0，则比率趋向于 $2a$。

这样将曲线上的两点连一直线，当此两点接近时，这条直线就是一定的，叫做曲线的切线（见图 12-4）。

总而言之，曲线的无限小部分变成了直线，此直线的无限延长就成为切线。

作为一般化来考虑，若 x 由 x_1 变为 x_1+h，y 由 $f(x_1)$变为 $f(x_1+h)$，则其变化量的比率为

$$\frac{f(x_1+h)-f(x_1)}{h}$$

这里当 x_1+h 趋近于 x_1 时的极限，就是我们所求的数值（见图 12-5）。

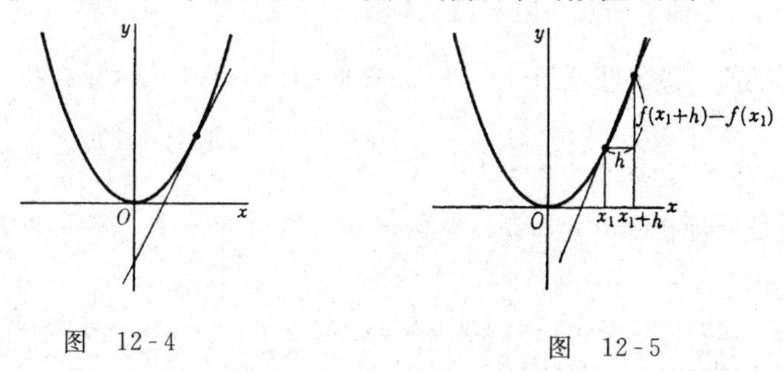

图 12-4　　　图 12-5

12.3 微 分[①]

将上述计算化为一般形式，则有

$$\lim_{h \to 0}\frac{f(x_1+h)-f(x_1)}{h}$$

尽管也有此值不存在的情况，但若极限值存在时，就叫做 $f(x)$ 在 x_1 点的导数。

下面把其表示符号稍微改变一下。

将 x 的变化量 h 写为 Δx，Δx 是 x 的微小变化量，并不是 $\Delta \times x$ 之意，它和 h 一样可看成是一个字母。同样，将 $f(x)$ 的变化量 $f(x+\Delta x)-f(x)$ 写为 $\Delta f(x)$，则有

$$\lim_{\Delta x \to 0}\frac{\Delta f(x)}{\Delta x}=2x$$

一般将 $\frac{\Delta f(x)}{\Delta x}$ 的极限值写为 $\frac{\mathrm{d}f(x)}{\mathrm{d}x}$，即

$$\lim_{\Delta x \to 0}\frac{\Delta f(x)}{\Delta x}=\frac{\mathrm{d}f(x)}{\mathrm{d}x}$$

利用这个符号，可将上述结果表示为

$$\frac{\mathrm{d}(x^2)}{\mathrm{d}x}=2x$$

这里必须注意的是，x^2 的导数 $2x$ 也是 x 的函数。由此，将函数 $\frac{\mathrm{d}f(x)}{\mathrm{d}x}$ 称为 $f(x)$ 的导函数并用 $f'(x)$ 表示。

还有一点要注意的是，$\frac{\mathrm{d}f(x)}{\mathrm{d}x}$ 决非 $\mathrm{d}f(x)\div \mathrm{d}x$ 的意思。在这里不论 $\mathrm{d}f(x)$ 或 $\mathrm{d}x$，其本身都没有什么意义。不论用 $\frac{\mathrm{d}y}{\mathrm{d}x}$ 或 $\frac{\mathrm{d}f(x)}{\mathrm{d}x}$ 哪种符号，都不应把分母和分子分离开。举例来说，这就和一个“岩”字中不可把

① 这里所说的微分实际上指的是导数。设有函数 $y=f(x)$，则函数的微分 $\mathrm{d}y$ 与导(函) 数 $f'(x)$ 的关系为 $\mathrm{d}y=f'(x)\mathrm{d}x$。一般来说，一元函数“可导”与“可微”，二者的含意是一致的，因此常常把函数的求导方法称做微分法。——译者注

“山”与“石”字分开是一样的道理。

下面再总结一下求$\frac{dy}{dx}$的步骤。

首先将Δy除以Δx，然后求其极限。即先进行÷，再取其 lim。

如果将此二计算步骤变更一下，先取 lim，然后进行除又会怎样呢？如果这样的话，则有$\lim\limits_{\Delta x\to 0}\Delta x=0$，$\lim\limits_{\Delta x\to 0}\Delta y=0$，要是再进行÷的话，就会产生 0÷0 而没有意义。

以上反复例举的事实说明，若将计算的两个步骤颠倒，就会得出错误的结果。这就好像把开钱柜的钥匙反拧，就会打不开柜一样（参见 4.2 节）。

因此，只有按÷和 lim 的顺序进行，$\frac{dy}{dx}$才有确定值。也就是说，走 lim→÷之路不通，而选择÷→lim 这条路就会见到$\frac{dy}{dx}$（见图 12-6）。

人们从前曾围绕着这个问题有过反复的争论，一直到柯西给极限下了正确的定义为止。

在微分学的创始人之一牛顿的说明中，也存在被反对者批判的目标。

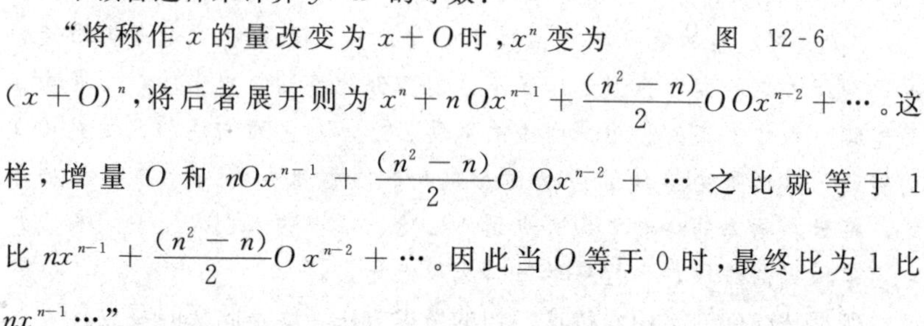

图 12-6

牛顿曾这样来计算 $y=x^n$ 的导数：

“将称作 x 的量改变为 $x+O$ 时，x^n 变为 $(x+O)^n$，将后者展开则为 $x^n+nOx^{n-1}+\frac{(n^2-n)}{2}OOx^{n-2}+\cdots$。这样，增量 O 和 $nOx^{n-1}+\frac{(n^2-n)}{2}O\,Ox^{n-2}+\cdots$ 之比就等于 1 比 $nx^{n-1}+\frac{(n^2-n)}{2}Ox^{n-2}+\cdots$。因此当 O 等于 0 时，最终比为 1 比 $nx^{n-1}\cdots$”

由于这里的 O 最初不作为 0，最后才令其为 0，因而难怪在当时人们的心目中，认为是一种骗人的把戏，特别是使用了与 0 相似的符号 O，也许更增加了人们的疑惑。

尖锐地指出这个缺点并给予强烈抨击的是哲学家兼僧正①巴克莱(1685—1753)。他作了如下的揭露：

“这种说法是不正确和不完全的。因为增量已经消失了，即增量变成了0，而所讨论的问题是要有一定的增量。由于破坏了这一假定的前提条件，也就得不出由此假定引出的结论和公式。如果假定增量不存在的话，那么所有假定它存在时得到的结果，包括比例和公式也全都不存在了。”

巴克莱僧正对牛顿攻击，其目的是为宗教辩护。数学家说宗教是不可理解的，因为数学家认为在绝对正确的数学中不存在这种不可理解之处。

常言道，攻击是最好的防御，故而巴克莱停止了为宗教的辩护，转而向数学发起尖锐的攻击。“如果说宗教不合理，难道数学就合理吗?”

12.4 流量和流率

一切都随时间而变化，从这个观点出发研究微分的是牛顿。他在《曲线求积术》(1704) 这篇论文中首次这样写道：

“在这里数学的量不考虑由极小部分组成的东西，而是考虑用连续的运动所表达的内容。例如，线不是由各部分连接作出来的，而是由点的连续运动作出来的。面是由线的运动、立体是由面的运动、角是由边的转动、时间是由连续的流动而形成的。这些都是存在于自然界的事实，每天在物体的运动中都可见到。因此，从前的人们总是讲，长方形可由沿固定的线段，平行移动另一线段来作出。”

所谓从时间变化中看待这一切的考虑方法，就是此文的要点。

对此，牛顿和莱布尼茨有分歧。上文中“数学的量不考虑由极小部分组成的东西”，就是对莱布尼茨的所谓数量总可以分割成无限小的考虑方法的批评。与莱布尼茨从空间来考虑相对应，牛顿是从时间来考虑的。

① 管理佛教僧尼事务的僧官名，有大僧正、僧正、权僧正等。——译者注

牛顿在这里又进一步说明了所谓流量和流率的含义：

“同时增加的各种量增加的速度不同，有较大的和较小的，因此可根据运动或产生的速度来探讨求这些量的方法。将这种运动或增加的速度称为流率（fluxion），将所产生的量称为流量（fluent）。本人从 1665 年至 1666 年逐步找出了求这种流率的方法，这里是利用它来进行曲线的求积。”

牛顿所说的流量是指时间 t 的某种函数 $f(t)$，而流率则是对 t 微分的导函数，利用莱布尼茨的符号表示为 $\frac{\mathrm{d}f}{\mathrm{d}t}$。牛顿不是这样，他用表示流量的字母上面加一点，即 $\dot{x}$ 来表示流率。

当 x 为距离时，$\dot{x}$ 就是速度。这里所说的速度，无疑是指瞬时速度，即速度本身也随时间变化。总之，$\dot{x}$ 也是一种有新含义的流量。因而，流量 $\dot{x}$ 也有其流率 $\ddot{x}$。以莱布尼茨的符号表示，则为 $\frac{\mathrm{d}^2 x}{\mathrm{d}t^2}$。若 $\dot{x}$ 为速度，则 $\ddot{x}$ 就是加速度。

称 $\frac{\mathrm{d}^2 x}{\mathrm{d}t^2}$ 为对于 t 的二次导函数，以 $f''(t)$ 或 $f^{(2)}(t)$ 表示。同理，称 n 次求导的结果为第 n 次导函数，写作 $f^{(n)}(t)$。批判流率法的巴克莱对此曾有一质问：

“若第一个流率是不存在的话，那么第二和第三个流率又从何谈起呢？”

毫无疑问，第二和第三个流率 $\ddot{x}$ 和 $\dddot{x}$ 是由第一流率 $\dot{x}$ 依次求出的，照巴克莱说来，若 $\dot{x}$ 不存在，当然不会有 $\ddot{x}$ 和 $\dddot{x}$。

然而牛顿力学的基础“力”是作为与质量 m 和加速度的乘积 $m\ddot{x}$ 来定义的，因此，如果不考虑加速度的话，牛顿力学的根基也就崩溃了。所以，对牛顿来说，不论速度或加速度，认为都是客观存在的。由此说来把创建微积分学的牛顿与其叫数学家，不如叫物理学家。

12.5 指数函数的微分

下面研究指数函数 $f(x) = \mathrm{e}^x$ 的微分。首先令其有一正的增量 h，则有

$$\frac{f(x+h)-f(x)}{h}=\frac{e^{x+h}-e^{x}}{h}=\frac{e^{h}-1}{h}\cdot e^{x}$$

这里若将$\frac{e^{h}-1}{h}$展开为无穷级数，则有

$$\frac{e^{h}-1}{h}=\frac{\left(1+\frac{h}{1!}+\frac{h^{2}}{2!}+\cdots\right)-1}{h}=\frac{1}{1!}+\frac{h}{2!}+\frac{h^{2}}{3!}+\cdots$$

若 h 为正，此无穷级数的各项$\frac{(h^{n})}{(n+1)!}<\frac{(h^{n})}{n!}$，因此$\frac{e^{h}-1}{\mathrm{h}}$比 $e^{h}=1+\frac{h}{1!}+\frac{h^{2}}{2!}+\frac{h^{3}}{3!}+\cdots$小，而比 1 大，即有

$$e^{h}>\frac{e^{h}-1}{h}>1$$

这里若 h 接近于 0，则左边的 e^{h} 将接近于 1，因此中间项$\frac{e^{h}-1}{h}$也必趋于 1，即

$$\lim_{h\to 0}\frac{e^{h}-1}{h}=1$$

如图 12-7 所示，由 $x=0$ 点向曲线的右侧引切线，其斜率为 1，即与 x 轴成 45°角。

左边的切线有

$$\frac{e^{-h}-e^{0}}{-h}=\frac{e^{-h}-1}{-h}=\frac{1-e^{-h}}{h}=e^{-h}\cdot\frac{e^{h}-1}{h}$$

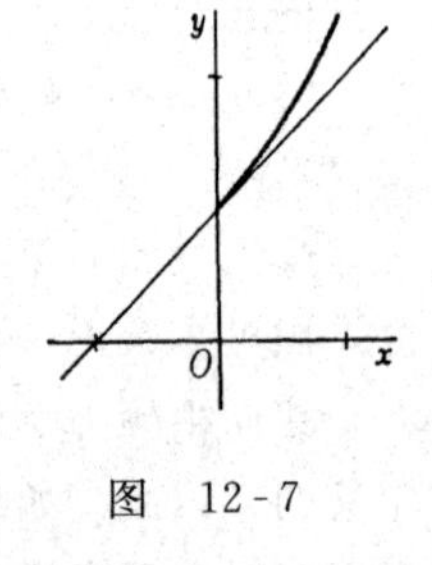

图 12-7

这里若 h 趋近于 0，则 e^{-h} 趋近于 1，$\frac{e^{h}-1}{h}$也趋近于 1，因此，乘积

$$e^{-h}\cdot\frac{e^{h}-1}{h}$$

趋于 1 说明左边的切线斜率也是 1，也就是说在 $x=0$ 点的导数为 1（见图 12-8）。由此，对一般点的导数为

$$\frac{e^{x+h}-e^{x}}{h}=\frac{e^{h}-1}{h}e^{x}\to e^{x}$$

总之，$\frac{de^{x}}{dx}=e^{x}$，换句话说，对函数 e^{x} 求导其函数不变。

下面研究对三角函数 $\cos x$ 和 $\sin x$ 的微分。

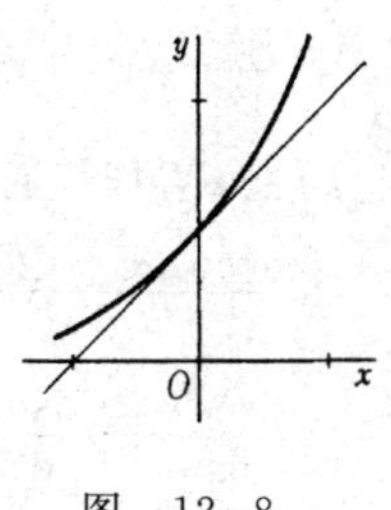

图 12-8

如前所述，对 $\cos x$，$\sin x$ 可用半径为 1 的圆来考虑。如图 12-9 所示，有

$$\frac{\sin(x+\Delta x)-\sin x}{\Delta x}=\frac{AB}{\Delta x}\frac{AC}{AB}=\frac{AB}{\Delta x}\cos\theta$$

$$\frac{\cos(x+\Delta x)-\cos x}{\Delta x}=-\frac{AB}{\Delta x}\frac{BC}{AB}=-\frac{AB}{\Delta x}\sin\theta$$

θ 逐步向 x 逼近，因此

$$\cos\theta\to\cos x$$

$$\sin\theta\to\sin x$$

$$\frac{AB}{\Delta x}\to 1$$

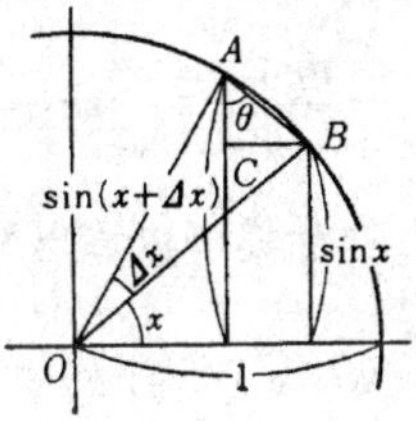

图 12-9

因此，有

$$\lim_{\Delta x\to 0}\frac{\sin(x+\Delta x)-\sin x}{\Delta x}=\cos x$$

$$\lim_{\Delta x\to 0}\frac{\cos(x+\Delta x)-\cos x}{\Delta x}=-\sin x$$

由此，得出下列公式：

$$\frac{\mathrm{d}\sin x}{\mathrm{d}x}=\cos x$$

$$\frac{\mathrm{d}\cos x}{\mathrm{d}x}=-\sin x$$

为将 $\cos x$ 与 $\sin x$ 一起考虑，可利用欧拉公式

$$\mathrm{e}^{\mathrm{i}x}=\cos x+\mathrm{i}\sin x$$

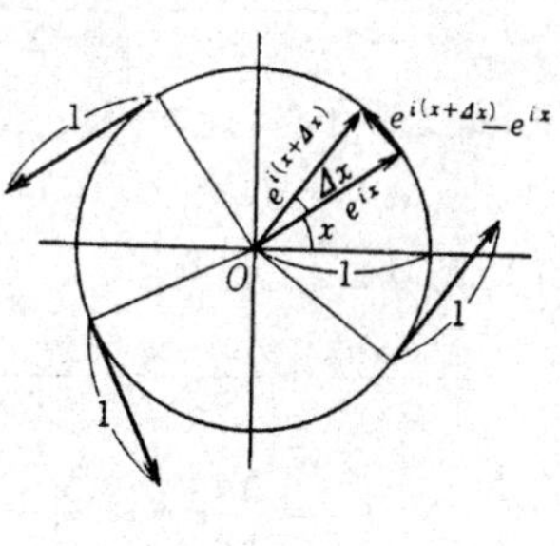

图 12-10

由图 12-10 可见，当 $\mathrm{e}^{\mathrm{i}(x+\Delta x)}-\mathrm{e}^{\mathrm{i}x}$ 的长度与 Δx 逐渐接近时，其比接近于 1，并且其方向为相对于 $\mathrm{e}^{\mathrm{i}x}$ 转过了 90°。

因而 $\dfrac{\mathrm{e}^{\mathrm{i}(x+\Delta x)}-\mathrm{e}^{\mathrm{i}x}}{\Delta x}$ 接近于 $\mathrm{i}\mathrm{e}^{\mathrm{i}x}$，用公式来表示，即为

$$\frac{\mathrm{d}e^{\mathrm{i}x}}{\mathrm{d}x}=\mathrm{i}e^{\mathrm{i}x}$$

这与把 i 看作普通常数进行微分的结果相同：

$$\frac{\mathrm{d}(\cos x+\mathrm{i}\sin x)}{\mathrm{d}x}=\mathrm{i}(\cos x+\mathrm{i}\sin x)$$

$$\frac{\mathrm{d}\cos x}{\mathrm{d}x}+\frac{\mathrm{i}\,\mathrm{d}\sin x}{\mathrm{d}x}=-\sin x+\mathrm{i}\cos x$$

$$\frac{\mathrm{d}\sin x}{\mathrm{d}x}=\cos x$$

$$\frac{\mathrm{d}\cos x}{\mathrm{d}x}=-\sin x$$

如果可以算出两个函数 $u=f(x)$ 和 $v=g(x)$ 的导函数 $\frac{\mathrm{d}u}{\mathrm{d}x}=f'(x)$ 与 $\frac{\mathrm{d}v}{\mathrm{d}x}=g'(x)$ 的话，那么积 $uv=f(x)g(x)$ 的导函数 $\frac{\mathrm{d}(uv)}{\mathrm{d}x}$ 该如何计算呢？当 x 从 x 变到 $x+\Delta x$ 时，u 变为 $u+\Delta u$，v 变为 $v+\Delta v$，即当

$$x\to x+\Delta x$$

时有

$$\begin{array}{rl} & u\to u+\Delta u \\ \times & v\to v+\Delta v \\ \hline & uv\to(u+\Delta u)(v+\Delta v) \end{array}$$

即 uv 变成了 $(u+\Delta u)(v+\Delta v)$。增量 $\Delta(uv)$ 为

$$\Delta(uv)=(u+\Delta u)(v+\Delta v)-uv=\Delta u\cdot v+u\cdot\Delta v+\Delta u\cdot\Delta v$$

将其除以 Δx，则有

$$\frac{\Delta(uv)}{\Delta x}=\frac{\Delta u\cdot v+u\cdot\Delta v+\Delta u\cdot\Delta v}{\Delta x}$$

$$=\frac{\Delta u}{\Delta x}v+u\frac{\Delta v}{\Delta x}+\frac{\Delta u}{\Delta x}\Delta v$$

这里当 Δx 趋近于 0 时，根据和的极限等于极限的和，则有

$$\lim\left(\frac{\Delta u}{\Delta x}v+u\frac{\Delta v}{\Delta x}+\frac{\Delta u}{\Delta x}\Delta v\right)$$

$$=\lim\frac{\Delta u}{\Delta x}v+\lim u\frac{\Delta v}{\Delta x}+\lim\frac{\Delta u}{\Delta x}\Delta v$$

又，根据积的极限等于极限的积，则上式可表示为

$$=\lim\frac{\Delta u}{\Delta x}\cdot\lim v+\lim u\cdot\lim\frac{\Delta v}{\Delta x}+\lim\frac{\Delta u}{\Delta x}\cdot\lim\Delta v$$

$$=\frac{\mathrm{d}u}{\mathrm{d}x}v+u\frac{\mathrm{d}v}{\mathrm{d}x}+\frac{\mathrm{d}u}{\mathrm{d}x}\cdot 0=\frac{\mathrm{d}u}{\mathrm{d}x}v+u\frac{\mathrm{d}v}{\mathrm{d}x}$$

所以

$$\frac{\mathrm{d}(uv)}{\mathrm{d}x}=\frac{\mathrm{d}u}{\mathrm{d}x}v+u\frac{\mathrm{d}v}{\mathrm{d}x}$$

公式成立。

无疑，像牛顿、莱布尼茨这样的微积分学的创始人是了解这个公式并且使用过它的。然而他们的证明方法稍嫌不够严密。

莱布尼茨毫不费力地作了下列计算。他首先用 d 来代替 Δ，并且有下述论断。

“$\mathrm{d}(xy)$ 等于$(x+\mathrm{d}x)(y+\mathrm{d}y)$ 与 xy 之差。即长方形和与之接近的长方形的面积之差。可是

$(x+\mathrm{d}x)(y+\mathrm{d}y)=xy+y\mathrm{d}x+x\mathrm{d}y+\mathrm{d}x\mathrm{d}y$，

去掉 xy，剩下的就是

$y\mathrm{d}x+x\mathrm{d}y+\mathrm{d}x\mathrm{d}y$

但在这里，$\mathrm{d}x$，$\mathrm{d}y$ 是与 x，y 相比较为无限小，而 $\mathrm{d}x\mathrm{d}y$ 则是与 $x\mathrm{d}y$ 和 $y\mathrm{d}x$ 相比较为无限小。因此可忽略不计，结果为

$(x+\mathrm{d}x)(y+\mathrm{d}y)-xy=y\mathrm{d}x+x\mathrm{d}y$”

在这里，忽略 $\mathrm{d}x\mathrm{d}y$ 的理由不够严格。然而牛顿对此有更巧妙的论证：

“设长方形的面积为 AB，边长为 A 和 B，当分别减少一个很小的增量$\frac{1}{2}a$ 和$\frac{1}{2}b$ 时，$A-\frac{1}{2}a$ 与 $B-\frac{1}{2}b$ 之积，等于 $AB-\frac{1}{2}a\,B-\frac{1}{2}bA+\frac{1}{4}ab$；如果使 A 和 B 分别增加$\frac{1}{2}a$ 和$\frac{1}{2}b$，则 $A+\frac{1}{2}a$ 与 $B+\frac{1}{2}b$ 之积为 $AB+\frac{1}{2}aB+\frac{1}{2}bA+\frac{1}{4}ab$。以上表示两个长方形的面积。将后者减去前者，得 $aB+bA$。因此可以说，若长方形的每边分别增加 a 和 b，则长方形的面积增量为 $aB+bA$。”

就这样，牛顿依靠技巧，从式中，把$\frac{1}{4}ab$消去了。

但是巴克莱僧正挑剔的目光，并未放过这一弱点。他指责道：在x^3的场合就行不通，例如有

$$\left(A+\frac{1}{2}a\right)^3-\left(A-\frac{1}{2}a\right)^3=3aA^3+\frac{1}{4}a^3$$

这里仍出现了$\frac{1}{4}a^3$项，而不能使上述解释自圆其说。

如果有了明确的极限定义，那么以上这些技巧就全无必要了。

12.6 函数的函数

自然界的种种现象都直接或间接地存在着复杂的因果关系。

例如达尔文的《物种起源》中有这样的例子：英国的紫云英的繁殖依靠土蜂采花授粉，因此若土蜂多，紫云英就多，然而土蜂的巢会受到野鼠破坏，故野鼠多则土蜂少，而若猫增多则野鼠就会减少。在这里有

猫→野鼠→土蜂→紫云英

这样的因果关系。

这样的例子有很多，相当于数学中的函数关系。

图 12-11 所示为三个由传送带联接的轮子 A，B，C。设起始的轮

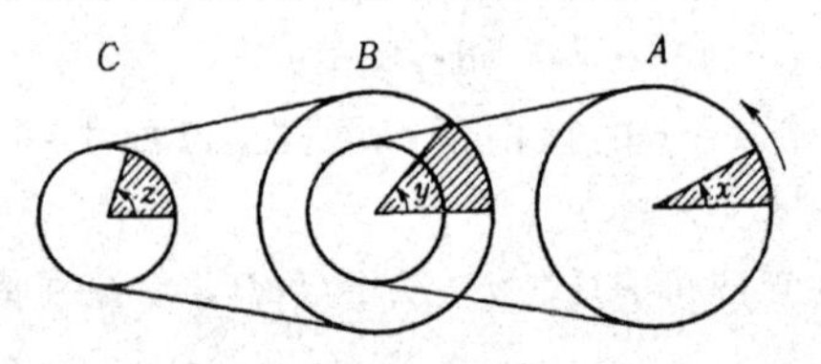

图 12-11

子 A 的转角为 x，B 的转角为 y，C 的转角为 z。

当 A 轮转动了 x 时，很明显将连带 B 轮转动 y，y 是 x 的函数，即有 $y=f(x)$。同样，B 轮转过 y 时，带动 C 轮转了 z，故 z 又是 y 的函数，即 $z=g(y)$。

即使将 B 轮以方框表示，z 为 x 的某种函数也是明显的（见图 12-12）。

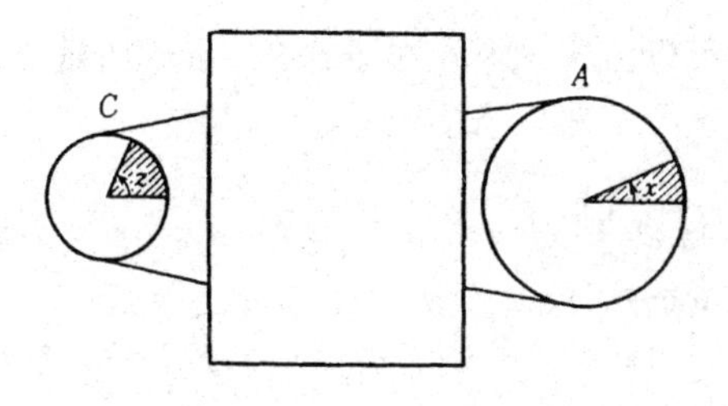

图 12-12

这时 z 为 x 的何种函数呢？令 $z=g(y)$ 中的 y 以 $y=f(x)$ 代替，则有 $z=g(f(x))$。其中 y 是 z 与 x 的关系代替，y 起到了一个中继站的作用。即有

$$z \xleftarrow{g(y)} y \xleftarrow{f(x)} x$$

$$z \xleftarrow{\quad g(f(x)) \quad} x$$

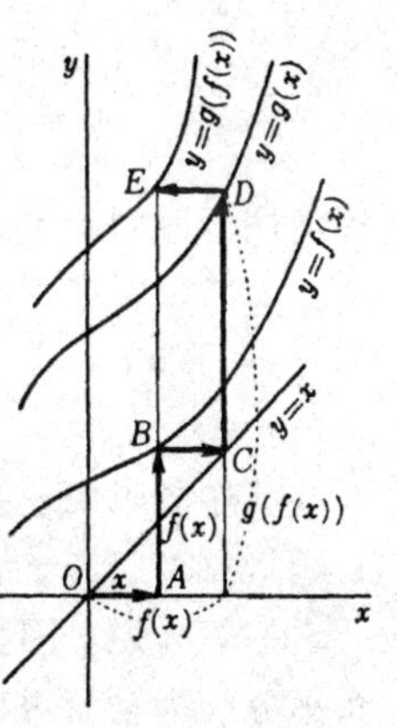

图 12-13

这样把两个函数 $g(y)$ 和 $f(x)$ 复合起来产生了一个新的函数 $g(f(x))$。

在我们周围的自然界中存在着无数的量，它们之间以各种函数关系相联系着。为了表示这样的因果关系，常常利用所谓复合的方法。

当给出了两个函数 $y=f(x)$ 与 $z=g(y)$ 的图形时，怎样求出 $z=g(f(x))$ 的图形呢？

可按下述步骤来作出，如图 12-13 所示。

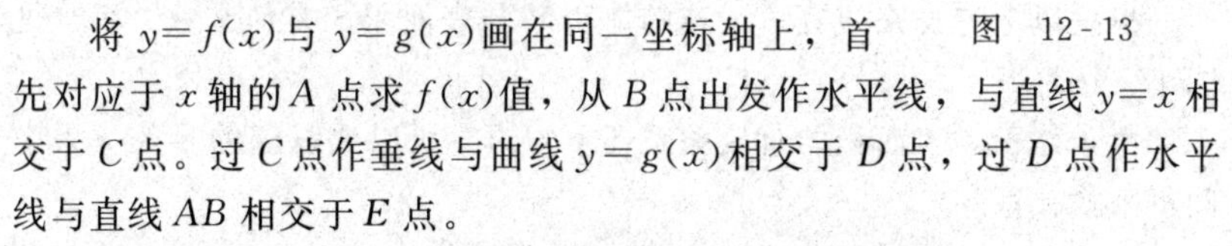

将 $y=f(x)$ 与 $y=g(x)$ 画在同一坐标轴上，首先对应于 x 轴的 A 点求 $f(x)$ 值，从 B 点出发作水平线，与直线 $y=x$ 相交于 C 点。过 C 点作垂线与曲线 $y=g(x)$ 相交于 D 点，过 D 点作水平线与直线 AB 相交于 E 点。

因 $AE=g(f(x))$，故 E 就是曲线 $y=g(f(x))$ 上的点。

照此，逐个作出各点，就得出 $y=g(f(x))$ 的图形。

12.7 反 函 数

如果把由 x 值按一定方法求出 y 值的表达形式 $y=f(x)$ 称为函数，

那么与此相反，可以由 y 来求 x 这样的表达形式叫做 f 的反函数，写作 f^{-1}。即有

$$y \xleftarrow{f} x \qquad y=f(x)$$

$$x \xleftarrow{f^{-1}} y \qquad x=f^{-1}(y)$$

为了找出反函数，可将 $y=f(x)$ 看成关于 x 的方程，解出 $x=\cdots$ 的形式。

例如为求

$$y=2x^2$$

的反函数，可表示为

$$x^2=\frac{y}{2}$$

$$x=\pm\sqrt{\frac{y}{2}}$$

像这样对应同一个 y，有两个以上的反函数的情况是很多的。

上例说明由 y 求 x 是反函数的道理。表示为

$$y=f(x)$$

$$x=f^{-1}(y)$$

就作图来说，则不是由 x 求 y（见图 12-14），而是相反，由 y 来求 x（见图 12-15）。

一般来说，因为 x 轴和 y 轴要对换，所以图本身是以 x 轴和 y 轴夹角平分线为轴而对称的。

根据以上考虑来研究一下球的体积 V 与表面积 S 有何函数关系（见图 12-16）。

由于体积和表面积的直接关系还不知道，所以先以球的半径 r 为中间量来找关系。

为由 S 求出 V，可按下列步骤计算（见图 12-17）：

$$V=\frac{4\pi}{3}r^3=\frac{4\pi}{3}\left[\left(\frac{S}{4\pi}\right)^{\frac{1}{2}}\right]^3$$

$$=\frac{4\pi S^{\frac{3}{2}}}{3\cdot(4\pi)^{\frac{3}{2}}}=\frac{S^{\frac{3}{2}}}{3\cdot(4\pi)^{\frac{1}{2}}}$$

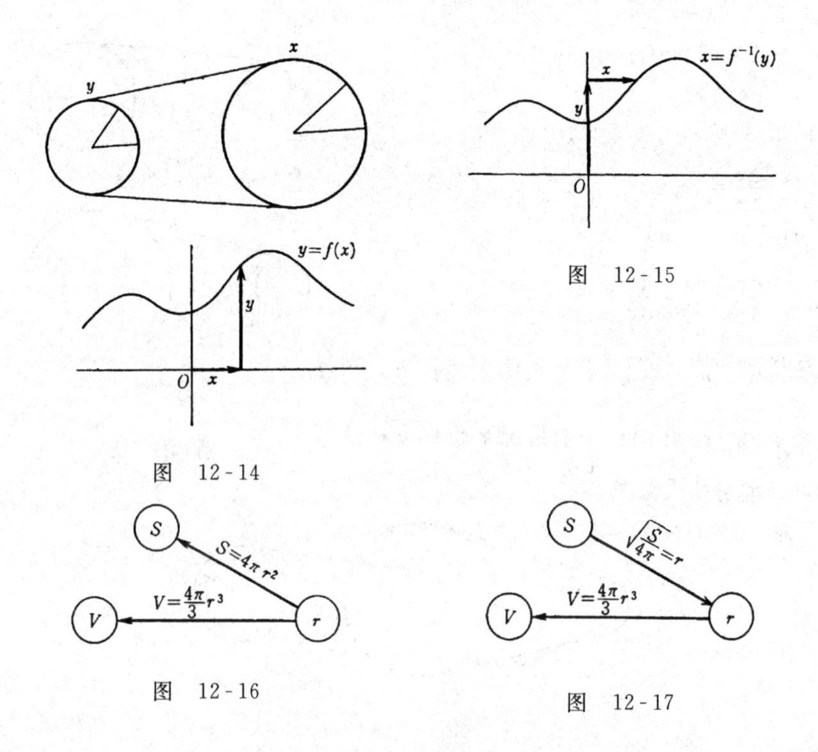

图　12-14

图　12-15

图　12-16

图　12-17

12.8　函数的函数的微分

由前述可知，函数的函数会反复出现，由各函数的微分可以求出复合函数的微分。

如图 12-18 所示，当 x 有变化 Δx 时，y 的变化 Δy 为其 2 倍，即

$$\frac{\Delta y}{\Delta x}=2$$

这不论 Δx 多小都是成立的，故有

$$\frac{\mathrm{d}y}{\mathrm{d}x}=2$$

同理有 $\frac{\mathrm{d}z}{\mathrm{d}y}=3$。因此

$$\Delta y=2\Delta x$$

$$\Delta z=3\Delta y$$

结果 $\Delta z=3\times 2\Delta x=6\Delta x$

$$\frac{\Delta z}{\Delta x}=3\times 2$$

所以

$$\frac{\mathrm{d}z}{\mathrm{d}x}=\frac{\mathrm{d}z}{\mathrm{d}y}\cdot\frac{\mathrm{d}y}{\mathrm{d}x}$$

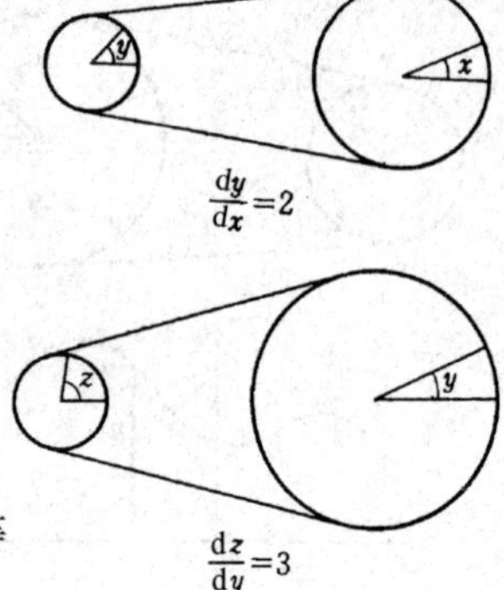

图 12-18

这是由于$\frac{\Delta y}{\Delta x}$，$\frac{\Delta z}{\Delta y}$从开始就是定值，可分别等于$\frac{\mathrm{d}y}{\mathrm{d}x}$和$\frac{\mathrm{d}z}{\mathrm{d}y}$，然而在一般情况下也成立，这是可以理解的（见图 12-19）。

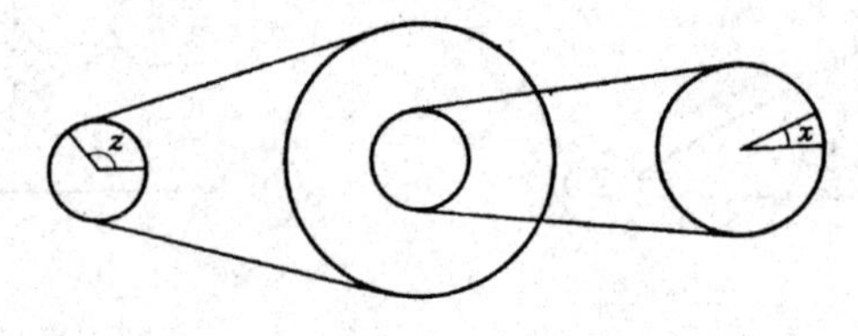

图 12-19

为此应当使用极限定理。即对

$$\frac{\Delta z}{\Delta x}=\frac{\Delta z}{\Delta y}\cdot\frac{\Delta y}{\Delta x}$$

两边取极限，有

$$\lim\frac{\Delta z}{\Delta x}=\lim\frac{\Delta y}{\Delta x}\cdot\lim\frac{\Delta z}{\Delta y}$$

$$\vdots\qquad\quad\vdots\qquad\quad\vdots$$

$$\frac{\mathrm{d}z}{\mathrm{d}x}=\quad\frac{\mathrm{d}y}{\mathrm{d}x}\quad\cdot\quad\frac{\mathrm{d}z}{\mathrm{d}y}$$

知道这个定理是令人愉快的。虽然 $\mathrm{d}x$，$\mathrm{d}y$，$\mathrm{d}z$ 并不是独立的量，$\frac{\mathrm{d}y}{\mathrm{d}x}$不是 $\mathrm{d}y\div\mathrm{d}x$，$\frac{\mathrm{d}z}{\mathrm{d}y}$也不是 $\mathrm{d}z\div\mathrm{d}y$，但在这个定理中可以把 $\mathrm{d}x$，$\mathrm{d}y$，$\mathrm{d}z$ 当作独立量那样来计算。把上式右边$\frac{\mathrm{d}y}{\mathrm{d}x}$，$\frac{\mathrm{d}z}{\mathrm{d}y}$两项的 $\mathrm{d}y$ 约去，就变

成$\frac{dz}{dx}$。

对此尽管还没有证明，但它便于记忆。

由于这种奇效，$\frac{dz}{dx}$这个莱布尼茨的符号几百年来一直被使用着。

如前所述，$\frac{dy}{dx}$的上下两项正好和“岩”字中的“山”与“石”字一样是不可分割的，然而若将“岩”按“山上的石”来理解是容易体会的。照此，将$\frac{dy}{dx}$考虑为 $dy \div dx$，则各种法则也就容易理解了。总之，$\frac{dy}{dx}$就好像是美丽的象形文字，体现了莱布尼茨这种符号的魔力。

主张“换个方式来考虑”（参见 4.8 节）的莱布尼茨提出的符号或公式在促进人的思考方面有突出的贡献。因此，可以说他是把这些推论用公式来计算的符号逻辑学的创始人。

反函数的导数也可以同样来求。

设 $y=f(x)$的反函数为 $x=g(y)$，则有

$$\frac{dx}{dy}=\lim_{\Delta y\to 0}\frac{\Delta x}{\Delta y}=\lim_{\Delta x\to 0}\frac{1}{\frac{\Delta y}{\Delta x}}=\frac{1}{\lim\limits_{\Delta x\to 0}\frac{\Delta y}{\Delta x}}=\frac{1}{\frac{dy}{dx}}$$

在这里，把$\frac{dx}{dy}$也像分数一样来考虑，可以写为$\frac{1}{\frac{dy}{dx}}$。现在利用这个关系来求$\frac{d\ (\ln x)}{dx}$。设

$$y=\ln x$$

其反函数为 $x=e^y$。取

$$\frac{dx}{dy}=e^y=x$$

的倒数，则有

$$\frac{dy}{dx}=\frac{1}{x},\quad 即\ \frac{d(\ln x)}{dx}=\frac{1}{x}$$

利用此式可求函数 $y=x^k$ 的导数。这里 k 为非整数，一般为正或负的实数。

$$y = x^k = e^{\ln(x^k)} = e^{k\ln x}$$

$$\frac{dy}{dx} = \frac{de^{k\ln x}}{d(\ln x)} \cdot \frac{d(\ln x)}{d\,x} = ke^{k\ln x} \cdot \frac{1}{x} = kx^k \cdot \frac{1}{x} = kx^{k-1}$$

最后，得到下列导数公式：

$$\frac{dx^k}{dx} = kx^{k-1}$$

另外，若对 $y = a^x$ 求导数的话，只求

$$a^x = e^{\ln a^x} = e^{x\ln a}$$

的导数就行：

$$\frac{d(a^x)}{dx} = \frac{de^{x\ln a}}{dx} = \frac{d(x\ln a)}{dx} \cdot \frac{de^{x\ln a}}{d(x\ln a)}$$

$$= \ln a \cdot e^{x\ln a} = \ln a \cdot a^x$$

由此结果可知，a^x 的导数与 $\ln a$ 有关。因此，如对 10^x 求导数，则有

$$\frac{d\,(10^x)}{dx} = \ln 10 \cdot 10^x$$

即原函数要乘上 ln10。然而对于 e^x 则就无此种麻烦了。

由此可以明白微分学中常常采用 e^x，而不是 2^x 或 10^x 是有道理的。这是由于对 e^x 进行微分运算极其简便的缘故。当考虑无限小时，e＝2.718…比 2 或 10 都简单且有趣。

同理对于 $\sin x$，$\cos x$ 也可以这么说。当角度不是用弧度（rad），而是用度表示时，因为 $1° = \frac{\pi}{180}$rad，有

$$x° = \frac{\pi}{180}x\ \text{rad}(= t\ \text{rad})$$

故

$$\frac{d\sin x}{dx} = \frac{dt}{dx} \cdot \frac{d\sin t}{dt} = \frac{\pi}{180}\cos t = \frac{\pi}{180}\cos x°$$

总是与$\frac{\pi}{180}$这个数相联系着，这是极其麻烦的。

像电子计算机不是用 10 进位制而是用 2 进位制一样，微分学选用 e＝2.718…为底的指数，选用弧度为角度的单位，这是因为在估计微小变化时，此法是很方便的。

12.9 内 插 法

过去 7 年间日本的人口情况如表 12 - 1 所示。

表 12-1

年度	1952	1953	1954	1955	1950	1957	1958
人口（万人）	8560	8670	8800	8910	9006	9091	9130

人口确实是增加了。但是更重要的是看看每年的增加量之间的差额如何（见表 12 - 2）。

表 12-2

年　度	1952	1953	1954	1955	1956	1957	1958
人口（万人）	8560	8670	8800	8910	9006	9091	9130
增加（万人）	—	110	130	110	96	85	89

可以看出某些增加量反而是减少的。其差额如表 12 - 3 所示。

表 12-3

年　度	1952	1953	1954	1955	1956	1957	1958
人口（万人）	8560	8670	8800	8910	9006	9091	9180
增加（万人）	—	110	130	110	96	85	89
差（万人）	—	—	20	−20	−14	−11	4

这样一一作出这些差额，就可以了解人口变化的详细情况。在多数情况下，应尽可能找到简单的函数关系来表达这种变化方式。这就是内插法的任务。简单函数也有各种各样的，这里采用 x 的多项式来看看。所谓多项式就是仅有＋，－，×，÷就能计算的简单式子。

首先选常数作为最简单的多项式来试试。即通过图 12-20 上的起始点 a 找出最简单的函数 $f(a)$，无疑这就是以 $g_0(x)=f(a)$ 为常数来表示的函数（见图 12-21）。

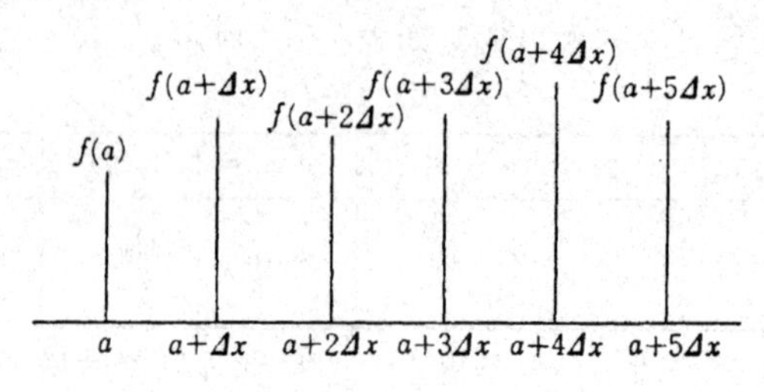

图 12-20

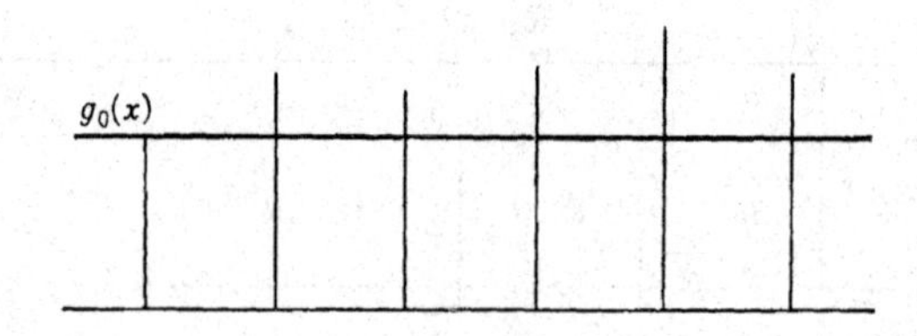

图 12-21

然而，虽然 a 点满足此函数关系，但是点 $a+\Delta x$，$a+2\Delta x$，…却不满足。这可以先求出点 $a+\Delta x$ 满足的函数关系，然后就容易了解上述“不满足”是怎样产生的。

设函数在 $x=a$ 处为 $f(a)$，则在 $x=a+\Delta x$ 处为 $f(a+\Delta x)$，故 x 的一次式的斜率为 $\dfrac{f(a+\Delta x)-f(a)}{\Delta x}$，因此点 $x=a$ 和 $x=a+\Delta x$ 满足的一次函数应为

$$g_1(x)=f(a)+\frac{f(a+\Delta x)-f(a)}{\Delta x}(x-a)$$

这也是一条直线，但它与作为常数的水平线相比与真正的函数更接近（见图 12-22）。下面来作出通过三点的 $g_2(x)$，计算就相当麻烦了。

这种计算的关键在于求函数的相邻二者之差，可用 Δ 表示：

$$\Delta f(x)=f(x+\Delta x)-f(x)$$

将此步骤重复两次，用 Δ^2 来表示：

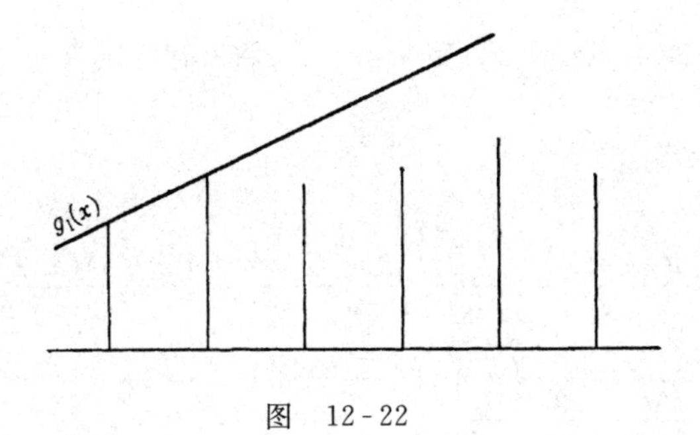

图 12-22

$$\Delta^2 f(x)=\Delta(\Delta f(x))=\Delta(f(x+\Delta x)-f(x))$$
$$=(f(x+\Delta x+\Delta x)-f(x+\Delta x))-(f(x+\Delta x)-f(x))$$
$$=f(x+2\Delta x)-2f(x+\Delta x)+f(x)$$

把此式扩大到一般的 $g_2(x), g_3(x), g_4(x)$，…来看一下。如将

$$\Delta f(x)=f(x+\Delta x)-f(x)$$

移项，则有

$$f(x+\Delta x)=f(x)+\Delta f(x)$$
$$f(x+2\Delta x)=f(x+\Delta x)+\Delta f(x+\Delta x)$$
$$=f(x)+\Delta f(x)+\Delta(f(x)+\Delta f(x))$$
$$=f(x)+\Delta f(x)+\Delta f(x)+\Delta^2 f(x)$$
$$=f(x)+2\Delta f(x)+\Delta^2 f(x)$$
$$f(x+3\Delta x)=f(x+2\Delta x)+\Delta f(x+2\Delta x)$$
$$=f(x)+2\Delta f(x)+\Delta^2 f(x)+\Delta(f(x)+2\Delta f(x)+\Delta^2 f(x))$$
$$=f(x)+2\Delta f(x)+\Delta^2 f(x)+\Delta f(x)+2\Delta^2 f(x)+\Delta^3 f(x)$$
$$=f(x)+3\Delta f(x)+3\Delta^2 f(x)+\Delta^3 f(x)$$

这种计算的方法与二项式定理相同。此时系数为 1，3Δ，$3\Delta^2$，Δ^3，与 $(1+\Delta)^3$ 展开的结果相同。

一般地，有

$$f(a+n\Delta x)=f(a)+\binom{n}{1}\Delta f(a)+\binom{n}{2}\Delta^2 f(a)+\cdots+\Delta^n f(a)$$

这里若设 $a+n\Delta x=x$，则 $n=\dfrac{x-a}{\Delta x}$，将 n 代入则有

$$\binom{n}{1}=n=\frac{x-a}{\Delta x}$$

$$\binom{n}{2}=\frac{n(n-1)}{1\cdot 2}=\frac{\dfrac{x-a}{\Delta x}\left(\dfrac{x-a}{\Delta x}-1\right)}{1\cdot 2}=\frac{(x-a)(x-a-\Delta x)}{1\cdot 2\cdot \Delta x^2}$$

$$\binom{n}{3}=\frac{\dfrac{x-a}{\Delta x}\left(\dfrac{x-a}{\Delta x}-1\right)\left(\dfrac{x-a}{\Delta x}-2\right)}{1\cdot 2\cdot 3}$$

$$=\frac{(x-a)(x-a-\Delta x)(x-a-2\Delta x)}{1\cdot 2\cdot 3\cdot \Delta x^3}$$

将这些式子代入，有

$$g_n(x)=f(a)+\frac{x-a}{\Delta x}\Delta f(a)+\frac{(x-a)(x-a-\Delta x)}{1\cdot 2\cdot \Delta x^2}$$

$$\times \Delta^2 f(a)+\cdots+\frac{(x-a)\cdots(x-a-(n-1)\Delta x)}{n!\Delta x^n}\Delta^n f(a)$$

这个 x 虽限于所谓 $a+n\Delta x$ 形式，但若考虑对任何值都成立的话，就变成与中间值有关的函数。$g_n(x)$ 是在点 $a, a+\Delta x, \cdots, a+(n-1)\Delta x, a+n\Delta x$ 与 $f(x)$ 相符的 n 次函数（见图 12 - 23）。

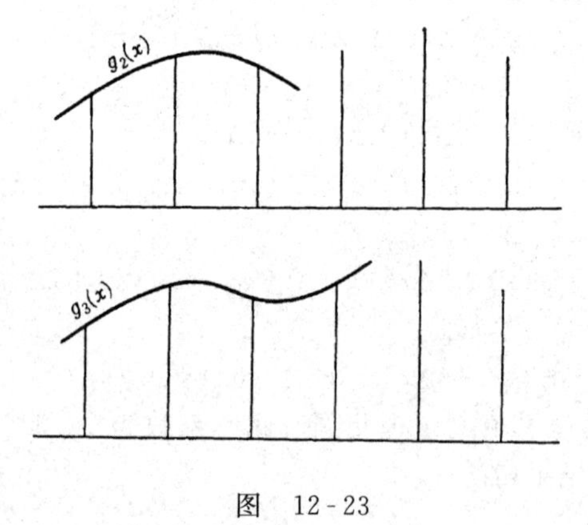

图 12 - 23

12.10 泰勒级数

$$g_n(x)=f(a)+\frac{(x-a)}{1}\frac{\Delta f(a)}{\triangle x}+\frac{(x-a)(x-a-\Delta x)}{1\cdot 2}$$

$$\frac{\Delta^2 f(a)}{\Delta x^2}+\cdots+\frac{(x-a)\cdots(x-a-(n-1)\Delta x)}{n!}\frac{\Delta^n f(a)}{\Delta x^n}$$

在上式中令点的间隔距离 Δx 逐步接近于 0，则 $\frac{\Delta f(a)}{\Delta x}=\frac{f(a+\Delta x)-f(a)}{\Delta x}$ 趋近于 $f'(a)$。同理，$\frac{\Delta^2 f(a)}{\Delta x^2}$ 趋近于 $f''(a)$，$\frac{\Delta^n f(a)}{\Delta x^n}$ 趋近于 $f^{(n)}(a)$。

因此，上式趋近于

$$f(a)+\frac{(x-a)}{1}f'(a)+\frac{(x-a)^2}{2!}f''(a)+\cdots+\frac{(x-a)^n}{n!}f^{(n)}(a)$$

在这里让 n 逐步增大，此式就向函数 $f(x)$ 逐步接近。当 n 为无限大时，此式就变成无穷级数，称为泰勒级数。

众所周知，$a=0$ 时函数的泰勒级数展开式有如下形式：

$$e^x=1+\frac{x}{1!}+\frac{x^2}{2!}+\frac{x^3}{3!}+\cdots$$

$$\ln(1+x)=x-\frac{x^2}{2}+\frac{x^3}{3}-\frac{x^4}{4}+\cdots\quad(|x|<1)$$

$$\sin x=\frac{x}{1!}-\frac{x^3}{3!}+\frac{x^5}{5!}-\frac{x^7}{7!}+\cdots$$

$$\cos x=1-\frac{x^2}{2!}+\frac{x^4}{4!}-\frac{x^6}{6!}+\cdots$$

$$(1+x)^k=1+\binom{k}{1}x+\binom{k}{2}x^2+\cdots\quad(|x|<1)$$

在泰勒级数中 $f^{(n)}(a)$ 经常出现，故应对函数 $f(x)$ 多次进行微分。

泰勒级数是否能与原函数 $f(x)$ 相符，虽然尚未严格证明，但所有上面我们已知的函数都是与其泰勒级数相符的。

对于级数

$$f(x)=f(a)+\frac{f'(a)}{1!}(x-a)+\frac{f''(a)}{2!}(x-a)^2+\cdots+$$

$$\frac{f^{(n)}(a)}{n!}(x-a)^n+\cdots$$

当 x 趋近于 a 时，$x-a$ 很小，$\frac{f^{(n)}(a)}{n!}(x-a)^n$ 的分母 $n!$ 急剧增大，而此项则急剧变小。

如仅取到第一项，它就是图 12-24 中由点 $(a,f(a))$ 决定的水平线 $f(a)$。如取到第二项，则变为 a 点的 $f(x)$ 的切线。因而在 a 附近，此切线与 $f(x)$ 相当接近。

用 1 次函数 $f(a)+\frac{f'(a)}{1!}(x-a)$ 来近似 $f(x)$，称为 1 阶近似。

如果函数是平滑的没有急剧的变化时，用一阶近似足以使泰勒级数与其函数符合。

如果仅用一阶近似不够准确时，可以进一步再采用二阶近似（见图 12-25）。

由此看来，可以说泰勒级数很好地反映了人类知识的发展是逐步向客观真理逼近的这一过程。这样的例子是很多的。

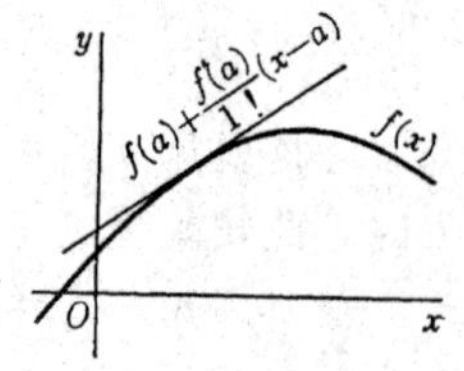

图 12-24

在原始时代，人们并不了解地球是球形的而认为是平面的。

人们认为不是地球本身，而是在地球的切平面上有一个想象的世界，这就相当于使用了一阶近似。当所考虑的区域范围窄小时认为它是平面，这不仅是可以的，而且是有效的。但是，当考虑到大陆这样广大的地区时，就会发现地球是圆的了。这可以叫做二阶近似。更进一步的测量，得知地球并不是真正的球形，而是形状稍扁的球。这是三阶近似。

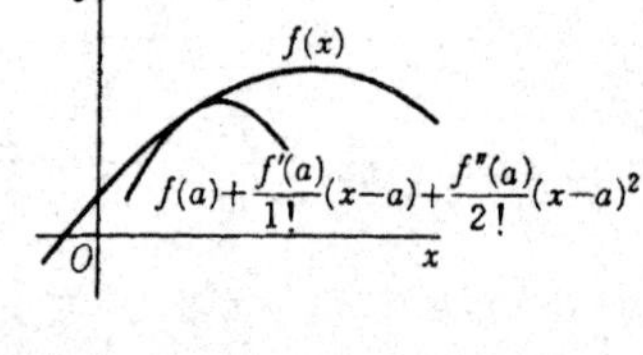

图 12-25

再如，若今天比昨天气温升高了 2℃，那么大概会设想明天也会比今天升高 2℃吧。这就是把气温的曲线用直线来取代了，即采用了一阶近似。

当我们遇到变化复杂的现象时，总要作出某种假设，借以预测未来，在这种时候，经常先采用一阶近似来描述这种函数关系。

与曲线的切线相同，一阶近似仅在所考虑的点附近有效，远离这一点就不行了，这时可用二阶近似。若要求更精确的话，则可采用三阶近似和四阶近似。

泰勒级数的各项就是按照一阶近似，二阶近似，…的顺序排列的。

《格列佛游记》的作者斯威夫特（1667—1745）曾用下列诗句来描绘显微镜：

这样，科学家们发现了，

一个跳蚤周围聚集着小的跳蚤，

而这小跳蚤的周围又聚集着更小的跳蚤，

这样下去，以至无限。

斯威夫特的诗恰当地表达了泰勒级数的特性。

由于种种意义，可以说泰勒级数是微分学中的最重要的内容之一。这真是令人惊奇的。

例如有函数

$$\sin x=x-\frac{x^3}{3!}+\frac{x^5}{5!}-\cdots$$

研究等式两边可知，左边 $\sin x$ 是几何学中产生的函数，而右边则仅是＋，－，×，÷的无限组合而已。由等号将这不同的两边联系起来。这样，泰勒级数就把纯几何学的函数 $\sin x$ 分解为算术的＋，－，×，÷四则运算了。

12.11 最大最小

现实生活中经常碰到的问题之一就是最大与最小。例如人们去买东西时常常希望：

（1）价格在一定数额之下；

（2）买的东西质量最好。

这就是在一定的条件下，什么是最大的问题。相反，对于相同的物品却会因商店不同而有价格差异，一般人们总是要到便宜的店里去采买。这时的目标可以写为：

（1）物品一定；

（2）价格最低。

这就是在一定的条件下，什么是最小的问题。仔细想想，在人们每天的努力之中恐怕离不开最大最小的问题，这样说并不过分。反对只为个人，主张为社会全体服务的政治的目的，正如本瑟姆（1748—1832）所言“使最大多数人获得最大的幸福”，也许就是一例。

然而，在这里我们还是不讲这种大话，回到眼前现实的问题上来为好。例如，有一个制造罐头盒的公司，打算制造新的圆柱形的罐头盒，如图 12 - 26 所示，对其形状要求如下：

（1）铁皮的表面积一定；

（2）体积最大。

目标确定了之后，剩下的就是数学问题。

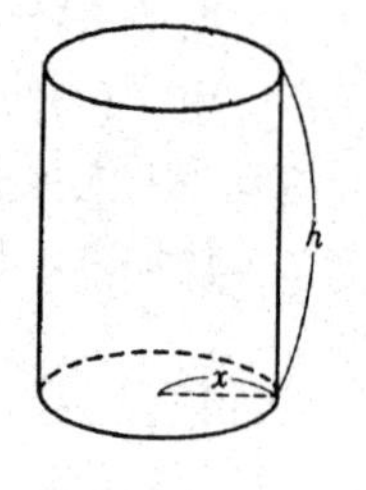

图 12 - 26

设罐头盒的高度为 h，底面圆的半径为 x。由 h 与 x，根据条件（1）可写出下列公式：表面积 $A=2\pi x^2+2\pi xh=$定值，体积 $V=\pi x^2 h$。据此问题可表达为：保持 $A=2\pi x^2+2\pi xh$ 不变，如何恰当地改变 x 与 h 使 $V=\pi x^2 h$ 最大。当 A 为定值时，有

$$h=\frac{A}{2\pi x}-x$$

将其代入 $V=\pi x^2 h$ 式中，有

$$V=\pi x^2\left(\frac{A}{2\pi x}-x\right)=\frac{Ax}{2}-\pi x^3=f(x)$$

即 V 是 x 的一种函数 $f(x)$。此函数的大致形状如图 12 - 27 所示。剩下的工作就是在 0 和 $\sqrt{\frac{A}{2\pi}}$ 之间找出峰值。为此，应看看其导函数的符号。从峰顶上看这段曲线，其左边为向右上升，右边为向右下降。向右上升段的导函数为正，向右下降段的导函数为负。

对此如用导函数的术语来说，就是左边的导函数的符号为正，右边的导函数的符号为负。而作为从正变为负界线上的这一点正是峰顶。

据此，我们来求 $f'(x)$：

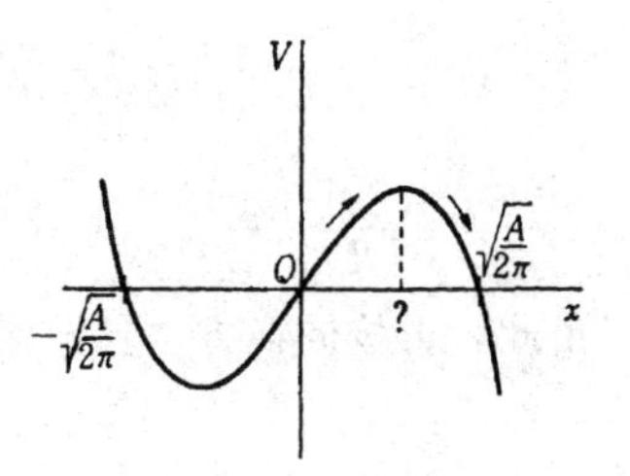

图 12-27

$$f'(x) = \frac{A}{2} - 3\pi x^2$$

因为是改变符号的点，故应有 $f'(x) = 0$，即

$$f'(x) = \frac{A}{2} - 3\pi x^2 = 0$$

所以（见图 12-28），

$$x = \pm\sqrt{\frac{A}{6\pi}}$$

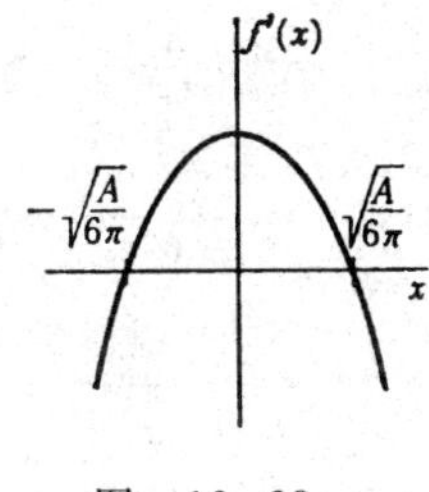

图 12-28

这里仅应取其正值，即 $x=\sqrt{\frac{A}{6\pi}}$。确定在这一点的左边 $f'(x)$ 为正，右边 $f'(x)$ 为负。因此，这一点就是最大点。此时 h 为

$$h = \frac{A}{2\pi x} - x = \frac{A}{2\pi\sqrt{\frac{A}{6\pi}}} - \sqrt{\frac{A}{6\pi}}$$

$$= \frac{\sqrt{3A}}{\sqrt{2\pi}} - \frac{\sqrt{A}}{\sqrt{6\pi}} = \frac{\sqrt{9A}}{\sqrt{6\pi}} - \frac{\sqrt{A}}{\sqrt{6\pi}} = \frac{3\sqrt{A}}{\sqrt{6\pi}} - \frac{\sqrt{A}}{\sqrt{6\pi}}$$

$$= \frac{2\sqrt{A}}{\sqrt{6\pi}}$$

也就是 h 等于 $x=\sqrt{\frac{A}{6\pi}}$ 的 2 倍。

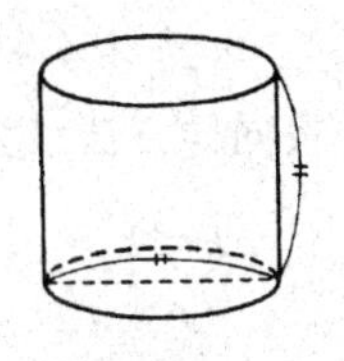
图 12-29

这样的圆柱形（见图 12-29），其底面的直径与高度相等，它的轴截面为正方形。

上述是把罐头盒作为求圆柱的表面积一定、体积最大的问题，这种方法也可应用于求其他各种最大最小问题。例如设计圆柱形的口袋或者大煤气罐。这时，与上述容器不同，它没有盖子，好像一个铁皮水桶（见图 12-30）那样，因此计算公式略有不同。即应为

(1) $A=\pi x^2+2\pi xh=$定值

(2) $V=\pi x^2 h=$最大

由（1）知 $h=\frac{A}{2\pi x}-\frac{x}{2}$，代入（2），有

$$V=\pi x^2 h=\pi x^2\left(\frac{A}{2\pi x}-\frac{x}{2}\right)$$

$$=\frac{Ax}{2}-\frac{\pi x^3}{2}=g(x)$$

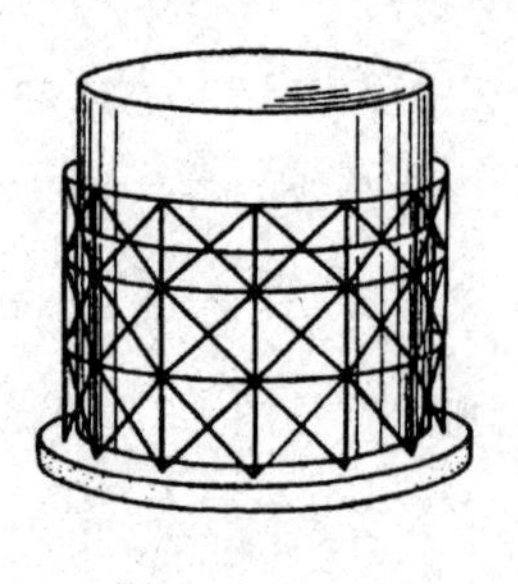

图　12-30

由此，再按同样方法求导函数 $g'(x)$ 并令它等于 0,即

$$g'(x)=\frac{A}{2}-\frac{3\pi x^2}{2}=0$$

$$x=\sqrt{\frac{A}{3\pi}}$$

$$h=\frac{A}{2\pi x}-\frac{x}{2}=\frac{\sqrt{3\pi A}}{2\pi}-\frac{\sqrt{A}}{2\sqrt{3\pi}}$$

$$=\frac{\sqrt{3}\sqrt{A}}{2\sqrt{\pi}}-\frac{\sqrt{A}}{2\sqrt{3\pi}}=\frac{3\sqrt{A}}{2\sqrt{3\pi}}-\frac{\sqrt{A}}{2\sqrt{3\pi}}=\frac{2\sqrt{A}}{2\sqrt{3\pi}}=\frac{\sqrt{A}}{\sqrt{3\pi}}$$

结果 h 与 x 相等，其形状如图 12-31 所示。

还可将以上方法用于探讨量具升的形状。

设底边为正方形，每边长为 x，高为 h。则上述条件变为

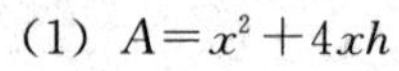

(1) $A=x^2+4xh$

(2) $V=x^2h$

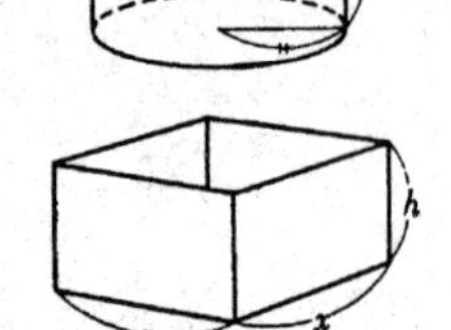

图　12-31

按同样方法计算，则有

$$h=\frac{A}{4x}-\frac{x}{4}$$

$$V=x^2h=\frac{Ax}{4}-\frac{x^3}{4}=f(x)$$

$$f'(x)=\frac{A}{4}-\frac{3x^2}{4}=0$$

$$x=\sqrt{\frac{A}{3}}$$

$$h=\frac{\sqrt{3A}}{4}-\frac{\sqrt{A}}{4\sqrt{3}}=\frac{2\sqrt{A}}{4\sqrt{3}}=\frac{\sqrt{A}}{2\sqrt{3}}$$

即 h 等于 x 的一半。也就是高度等于底面正方形边长的一半。

有趣的是古代升的尺寸正巧是底面为 5 寸×5 寸，高为 2 寸 5 分。也许这种升就是“用的木材一定而体积最大”这一要求的产物吧！可是随后出现的京升的尺寸却改变为底面每边 4 寸 9 分，高 2 寸 7 分。古升的体积为

50×50×25=62 500（立方分）

京升的体积则是

49×49×27=64 827（立方分）

$$\begin{array}{r} 64\,827 \\ -\ 62\,500 \\ \hline 2\,327 \end{array}$$

而 2 327，即 1 升就要多 2327 立方分。

据说这种改变乃是当时统治者的骗人把戏。显然，由于每升的单位增大了，他们每年就可以从农民那里榨取更多的贡米。

对于农民发出的“比原来的 1 升增多了啊”的控诉，幕府的官吏们回答说：“高度虽然从 2 寸 5 分增到 2 寸 7 分，但底面长宽都从 5 寸减到 4 寸 9 分了呀，增 2 分又减 2 分是没有什么变化的呀！”

当时缺乏数学知识的农民们虽然感到奇怪却并不能找出原因。

想出这个骗局的官吏在当时可以算得上是大数学家了。数学竟也被狡猾的统治者这样恶劣地加以利用，是应当引起重视的。

12.12 最小原理

每天为解决最大最小问题而忙碌不休的不只是人类，整个自然界也是这样。

最早指出自然界中到处都潜藏着最大最小问题的人，大概是费马(1601—1665)。

他研究出了下列光的折射定律。设有光传播通过的两种物质以 CD 平面为界。在上侧物质中光速为 u，下侧物质中光速为 v。这时光由上侧的 A 点传到下侧的 B 点，如图 12-32 所示，可有无数条路径。然而，实际上光线究竟走哪条路呢？费马的回答是：“光所通过的道路是花费时间最小的道路。”

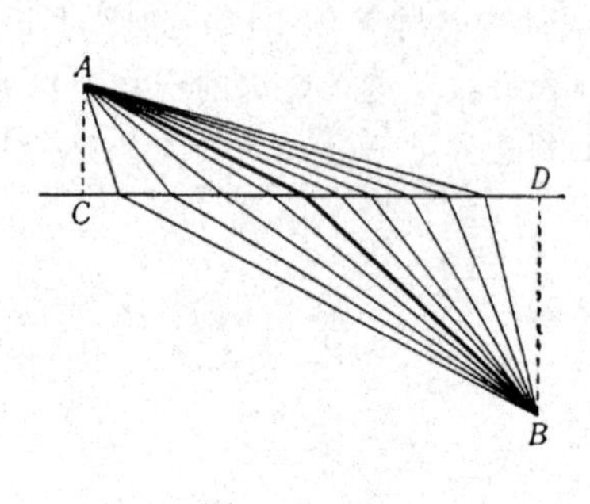

图 12-32

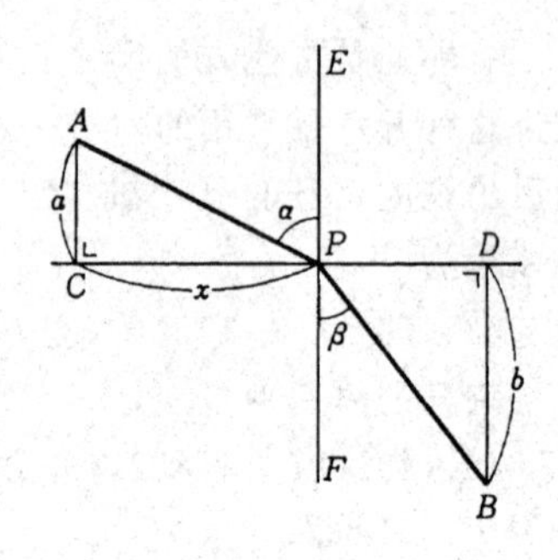

图 12-33

如图 12-33 所示，分别由点 A，B 向 CD 引垂线 AC，BD，并令 $AC=a$，$BD=b$，$CD=c$，CD 上可变之点为 P，$CP=x$，则有

$$AP=\sqrt{a^2+x^2}$$

$$BP=\sqrt{b^2+(c-x)^2}$$

光通过 AP 的时间为$\frac{AP}{u}$,通过 BP 的时间为$\frac{BP}{v}$,合计时间为

$$\frac{AP}{u}+\frac{BP}{v}=\frac{\sqrt{a^2+x^2}}{u}+\frac{\sqrt{b^2+(c-x)^2}}{v}=f(x)$$

即为 x 的函数。

求其导函数为

$$f'(x)=\frac{x}{u\sqrt{a^2+x^2}}-\frac{c-x}{v\sqrt{b^2+(c-x)^2}}$$

满足式 $f'(x)=0$ 的 x 点就是所求的点。随着 x 的增加，$\frac{x}{\sqrt{a^2+x^2}}$ 增大,但 $\frac{c-x}{\sqrt{b^2+(c-x)^2}}$ 却减小。因而在满足 $f'(x)=0$ 的点的左侧,导数为负,右侧则为正,可知此点是曲线的谷底,即最小点。

由点 P 作与 CD 垂直的直线 EF,令 $\angle APE=\alpha$,$\angle BPF=\beta$,则有

$$\frac{x}{\sqrt{a^2+x^2}}=\sin\alpha,\quad \frac{c-x}{\sqrt{b^2+(c-x)^2}}=\sin\beta$$

因此由公式 $f'(x)=0$ 可知

$$\frac{\sin\alpha}{u}-\frac{\sin\beta}{v}=0$$

由此得出

$$\frac{\sin\beta}{\sin\alpha}=\frac{v}{u}$$

这就是早已知道的光的折射定律（见图 12-34）。

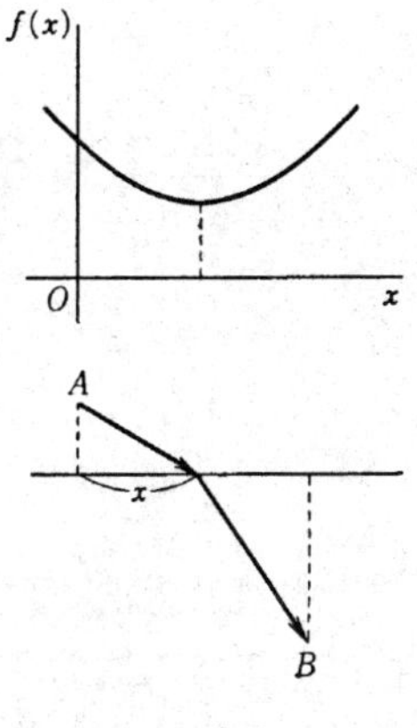

图 12-34

费马的“最小时间原理”不仅适用于光的折射，而且是有关光传播的更普遍的法则。由此看来连光都如此“珍惜”时间，那么对于工作任务很多的人来说，就更不应忘记“一寸光阴一寸金”这句格言了。

第 13 章　综合的方法——积分

13.1　分析与综合

在埃及人的象形文字中，“进”以向左走的人的两脚⋀表示，“退”以向右走的人的两脚⋀来表示。这里“进”与“退”互为逆动作，这在数学运算中表现得更清楚。用数学语言来说，则“加”与“减”就互为逆运算。

像这种逆运算在数学中屡屡出现，并且往往具有重大的意义。

乘的逆运算是除，平方的逆运算是开方。即有

+…………−

×…………÷

$(\quad)^2$ ………… $\sqrt[2]{\quad}$

等等。再有，+，−，×，÷混合运算的逆运算就是所谓解代数方程（第 7 章）。$y=f(x)$是由 x 来求 y，反之 $x=f^{-1}(y)$是由 y 求 x，即$f(x)$的逆运算。

当运算是可逆的，即有逆运算时，此运算与其逆运算相配合更具有威力。

西洋的谚语说得好，“有去无回的方法是无用的方法”，在数学中很少采用没有逆运算的运算。

那么微分的逆运算是什么呢？顾名思义，微分就是细小的分解，分解的逆操作是合成。合成在数学上意味着什么呢？

对一次分割后之物进行合成的最简单的计算实例是计算多边形面积。多边形可方便地分成三角形、长方形，分别计算其面积，最后再合起来就得出总面积。

在这里，的确是使用了“分解”和“合成”，即分析和综合的方法。

如果用这种方法来求由曲线围成图形的面积该怎样计算呢?

显然，由任意曲线围成的图形是不能分成三角形或长方形的，然而毫无疑问，将它用多边形来近似总是可以的（见图 13-1)。

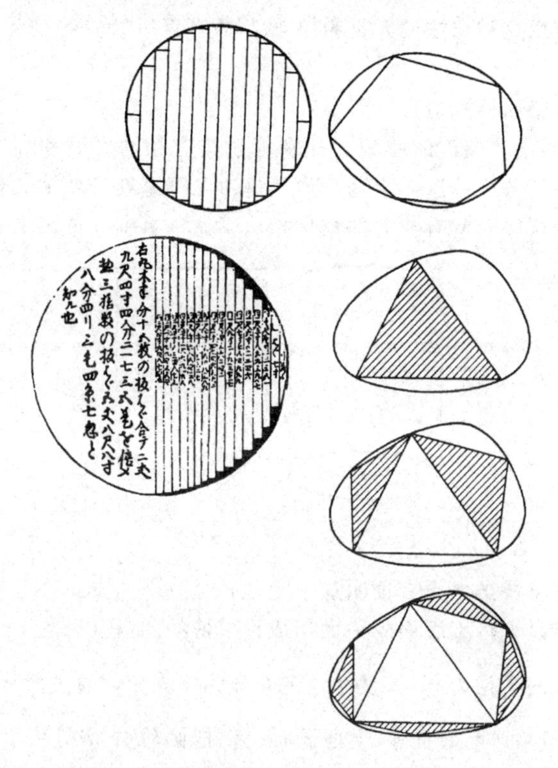

图 13-1

江户时代的数学家，就曾把圆分解成图 13-1 所示细的长方条计算其面积。分解成的这种长方形越小，由此算得的面积就越接近于真正的圆面积。因此，应尽可能地分解成一系列细长的长方形。

总之，应尽量分小，分得越小，虽然合成起来越麻烦，但却有助于给出正确的数值。

将这种分析和综合的运算进一步引伸和发展，就可用于求圆的面积。

13.2　德谟克里特方法

最早应用这种方法的人是希腊学者德谟克里特（约公元前 460—前 370 年）。

阿基米德这样写道：

"关于圆锥和棱锥的体积，分别等于具有相同底面和高度的圆柱和棱柱体积的三分之一这个定理，虽然是由尤德塞斯证明的，但可以说德谟克里特在这以前就有充分的根据指出了这一事实（见图 13 - 2）。"

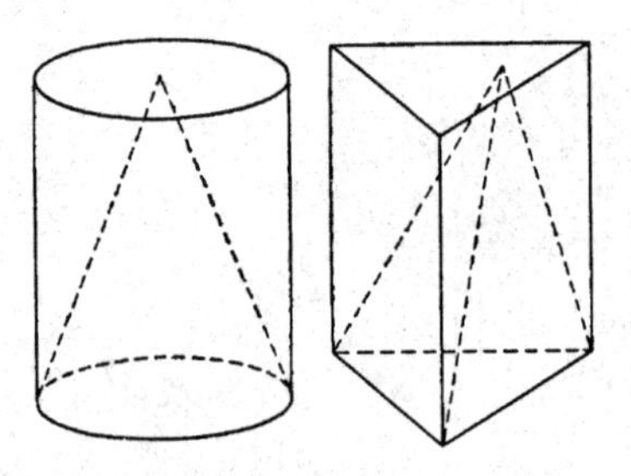

图　13 - 2

德谟克里特虽然没有证明这个定理，但以下列方式进行了考虑。

将圆锥以平行于底面的平面切成许多薄的圆盘（见图 13 - 3）。

设底面的半径为 r，高为 h。将 h 分为 n 等分，通过所分点 $\frac{mh}{n}$（$m=1, \cdots, n-1$）作与底面平行的平面，就把圆锥分成了几个薄的部分。每个部分都接近于一个圆盘。此圆盘的上面圆的半径为

$$\frac{\frac{m}{n}h}{h}r=\frac{m}{n}r$$

具有相同高度的以上面圆为底的圆柱体积为

$$\pi\left(\frac{m}{n}r\right)^2\frac{h}{n}=\frac{\pi m^2r^2h}{n^3}$$

下面圆的半径为 $\frac{m+1}{n}r$，同高的圆柱体积为

$$\pi\left(\frac{m+1}{n}r\right)^2\frac{h}{n}=\frac{n(m+1)^2r^2h}{n^3}$$

由于所求体积介于上圆柱与下圆柱之间，故有（见图 13-4）。

$$\frac{\pi(0^2+\cdots\cdots+(n-1)^2)r^2h}{n^3}<\triangle<\frac{\pi(1^2+\cdots\cdots+n^2)r^2h}{n^3}$$

$$\frac{\pi\dfrac{(n-1)n(2n-1)}{6}r^2h}{n^3}<\triangle<\frac{\pi\dfrac{n(n+1)(2n+1)}{6}r^2h}{n^3}$$

$$\frac{\pi r^2h}{6}\left(1-\frac{1}{n}\right)\left(2-\frac{1}{n}\right)<\triangle<\frac{\pi r^2h}{6}\left(1+\frac{1}{n}\right)\left(2+\frac{1}{n}\right)$$

这里，分得越细，即 n 越大，就有

$$\frac{\pi r^2h}{6}\cdot1\cdot2\leqslant\triangle\leqslant\frac{\pi r^2h}{6}\cdot1\cdot2$$

$$\frac{\pi r^2h}{3}=\triangle=\frac{\pi r^2h}{3}$$

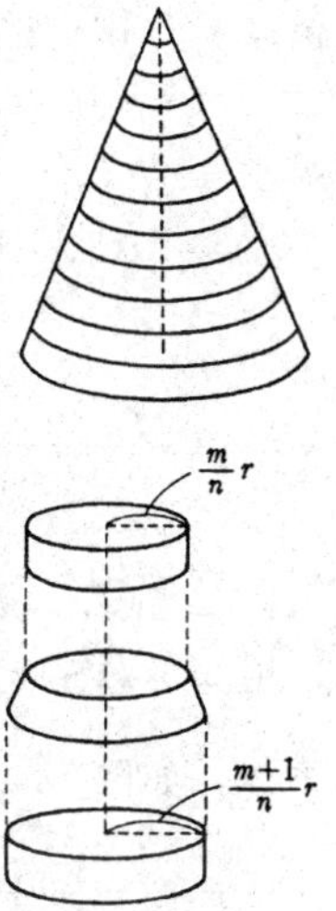

$\frac{m}{n}r$

$\frac{m+1}{n}r$

图 13-3

因为圆柱体积等于 πr^2h，故此圆锥体积为 $\frac{\pi r^2h}{3}$，即等于前者的三分之一。

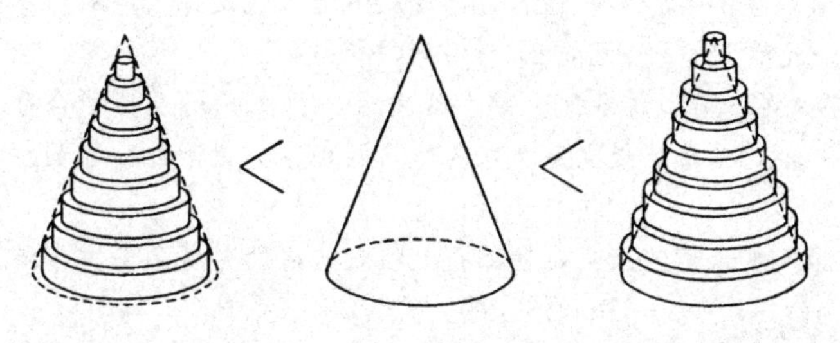

图 13-4

与圆锥体积的计算相似，可计算抛物线所围成的面积（见图 13-5）。

设有曲线

$y=x^2$

求它与 x 轴及直线 $x=1$ 所围成的面积。先将 0 与 1 之间分成 n 等分：

$$0,\ \frac{1}{n},\ \frac{2}{n},\ \frac{3}{n},\ \cdots,\ \frac{n-1}{n},\ 1$$

由这些点作出许多细长的小长方形，其总面积为

$$\left\{\left(\frac{0}{n}\right)^2+\left(\frac{1}{n}\right)^2+\cdots+\left(\frac{n-1}{n}\right)^2\right\}\frac{1}{n}$$

$$=\frac{0^2+1^2+\cdots+(n-1)^2}{n^3}$$

$$=\frac{\frac{1}{6}(n-1)n(2n-1)}{n^3}$$

$$=\frac{1}{6}\left(1-\frac{1}{n}\right)\left(2-\frac{1}{n}\right)$$

这里当 n 趋于无穷大时，计算的结果就趋近于所求值，如图 13-5 所示。此值为 $\frac{1}{6}\times1\times2=\frac{2}{6}=\frac{1}{3}$，即面积等于 $\frac{1}{3}$。

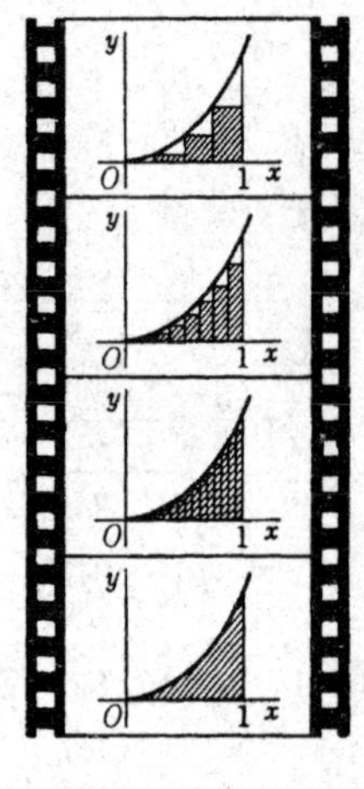

图　13-5

13.3　球的表面积 · 阿基米德方法

普鲁塔克的《希腊罗马名人合传》中对古代最伟大的数学家阿基米德（约公元前 287—公元前 212 年）这样写道：

“据说在作出了许多重大的发现之后，他曾托朋友们和自己家族的人在他死后，在墓上树立一个球的外切圆柱，并记下此外切圆柱与球的体积之比。”

按照阿基米德的遗言，在墓石上雕刻的显然是著名的关于球的表面积和体积的公式。

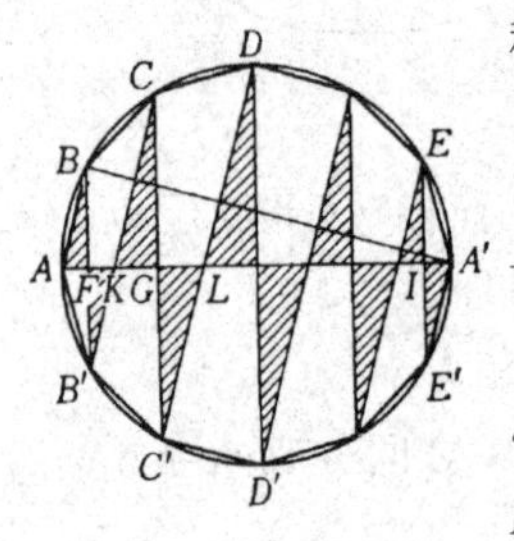

图　13-6

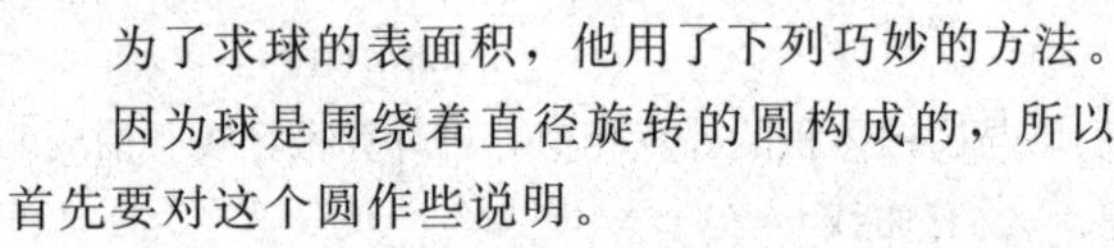

为了求球的表面积，他用了下列巧妙的方法。

因为球是围绕着直径旋转的圆构成的，所以首先要对这个圆作些说明。

把圆周以点 A，B，C，D，…，E，A'，E'，…，D'，C'，B' 等分，并如图 13-6 所示连接，则 BB'，CC'，DD'，…，EE' 互相平行，而 AB，$B'C$，$C'D$，…，$E'A'$ 也平行。因而含斜线的三角形

均相似。故

$$\frac{BF}{FA}=\frac{B'F}{FK}=\frac{CG}{GK}=\frac{C'G}{GL}=\cdots=\frac{E'I}{IA'}$$

由此

$$=\frac{BF+B'F+CG+C'G+\cdots+E'I}{FA+FK+GK+GL+\cdots+IA'}=\frac{BB'+CC'+\cdots+EE'}{AA'}$$

另一方面，这些三角形还与$\triangle AA'B$ 相似，因此可有

$$=\frac{A'B}{AB}$$

所以

$$(BB'+CC'+\cdots+EE')\cdot AB=AA'\cdot A'B \qquad (1)$$

将此圆围绕着直径 AA'旋转就构成了球，其内接的正多边形体则与圆锥的一部分相联系（图 13-7 之第 1 图）。此圆锥的一部分如第 2 图所示，进而可展开如第 3 图所示。

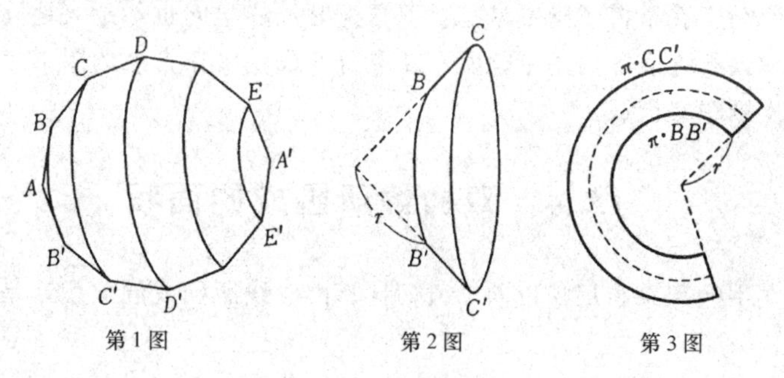

图 13-7

由外侧和内侧的圆构成的扇形的面积，其中间的线长 $\pi\frac{BB'+CC'}{2}$ 和宽 $BC(=AB)$ 之积等于 $\pi\frac{BB'+CC'}{2}\times AB$。由此，图 13-7 所示内接正多边形体的总面积为

$$\pi\frac{BB'}{2}\cdot AB+\pi\cdot\frac{BB'+CC'}{2}\cdot AB+\pi\cdot\frac{CC'+DD'}{2}\cdot AB+\cdots$$

$$=\pi\cdot(BB'+CC'+\cdots+EE')\cdot AB$$

由式（1）知

$=\pi\cdot AA'\cdot A'B$

当将圆周分得越细时，算得的面积就越接近于球的面积。并且 A 趋近于 B 时，$A'B$ 趋近于 AA'。因此，$\pi\cdot AA'\cdot A'B$ 趋近于 $\pi\cdot AA'\cdot AA'=\pi\cdot(AA')^2$。

故球的表面积 S 等于 $\pi\cdot(AA')^2$。

若半径为 r,则 $AA'=2r$,故 $S=\pi\cdot(AA')^2=\pi(2r)^2=4\pi r^2$。即

$S=4\pi r^2$

遗憾的是作出了这种解答的天才数学家阿基米德，却被攻陷西西里岛的罗马军队杀害了。普鲁塔克对当时的情景做了如下的描述：

“阿基米德在家中一边看着图形一边思考着问题，由于全神贯注竟未觉察罗马军队已经攻占了他所居住的街道。突然进来一个士兵命令他走过来。阿基米德正在探求问题的证明而未弄清士兵的意思，这个士兵就拔剑刺杀了阿基米德。”

罗马士兵杀害了阿基米德，罗马人对他的学问也不感兴趣。直到微积分学兴起之前，阿基米德所不断取得的成就仅在古老的图书馆和寺院的羊皮纸中有记载。

13.4 双曲线所围成的面积

在牛顿和莱布尼茨以前，人们计算由曲线所围成的面积，是相当费事的。

例如，布朗克（1620—1684）曾计算过双曲线 $y=\frac{1}{x}$ 在 $x=1$ 与 $x=2$ 之间所围成的面积（见图 13-8）。如图 13-9 所示进行分割，一半一半地分下去，所得长方形面积依次为 $\frac{1}{1\times2}$，$\frac{1}{2\times3}$，$\frac{1}{3\times4}$，…，其中曲线下方的长方形面积为

$$\frac{1}{1\times2},\frac{1}{3\times4},\frac{1}{5\times6},\frac{1}{7\times8},\cdots$$

曲线上方的长方形为

$$\frac{1}{2\times3},\frac{1}{4\times5},\frac{1}{6\times7},\cdots$$

因而，曲线下面部分的面积为

$$\frac{1}{1\times2}+\frac{1}{3\times4}+\frac{1}{5\times6}+\frac{1}{7\times8}+\cdots$$

此值可算得为 0.693 15…。

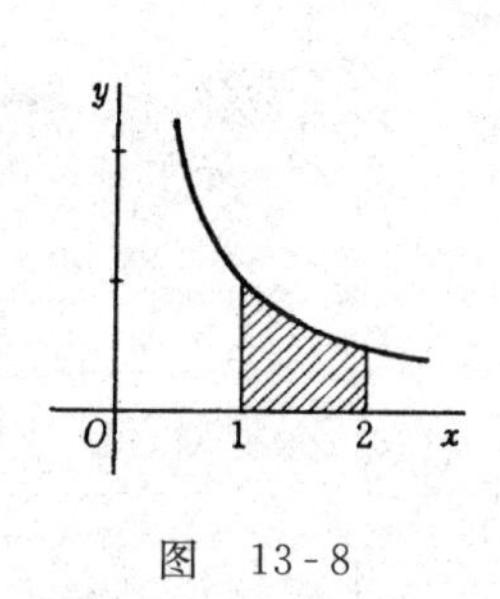

图 13-8

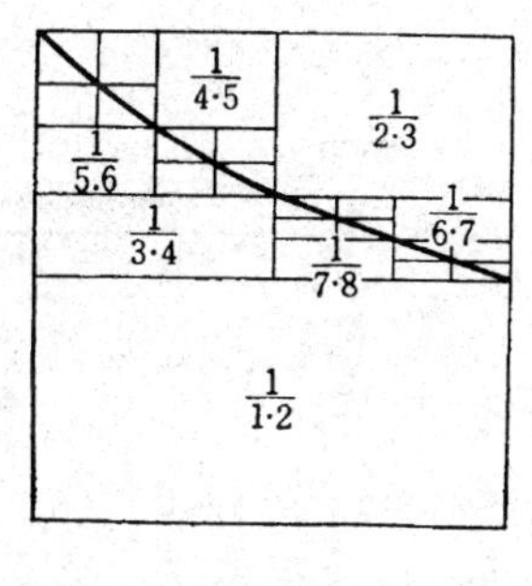

图 13-9

这真是巧妙的办法啊！还有谁能想出更普通的方法呢？

抛物线所围成的面积可以按等间隔计算，也可按不等间隔计算。双曲线也如此。

当考虑双曲线 $y=\frac{1}{x}$时，对应 $x=a$ 的 y 值为 $y=\frac{1}{a}$，以此点为一顶点且以 $x=ka$ 为一边所构成的长方形面积（见图 13-10）为

$$\frac{1}{a}\cdot(ka-a)=\frac{1}{a}\cdot(k-1)\cdot a=k-1$$

同样，如图 13-11 所示，以 $x=a'$和 $x=ka'$之间的线段为一边的长方形面积也等于 $k-1$，即

$$\frac{1}{a'}\cdot(ka'-a')=\frac{1}{a'}\cdot(k-1)\cdot a'=k-1$$

也就是与 a 的位置无关。

如图 13-10 所示，由点 a，ka，k^2a，…所划分的各长方形面积均等于 $k-1$。故总面积为 $n(k-1)$。如令 $k^na=b$，则

$$k=\left(\frac{b}{a}\right)^{\frac{1}{n}}$$

所以总面积为

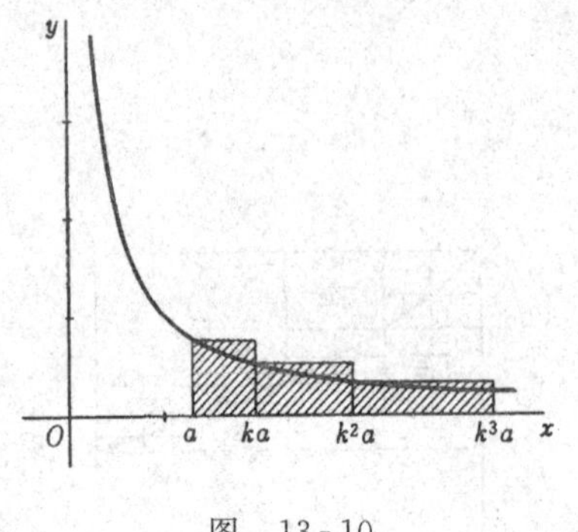

图 13-10

图 13-11

$$n(k-1)=n\left\{\left(\frac{b}{a}\right)^{\frac{1}{n}}-1\right\}=\frac{\left(\frac{b}{a}\right)^{\frac{1}{n}}-1}{\frac{1}{n}}$$

这里当 n 逐渐增大时，就相当于 $f(x)=\left(\frac{b}{a}\right)^{x}$ 在 $x=0$ 时的导数，即

$$f'(x)=\left(\frac{b}{a}\right)^{x}\ln\left(\frac{b}{a}\right)$$

$$f'(0)=\ln\left(\frac{b}{a}\right)$$

由此可知

$$\lim_{n\to\infty}\frac{\left(\frac{b}{a}\right)^{\frac{1}{n}}-1}{\frac{1}{n}}=\ln\left(\frac{b}{a}\right)$$

据此结果可知，双曲线下方的面积等于两端 a 和 b 之比的对数 $\ln\frac{b}{a}$，因而在图 13-12 中，当$\frac{b}{a}=\frac{d}{c}$时，两个含斜线部分面积是相等的。

图 13-12

在 $x=1$ 与 $x=u$ 之间的面积为 $\ln\frac{u}{1}=\ln u$。而 $\ln v$ 为 $x=1$ 与 $x=v$ 之间的面积，根

据上述性质，它与 $x=u$ 和 $x=uv$ 之间的面积相等（见图 13-13）。因此

$$\ln u+\ln v=\ln uv$$

这就从另一角度，证明了对数的基本性质。

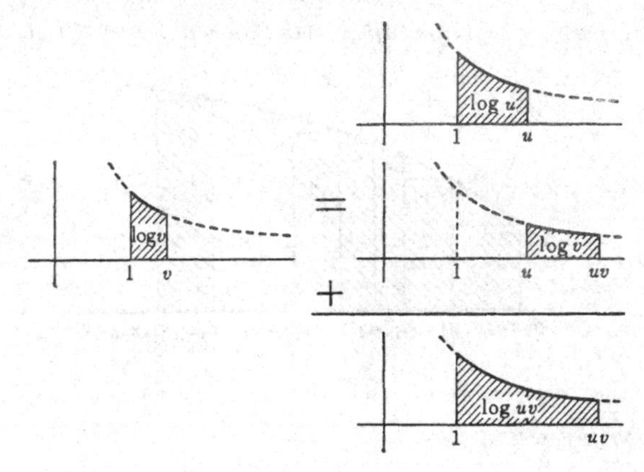

图 13-13

如果把由 1 到 x 之间的面积用另外的图形表示，则此曲线就是 $y=\ln x$（见图 13-14）。

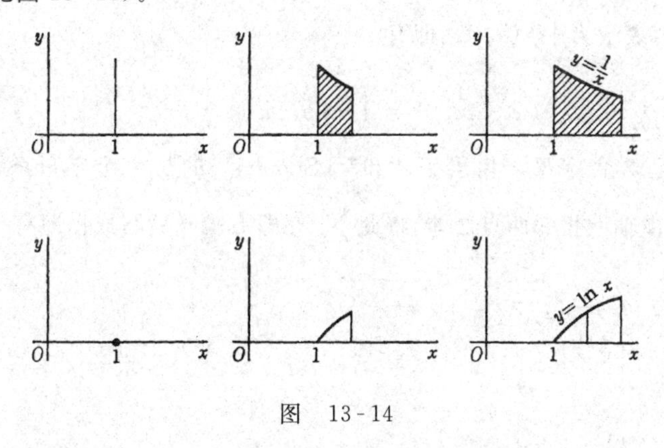

图 13-14

13.5 定 积 分

为了求函数 $y=f(x)$ 在 $x=a,x=b$ 之间与横轴所围成的面积，首先

把区间(a,b)用点

$a_1,a_2,\cdots,a_{n-1}(a_0=a,a_n=b)$划分，尽可能作出一系列细长的长方形（见图13-15），它们的面积之和为

$$f(a)(a_1-a)+f(a_1)(a_2-a_1)+f(a_2)(a_3-a_2)+\cdots+f(a_{n-1})(b-a_{n-1})$$

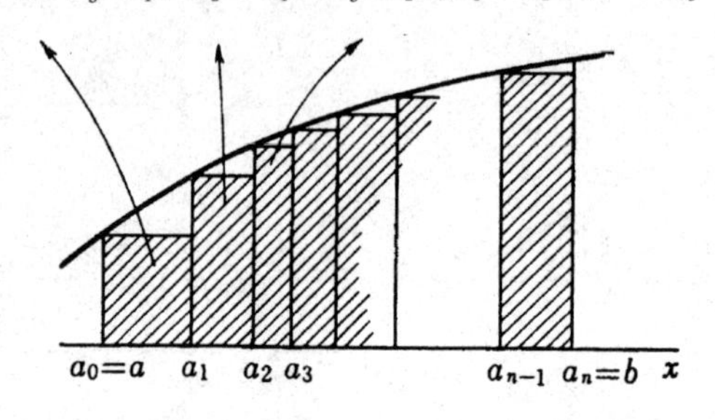

图 13-15

引入$\sum$算符，则可写为

$$\sum_{k=1}^{n}f(a_{k-1})(a_k-a_{k-1})$$

当分隔点逐渐增多时，上式的极限值就是所求的面积。莱布尼茨把这个数值表示为$\int_a^b f(x)\mathrm{d}x$。即有

$$\lim_{n\to\infty}\sum_{k=1}^{n}f(a_{k-1})(x_k-x_{k-1})=\int_a^b f(x)\mathrm{d}x$$

这里Σ是希腊字母，相当于“和”（Summa）的头一个字母S，(x_k-x_{k-1})是横轴上相邻两点之差。将此$\sum$亦即S拉长就写成$\int$。即有

$$\sum_{k=1}^{n}f(a_{k-1})(x_k-x_{k-1})$$

$$\downarrow\qquad\downarrow\qquad\downarrow$$

$$\int_a^b\quad f(x)\qquad \mathrm{d}x$$

这就是函数$f(x)$从$x=a$到$x=b$所积分的值，由于积分限a和b是确定的，故称为定积分。

由上述，用莱布尼茨的符号表示抛物线所围成的面积，则有

$$\int_0^x x^2 \mathrm{d}x = \frac{x^3}{3}$$

而双曲线所围成的面积则为

$$\int_a^b \frac{1}{x}\mathrm{d}x = \ln\frac{b}{a} = \ln b - \ln a$$

然而这个记号也并非一开始就使用的，而是经过了一个曲折的过程。莱布尼茨最初用 omn. $f(x)$ 表示$\int_a^b f(x)\mathrm{d}x$。这里 omn. 是 omnes 的略写，含“全部”之意，即函数 $f(x)$ 在 a 与 b 之间的总和。

定积分的计算有下列几个法则。

当计算 $\int_a^b cf(x)\mathrm{d}x$ 时，对

$$\sum_{k=1}^{n} cf(a_{k-1})(a_k - a_{k-1}) = c\sum_{k=1}^{n} f(a_{k-1})(a_k - a_{k-1})$$

两边取极限，则有

$$\int_a^b cf(x)\mathrm{d}x = c\int_a^b f(x)\mathrm{d}x$$

利用这个法则可求椭圆面积（见图 13 - 16）。半圆的表示函数为 $f(x) = \sqrt{a^2 - x^2}$，椭圆则为

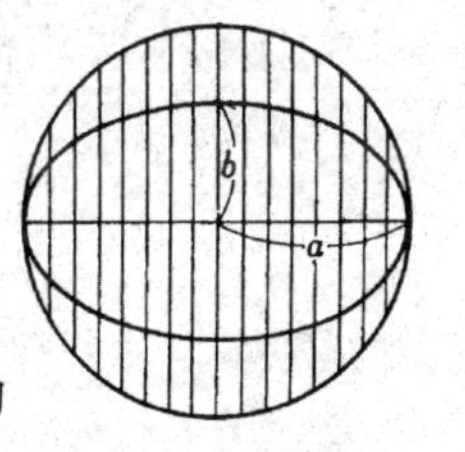

图 13 - 16

$$\frac{b}{a}f(x) = \frac{b}{a}\sqrt{a^2 - x^2}$$

而

$$\int_{-a}^{a} \frac{b}{a}f(x)\mathrm{d}x = \frac{b}{a}\int_{-a}^{a} f(x)\mathrm{d}x$$

式中$\int_{-a}^{a} f(x)\mathrm{d}x$ 表示半圆的面积，等于$\frac{\pi a^2}{2}$。因此

$$\int_{-a}^{a} \frac{b}{a}f(x)\mathrm{d}x = \frac{b}{a}\cdot\frac{\pi a^2}{2} = \frac{\pi ab}{2}$$

而全部椭圆面积为其 2 倍，等于 πab。

此外，再考虑两个函数 $f(x)$，$g(x)$ 之和的定积分：

$$\sum (f(a_{k-1}) + g(a_{k-1}))(a_k - a_{k-1})$$

$$= \sum_{k=1}^{n} f(a_{k-1})(a_k - a_{k-1}) + \sum_{k=1}^{n} g(a_{k-1})(a_k - a_{k-1})$$

当 n 趋于无穷大时。则上式

$$\to \int_a^b f(x)\mathrm{d}x + \int_a^b g(x)\mathrm{d}x$$

即

$$\int_a^b (f(x)+g(x))\mathrm{d}x = \int_a^b f(x)\mathrm{d}x + \int_a^b g(x)\mathrm{d}x$$

完全相同，对于两个函数之差也有

$$\int_a^b (f(x)-g(x))\mathrm{d}x = \int_a^b f(x)\mathrm{d}x - \int_a^b g(x)\mathrm{d}x$$

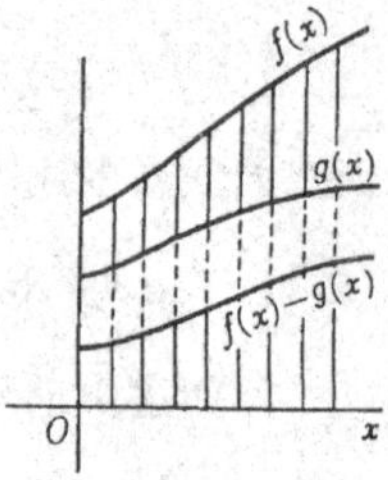

图 13-17

两个函数 $f(x)$，$g(x)$ 如图 13-17 所示，其差为 $h(x)$，即

$$h(x) = f(x) - g(x)$$

若把 $f(x)$ 和 $g(x)$ 所围成的带状部分与 $h(x)$ 和 x 轴所围成的部分用垂线切割，则切下的垂线长度相等。

而式

$$\int_a^b h(x)\mathrm{d}x = \int_a^b f(x)\mathrm{d}x - \int_a^b g(x)\mathrm{d}x$$

则表示它们在两垂线 $x=a$，$x=b$ 之间所围成的面积相等。

13.6 卡瓦列里原理

这个原理是在牛顿以前，由伽利略的弟子卡瓦列里（1598—1647年）所提出的，一般可叙述如下：

当两个平面图形被一组平行的直线切割时，若切得部分的线段长度均相等，则此二图形面积相等（见图 13-18）。

其实这种想法和电视机的扫描线那样用平行的直线来分割平面图形是类似的。

为了证明这个原理，可将上述两个图形用薄的长方形来逼近。

这个原理虽然不如牛顿所发现的方法更有用，但可用来将一个图形换成另一个图形，以便于求其面积。

卡瓦列里原理也适用于求立体图形的体积：

“当两个立体图形被一组平行的平面切割时，若切得的部分的面积均相等，则此二图形的体积相等。”（见图 13-19）.

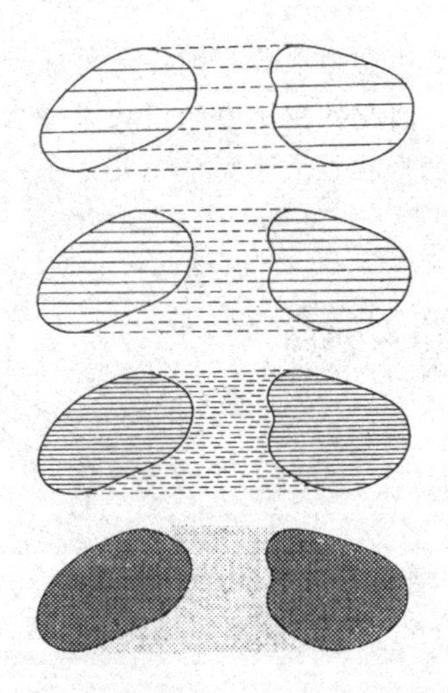

图 13-18

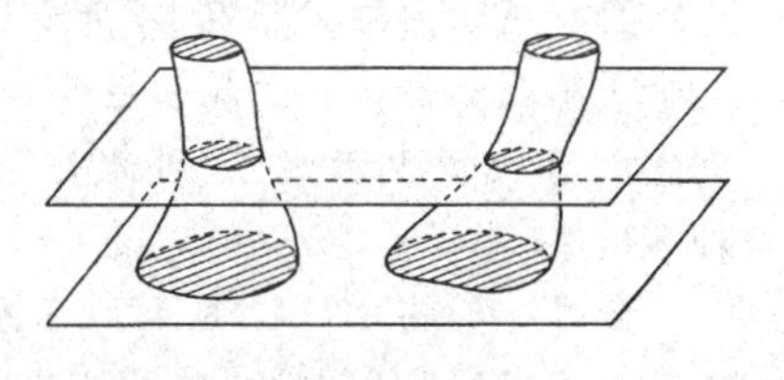

图 13-19

这种场合也可以分割成薄板来近似。由于这些切得的薄板重叠起来其体积彼此相等，故其极限即两个立体图形的体积相等。

利用此原理可求球的体积：

球与从其外切圆柱中除去圆锥部分后，余下的臼形体积相等。

一个圆锥的体积为$\frac{1}{3}\pi r^2 \cdot r=\frac{\pi r^3}{3}$，因为上下各有一个，所以体积为$\frac{2\pi r^3}{3}$。

由圆柱的体积 $\pi r^2 \cdot 2r=2\pi r^3$ 中减去上述体积，则有

$$2\pi r^3-\frac{2\pi r^3}{3}=\frac{4\pi r^3}{3}$$

即半径为 r 的球的体积为$\frac{4\pi r^3}{3}$。

利用定积分可以解决的问题是很多的。

例如图 13-20 所示由多边形围成的宽度为 r 的道路，问其外侧比内

侧长多少？若将凸角处以圆弧取代，则各凸角部分变为扇形，这些扇形可合成半径为 r 的圆。因此外侧比内侧仅长半径为 r 的圆周即 $2\pi r$ 这么多。并且这和多边形的形状或大小完全无关。

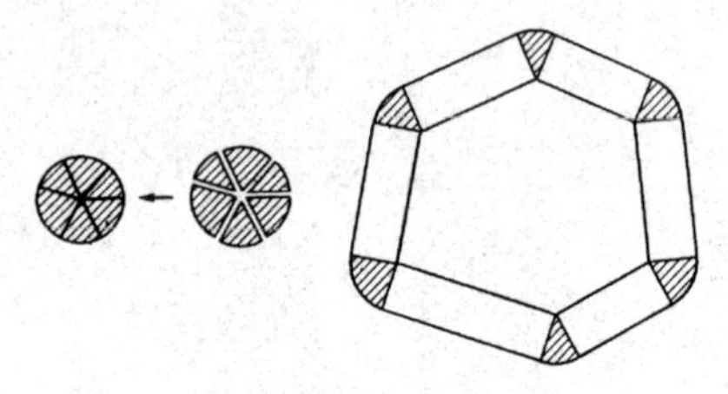

图 13-20

当多边形的边数增多时，就相当于一条曲线了。在这种情况下，仍然是外侧比内侧仅长 $2\pi r$。

有一道智力测验题说："如果在赤道上立一个 1 米高的杆，其上端接电线绕地球一周，问比赤道长多少米呢?" 对此答案仍是 $2\pi r$，即多出 2π 米。

此外，如图 13-21 所示，东京旧市区内的环行山手线①的路轨，其外侧比内侧也是长出 $2\pi r$，这里 $r=1.067$ 米，即 $2\pi r=2\pi\times 1.067$（米）。当然，这是假定山手线的路轨是在同一平面上的。

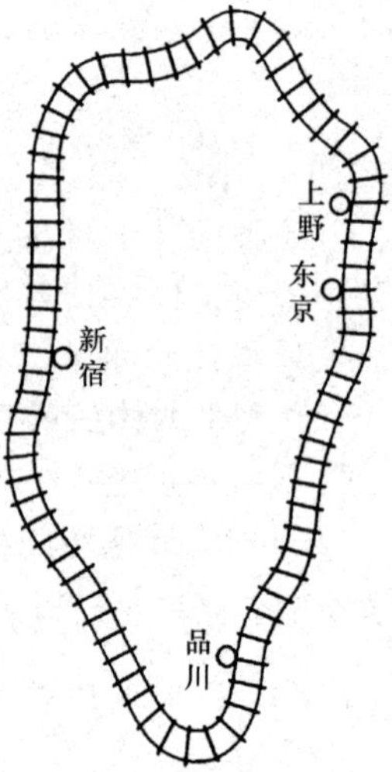

图 13-21

如果要问路轨间的面积是多少的话，假定内侧曲线长为 L，则面积为

$$Lr+\pi r^2$$

根据这个结论，有趣的是，即使不了解山手线的全长或拐弯的详细情况，也能说出这一点。

---

① 日本东京市内环行电气铁路线之名。——译者注

13.7 基本定理

如改变定积分 $\int_a^b f(x)\mathrm{d}x$ 的上限 b 时，每对应一个 b 就有一个积分值。也就是说，由于 $\int_a^b f(x)\mathrm{d}x$ 取决于 b，可以把它表示为一元函数 $F(b)$，即

$$\int_a^b f(x)\mathrm{d}x = F(b)$$

由于 b 为何值均可，故若换成 x，则函数就变成 $F(x)$（见图 13-22）。称此函数为 $f(x)$的原函数。从函数 $f(x)$求 $F(x)$的这种计算叫做不定积分。此原函数 $F(x)$与 $f(x)$有何关系呢？为解此问题，让我们对 $F(x)$进行微分。

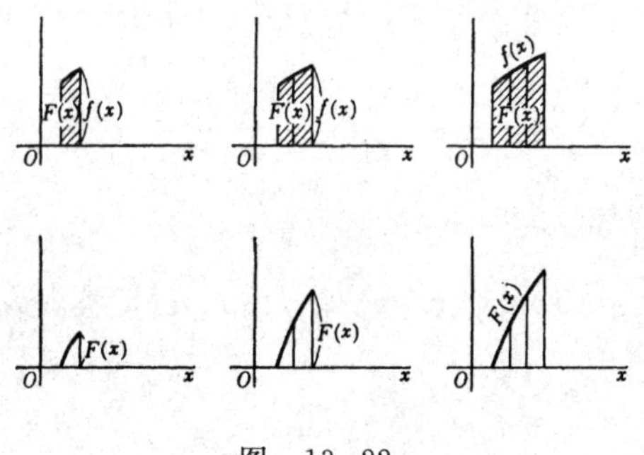

图 13-22

此函数就是省略了普通定积分的上下限之后的 $\int f(x)\mathrm{d}x$（见图 13-23），写为

$$\int f(x)\mathrm{d}x = F(x)$$

设在 x 与 $x+\Delta x$ 之间，$f(x)$的最大值为 M，最小值为 L，则（见图 13-24）

$$L\Delta x < F(x+\Delta x) - F(x) < M\Delta x$$

用 Δx 来除，则有

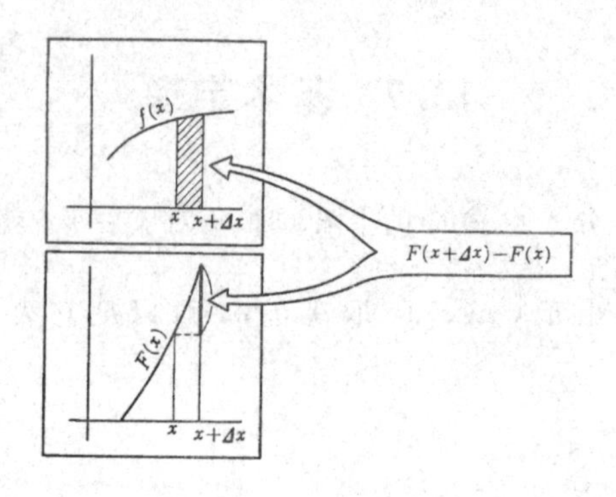

图　13-23

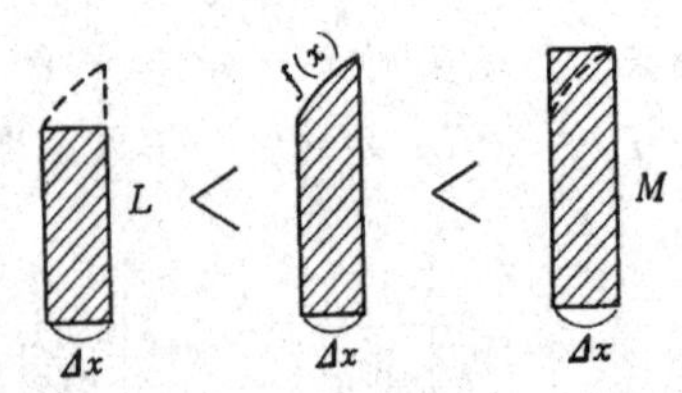

图　13-24

$$L<\frac{F(x+\Delta x)-F(x)}{\Delta x}<M$$

当 Δx 趋近于零时，L 和 M 就趋近于 $f(x)$，因此极限为

$$f(x)\leqslant\frac{\mathrm{d}F(x)}{\mathrm{d}x}\leqslant f(x)$$

故

$$\frac{\mathrm{d}F(x)}{\mathrm{d}x}=f(x)$$

即原函数的微分等于原来的函数。此关系可写为

$$\frac{\mathrm{d}}{\mathrm{d}x}\int f(x)\mathrm{d}x = f(x)$$

由于从 $F(x)$ 求 $f(x)$ 依据微分，而由 $f(x)$ 求 $F(x)$ 则是不定积分，故后者为前者的逆运算。即

$$f(x)\underset{\text{微分}}{\overset{\text{不定积分}}{\rightleftharpoons}}F(x)$$

因此，为了从 $f(x)$ 求 $F(x)$，可以寻找微分后能变成 $f(x)$ 的那些函

数。例如为了求 x 的不定积分 $\int x\mathrm{d}x$，可以找找微分后能变成 x 的那些函数。例如对 x^2 求导，可变成 $2x$，即

$$\frac{\mathrm{d}x^2}{\mathrm{d}x}=2x$$

但我们要求的是 x，而不是 $2x$，故应用 2 来除，即

$$\frac{\mathrm{d}}{\mathrm{d}x}\left(\frac{x^2}{2}\right)=\frac{2x}{2}=x$$

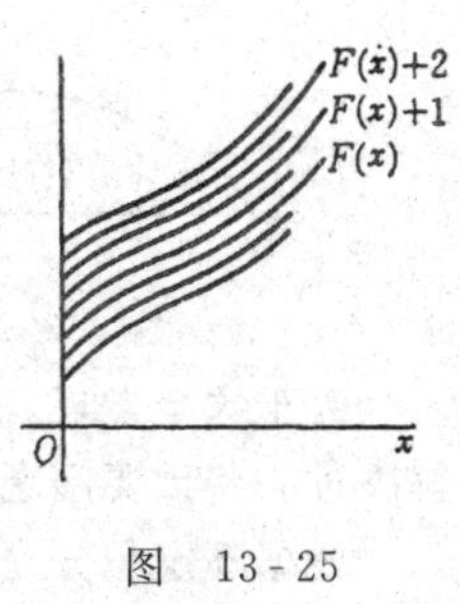

图 13-25

因此，x 的不定积分等于$\frac{x^2}{2}$，然而它又并不仅仅等于$\frac{x^2}{2}$，再加上一个任意常数 C 也可以，即

$$\int x\mathrm{d}x=\frac{x^2}{2}+C$$

这才是正确的答案（见图 13-25）。

某一函数的微分虽仅有一个，但若进行不定积分，其函数却有无数个，互相间仅差一常数。此常数称为积分常数。

这里设定积分的上下限为 c，d，则由图 13-26 可知

$$\int_c^{\mathrm{d}} f(x)\mathrm{d}x \text{ 与} \int_a^{\mathrm{d}} f(x)\mathrm{d}x-\int_a^c f(x)\mathrm{d}x$$

相等，即

$$\int_c^{\mathrm{d}} f(x)\mathrm{d}x=F(\mathrm{d})-F(c)$$

即进行微分的逆运算，找出 $f(x)$ 的不定积分 $F(x)$，算出 $F(d)-F(c)$，就是所求的$\int_c^{\mathrm{d}} f(x)\mathrm{d}x$。

这个定理是微积分的核心，因而又称作基本定理。

微分是无限的分割，积分则是将之综合，这种一般的思考方法并不是某月某日哪一个人头脑中一下子想出来的，而是从古时候以来就不断地累积的结果。从这个意义上讲，古希腊的德谟克里特、阿基米德大概也可以称作积分的发现者了。

然而，之所以把牛顿和莱布尼茨称为微积分学的创始人，乃是因为他们首先发现了微分和不定积分是逆运算。

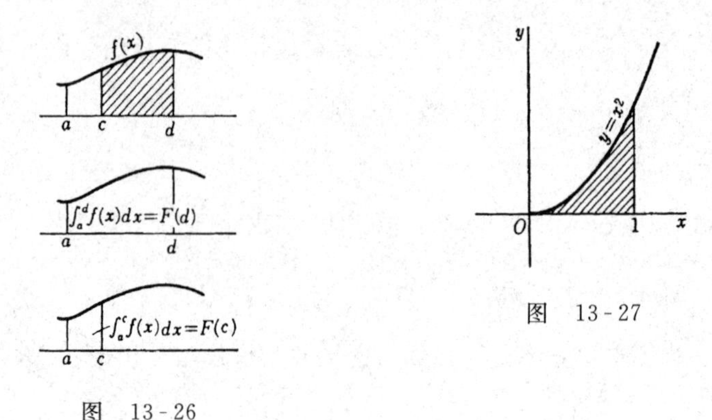

图 13-26

图 13-27

由于这个发现，使微积分成为一门独立的学问。在他们之前虽然也解决过一些重要问题，但每个问题的解决都依赖于一些巧妙的办法。

根据不定积分是微分的逆运算这一点，只要进行一次运算后，就可以按照微分的求逆这种固定的方法求得不定积分。

虽然一个函数的不定积分加上任意常数后有无数解 $F(x)+C$，但因为定积分等于 $F(d)-F(c)$，故可将 C 消去。

现在利用基本定理,求抛物线下面的面积(见图13-27),即因为 $F(x)=\int x^2\mathrm{d}x=\frac{x^3}{3}$,故

$$\int_0^1 f(x)\mathrm{d}x=\int_0^1 x^2\mathrm{d}x=F(1)-F(0)$$

$$=\frac{1^3}{3}-\frac{0^3}{3}=\frac{1}{3}$$

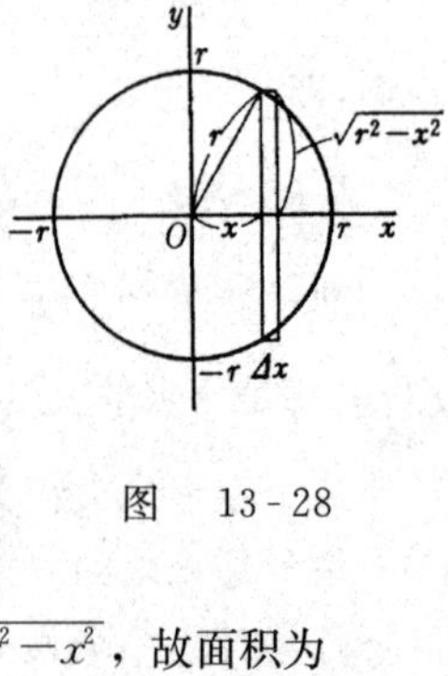

这个计算是并不费什么工夫的，完全是按固定的规则进行。

图 13-28

下面来求半径为 r 的球的体积（见图13-28）。用与 x 轴垂直且与原点距离为 x 的平面来切割球，其切口为圆，根据毕达哥拉斯定理可知，此圆的半径为 $\sqrt{r^2-x^2}$，故面积为

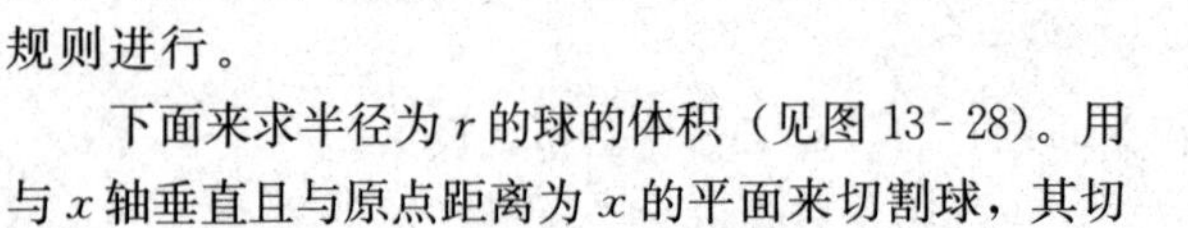

$$\pi(\sqrt{r^2-x^2})^2=\pi(r^2-x^2)$$

将它与厚 Δx 相乘，求这样的乘积之和，则有

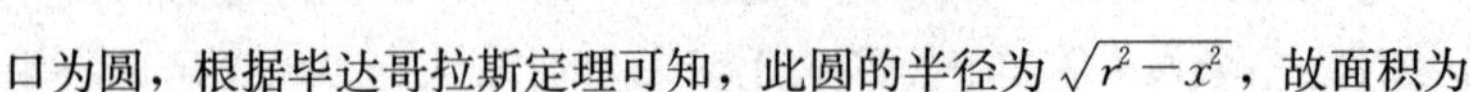

$$\sum\pi(r^2-x^2)\Delta x\rightarrow\int_{-r}^{r}\pi(r^2-x^2)\mathrm{d}x$$

因为 $\pi(r^2 - x^2)$ 的不定积分为

$$\int \pi(r^2 - x^2)\,\mathrm{d}x = \pi r^2 x - \pi \frac{x^3}{3}$$

$$\text{故} \int_{-r}^{r} \pi(r^2 - x^2)\,\mathrm{d}x = \left(\pi r^2 \cdot r - \pi \frac{r^3}{3}\right) - \left(\pi r^2(-r) - \pi \frac{(-r)^3}{3}\right)$$

$$= \frac{2\pi r^3}{3} - \left(-\frac{2\pi r^3}{3}\right) = \frac{4\pi r^3}{3}$$

这和用阿基米德的巧妙算法所得结果相同，然而在这里全是固定的算法，即按公式求得正确的解答，这就是基本定理所显示的威力。

13.8 不定积分

由于不定积分是微分的逆运算，故将函数的微分公式反过来使用，就得到不定积分的公式。正像运用乘法的“九九”口诀之对于除法那样，存在下列基本关系：

导数公式	不定积分公式
$\frac{\mathrm{d}x^{n+1}}{\mathrm{d}x} = (n+1)x^n$	$\int x^n \mathrm{d}x = \frac{x^{x+1}}{n+1}$
$\frac{\mathrm{d}\ln x}{\mathrm{d}x} = \frac{1}{x}$	$\int \frac{1}{x}\mathrm{d}x = \ln x$
$\frac{\mathrm{d}e^x}{\mathrm{d}x} = e^x$	$\int e^x \mathrm{d}x = e^x$
$\frac{\mathrm{d}\sin x}{\mathrm{d}x} = \cos x$	$\int \cos x\,\mathrm{d}x = \sin x$
$\frac{\mathrm{d}\cos x}{\mathrm{d}x} = -\sin x$	$\int \sin x\,\mathrm{d}x = -\cos x$

这就和一种字典那样，左边好比是英日字典，右边则相当于日英字典。将这些公式很好地配合使用，就可以计算复杂函数的不定积分。

另外还有

$$\frac{\mathrm{d}\sin^{-1}x}{\mathrm{d}x} = \frac{1}{\sqrt{1-x^2}} \qquad \int \frac{1}{\sqrt{1-x^2}}\mathrm{d}x = \sin^{-1}x$$

$$\frac{\mathrm{d}\tan^{-1}x}{\mathrm{d}x} = \frac{1}{1+x^2} \qquad \int \frac{1}{1+x^2}\mathrm{d}x = \tan^{-1}x$$

均应称之为积分的“九九”口诀表，其灵活用法如以下例题所示。

设二函数 $f(x)$ 和 $g(x)$ 的不定积分分别为 $F(x)$ 和 $G(x)$，即

$$\int f(x)\mathrm{d}x = F(x), \qquad \int g(x)\mathrm{d}x = G(x)$$

将其微分，则为

$$f(x) = \frac{\mathrm{d}F(x)}{\mathrm{d}x}, \quad g(x) = \frac{\mathrm{d}G(x)}{\mathrm{d}x}$$

将二式相加

$$f(x) + g(x) = \frac{\mathrm{d}F(x)}{\mathrm{d}x} + \frac{\mathrm{d}G(x)}{\mathrm{d}x}$$

$$f(x) + g(x) = \frac{\mathrm{d}}{\mathrm{d}x}\Big(F(x) + G(x)\Big)$$

将此式再积分一次，则有

$$\int (f(x) + g(x))\mathrm{d}x = F(x) + G(x) = \int f(x)\mathrm{d}x + \int g(x)\mathrm{d}x$$

这对于减法也同样成立。可将其还原成微分试试：

$$\int (f(x) - g(x))\mathrm{d}x = \int f(x)\mathrm{d}x - \int g(x)\mathrm{d}x$$

此外若 k 为常数时，因 $kf(x) = \frac{\mathrm{d}(kF(x))}{\mathrm{d}x}$，故有

$$\int kf(x)\mathrm{d}x = kF(x) = k\int f(x)\mathrm{d}x$$

利用这个公式，可将复杂的函数写成简单函数之和的形式，再分别求出其积分。例如求 $a + bx - cx^2$ 的积分时，可利用上述公式，分别求 $1, x, x^2$ 的积分，则有

$$\int (a + bx - cx^2)\mathrm{d}x = a\int 1\mathrm{d}x + b\int x\mathrm{d}x - c\int x^2\mathrm{d}x = a\,\frac{x}{1} + b\,\frac{x^2}{2} - c\,\frac{x^3}{3}$$

这正像若掌握了 0，1，2，…，9 这些数的加法，就会算任何位数的很多数的加法的道理是一样的。例如 $\begin{array}{r} 235 \\ +\ 614 \\ \hline 849 \end{array}$。

但乘法运算却不同。因为 $\int f(x)g(x)\mathrm{d}x$ 不等于 $\int f(x)\mathrm{d}x \cdot \int g(x)\mathrm{d}x$。

例如 $f(x) = x^2$，$g(x) = x^3$，则有

$$\int f(x)g(x)\mathrm{d}x=\int x^2\cdot x^3\mathrm{d}x=\int x^5\mathrm{d}x=\frac{x^6}{6}$$

而$\int f(x)\mathrm{d}x\cdot\int g(x)\mathrm{d}x=\int x^2\mathrm{d}x\cdot\int x^3\mathrm{d}x=\frac{x^3}{3}\cdot\frac{x^4}{4}=\frac{x^7}{12}$

二者显然是不同的。

令 $F(x)=\int f(x)\mathrm{d}x$,将 $F(x)g(x)$ 微分,有

$$\frac{\mathrm{d}}{\mathrm{d}x}\Big(F(x)g(x)\Big)=\frac{\mathrm{d}F(x)}{\mathrm{d}x}\cdot g(x)+F(x)\cdot\frac{\mathrm{d}g(x)}{\mathrm{d}x}$$
$$=f(x)g(x)+F(x)\cdot\frac{\mathrm{d}g(x)}{\mathrm{d}x}$$

两边积分,则有

$$F(x)g(x)=\int f(x)g(x)\mathrm{d}x+\int F(x)\cdot\frac{\mathrm{d}g(x)}{\mathrm{d}x}\mathrm{d}x$$

因而

$$\int f(x)g(x)\mathrm{d}x=F(x)g(x)-\int F(x)\cdot\frac{\mathrm{d}g(x)}{\mathrm{d}x}\mathrm{d}x$$

令 $F(x)=\int f(x)\mathrm{d}x$,则可表示为

$$\int f(x)g(x)\mathrm{d}x=\int f(x)\mathrm{d}x\cdot g(x)-\int\int f(x)\mathrm{d}x\cdot\frac{\mathrm{d}g(x)}{\mathrm{d}x}\mathrm{d}x$$

这就是乘法的积分公式,称作分部积分公式。

此式的应用举例如下:

$$\int x^2\ln x\,\mathrm{d}x=\frac{x^3}{3}\ln x-\int\frac{x^3}{3}\frac{\mathrm{d}\ln x}{\mathrm{d}x}\mathrm{d}x$$
$$=\frac{x^3}{3}\ln x-\int\frac{x^3}{3}\cdot\frac{1}{x}\mathrm{d}x$$
$$=\frac{x^3}{3}\ln x-\int\frac{x^2}{3}\mathrm{d}x$$
$$=\frac{x^3}{3}\ln x-\frac{x^3}{3\cdot 3}=\frac{x^3}{3}\ln x-\frac{x^3}{9}$$

13.9 积分变换

函数的函数的微分公式$\frac{\mathrm{d}x}{\mathrm{d}u}\cdot\frac{\mathrm{d}F(x)}{\mathrm{d}x}=\frac{\mathrm{d}F(g(u))}{\mathrm{d}u}$也是积分公式$\int f(x)\mathrm{d}x=F(x)$的翻版。

将$f(x)\frac{\mathrm{d}x}{\mathrm{d}u}=\frac{\mathrm{d}F(g(u))}{\mathrm{d}u}$两边对$\mathrm{d}u$积分，有

$$\int f(x)\frac{\mathrm{d}x}{\mathrm{d}u}\mathrm{d}u=\int\frac{\mathrm{d}F(g(u))}{\mathrm{d}u}\mathrm{d}u=F(g(u))=\int f(x)\mathrm{d}x$$

$$\int f(x)\mathrm{d}x=\int f(x)\frac{\mathrm{d}x}{\mathrm{d}u}\mathrm{d}u$$

这就是把变量x变换为另一变量u的公式，称为积分变换公式。

这个公式的形式是很好记的，将$\int f(x)\mathrm{d}x$中的$\mathrm{d}x$除以$\mathrm{d}u$，再乘上$\mathrm{d}u$，就变成了$\int f(x)\frac{\mathrm{d}x}{\mathrm{d}u}\mathrm{d}u$，即

$$\int f(x)\mathrm{d}x=\int f(x)\frac{\mathrm{d}x}{\mathrm{d}u}\mathrm{d}u$$

当然$\mathrm{d}u$并不是独立的符号，它是与$\frac{\mathrm{d}x}{\mathrm{d}u}$合在一起的，$\mathrm{d}u$本身并无意义。可是在形式上，将$\int f(x)\frac{\mathrm{d}x}{\mathrm{d}u}\mathrm{d}u$中的$\mathrm{d}u$约去，就变成$\int f(x)\mathrm{d}x$，是便于记忆的。

在这里体现了莱布尼茨的符号的优越性。最初，莱布尼茨把积分写成$\int f(x)$，以后在后边又加上了$\mathrm{d}x$，由于写上了$\mathrm{d}x$，就指定了对什么量进行积分，故可以写成$\int f(x)\frac{\mathrm{d}x}{\mathrm{d}u}\mathrm{d}u$。

13.10 酒桶的体积

在牛顿以前，开普勒首先计算过装葡萄酒的酒桶体积。他对当时的

情况这样写道：

“1613 年 11 月当我结婚时，正巧林茨附近的多瑙河畔运来了许多澳大利亚的桶装葡萄酒，由于堆积如山，价钱就很便宜。作为新郎也作为家长，我有义务很好地招待大家。”

就这样，从结婚仪式上的葡萄酒桶开始，开普勒研究了旋转体的体积计算方法。

试求函数 $y = f(x)$ 所表示的曲线绕 x 轴旋转所构成的旋转体的体积（见图 13-29）。

像切火腿那样以垂直于 x 轴的平面逐次来切，可切成像薄圆盘那样的部分，其一片的体积近似为 $\pi f(x)^2 \Delta x$，故全部体积为

$$\sum \pi f(x)^2 \Delta x$$

当切得很细时，它就变成

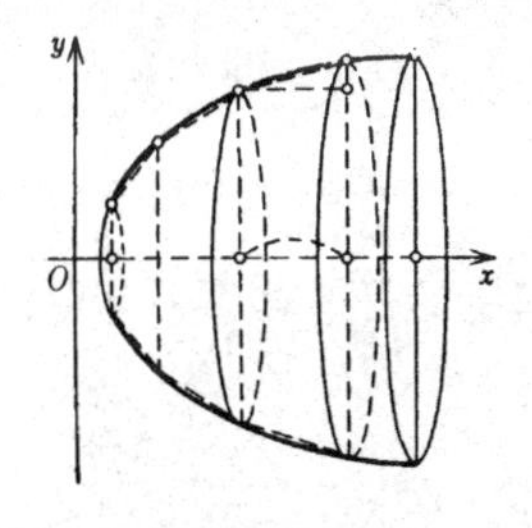

图 13-29

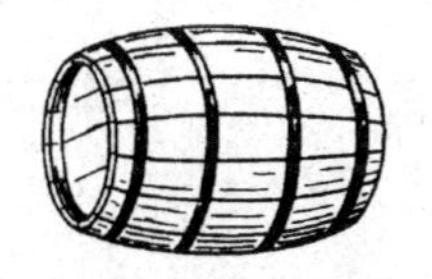

图 13-30

$$\int \pi f(x)^2 \mathrm{d}x = \pi \int f(x)^2 \mathrm{d}x$$

开普勒出生于牛顿、莱布尼茨之前的时代，从某种意义上来说是他们的先驱。

他计算了葡萄酒的酒桶体积（见图 13-30）。酒桶也是旋转体，当然上述公式也是适用的。

他还提出了用圆弧旋转成的 5 种旋转体这一事实（见图 13-31）。

也可以求旋转体的表面积。如图 13-32 所示，切下来的一小部分的表面积，可展开为扇形，其面积等于中线和宽度相乘。

中线之长为 $2\pi\left(y + \frac{\Delta y}{2}\right)$，宽为 $\sqrt{(\Delta x)^2 + (\Delta y)^2}$，所以面积为

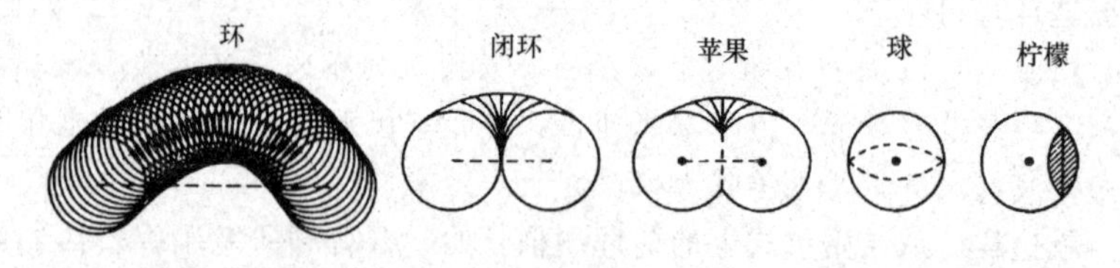

图 13-31

$$2\pi\left(y+\frac{\Delta y}{2}\right)\sqrt{(\Delta x)^2+(\Delta y)^2}$$

$$=2\pi\left(y+\frac{\Delta y}{2}\right)\sqrt{1+\left(\frac{\Delta y}{\Delta x}\right)^2}\Delta x$$

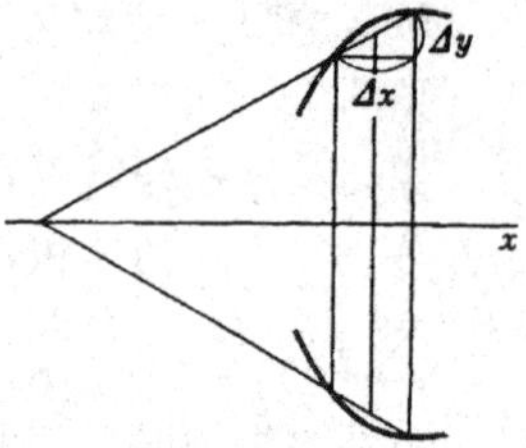

其和为

$$\sum 2\pi\left(y+\frac{\Delta y}{2}\right)\sqrt{1+\left(\frac{\Delta y}{\Delta x}\right)^2}\Delta x$$

图 13-32

当 Δx 为无限小时,则近似为

$$\int 2\pi y\sqrt{1+y'^2}\,\mathrm{d}x=2\pi\int y\sqrt{1+y'^2}\,\mathrm{d}x\left(y'=\frac{\mathrm{d}y}{\mathrm{d}x}\right)$$

利用这个公式，可计算两个平行的平面所切得的球的一部分的面积(见图 13-33)。

为此,可计算 $\int_a^b 2\pi y\sqrt{1+y'^2}\,\mathrm{d}x$。考虑到

$$y'=\frac{-x}{\sqrt{r^2-x^2}}$$

$$\sqrt{1+y'^2}=\sqrt{1+\frac{x^2}{r^2-x^2}}=\frac{r}{\sqrt{r^2-x^2}}$$

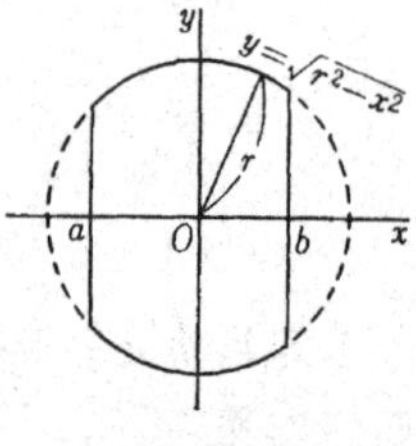

故 $\int_a^b 2\pi y\sqrt{1+y'^2}\,\mathrm{d}x=2\pi\int_a^b\sqrt{r^2-x^2}\cdot\frac{r}{\sqrt{r^2-x^2}}\mathrm{d}x$

图 13-33

$$=2\pi\int_a^b r\,\mathrm{d}x=2\pi r\int_a^b\mathrm{d}x=2\pi r(b-a)$$

值得注意，$2\pi r(b-a)$ 也近似等于以 x 轴为回转轴的球外切圆柱被此二平面相切时，所切得的部分面积。

13.11 科学和艺术

如用式 $2\pi r(b-a)$ 求球的表面积，可令 $a=-r$，$b=r$，则得到 $4\pi r^2$ 的结果。这和阿基米德的解答是一样的。

因此，同样的问题算法各异。阿基米德使用了极其巧妙的方法，不愧是天才，然而利用积分，只要按一定的规则来进行计算也能获得同样的解答。由此就可以理解微积分所具有的威力。它给予了数百万人以阿基米德那样的才能。

牛顿并没有自命不凡，他说：

“如果说我与笛卡儿相比，比他看得更远的话，那是因为我站在巨人的肩上。”

这真是谦虚的语言啊！牛顿确实是以许多先驱者的工作为基础进行了卓越的研究，然而他并不是站在巨人肩上的小人物。他自己也是一位伟大的巨人。

不过，牛顿的这句话说明了科学是依靠累积而发展起来的。这一点科学和艺术是有区别的。毕加索这样说过：

“对于我来说，在艺术中不分过去和未来，毫无疑问现在已经过世的人的作品依然作为艺术作品而留存。希腊人的艺术、埃及人的艺术以及其他时代的伟大画家的艺术，它们都不是过去的艺术。恐怕在今天和今后也还是会作为艺术的精华而放光彩。”

如毕加索所言，艺术有没有进步呢？有持反对意见的人。然而确实并不是站在巨人的肩上。米开朗基罗之后的人们并不是站在他的肩上画出了比他更好的画的。

然而，对科学来说却是这样的。牛顿之后的人们，站在牛顿肩上坚持不懈地努力，是能够比他看得更远的。这种有效的累积，是科学发展的秘密所在。

13.12 各种各样的地图

自从哥伦布发现了美洲大陆以来，欧洲的商船队从欧洲的沿岸出发能够平安地渡过大洋到达彼岸，靠的是有正确的地图。虽然希腊人、罗马人都有地图，但因为粗略，不足以为航渡大洋的船队所信赖。

因此，希望能有一种正确的地图，然而做到所谓“正确”是不容易的。

虽然圆柱和圆锥都是曲面，但可将它们适当地切开后展为平面（见图13-34）。然而对于球面却不行了，不论怎么切开、伸缩，都不能展成一个平面。这就像是桔子皮那样，无论如何是弄不成一个漂亮的平面的。

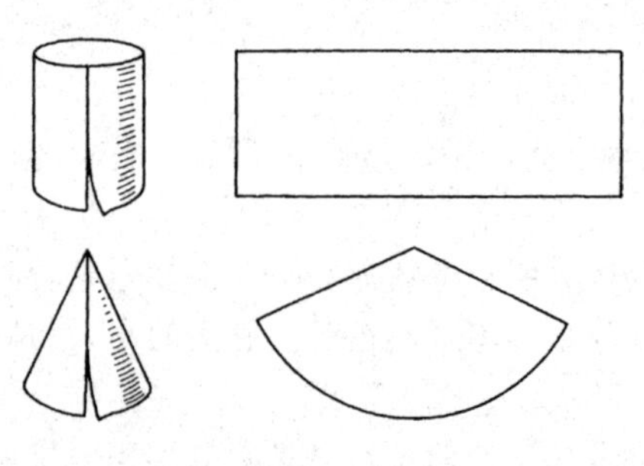

图 13-34

这就给地图的制作造成了困难。因为地球上的地形是在球面上，不能把它按原样缩小画在一张平面上。因此，必须舍弃球面上的某些性质而保留另一些性质。根据舍弃和保留的性质不同，可作出各种不同种类的地图。

墨卡托（1512—1594）是16世纪海运大国荷兰的地理学家，为了乘船方便，他制作了不变角度的地图，直到今天仍被称为墨卡托地图。

地球上的地点是按纬度和经度来确定的，某一点的纬度θ是通过该点的半径和赤道平面所构成的角度，而经度φ则是包含该点与地轴的平面与基准面所成的角度（见图13-35）。

如果沿赤道作球的外切圆柱，在其表面上画出地图，则将此圆柱的面切开是可以展开为一幅平面地图的（见图13-36）。球面上通过北极和南极的经线可以作为圆柱的母线，使其均与赤道线垂直。问题在于纬线该如何引呢？

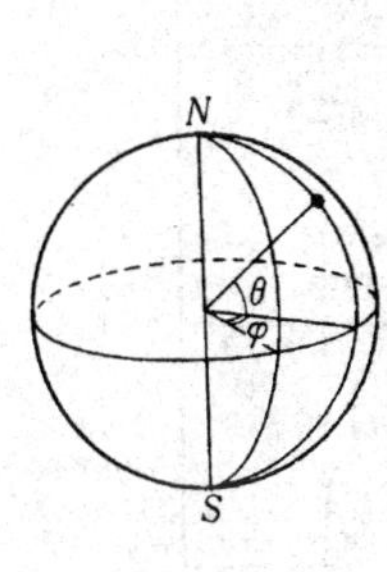

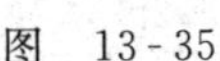
图 13-35

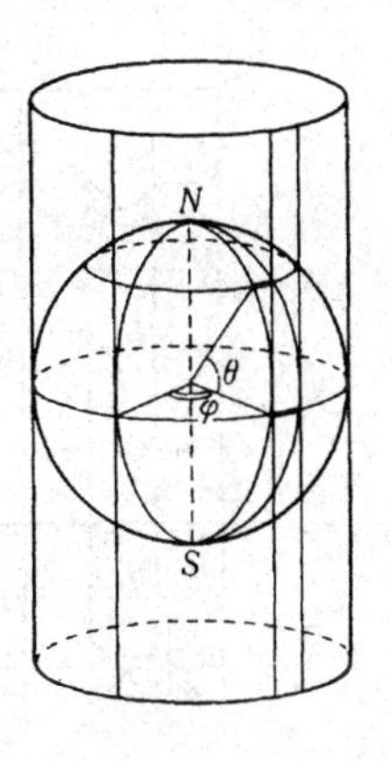

图 13-36

由图可知，纬度为 θ 的点所在的纬度圆，其长为赤道长度的 $\cos\theta$ 倍。因此，在圆柱面上的东西长度就是本身真正长度的 $\dfrac{1}{\cos\theta}$ 倍，如果在南、北方向也延伸到 $\dfrac{1}{\cos\theta}$ 倍时，则由于该点附近的四周均有 $\dfrac{1}{\cos\theta}$ 倍关系，属相似地放大，故球面上的角度与圆柱上的角度相同。

设球的半径为 r，该点在圆柱面上距赤道的高度为 y，则扩大倍率 $\dfrac{dy}{r d\theta}$ 相当于 $\dfrac{1}{\cos\theta}$，即

$$\frac{dy}{r d\theta}=\frac{1}{\cos\theta}$$

由于将 $\ln\left(\dfrac{1+\sin\theta}{\cos\theta}\right)$ 微分后等于 $\dfrac{1}{\cos\theta}$ ①，故

$$y=\int_0^{\theta}\frac{r}{\cos\theta}d\,\theta=r\ln\left(\frac{1+\sin\theta}{\cos\theta}\right)$$

根据此式计算 y，作出的地图大体如（图 13-37）所示。

如果该点距北极很近，则 θ 接近 $\dfrac{\pi}{2}$，扩大倍数 $\dfrac{1}{\cos\theta}$ 将趋于无限大。因此在墨卡托地图上，北方的国家画得比实际面积要大。由于在式 $y=r$

① 有关证明见本书末附录“13.12 节的注释”。

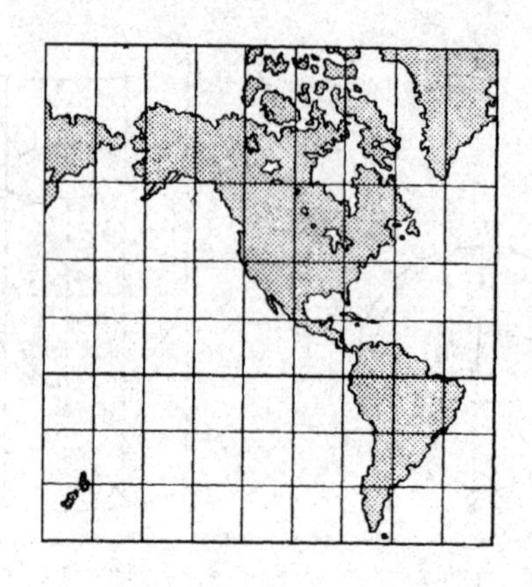

图 13-37

$\ln\left(\frac{1+\sin\theta}{\cos\theta}\right)$中，当 θ 趋近于 $\frac{\pi}{2}$ 时，$\frac{1+\sin\theta}{\cos\theta}$趋近于无穷大，于是$\ln\left(\frac{1+\sin\theta}{\cos\theta}\right)$亦趋于无穷大，因此北极相当于在无限远处。

虽有这种不便，但由于船的罗盘针指出的角度与地图上的角度相等，故它长期以来仍为航海家们所采用。

在墨卡托地图上纬度为θ时，由于东西方向伸长到 $\frac{1}{\cos\theta}$倍，故南北方向也伸长到$\frac{1}{\cos\theta}$倍。

反之，若将南北方向缩短到 $\cos\theta$ 倍，以弥补东西方向的伸长，则经线与纬线所构成的小四边形的面积不变（见图 13-38）。

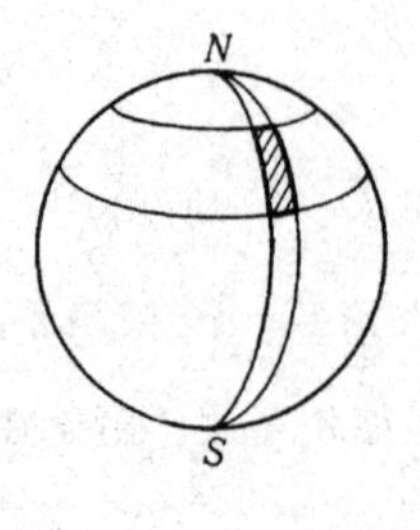

图 13-38

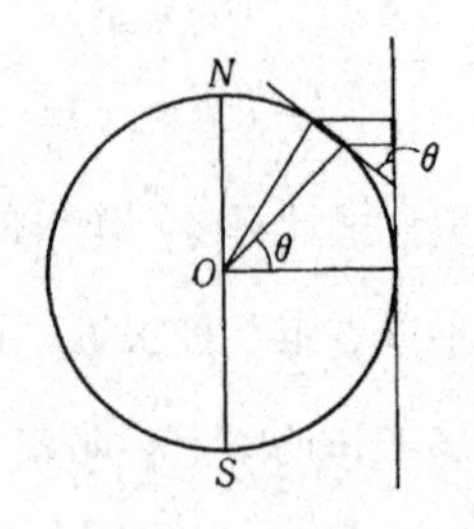

图 13-39

若仅将南北方向缩短为 $\cos\theta$ 倍，在图上有何变化呢？

在南北纬度线上做切线，从侧面看如图 13-39 所示，则有

$$\frac{\mathrm{d}y}{r\mathrm{d}\theta}=\cos\theta$$

$$y=\int_0^\theta r\cos\theta\mathrm{d}\theta=r\sin\theta$$

等于该点距赤道的距离。即由该点向外侧的圆柱引垂线的话，该点就成为地图上的点。

用这种方式制作的地图，北方和南方国家均东西长而南北短，北极和南极不是一点而变成地图的上下缘线了。由于这种地图以面积不变取代了角度的变化，故称为正积地图。如果想要正确地表达世界各国的面积，则可使用这种地图（见图 13-40）。

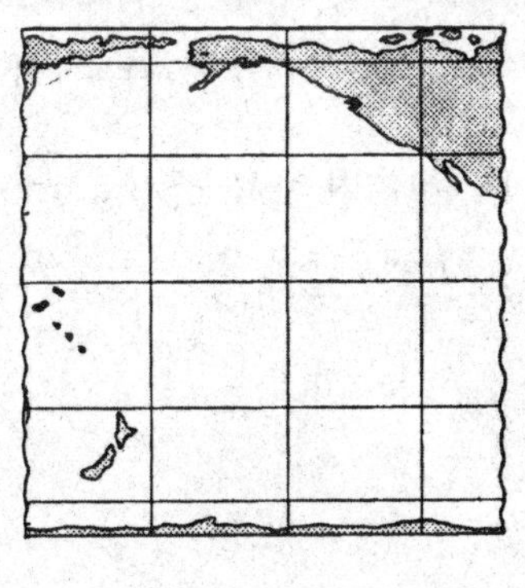

图 13-40

13.13 摆线围成的面积

1640 年伽利略给其年轻的弟子卡瓦列里（1598—1647）写过一封关于摆线的信。信中说：

“在 50 年以前人们就想要描述这条曲线了，因为没有比它更美的形状了，所以在造拱门和桥时都想用它。曾经费了不少心思来测量这条曲线和作为弦的直线间所夹部分的面积。此面积差不多接近于滚动圆面积的 3 倍，如果误差没有大到一定程度的话，可认为正好就是 3 倍。”

写这封信时的伽利略已是盲人并且临近死亡，由于提倡地动学说而受到宗教审判，奉命到死为止不许出屋。伽利略把长期在头脑中不断思考的摆线问题告诉了他的弟子。

不懂积分的伽利略用纸剪成摆线形状，测其重量，而后按比例算出了其面积。

伽利略遗留下的这一问题已被他的另一个弟子托里拆利（1608—1647）严格地证明了。

使伽利略苦恼的问题可以用基本定理按固定步骤来解决。为此，可计算定积分 $\int_0^{2\pi a} y\,\mathrm{d}x$：

$$\int y\,\mathrm{d}x = \int y\frac{\mathrm{d}x}{\mathrm{d}\theta}\mathrm{d}\theta = \int a(1-\cos\theta)\cdot\frac{\mathrm{d}a(\theta-\sin\theta)}{\mathrm{d}\theta}\mathrm{d}\theta^{①}$$

$$= \int a^2(1-\cos\theta)(1-\cos\theta)\mathrm{d}\theta = a^2\int(1-2\cos\theta+\cos^2\theta)\mathrm{d}\theta$$

由加法定理（参见第 11 章），因 $\cos^2\theta=\dfrac{1+\cos 2\theta}{2}$，故上式可写为

$$= a^2\int\left(1-2\cos\theta+\frac{1+\cos 2\theta}{2}\right)\mathrm{d}\theta$$

$$= a^2\left(\theta-2\sin\theta+\frac{\theta+\dfrac{\sin 2\theta}{2}}{2}\right)$$

由此可知

$$\int_0^{2\pi a} y\mathrm{d}x = \left[a^2\left(\theta-2\sin\theta+\frac{\theta}{2}+\frac{\sin 2\theta}{4}\right)\right]_0^{2\pi}$$

$$= a^2(2\pi+\pi) = 3\pi a^2$$

因为滚动的圆的面积为 πa^2，故此面积为其 3 倍。

13.14 曲线的长度

在求曲线围成的面积时，曾先将曲线分成小段再求许多小面积之

① 这里是代入了摆线方程：$x=a(\theta-\sin\theta)$，$y=a(1-\cos\theta)$。—— 译者注

和。仿此，也可将曲线分成小段用以求曲线的长度。

弯曲的道路的长度与每隔一定间隔就有一根电线杆所支撑的电线的长度差不多是一样的。换句话说，这条曲线可以看着是一条折线（见图13-41）。

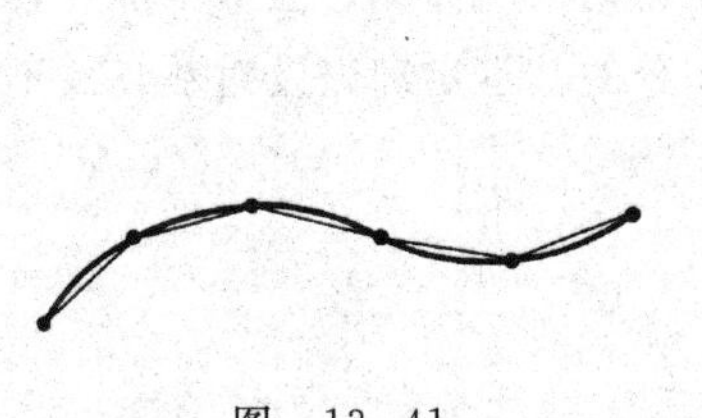

图 13-41

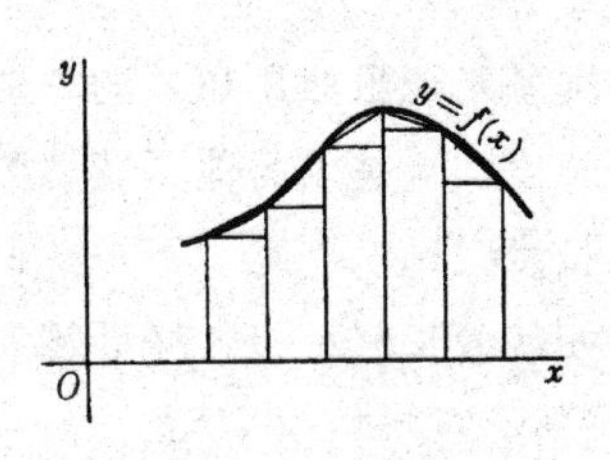

图 13-42

将这种考虑用于计算长度时，折线的一段长度可按毕达哥拉斯定理来求（见图13-42），即为

$$\sqrt{(\Delta x)^2+(\Delta y)^2}$$

全部相加，则有

$$\sum \sqrt{(\Delta x)^2+(\Delta y)^2}=\sum \sqrt{1+\left(\frac{\Delta y}{\Delta x}\right)^2}\,\Delta x$$

当 Δx 趋近于 0 时，结果就变为

$$\int_a^b \sqrt{1+\left(\frac{\mathrm{d}y}{\mathrm{d}x}\right)^2}\,\mathrm{d}x$$

首先用它来计算抛物线的弧长。设有

$$y=x^2$$

则$\dfrac{\mathrm{d}y}{\mathrm{d}x}=2x$

求

$$\int_0^a \sqrt{1+\left(\frac{\mathrm{d}y}{\mathrm{d}x}\right)^2}\,\mathrm{d}x=\int_0^a \sqrt{1+(2x)^2}\,\mathrm{d}x$$

$$=\int_0^a \sqrt{1+4x^2}\,\mathrm{d}x$$

的不定积分 $F(x)$，则有

$$F(x)=\frac{1}{2}x\sqrt{1+4x^2}+\frac{1}{4}\ln(2x+\sqrt{1+4x^2})$$

算出 $F(a)-F(0)$ 的值为

$$\frac{1}{2}a\sqrt{1+4a^2}+\frac{1}{4}\ln(2a+\sqrt{1+4a^2})$$

阿基米德虽然用巧妙的方法算出了抛物线的面积，但却不能计算曲线的长度。这是因为他不懂函数、微积分的基本定理以及对数，故不会计算长度。

摆线的长度可以这样计算：

$$\int_0^{2\pi}\sqrt{\left(\frac{\mathrm{d}x}{\mathrm{d}\theta}\right)^2+\left(\frac{\mathrm{d}y}{\mathrm{d}\theta}\right)^2}\mathrm{d}\theta$$

$$=\int_0^{2\pi}\sqrt{a^2(1-\cos\theta)^2+a^2\sin^2\theta}\,\mathrm{d}\theta$$

$$=\int_0^{2\pi}a\sqrt{1-2\cos\theta+\cos^2\theta+\sin^2\theta}\,\mathrm{d}\theta$$

$$=a\int_0^{2\pi}\sqrt{2-2\cos\theta}\,\mathrm{d}\theta$$

$$=a\int_0^{2\pi}\sqrt{2\times 2\sin^2\frac{\theta}{2}}\,\mathrm{d}\theta=2a\int_0^{2\pi}\sin\frac{\theta}{2}\mathrm{d}\theta$$

$$=2a\left[-2\cos\frac{\theta}{2}\right]_0^{2\pi}=4a(-\cos\pi+\cos 0)=8a$$

即由圆滚动一周产生的摆线，其长度为圆半径的 8 倍（见图 13-43）。

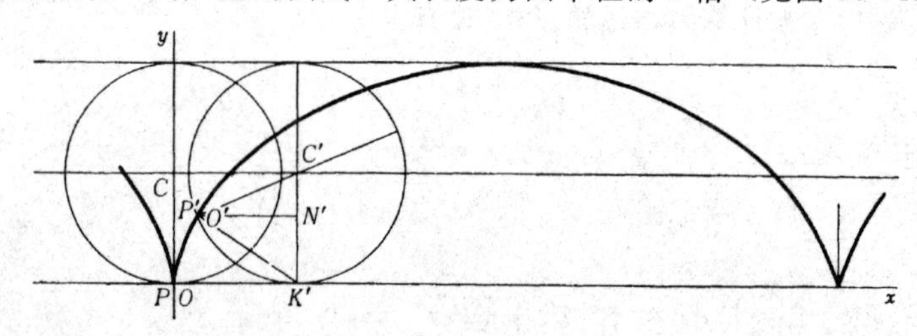

图　13-43

帕斯卡把摆线叫做旋轮线并进行了研究，以后又研究了长度和面积的计算。

第14章　微观世界——微分方程

14.1　逐步解决法

对于在《浮士德》这本书中浮士德所问的“你究竟是何许人也”这个问题，梅菲斯特回答道：“人们构筑了一个捉摸不定的小天地，在这里都把个人当作了全体，而我则以为是部分的部分。最初的一切，后来变成了部分黑暗的一部分。”

听到这个回答之后，浮士德说道：

“明白你所搞的工作了。由于你不能整个地破坏一个物体，故从细小处开始一点一点地干。”

由于不能一下子就破坏一个整体，而去一点一点地干，这种方法在自然科学中是一种重要的研究方法。

以上是歌德（见图14-1）借浮士德的口用文学语言所作的表达。对此，科学家伽利略在《天文对话》中叙述得更为准确：

“总之，数学所证明的真理，可以说就是神的智慧所能了解的真理。这里所谓神分析无限的题目（对其中的细微内容我们了解的并不多）的方法，比之前我们的分析方法远为优越。我们的分析方法是推论和从结论导出结论，由此而前进，而神的分析法则是直截了当的。例如，我们为了最大限度地得出有关圆的所有属性，就从其属性的最基本内容出发，给圆下定义，再据推论导出第二属性以及第三、第四等属性，而神的方法则不是把时间花在推

图14-1　歌德

论上，而是根据对圆的本质的理解，无限地理解圆的全部属性。”

如果神确实存在的话，也许是能一下子就全部理解的，然而人们是靠推论的累积，一步步地前进而接近于真理的，正如浮士德所说的那样，用“逐步解决”的办法去破坏自然秘密的障碍。笛卡儿写过这样的话：“把所要研究的问题的范围分成许多个小部分来解决，并且要加以选择，可求的范围要细，以使问题解决得满意。”（参见5.6节）这句话也就是浮士德的“逐步解决法”。

用数学中的这种“逐步解决法”去发现自然中的法则是微分方程的任务。

最早发现它的是牛顿（见图14-2）。1676年10月他给莱布尼茨写了一封信，其中有下面一段文字：

aaaaaa cc d æ eeeeeeeeeeee ff iiiiii lll nnnnnnnnn oooo

qqqq rr ssss ttttttttt vvvvvvvvvvvvvvv x

这是一个文字谜，而莱布尼茨并不明白这个谜。关于莱布尼茨，法国百科全书的主编狄德罗曾这样说过：

“若把自己和莱布尼茨的才能相比，不论是谁，在世界的任何角落，只要一见了他的书，就会感到要退缩。”

就连万能的天才莱布尼茨都对解这个谜没有办法，旁人也就更没办法了。

由于没有解开这个谜的钥匙，毫无疑问，它的解只能靠牛顿自己。把这些文字整理一下，可以变成下列拉丁文：Data æqvatione qvotcvnqve flventes qvantitates involvente flvxiones invenire，et vice versa.

图14-2 牛顿

它的意思是：

“当给出包含若干个流量的方程时，试求流率；反之，再从流率求流量。”

从流量求流率属于微分，反之从流率求流量则是解微分方程。

总之，在无论谁都解不开的这个谜中，隐含着牛顿的微积分学的根本课题。牛顿发现了作为数学中“逐步解决法”的代表—微分方程。

14.2 方向场

请想象这样一种场面，在黑板上仿照图 14-3 那样画出密集的同心圆。只要看上一眼，就能知道这是一些同心圆。可是再放到暗处试试看。这时可用手电筒来照其一部分，如目标仅是同心圆的中心 O 点，就用最小的光。

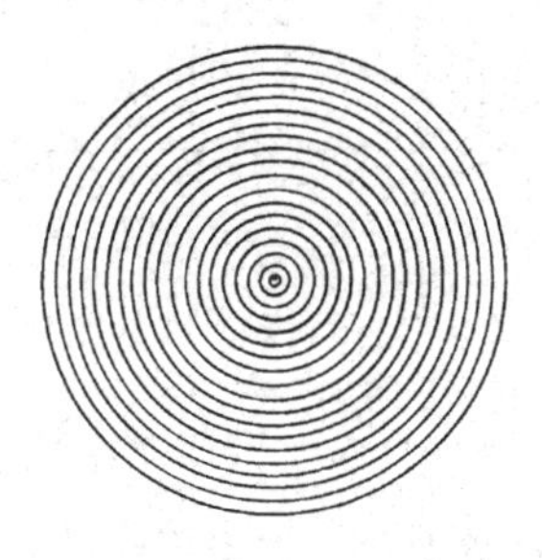

图 14-3

图 14-4

此时，虽然可用手电筒自由照射，但在一段时间内不要去照其整体。在这段时间内仅能看见一小部分，即仅能看见线条的一部分，如图 14-4 所示。

在这个条件下，为了能得知整体图，应当如何办才好呢？

要做的第一件事就是耐心地把局部的片断的结果集中起来，再把它们恢复成同心圆这个最后的结果。除此之外，别无他法。这就是“逐步解决法”。

首先应当了解，图上任何一点的方向与它朝向 O 点的方向之间构成直角，如图 14-5 所示。这样就知道了各点的方向，然而还不知道其与整体图的联系。

在这里把表示各点方向的分布状态，叫做方向场。

这样一来，就可以来做第二件事，即从平面上各点方向的分布图来找出连接着的曲线（见图 14-6）。

此时，由于各点的方向与该点朝向 O 点的方向间成直角，故将在点（x，y）的方向$\frac{dy}{dx}$写入式中，就有

$$\frac{dy}{dx}=-\frac{x}{y}$$

此式与图 14 - 5 相同，是由单方向场决定的。

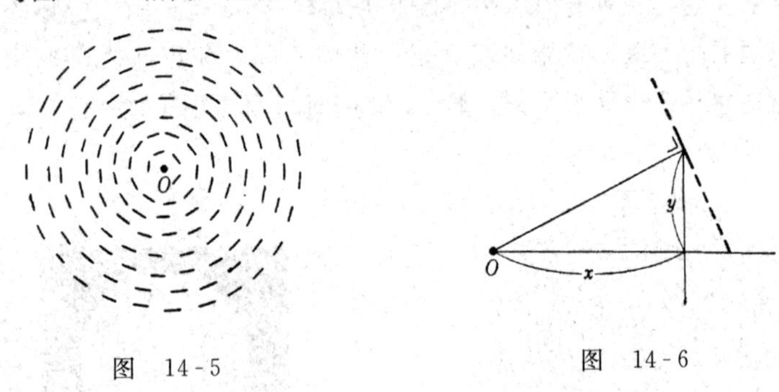

图 14 - 5　　图 14 - 6

由于这个方程含有 x，y 及 y 的导数$\frac{dy}{dx}$，所以是一种微分方程。

由上述可知，一种微分方程可定义一种方向场。方程不同，方向场也各异。

为了解上述微分方程，可进行如下的计算：

两边乘以 y，则有

$$y\frac{dy}{dx}=-x$$

两边对 dx 积分，即

$$\int y\frac{dy}{dx}dx=\int(-x)dx$$

$$\int ydy=-\int xdx,$$

可得

$$\frac{y^2}{2}=-\frac{x^2}{2}+c$$

移项，消去分母，得

$y^2+x^2=2c$

这就是微分方程的解，且有 $y=\sqrt{2c-x^2}$ 是 $y^2+x^2=2c$ 的解。

在这个式子中出现了新的任意常数 c，而原式中的 $\frac{\mathrm{d}y}{\mathrm{d}x}$ 则消失了。把这种含有一个任意常数的解叫做一般解。

这个一般解当然表示一种连续曲线，从 $y^2+x^2=2c$ 可知，其轨迹是以原点为中心、$\sqrt{2c}$ 为半径的圆。由于 $\sqrt{2c}$ 可为任意常数，故它们只能是半径可为各种数值、原点为公共圆心的同心圆。

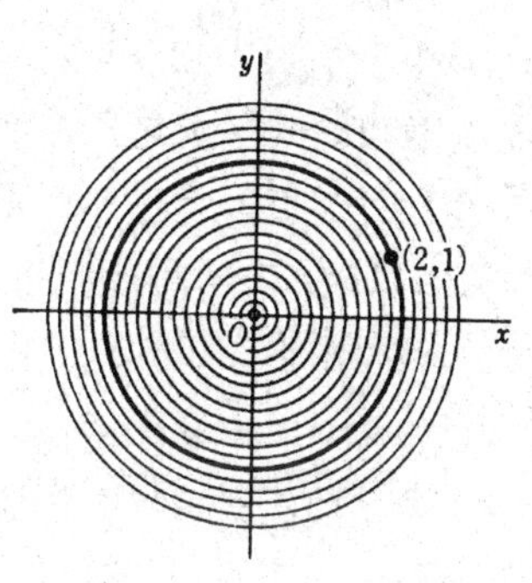

图 14-7

这样一来，即使不能一眼从黑板上看清同心圆，也可用逐步解决法来了解。

虽然一般解是无限条曲线的集合，方向场也趋于无限大，但每条曲线上各点所作的切线则与上述方向一致。在这些无限的曲线之中如要画一条通过确定点的曲线，可适当地定一个常数 c。例如，通过（2，1）点的曲线（见图 14-7）可以这样确定：

将 $x=2$，$y=1$ 代入方程，得

$2^2+1^2=2c$

$5=2c$

再将此 c 代入方程，则有

$x^2+y^2=5$

即为通过点（2，1）的曲线的方程。

这样，就把无数解中的一个解叫做特殊解。

14.3 折 线 法

把片面的知识组合成整体知识这种方法的应用之一，是用航空照相

来制地图。用一张照片就照下一个地区，这只有能达到人造卫星的高度才行，而用普通的飞机，则只能把若干张航空照片组合起来才能构成这张地图。这是和从方向场找曲线相似的方法。

如图 14-8 所示，为求出通过点 P 的解，可先作近似的折线。由于在 P 点附近，曲线与 PP_1 相近，故可将其连接起来，以 折线 PP_1 代替曲线不会产生大的误差。由 P_1 按与 OP_1 成直角方向连线段 P_1P_2，即以 P_1P_2 取代另一段曲线。这样继续作下去，可得出折线 $PP_1P_2P_3\cdots P_n$。这条折线虽然并非真正的解，但接近于该解。

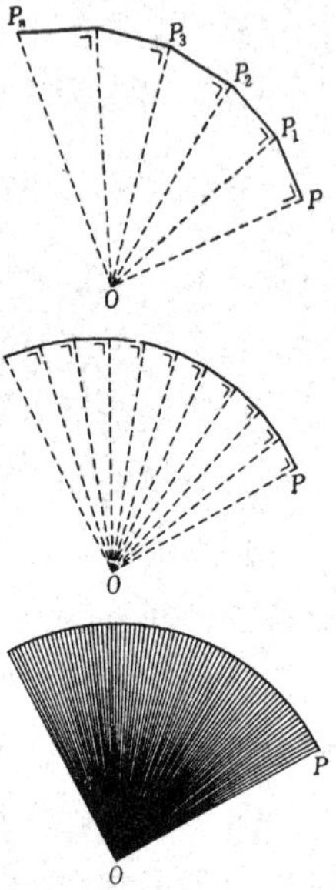

PP_1 的间隔越短，折线就越接近于作为真正解的曲线。如果此间隔趋近于 0，则在极限情况下，这个解就是光滑的圆。

图 14-8

这种作折线的方法可用于下列微分方程中。设有

$$\frac{\mathrm{d}y}{\mathrm{d}x}=y$$

现在来求其通过 $x=0$，$y=1$ 的解（见图 14-9）。先将（0，x）区间分成 n 等分，即有点

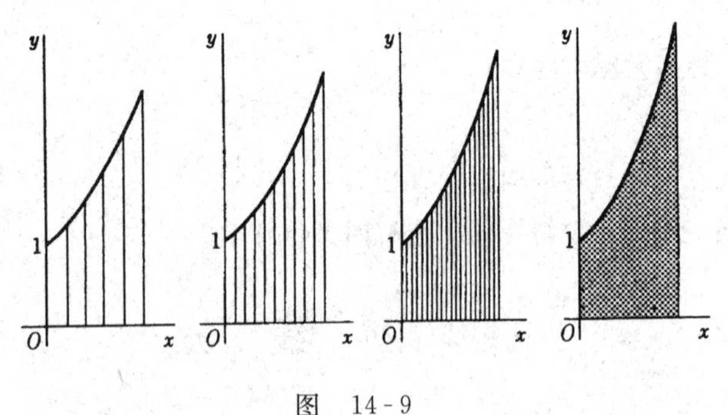

图 14-9

$$0,\ \frac{x}{n},\ \frac{2x}{n},\ \cdots,\ \frac{(n-1)x}{n},\ x$$

由于 $x=0$ 时，$y=1$，该点的方向是$\frac{\Delta y}{\Delta x}=y=1$，对于下一点$\frac{x}{n}$，有

$$y_1=1+1\cdot\frac{x}{n}=1+\frac{x}{n}$$

此点方向为$1+\frac{x}{n}$，故再下面一点 y_2 为

$$y_2=y_1+y_1\frac{x}{n}=y_1\left(1+\frac{x}{n}\right)=\left(1+\frac{x}{n}\right)^2$$

再往下一点，y^3 为

$$y_3=y_2+y_2\frac{x}{n}=y_2\left(1+\frac{x}{n}\right)=\left(1+\frac{x}{n}\right)^2\left(1+\frac{x}{n}\right)=\left(1+\frac{x}{n}\right)^3$$

…

同理

$$y_n=\left(1+\frac{x}{n}\right)^n$$

这里当分割的份数 n 无限增多时，$\frac{x}{n}$就逐渐趋于很小。故折线就趋近于真正的解。即有

$$\lim_{n\to\infty}y_n=\lim_{n\to\infty}\left(1+\frac{x}{n}\right)^n=e^x$$

这就是说，真正的解不是折线，而是光滑的 $y=e^x$。

这种方法是解微分方程的最简便的方法，实际上经常使用。

14.4 落体法则

没有掌握微分方程这一适当手段的伽利略，在研究自由落体运动时，不得不采用古老的方法。他以竖线 AB 表示时间，横线 AG 表示速度（见图 14-10）。

经过一定时间，速度就增大到一定程度，伽利略从物体在斜面上的

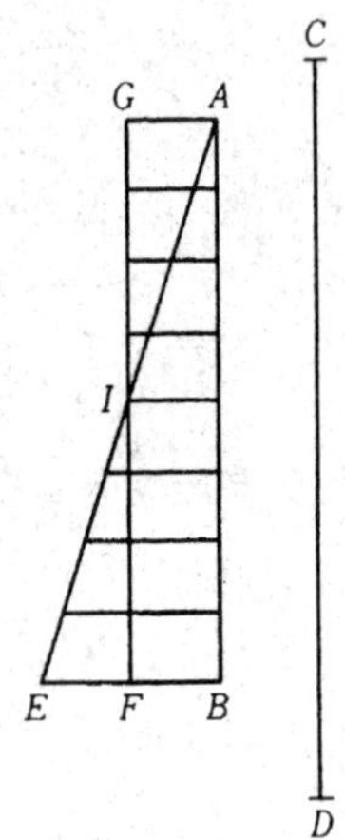

图 14-10

运动中得出了这个结论，并用直线 AE 来表示这个结论，即速度变化关系。由于速度和时间相乘等于距离，故距离等于三角形 AEB 的面积，此面积又等于长方形 $AGFB$ 面积，而长度 FB 则等于 BE 的一半。

由此伽利略推导出了这样的结论：

“由静止状态开始以相同的加速度运动的物体，其所通过的距离与按一种平均速度运动的物体所通过的距离相等。此平均速度等于加速运动开始前的速度与最大速度的平均值。”

伽利略得出的这个结论，如果利用微分方程来求更为方便。

设在时间 t 内通过的距离为 x，则瞬时速度为 $\frac{dx}{dt}$，加速度为 $\frac{d^2x}{dt^2}$。

当加速度等于定值 g 时，可写为

$$\frac{d^2x}{dt^2}=g$$

两边对 t 积分，得

$$\int_0^t \frac{d^2x}{dt^2}dt=\int_0^t g dt$$

$$\frac{dx}{dt}=gt$$

再对 t 积分一次，得

$$\int_0^t \frac{dx}{dt}dt=\int_0^t gt dt$$

$$x=g\cdot\frac{t^2}{2}=\frac{1}{2}gt^2$$

在这里可写成 $\frac{1}{2}gt^2=\frac{1}{2}gt\cdot t$，$\frac{1}{2}gt$ 等于 FB，t 等于 AB，所以

$$x=FB\cdot AB$$

这样计算就不需要像伽利略那样费事，只要先列出微分方程，然后按规则计算就行了。这就像以前用解代数方程来代替算术中的“龟鹤算”一样。即只需先列出代数方程，再按规则求解，而不必花费在“龟鹤算”中那样先折合成鹤再来计算的工夫。

因为微分方程是以式子的形式来描述某种现象的微分法则，所以只要正确地把它列出来，自然就会得到最后的解答。

14.5 线性微分方程

伽利略在研究落体时，没有考虑空气的阻力，因此解答过于简单了。然而，这里有必要考虑空气阻力。虽然这种阻力并不单纯服从哪一个法则，但可近似地假定阻力与速度 v 成正比，即以 kv 表示。为此，在式

$$\frac{\mathrm{d}v}{\mathrm{d}t}=g$$

的右边加上 $-kv$ 一项，即有

$$\frac{\mathrm{d}v}{\mathrm{d}t}=g-kv$$

把 kv 移到左边，得

$$\frac{\mathrm{d}v}{\mathrm{d}t}+kv=g$$

两边乘以 e^{kt}，得

$$\mathrm{e}^{kt}\frac{\mathrm{d}v}{\mathrm{d}t}+k\mathrm{e}^{kt}v=\mathrm{e}^{kt}g$$

等式左边是积的微分形式，可改写为

$$\frac{\mathrm{d}}{\mathrm{d}t}(\mathrm{e}^{kt}v)=\mathrm{e}^{kt}g$$

两边再用 $\mathrm{d}t$ 积分，得

$$\int\frac{\mathrm{d}}{\mathrm{d}t}(\mathrm{e}^{kt}v)\mathrm{d}t=\int\mathrm{e}^{kt}g\,\mathrm{d}t$$

$$\mathrm{e}^{kt}v=\int\mathrm{e}^{kt}g\,\mathrm{d}t$$

$$v = e^{-kt}\int e^{kt} g\,dt = e^{-kt}\left(\frac{e^{kt}g}{k} + c\right)\text{（}c\text{ 为任意常数）}$$

$$= \frac{g}{k} + ce^{-kt}$$

因为这个微分方程是 v 和$\frac{dv}{dt}$的一次方程，故叫做线性微分方程。

对于这种线性微分方程，还可再从其他观点来说明一下，即引入算子来考虑。莱布尼茨的考虑是把 1 阶，2 阶，3 阶等运算用下列符号来表示：

$$p^1(x+y)=x+y$$

$$p^2(x+y)=(x+y)^2=x^2+2xy+y^2$$

$$p^3(x+y)=(x+y)^3=x^3+3x^2y+3xy^2+y^3$$

$$p^4(x+y)=(x+y)^4=x^4+4x^3y+6x^2y^2+4xy^3+y^4$$

…

这里 p^1，p^2，p^3，p^4，…表示所谓 1 阶，2 阶，3 阶，…运算，或者运算符号。p 并没有其他意思，它仅仅表示一种运算，即相当于动词，而不是名词，因而，又称之为算子（operator）。

在这个例子中莱布尼茨先写出的是运算的算符 p，然后再写运算的内容（$x+y$）。为何要这样做的理由不太清楚，也许是欧洲语文文法规定“先动词后名词”（例如“I read a book”）的缘故吧，要是按日文文法，则是要先内容（名词）后动词，说不定会写成（$x+y$）p^2 的样子，可是现在仍沿用着上述老规则。

把从函数求导数的算符，即所谓“求导”以$\frac{d}{dx}$表示，即

$$\frac{d}{dx}f(x)=f'(x)$$

这种表示法与$\frac{df(x)}{dx}$稍有不同。$\frac{d}{dx}f(x)$是将 $f(x)$进行$\frac{d}{dx}$运算，使之变成 $f'(x)$的意思，即

$$f'(x)\xleftarrow{\frac{d}{dx}}f(x)$$

进一步再考虑一下$\frac{d}{dx}+k$这种运算。它是把$f(x)$变为$\frac{df(x)}{dx}+kf(x)$的运算，即

$$\frac{df(x)}{dx}+kf(x)\xleftarrow{\frac{d}{dx}+k}f(x)$$

如下式所示，这种$\frac{d}{dx}+k$运算就是相继施行$\times e^{kx}$，$\frac{d}{dx}$，$\times e^{-kx}$的意思。即

$$\begin{aligned}&e^{-kx}\frac{d}{dx}\left(e^{kx}f(x)\right)\\&=e^{-kx}\left(e^{kx}\frac{df(x)}{dx}+ke^{kx}f(x)\right)\\&=\frac{df(x)}{dx}+kf(x)=\left(\frac{d}{dx}+k\right)f(x)\end{aligned}$$

也就是说，$\frac{d}{dx}+k$可分这三步来计算，如图 14-11 所示：

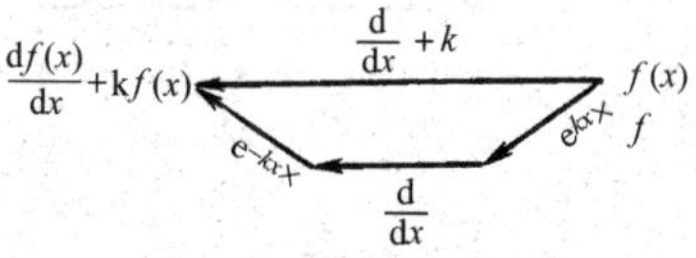

图 14-11

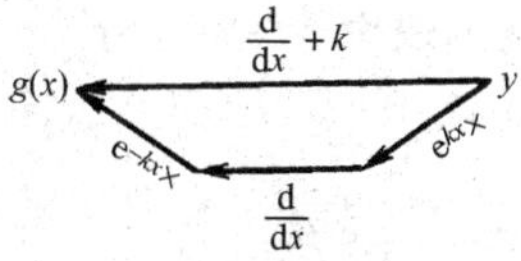

图 14-12

由此，对于式$\frac{dy}{dx}+ky=g(x)$，从y求出$g(x)$的步骤也可分为三步进行，如图 14-12 所示。

以上是表示由y得到$g(x)$的过程，它和由$g(x)$求y即解微分方程的过程正好相反。对于后者必须进行反运算，如$\times e^{kx}$的反运算是$\times e^{-kx}$，$\frac{d}{dx}$的反运算是积分$\int(\quad)dx$。由此可表示为图 14-13 所示。

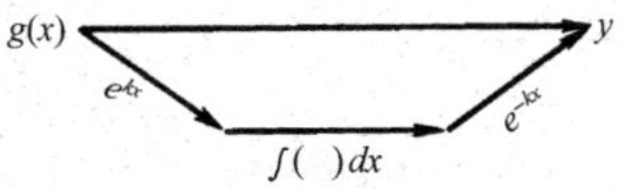

图 14-13

$$可得\ y = e^{-kx}\int e^{kx}g(x)dx$$

此结果与以前所得结果相同。

14.6　振　　动

如图 14 - 14 所示重量为 1 的物体 A，由左右弹簧支撑。假定用手将它从静止位置向右拉 x 距离后再将手放开，A 将向原静止位置返回。然而由于力的作用，当 A 回到原来静止位置时并不停止，它将因惯性作用以一定速度超越此位置向左继续运动。与此同时，对它又产生了向右运动的力。随后 A 的速度逐渐降低至某处停止，下一次再使其向右运动。

这样由于弹力的作用，就产生了振动。这种运动可用微分方程来精确地描述。

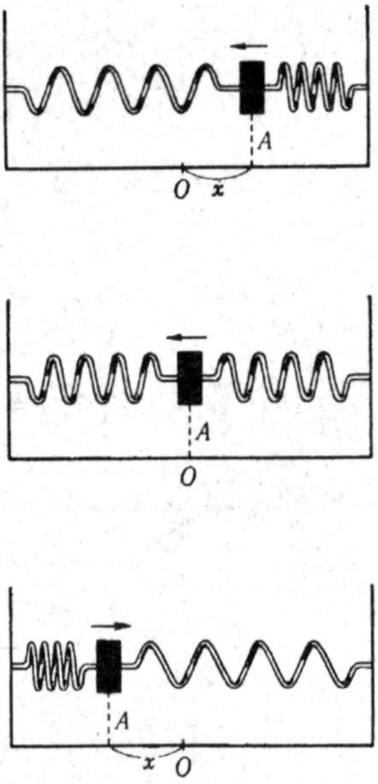

根据胡克定律，向静止位置反回的力与距离 x 成正比，如用 k 表示比例系数，则此力可用 $-kx$ 表示。此时 x 的加速度为 $\frac{d^2x}{dt^2}$，设物体 A 的质量为 m，则有

$$m\frac{d^2x}{dt^2} = -kx$$

图　14 - 14

现在来解这个微分方程。首先往左移项，令 $\frac{k}{m} = \lambda$，则得到

$$\frac{d^2x}{dt^2} + \lambda x = 0$$

这个微分方程中含有二阶导数，故称为二阶微分方程。可用算符表示为

$$0 \xleftarrow{\left(\frac{d}{dt}\right)^2 + \lambda} y$$

用一般形式表示，则为

$$\frac{d^2y}{dt^2}+a\frac{dy}{dt}+by=g(t)$$

写成算符的形式，则有

$$\left(\left(\frac{d}{dt}\right)^2+a\frac{d}{dt}+b\right)y=g(t)$$

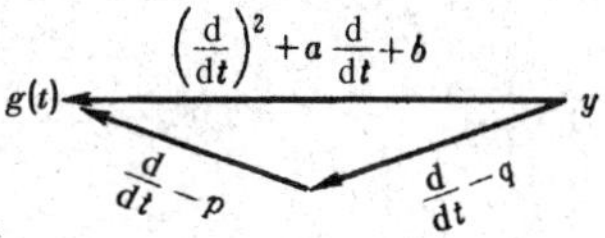

如将此运算视作两次一阶运算，则可表示为（见图 14-15）

图　14-15

$$\left(\frac{d}{dt}-p\right)\left(\frac{d}{dt}-q\right)y=\left(\left(\frac{d}{dt}\right)^2+a\frac{d}{dt}+b\right)y$$

总之，可将$\frac{d}{dt}$看做是普通文字，把$\left(\frac{d}{dt}\right)^2+a\frac{d}{dt}+b$分成两个积加以考虑。设 p，q 是方程 $x^2+ax+b=0$ 的根（参见 7.2 节），则

$$p=\frac{-a+\sqrt{a^2-4b}}{2},\quad q=\frac{-a-\sqrt{a^2-4b}}{2}$$

为从 $g(t)$求出 y，仍用逆运算（见图 14-16）：

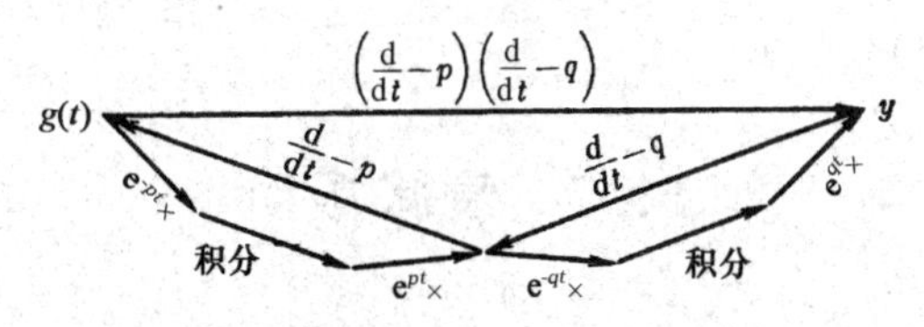

图　14-16

设 $p\neq q$，当 $g(t)=0$ 时，可求得

$$y=e^{qt}\int e^{-qt}\cdot(e^{pt}\cdot c)dt=e^{qt}\int e^{(p-q)t}\cdot cdt$$

$$=e^{qt}\cdot\left(\frac{e^{(p-q)t}\cdot c}{p-q}+c'\right)=\frac{ce^{pt}}{p-q}+c'e^{qt}$$

这里若将$\frac{c}{p-q}$写作 c，就有

$$y=ce^{pt}+c'e^{qt}$$

也就是说，$\frac{d^2y}{dt^2}+a\frac{dy}{dt}+by=0$ 的解，由 $x^2+ax+b=0$ 的两个根 p，q 构成，即为 $ce^{pt}+c'e^{qt}$，其中 c，c' 为任意常数。通过这个例子可知，

二阶微分方程的一般解包含两个任意常数。

对于上述振动方程，有

$$\left(\left(\frac{\mathrm{d}}{\mathrm{d}t}\right)^2+\lambda\right)y=0$$

求出 $x^2+\lambda=0$ 的根为

$$x=\pm\sqrt{\lambda}\,\mathrm{i}$$

则一般解为

$$y=c\mathrm{e}^{\sqrt{\lambda}\mathrm{i}t}+c'\mathrm{e}^{-\sqrt{\lambda}\mathrm{i}t}$$

再由欧拉公式可写为

$$\begin{aligned}y&=c(\cos\sqrt{\lambda}t+\mathrm{i}\sin\sqrt{\lambda}t)\\&\quad+c'(\cos\sqrt{\lambda}t-\mathrm{i}\sin\sqrt{\lambda}t)\\&=(c+c')\cos\sqrt{\lambda}t+\mathrm{i}(c-c')\sin\sqrt{\lambda}t\\&=c''\cos\sqrt{\lambda}t+c'''\sin\sqrt{\lambda}t\end{aligned}$$

可见，此解为单纯的正弦曲线和余弦曲线（见图 14-17）。

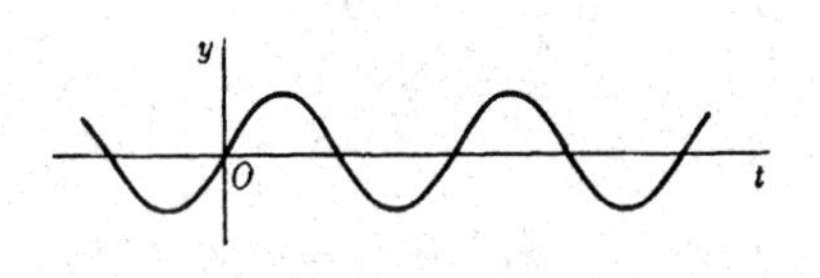

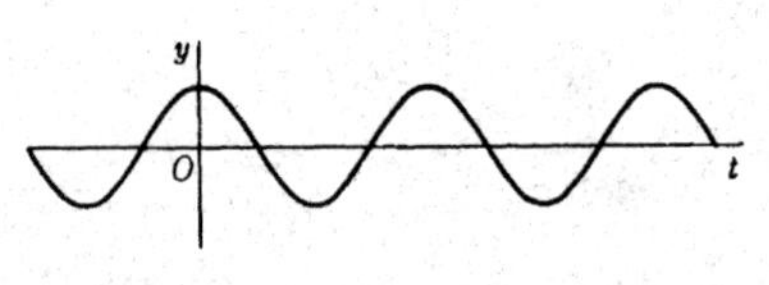

图　14-17

14.7　衰减振动

曲线 $\sin\sqrt{\lambda}t$ 和 $\cos\sqrt{\lambda}t$ 的振动幅度均不随时间而变化。然而实际上这种运动并不存在，因为摩擦等阻力存在，使振动由于耗能而变成衰减式的。

现将这种振动用微分方程表示（见图 14-18）。这就需要在振动方程中，除考虑拉回的力之外，还应考虑与速度成正比的力 $a\frac{\mathrm{d}y}{\mathrm{d}t}$，即在方程右边添上一项 $-a\frac{\mathrm{d}y}{\mathrm{d}t}$，得到

$$\frac{\mathrm{d}^2y}{\mathrm{d}t^2}=-a\frac{\mathrm{d}y}{\mathrm{d}t}-by$$

移项后，得

$$\frac{d^2 y}{dt^2}+a\frac{dy}{dt}+by=0$$

求其对应的二次方程

$$x^2+ax+b=0$$

的根为 $p=\frac{-a+\sqrt{a^2-4b}}{2}$，$q=\frac{-a-\sqrt{a^2-4b}}{2}$，则上述方程的解可求出为

$$e^{pt}，e^{qt}$$

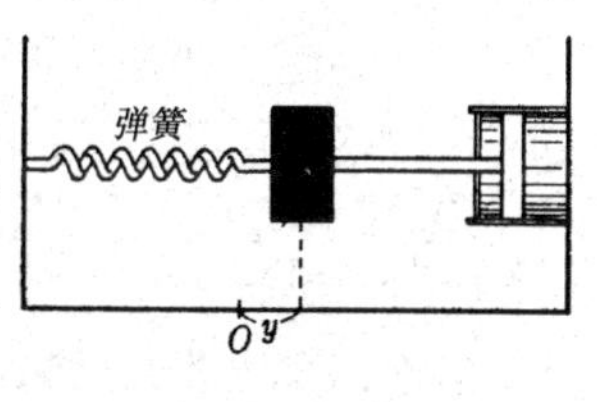

图 14-18

这里存在以下不同情况。当 $a^2>4b$ 时，因 $a^2-4b>0$，根号内为正，根是实根，因而解变成指数函数，不产生振动。这是因为阻力太大的缘故。反之，当 $a^2<4b$ 时，有 $a^2-4b<0$，则产生虚根

$$\sqrt{a^2-4b}=\sqrt{-(4b-a^2)}=i\sqrt{4b-a^2}$$

因而[①] $\exp\left\{\frac{-a+\sqrt{a^2-4b}}{2}t\right\}=\exp\left\{\frac{-a+i\sqrt{4b-a^2}}{2}t\right\}$

$$=\exp\left\{-\frac{a}{2}t\right\}\cdot\exp\left\{\frac{i\sqrt{4b-a^2}}{2}t\right\}$$

由欧拉公式，得

$$=e^{-\frac{a}{2}t}\left(\cos\frac{\sqrt{4b-a^2}}{2}t+i\sin\frac{\sqrt{4b-a^2}}{2}t\right)$$

将其中的一项 $e^{-\frac{a}{2}t}\sin\frac{\sqrt{4b-a^2}}{2}t$ 画成曲线，如图 14-19 所示。可见，其振幅随 t 增大按 $e^{-\frac{a}{2}t}$ 减小，直至为 0。这就把衰减的情况正确地表示出来了。

14.8 从开普勒到牛顿

似乎一个人兼备着辉煌的天才和坚强的毅力是不大可能的。

① $\exp\{x\}$ 表示以 e 为底的指数函数 e^x。——译者注

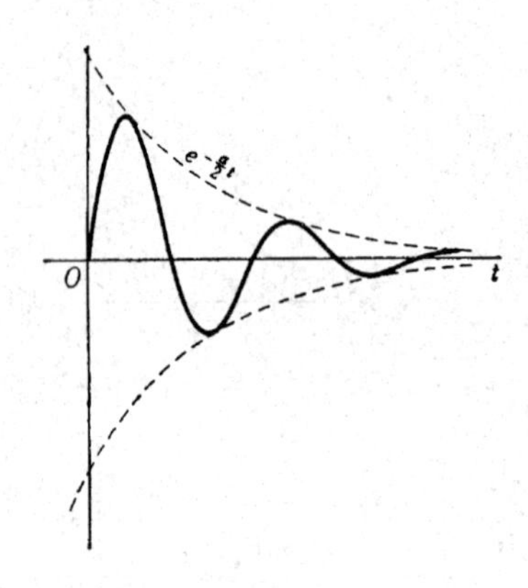

图 14-19

然而也有例外的情况，开普勒就是一个典型。

作为同时代人的伽利略，不论从哪种观点来看，都是一位近代名人，但比较来说，开普勒则是一位信仰宗教的近代科学先驱者。

他根据老师第谷·布拉赫（1546—1601）所保存的大量实验资料加以公式化，总结出两个定律，于 1609 年在以“关于火星的运动”为题的论文中发表了。

第一定律的内容如下：

“所有的行星均在以太阳为一个焦点的椭圆轨道上运动。”

这里首次在天文学上提出了椭圆轨道的说法。在这以前，从托勒密到哥白尼均认为行星的轨迹是由圆组合成的曲线。

第二定律如下所述：

“在一定时间内，由太阳与行星所连成的直线所扫过的面积是定值。”

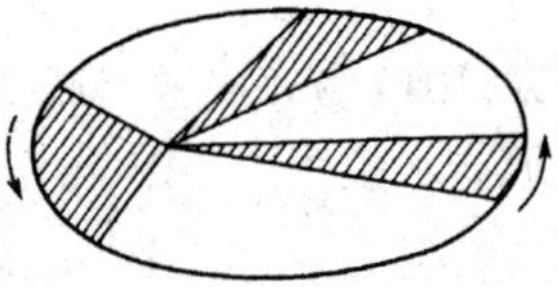

这个定律又称为面积速度一定定律。根据这个定律可知，当行星接近太阳时速度较快，而远离太阳时则变慢（见图 14-20）。

图 14-20

第谷·布拉赫像蜜蜂一样辛勤地积累了大量实验资料，但却没能从中得出重要定律。找出了这些定律的开普勒，具备了天才和毅力这两方面的条件。

现在把开普勒的两个定律用数学形式来作一下描述。第一定律是说明行星的轨道形状的，第二定律则表示它以何种速度运动。

如用以焦点为中心的极坐标（r，θ）来表示椭圆，则有

$$r=\frac{a}{1+e\cos\theta}$$（参见11.11节）

对于第二定律可有如下考虑。

如图14-21所示，仅以角$\Delta\theta$变化的面积，近似等于细长的三角形$\frac{1}{2}r^2\Delta\theta$。若在$\Delta t$时间内，移动$\Delta\theta$，取其极限，则面积速度$A$为

$$A=\frac{1}{2}r^2\frac{d\theta}{dt}$$（定值）

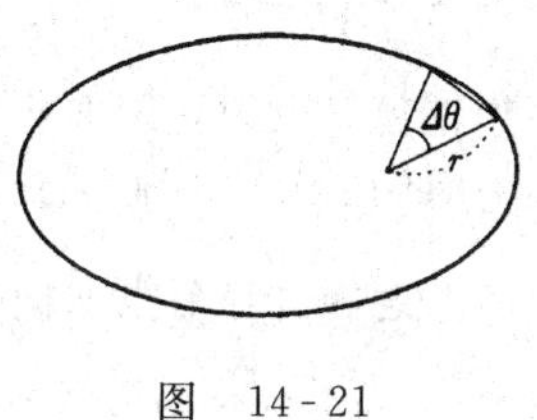

图 14-21

即开普勒的两个定律可用以上二式表示。

上述二式可推导出所谓牛顿万有引力定律。

为此，采用r和θ来重新描述速度和加速度。直角坐标与极坐标的关系如下：

$$x=r\cos\theta,\quad y=r\sin\theta$$

如利用复数，可将此二式改写如下：

$$x+iy=r\cos\theta+ri\sin\theta=r(\cos\theta+i\sin\theta)$$

由欧拉公式，可知

$$x+iy=re^{i\theta}$$

两边对t微分，则有

$$\frac{dx}{dt}+i\frac{dy}{dt}=\frac{dr}{dt}e^{i\theta}+ir\frac{d\theta}{dt}e^{i\theta}$$

再对t微分一次，有

$$\begin{aligned}&\frac{d^2x}{dt^2}+i\frac{d^2y}{dt^2}\\&=\frac{d^2r}{dt^2}e^{i\theta}+i\frac{dr}{dt}\frac{d\theta}{dt}e^{i\theta}+i\frac{dr}{dt}\frac{d\theta}{dt}e^{i\theta}+ir\frac{d^2\theta}{dt^2}e^{i\theta}+i^2r\frac{d\theta}{dt}\frac{d\theta}{dt}e^{i\theta}\\&=\left\{\frac{d^2r}{dt^2}-r\left(\frac{d\theta}{dt}\right)^2+i\left(2\frac{dr}{dt}\frac{d\theta}{dt}+r\frac{d^2\theta}{dt^2}\right)\right\}e^{i\theta}\end{aligned}$$

这里因$e^{i\theta}$仅表示对旋转轴变化了θ角，故加速度等于朝向作为焦点的太阳的方向的$\frac{d^2r}{dt^2}-r\left(\frac{d\theta}{dt}\right)^2$与垂直方向的$2\frac{dr}{dt}\frac{d\theta}{dt}+r\frac{d^2\theta}{dt^2}$两项的合成（见图

14 - 22）。将垂直方向的加速度稍稍改变一下形式，可得

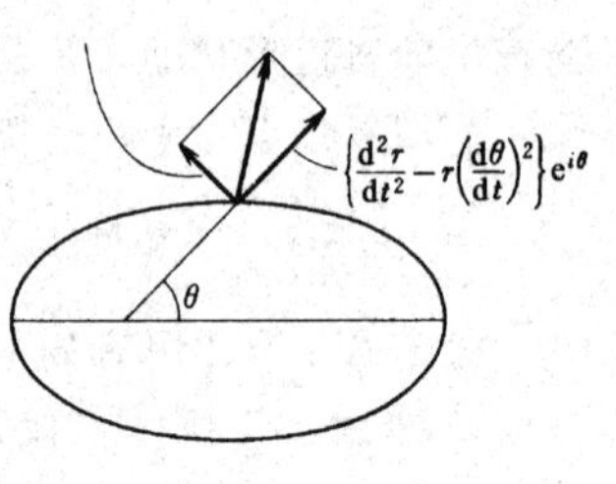

图 14 - 22

$$\left\{2\frac{dr}{dt}\frac{d\theta}{dt}+r\frac{d^2\theta}{dt^2}\right\}e^{i\theta}=\frac{1}{r}\left(2r\frac{dr}{dt}\frac{d\theta}{dt}+r^2\frac{d^2\theta}{dt^2}\right)$$

$$=\frac{1}{r}\frac{d}{dt}\left(r^2\frac{d\theta}{dt}\right)=\frac{2}{r}\frac{dA}{dt}$$

根据第二定律，因面积速度 A 一定，所以如对时间 t 求导，则等于 0。即上式等于 0。

现在计算焦点方向上的加速度。为此，先计算$\frac{dr}{dt}$：

$$\frac{dr}{dt}=\frac{dr}{d\theta}\frac{d\theta}{dt}=\frac{d}{d\theta}\left(\frac{a}{1+e\cos\theta}\right)\frac{d\theta}{dt}$$

$$=\frac{ae\sin\theta}{(1+e\cos\theta)^2}\frac{d\theta}{dt}=\frac{ae\sin\theta}{(1+e\cos\theta)^2}\frac{2A}{r^2}\quad（e \text{ 为离心率}）$$

另一方面，因为 $r^2=\frac{a^2}{(1+e\cos\theta)^2}$，所以 $(1+e\cos\theta)^2=\frac{a^2}{r^2}$，

$$\frac{dr}{dt}=\frac{aer^2\sin\theta}{a^2}\frac{2A}{r^2}=\frac{2Ae\sin\theta}{a}$$

进一步对 t 求导，则有

$$\frac{d^2r}{dt^2}=\frac{2Ae\cos\theta}{a}\frac{d\theta}{dt}=\frac{2Ae\cos\theta}{a}\cdot\frac{2A}{r^2}=\frac{4A^2e\cos\theta}{ar^2}$$

以及

$$r\left(\frac{d\theta}{dt}\right)^2=r\left(\frac{2A}{r^2}\right)^2=\frac{4A^2}{r^3}$$

结果可得到

$$\frac{d^2r}{dt^2}-r\left(\frac{d\theta}{dt}\right)^2=\frac{4A^2e\cos\theta}{ar^2}-\frac{4A^2}{r^3}$$

$$=\frac{4A^2\ (re\cos\theta-a)}{ar^3}\tag{1}$$

可是因为 $r=\frac{a}{1+e\cos\theta}$，就有 $r+re\cos\theta=a$，移项后得，$re\cos\theta-a=-r$，

故（1）式可写为

$$=\frac{-4A^2r}{ar^3}=-\frac{4A^2}{ar^2}$$

即焦点方向上的加速度与行星和太阳的距离 r 的平方成反比。

因为根据牛顿的定义，力和加速度成正比，所以可得出太阳吸引行星的引力亦与距离的平方成反比。

14.9 积分定律和微分定律

这样就由开普勒的第一和第二定律导出了牛顿万有引力定律。

开普勒定律是经过长期地观察行星的运动之后才得出的。因为欲知轨道是否为椭圆，起码也得观察绕太阳运动一周才行。然而万有引力定律则不然，因为它是表示关于加速度和瞬时作用力之间的关系，所以不需要长期地观察行星的运动。

这就说明在一定时间内成立的和在瞬间成立的定律，二者是有区别的。爱因斯坦把在有限的时间或空间内成立的定律叫做积分定律，把在瞬间或无限小空间内成立的定律叫做微分定律。因此，开普勒的定律是积分定律，而牛顿的万有引力定律则是微分定律。

如把积分定律当作肉眼下的定律，则微分定律就是显微镜下的定律。

牛顿从开普勒积分定律中推出了微分定律：

$$\begin{cases} \dfrac{\mathrm{d}^2 r}{\mathrm{d}t^2}-r\left(\dfrac{\mathrm{d}\theta}{\mathrm{d}t}\right)^2=-\dfrac{4A^2}{ar^2} \\ \dfrac{1}{r}\dfrac{\mathrm{d}}{\mathrm{d}t}\left(r^2\dfrac{\mathrm{d}\theta}{\mathrm{d}t}\right)=0 \end{cases}$$

这就是用微分方程表示的微分定律。这个微分方程的解仍不外乎开普勒第一定律和第二定律。

从这个微分定律导出积分定律的综合步骤，就是解微分方程的过程，可表示如下：

$$\underset{\text{积分定律}}{\text{开普勒}}\xrightarrow[\text{（分析）}]{}\underset{\text{微分定律}}{\text{牛 顿}}\xrightarrow[\text{（综合）}]{}\text{积分定律}$$

然而，这里产生了一个疑问：

“由积分定律导出微分定律，然后再得出积分定律这不是来回兜圈子吗？”

确实，在开普勒的两个定律范围内，不过是反复兜圈子而已。

然而，在其他情况下，话就不能这样说了。例如人造卫星受地球和月球的引力作用而运动（见图14-23)，其运动是非常复杂的，利用我们所知道的函数关系是不能表达其轨道形状的。即从开始就不知道积分定律。然而若是微分定律就可根据微分方程来简单地表示。

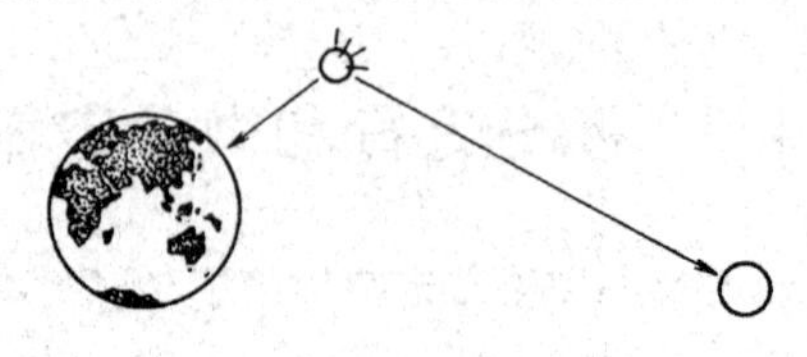

图 14-23

对于开普勒来说，很早就知道行星运动的积分定律可给出一条椭圆轨道曲线是非常幸运的。然而这是极为少见的，更多的情况则是仅能知道微分定律。

所以，从微分定律导出积分定律的情况更多。

按数学上的顺序来说，就是最初的线索是微分方程，然后根据它的求解，发现了积分定律。

14.10 拉普拉斯的魔法

掌握了微分方程这一有力工具的自然科学家们，以此为武器着手于揭开自然的秘密。尤其在天文学界获得了惊人的成功。这是由于有了万有引力定律，极易建立微分方程的缘故。例如三个天体在万有引力作用下运动时的微分方程，按图14-24所示是容易建立的。这三个天体可以看作是太阳、地球和月球或者地球、月球和人造卫星。

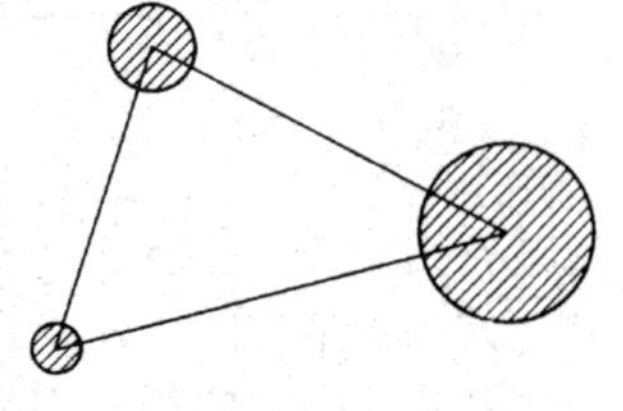

图 14-24

这就是以前很难解决的“三天体问题”。至少到现在为止所掌握的函数知识并不够用。就这个意义上来说，它仍是世界上有名的难题。

当然，解决这个三天体问题是有办法的。例如，利用无穷级数的展开，就能够求得所希望的精确解。

天文学家利用解微分方程，能够预言几年后的日食将在何日的何时何分何秒发生以及持续多长时间。这种关于日食的预言向市民们显示了数学的威力。

给出了微分方程，并确定了其中某一时刻的位置和速度，就能获得一种解答。牛顿说过最初的推动力系由上帝给予，以后就没有任何干预了。即是说上帝给出了某一时刻太阳系运动的状态，而后一切就与神的意志无关了。

数学在天文学中的成功，给予了当时的宇宙观以重大影响。这就促使自然科学家坚定了自豪的信心。拉普拉斯（1749—1827）这样说道：

“我们应当把宇宙的现在状态看作是过去状态的结果和未来状态的原因。

假如我们具有能够知道在任一瞬间，使自然界运动的一切的力和构成自然界的物体的相互位置这种智能——为了分析那些资料而需具备的巨大的智能的话，就可以用一个统一式子把巨大的天体运动和微小的原子运动都包括进去。这样，不确凿的事物立刻就会呈现出其过去、现在和未来的统一面目。”

这种“巨大的智能”就是俗话所说的“拉普拉斯的魔法”，即打算把宇宙间所有物体的运动都用一个统一的微分方程来描述，从中能够得知任一时刻它们的状态。只要能解出这个方程，就能全部洞悉过去和未来的一切。

拉普拉斯当然不知道有谁能解决这样的问题。然而随着科学技术的进步，相信人类的智能将向“拉普拉斯的魔法”这种境地接近。

对于人类的智慧有这样强的自信，可以说是由当时的宇宙观决定的。

14.11 锁链的曲线

当抛出一个物体时，其运动轨迹的曲线为一条抛物线。这是伽利略已经证明了的。为了简易地画出这条抛物线，特说明下列方法。

将两根钉子钉在墙的适当位置上，再挂上一条锁链，则此锁链的形状接近于抛物线的形状（见图 14-25）。这是许多人凭经验就会知道的。

然而根据计算和实验结果，有人认为这条曲线并不是真正的抛物线。这样，确定这条锁链的正确形状就成为一个有趣的问题。

解决这个问题的新工具就是微分方程。

如图 14-26 所示，设以锁链的最低点为原点建立坐标，A，B 为锁链上的两点，过 A，B 所作的切线与 x 轴的夹角分别为 θ，θ'，由 O 至 A，B 的锁链长度分别为 s，s'。

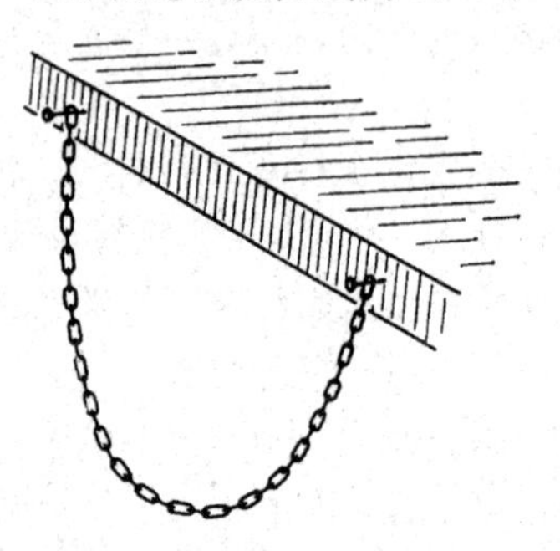

图 14-25

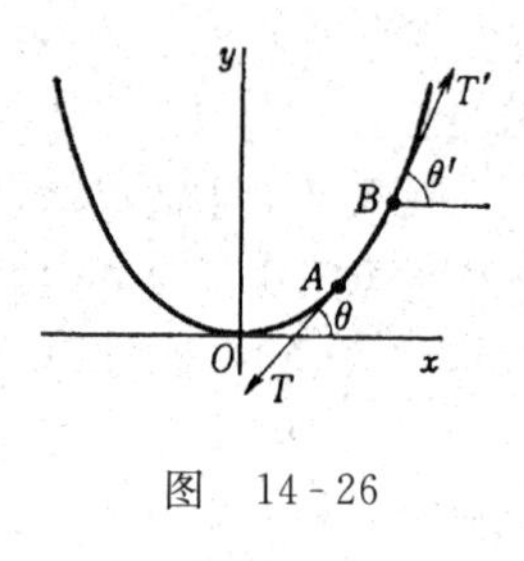

图 14-26

设在 A，B 点上链条所受拉力分别为 $\boldsymbol{T}$，$\boldsymbol{T}'$，由于锁链上只受垂直的重力，没有水平的重力，故水平的力应满足

$$\boldsymbol{T}'\cos\theta' - \boldsymbol{T}\cos\theta = 0$$

即 $\boldsymbol{T}'\cos\theta' = \boldsymbol{T}\cos\theta$ 在任何一点都成立，换句话说

$$\boldsymbol{T}\cos\theta = c \qquad \text{或} \qquad \boldsymbol{T} = \frac{c}{\cos\theta} \tag{1}$$

令 $\boldsymbol{T}' = \boldsymbol{T} + \Delta\boldsymbol{T}$，$\theta' = \theta + \Delta\theta$，$s' = s + \Delta s$，链条单位长度上所受重力为 k，则垂直的力应满足

$$(\boldsymbol{T} + \Delta\boldsymbol{T})\sin(\theta + \Delta\theta) - \boldsymbol{T}\sin\theta = k(s + \Delta s - s)$$

或
$$\Delta(\boldsymbol{T}\sin\theta) = k\Delta s$$

当 s 与 s' 相近时，有

$$\frac{\mathrm{d}(\boldsymbol{T}\sin\theta)}{\mathrm{d}s} = k$$

将（1）式代入，则有

$$\frac{\mathrm{d}\left(\frac{c}{\cos\theta}\sin\theta\right)}{\mathrm{d}s} = k$$

$$\frac{\mathrm{d}\tan\theta}{\mathrm{d}s} = \frac{k}{c}$$

可以改写为

$$\frac{\mathrm{d}x}{\mathrm{d}s}\frac{\mathrm{d}\theta}{\mathrm{d}x}\frac{\mathrm{d}\tan\theta}{\mathrm{d}\theta}=\frac{k}{c}$$

$$\cos\theta\frac{\mathrm{d}\theta}{\mathrm{d}x}\left(\frac{1}{\cos^2\theta}\right)=\frac{k}{c}$$

$$\frac{\mathrm{d}\theta}{\mathrm{d}x}\frac{1}{\cos\theta}=\frac{k}{c}$$

两边用 $\mathrm{d}x$ 积分，则有

$$\int_0^\theta\frac{1}{\cos\theta}\mathrm{d}\theta=\int_0^x\frac{k}{c}\mathrm{d}x$$

因 $\int\frac{1}{\cos\theta}\mathrm{d}\theta=\ln\left(\frac{1}{\cos\theta}+\tan\theta\right)$，故得

$$\ln\left(\frac{1}{\cos\theta}+\tan\theta\right)-\ln\left(\frac{1}{\cos 0}+\tan 0\right)$$

$$=\frac{k}{c}(x-0)$$，即

$$\ln\left(\frac{1}{\cos\theta}+\tan\theta\right)=\frac{kx}{c}$$

$$\frac{1}{\cos\theta}+\tan\theta=\mathrm{e}^{\frac{kx}{c}} \tag{2}$$

式中若以 $-\theta$ 代 θ，则 x 变为 $-x$（见图 14-27），即有

$$\frac{1}{\cos\theta}+\tan(-\theta)=\mathrm{e}^{-\frac{kx}{c}}$$

$$\frac{1}{\cos\theta}-\tan\theta=\mathrm{e}^{-\frac{kx}{c}} \tag{3}$$

式（2）减式（3），得

$$2\tan\theta=\mathrm{e}^{\frac{kx}{c}}-\mathrm{e}^{-\frac{kx}{c}}$$

由于 $\tan\theta$ 等于 $\frac{\mathrm{d}y}{\mathrm{d}x}$，所以

$$\frac{\mathrm{d}y}{\mathrm{d}x}=\frac{1}{2}\left(\mathrm{e}^{\frac{kx}{c}}-\mathrm{e}^{-\frac{kx}{c}}\right)$$

两边用 $\mathrm{d}x$ 积分，得

$$\int\frac{\mathrm{d}y}{\mathrm{d}x}\mathrm{d}x=\int\frac{1}{2}\left(\mathrm{e}^{\frac{kx}{c}}-\mathrm{e}^{-\frac{kx}{c}}\right)\mathrm{d}x$$

$$y=\frac{c}{2k}\left(e^{\frac{kx}{c}}+e^{-\frac{kx}{c}}\right)+c'$$

因为 $x=0$ 时，$y=0$，故得

$$0=\frac{c}{2k}\left(e^{0}+e^{0}\right)+c'$$

$$0=\frac{c}{k}+c',\ c'=-\frac{c}{k}$$

因此

$$y=\frac{c}{2k}\left(e^{\frac{kx}{c}}+e^{-\frac{kx}{c}}\right)-\frac{c}{k}$$

这就是锁链正确形状的表达式，这种形状的曲线称作悬垂线。

不懂微分方程的伽利略虽然没能得出这种正确的结论，以抛物线作答案，仍不失为一种近似。将上述函数在 $x=0$ 附近展成泰勒级数，则有

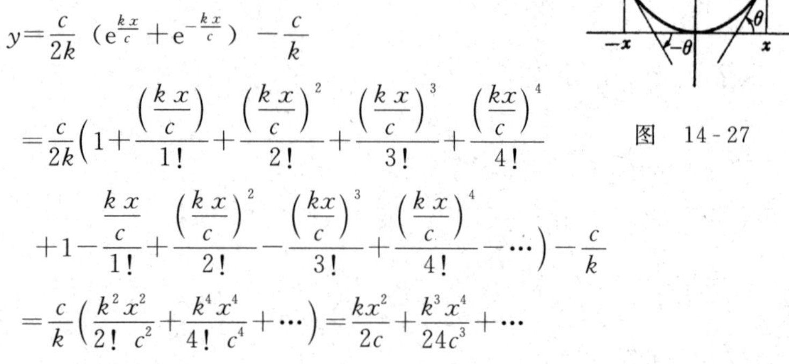

图　14-27

$$y=\frac{c}{2k}\left(e^{\frac{kx}{c}}+e^{-\frac{kx}{c}}\right)-\frac{c}{k}$$

$$=\frac{c}{2k}\left(1+\frac{\left(\frac{kx}{c}\right)}{1!}+\frac{\left(\frac{kx}{c}\right)^{2}}{2!}+\frac{\left(\frac{kx}{c}\right)^{3}}{3!}+\frac{\left(\frac{kx}{c}\right)^{4}}{4!}\right.$$

$$\left.+1-\frac{\frac{kx}{c}}{1!}+\frac{\left(\frac{kx}{c}\right)^{2}}{2!}-\frac{\left(\frac{kx}{c}\right)^{3}}{3!}+\frac{\left(\frac{kx}{c}\right)^{4}}{4!}-\cdots\right)-\frac{c}{k}$$

$$=\frac{c}{k}\left(\frac{k^{2}x^{2}}{2!\ c^{2}}+\frac{k^{4}x^{4}}{4!\ c^{4}}+\cdots\right)=\frac{kx^{2}}{2c}+\frac{k^{3}x^{4}}{24c^{3}}+\cdots$$

若仅取第一项，忽略第二项及以下各项，则得

$$y=\frac{kx^{2}}{2c}$$

就变成了抛物线。

由于悬垂线与指数函数有密切关系，指数函数的反函数为对数函数，故此悬垂线与对数也有密切关系。因此，莱布尼茨进而用它来代替对数表使用，特别是当在陆上或海上旅行时，不便于携带大部头的对数表，如果能随手利用悬垂线，效果也很不错。这是兼作外交官的莱布尼茨在欧洲旅行时曾考虑过的。

附　　录

11.15 节的注释

$$1+\frac{x}{n}\leqslant\left|1+\frac{x+\mathrm{i}y}{n}\right|\leqslant 1+\frac{x}{n}+\frac{y}{n}\left(\frac{\frac{y}{n}}{1+\frac{x}{n}}\right)\leqslant 1+\frac{x}{n}+\frac{y^2}{n^2}=1+\frac{x+\frac{y^2}{n}}{n}$$

当 n 大于某数 N 时，上式则有

$$\leqslant 1+\frac{x+\frac{y^2}{N}}{n}$$

当自乘 n 次时，得

$$(1+\frac{x}{n})^n\leqslant\left|1+\frac{x+\mathrm{i}y}{n}\right|^n\leqslant\left(1+\frac{x+\frac{y^2}{N}}{n}\right)^n$$

当 $n\to\infty$ 时，有

$$\mathrm{e}^x\leqslant\lim_{n\to\infty}\left|1+\frac{x+\mathrm{i}y}{n}\right|^n\leqslant\mathrm{e}^{x+\frac{y^2}{N}}$$

因为 N 不论多少都很大，则有

$$\mathrm{e}^x\leqslant\lim_{n\to\infty}\left|1+\frac{x+\mathrm{i}y}{n}\right|^n\leqslant\mathrm{e}^x$$

故有

$$\lim_{n\to\infty}\left|1+\frac{x+\mathrm{i}y}{n}\right|=\mathrm{e}^x$$

令 $1+\frac{x+\mathrm{i}y}{n}$ 的辐角为 θ，则有

$$\frac{\frac{y}{n}}{\left|1+\frac{x+\mathrm{i}y}{n}\right|}\leqslant\theta\leqslant\frac{\frac{y}{n}}{1+\frac{x}{n}}$$

取其 n 倍，即以 $n\theta$ 表示 $\left(1+\frac{x+\mathrm{i}y}{n}\right)^n$ 的辐角，则有

$$\frac{y}{\left|1+\frac{x+\mathrm{i}y}{n}\right|}\leqslant n\theta\leqslant\frac{y}{1+\frac{x}{n}}$$

这里如令 $n\to\infty$，就有

$$\lim_{n\to\infty}(n\theta)=y$$

因此，$\left(1+\frac{1+\mathrm{i}y}{n}\right)^n$ 的辐角接近于 y。

13.12 节的注释

令 $f(\theta)=\ln\left(\frac{1+\sin\theta}{\cos\theta}\right)$，对 θ 求导，则有

$$f'(\theta)=\frac{\cos\theta}{1+\sin\theta}+\frac{\sin\theta}{\cos\theta}=\frac{\cos^2\theta+(1+\sin\theta)\sin\theta}{(1+\sin\theta)\cos\theta}$$

$$=\frac{\cos^2\theta+\sin\theta+\sin^2\theta}{(1+\sin\theta)\cos\theta}=\frac{1+\sin\theta}{(1+\sin\theta)\cos\theta}=\frac{1}{\cos\theta}$$

参考文献

［第 1 章］　一一对应虽是集合论的基础，但可参看远山启著《无限与连续》（岩波新书）的第 1 章。

至于从 2 进制到 60 进制的历史事实，可参看卡交利著（小仓金之助译）《初等数学史》上册（小山书店）。

［第 2 章］　用长度表示连续量，可参看笛卡儿著《精神指导的规则》（岩波文库）。

［第 3 章］　有关有理数的域的概念，可参看范德瓦尔登著（银林浩译）《现代代数学》（商工出版）。

［第 4 章］　伽罗华的传记详见伊弗路德著（市井三郎译）《神圣的爱》（日本评论社）。

矩阵与格拉斯曼的代数，可参看远山启著《矩阵论》（共立全书）。

［第 5 章］　有关欧几里得可参看中村幸四郎著《欧几里得》（弘文堂）。

关于对称的数学理论可参看瓦伊鲁著《对称》（纪伊国屋书店）。

［第 6 章］　毕达哥拉斯定理的许多证明，汇集在大矢真一的《毕达哥拉斯定理》（东海大学出版会）中。

［第 7 章］　在奥马·海亚姆著《鲁拜集》（岩波文库）中有有关传记。

［第 8 章］　高木贞治著《初等整数论讲义》（共立社）。

维诺格拉多夫著（三瓶、山中译）《整数论入门》（共立全书）。

［第 9～14 章］　鉴于微积分学的教科书很多，这里不再列出。希望读者尽可能挑选那些有练习题较多的教科书作参考，以增强计算能力。

后　记

在所有的学问中，最易受到人们关注的就是数学。对数学既不爱好，又不讨厌的所谓中间派并不多。

数学是一门旗帜鲜明的学问，根据对它的态度，大致上可以把人们划分成两大群体：爱好数学的属于理科，讨厌数学的归为文科。这正如使用石蕊试纸来检验酸或碱，会明显地呈现红色或蓝色一样。

然而这正是数学的不幸。造成这种结果的一半责任在于数学教育方面。导致讨厌数学的基本原因，可以说是把数学歪曲成了艰涩难懂的学问。之所以会这样，只要联系到从明治维新以来历久不衰的激烈的入学考试，就不难理解。

坦率地说，入学考试的真正目的就是要淘汰掉众多的应试者。为此，就人为地编造出了一大批难题和怪题，以便使大批的普通应试者落榜。

对于初学者们，要紧的是不要被引入歧途，并当心别落入这种陷阱。

由于直来直去、不拐弯地解题会上当，所以使得一些人不得不绕弯子来思考问题。因此，苦恼于入学考试的人们，认为数学就是那种被歪曲了的怪学问。但是，这是不对的。

数学本来是一门朴实的学问。之所以变成艰涩费解的样子，只不过是在入学考试这块凹面镜中的歪曲反映而已。

然而，我们打算强调的正是这种朴实的数学的实际作用。因为人们想出的问题虽被歪曲了，但自然产生的问题却自呈其本来单纯的面目。

写这本书的目的之一，就是要让大多数读者了解数学本来的朴实面目。

为此，在本书中力求以思考方法为重点，但也保留了为使前后内容紧密联系所必需的一些计算公式。

因此，对于一见了公式就感到头痛的人来说，如果打算跳过这些算式来阅读全书的话，恐怕就难以掌握到真正的要领了。

这本书如果能使讨厌数学的人，在读了以后，把讨厌的程度减少一部分的话，作者将会感到极大的宽慰。

远山启

1960 年 9 月

版 权 声 明